普通高等学校计算机科学与技术专业规划教材

计算机系统结构

徐 洁 主编

中国铁道出版社
CHINA RAILWAY PUBLISHING HOUSE

内 容 简 介

本书根据"China Computing Curricula"和 ACM/IEEE-CS 教学计划，在深入研究国内外相关最新教科书和其他资料的基础上编写而成。

本书内容实用，实例丰富，既注重阐述现代微处理机所采用的设计技术，也分析了传统计算机系统的基本原理，知识点覆盖全面，内容有所取舍而不显庞杂，有利于读者学习和理解。

本书共分 8 章，包括概述、指令系统、流水线技术、指令级并行及限制、存储系统、输入/输出系统、多处理机系统、多计算机系统等，每章后附有习题，并免费提供电子课件。

本书适合作为高等学校计算机及相关专业的教材，也可作为相关领域技术人员的参考书。

图书在版编目（CIP）数据

计算机系统结构 / 徐洁主编. —北京：中国铁道
出版社，2012.1
普通高等学校计算机科学与技术专业规划教材
ISBN 978-7-113-14126-4

Ⅰ. ①计… Ⅱ. ①徐… Ⅲ. ①计算机体系结构—高等
学校—教材 Ⅳ. ①TP303

中国版本图书馆 CIP 数据核字（2012）第 003143 号

书　　名：计算机系统结构
作　　者：徐　洁　主编

策　　划：吴宏伟　杨　勇　　　　　　读者热线：400-668-0820
责任编辑：孟　欣
编辑助理：何　佳
封面设计：付　巍
封面制作：白　雪
责任印制：李　佳

出版发行：中国铁道出版社（100054，北京市西城区右安门西街 8 号）
网　　址：http://www.edusources.net
印　　刷：三河市兴达印务有限公司
版　　次：2012 年 1 月第 1 版　　2012 年 1 月第 1 次印刷
开　　本：787mm×1092mm　1/16　印张：18.75　字数：446 千
印　　数：1～3 000 册
书　　号：ISBN 978-7-113-14126-4
定　　价：33.00 元

计算机学科虽然是一门年轻的学科，但它已经成为一门基础技术学科，在各个学科发展中扮演着重要的角色。因此，社会产生了对计算机科学与技术专业人才的巨大需求。目前，计算机科学与技术专业已成为我国理工专业中规模最大的专业，为高等教育发展做出了巨大贡献。近些年来，随着国家信息化建设的推进，作为核心技术的计算机技术，更是占有重要的地位。信息化建设不仅需要更先进、更便于使用的先进计算技术，同时也需要大批的建设人才。瞄准社会需求准确定位，培养计算机人才，是计算机科学与技术专业及其相关专业的历史使命，也是实现专业教育从劳动就业供给导向型向劳动就业需求导向型转变的关键，从而也就成为提高高等教育质量的关键。

教材在人才培养中占有重要地位，承担着"重要的责任"，这就确定了"教材必须高质量"这一基本要求。社会对计算机专业人才需求的多样性和特色，决定了教材建设的针对性，从而也造就了百花齐放、百家争鸣的局面。

关于高质量教材建设，教育部在提高本科教育质量的文件中都提出了明确要求。教高〔2005〕1号（2005年1月7日）文件指出，"加强教材建设，确保高质量教材进课堂。要大力锤炼精品教材，并把精品教材作为教材选用的主要目标。""要健全、完善教材评审、评价和选用机制，严把教材质量关。"为了更好地落实教育部的这些要求，我们按照教育部高等学校计算机科学与技术教学指导委员会发布的《高等学校计算机科学与技术专业发展战略研究报告暨专业规范（试行）》所构建的计算机科学与技术专业本科教育的要求，组织了这套教材。

作为优秀教材的基础，我们首先坚持高标准，以对教育负责的精神去鼓励、发现、动员、选拔优秀作者，并且有意识地培育优秀作者。优秀作者保证了"理论准确到位，既有然，更有所以然；实践要求到位、指导到位"等要求的实现。

其次是按照人才培养的需要适当强调学科形态内容。粗略地讲：计算机科学的根本问题是"什么能被有效地自动计算"，科学型人才强调学科抽象和理论形态的内容；计算机系统工程的根本问题应该是"如何低成本、高效地实现自动计算"，工程型人才强调学科抽象和设计形态的内容；计算机应用的根本问题是"如何方便、有效地利用计算机系统进行计算"，应用型人才的培养偏重于技术层面的内容，强调学科设计形态的内容，在进一步开发基本计算机系统应用的层面上体现学科技术为主的特征。教材针对不同类型人才的培养，在满足基本知识要求的前提下，强调不同形态的内容。

第三是重视知识的载体作用，促进能力培养。在教材内容的组织上，体现大学教育的学科性和专业性特征，参考《高等学校计算机科学与技术专业发展战略研究报告暨专业规范（试行）》示例性课程大纲，覆盖其要求的基本知识单元。叙述上力争引导读者进行深入分析，努力使读者在知其然的基础上，探究其所以然。通过加强对练习和实践的引导，进一步培养学生的能力，促使相应课程在专业教育总目标的实现中发挥作用。

第四是瞄准教学需要，提供更多支持。近些年来，随着计算机技术、网络技术等在教学上的应用，教学手段、教学方式不断丰富，教材的立体化建设对丰富教学资源发挥了重要作用。通常，除主教材外，还要配套教学参考书、实验指导书、电子讲稿，有的还提供网络教学服务，等等。

第五是面向主要读者，强调教材的写作特征，努力做到叙述清晰易懂，语言流畅，深入浅出，有吸引力而不晦涩；追求描述的准确性，强调用词和描述的一致性，语言表达的清晰性和叙述的完整性；分散难点，循序渐进，防止多难点、多新概念的局部堆积。

我们相信，这套教材一定能够在培养社会需要的计算机专业人才上发挥重要作用，希望大家广为选用，并在使用中提出宝贵建议，使其内容不断丰富。

普通高等学校计算机科学与技术专业规划教材编审委员会

2008 年 1 月

在当前的信息时代，计算机技术的发展日新月异，而引领计算机技术发展的是处理机（微处理机）的实现技术。近 20 年来，随着超大规模集成电路 VLSI 技术的迅速发展，处理机的系统结构也发生了深刻的变化。

曾经的大型计算机系统结构所采用的设计技术，如今可在一块微处理机芯片上实现，例如，流水线结构、多个处理部件并发地执行指令操作、指令动态调度以及转移预测等。由于采用了这些设计技术，微处理机的性能大幅提高。例如，如果一个微处理机在每个时钟周期可以发出 4 条指令，采用 5 级流水线，则可能有多至 20 条指令同时在执行。

此外，现代高性能的计算机系统已经普遍采用多处理机或多计算机的系统结构，如多处理机的服务器系统、集群系统和大规模并行处理系统。而且计算机网络的迅速发展使得通信技术和计算机技术融合为一个不可分割的整体，如集群系统是由一组完整的计算机通过高性能网络互连而成；又如，网格技术通过一套完整的网格中间件的支持，将分布在互联网上的多种资源整合成一台巨大的超级计算机，为使用者提供一套完善的、具有单一映像的支持环境。

现代的 VLSI 工艺仍在不断改进，目前已经可以将多个微处理机制造在一块芯片上，称为多核芯片，当前的计算机和服务器已经逐渐采用多核芯片。

在这样的技术背景下，计算机系统结构教材的内容也需要跟上计算机技术发展的步伐。编者在多年的教学实践和教材编写的基础上，深入研究国内外先进教科书和相关的技术资料，编写了这本与现代计算机技术吻合的教材。

本书主要涵盖了"China Computing Curricula"和 ACM/IEEE-CS 教学计划中的 CS-AR"计算机体系结构与组织"这一知识领域中的 6 个核心知识单元：

- AR4 存储系统组织和结构。
- AR5 接口和通信。
- AR6 功能组织。
- AR7 多处理和体系结构。
- AR8 性能提高技术。
- AR9 网络与分布式系统结构。

本书知识点覆盖全面，内容更侧重于阐述现代实用微处理机所采用的主要设计技术，并通过吸收国外先进教科书的内容，尽量反映计算机系统设计的新技术和发展趋势。在阐述当前主流计算机系统采用的设计思想、结构原理、分析方法和性能评测的基础上，分别在各章都给出了较新的实例产品进行配合说明。

本书编写层次分明，结构清晰，知识引入由浅入深。全书共分 8 章，第 1、2 章介绍计算机系统结构的基础知识；第 3 ~ 6 章阐述现代单 CPU 微处理机的主要设计技术；第 7、8 章描述多处理机与多计算机系统的相关内容，也介绍计算机网络与分布式计算技术发展融合产生的网格技术及实例。本书参考学时为 40 ~ 60 学时。其内容组织体现了下述的教学思路：

第 1 章通过回顾计算机系统的发展过程，说明了为提高系统性能对系统结构进行的主要改进之处；对有效提高系统性能的并行技术和并行计算机进行了讨论；引入了现代计算机系统的分类方法、设计方法以及性能评测的方法。第 2 章阐述了指令系统优化设计的方法和技术；深入讨论了指令系统发展中的 CISC 和 RISC 两种设计思想，强调现代 RISC 技术更注重支持流水线的高效率执行和编译器生成优化代码，对典型 RISC 处理机 MIPS R4000 和 SPARC 的指令系统进行了分析和比较。

由于单 CPU 微处理机设计技术是现代微处理机（包括多核芯片）设计的基础，因此本书在第 3、4 章深入分析和阐述了相关技术，即：流水线基础、MIPS R4000 流水线、相关性对指令级并行的影响、支持指令级并行的编译技术、指令的静态与动态调度、静态与动态转移预测、多发射技术、指令级并行的支持与限制性因素、Intel Pentium 4 实例分析。第 5 章对高速缓冲存储器（Cache）和虚拟存储器工作机制进行了深入分析，也讨论了主存储器的性能优化、进程保护和实例 Alpha 21064。第 6 章从系统结构的角度介绍了输入/输出系统，包括输入/输出系统性能的测试与分析，以及磁盘冗余阵列（RAID）。

随着多核芯片的普及，计算机将普遍成为多处理机系统，因此在第 7 章深入分析了相关技术：多处理机系统的结构、多核处理机、多处理机互联网络、多处理机系统控制、多处理机系统性能分析、实例 CRAY T3E 与 SGI Origin 2000，并介绍了并行处理语言与算法。第 8 章主要讨论两类典型多计算机系统：集群系统与 MPP 系统；介绍了集群系统的结构、通信技术、资源管理调度、并行程序设计环境，实例 NOW、Beowulf 和 Cluster 1350；然后介绍了 MPP 系统的结构，实例 ASCI White、BlueGene/L、ASCI Option Red 和天河一号；最后介绍了网格技术和网格体系结构，以及网格实例 Globus。

本课程的先修课程是"计算机组成原理"、"汇编语言程序设计"、"数据结构"等课程，本课程可以在"操作系统"、"编译原理"课程之后或与它们同时开设。

本书由徐洁主编并编写第 1、2 章，吴晓华编写第 3、4 章，丁旭阳编写第 5 章，王雁东编写第 6 章，胡健编写第 7、8 章。吉林大学胡亮教授担任主审，并提出了许多宝贵的修改意见。本书编写过程中，还得到了电子科技大学计算机学院领导、老师和同学的热情支持。在此，谨向所有给予我们支持和帮助的同志表示衷心的感谢。

由于时间仓促，编者水平有限，书中难免存在疏漏与不足之处，恳请读者与同行给予批评指正。

编　者

2011 年 11 月

第 1 章 概 述

从低端的单片机到高端的并行计算机系统，其价格、体积大小、性能和应用千差万别，而且仍在不断发展变化中，但它们都始终采用了一些经典的基本概念，例如：计算机系统结构、组成与实现的定义、冯·诺依曼结构、系列机、并行性、Flynn 分类法等，这些概念将在本章分别阐述。

从计算机系统发展 60 多年的历史来看，计算机系统性能的不断提高主要依靠器件技术的迅速发展以及系统结构的改进。本章将回顾计算机系统的发展过程，并着重说明系统结构的主要改进之处。

并行技术一直都是提高计算机系统性能的有效手段，对计算机系统结构的改进起着重要的作用。此外，采用什么方式对现有计算机系统的性能进行客观公正的评测，对计算机的设计者与使用者来说也是尤其重要的。本章将介绍并行性概念与并行计算机，最后讨论计算机系统的性能评测方法。

现代计算机系统的复杂性对设计者提出了更高的要求，本章还将探讨设计者的主要任务、计算机系统设计的经验方法，以及用于设计方案评价的重要公式 Amdahl 定律和 CPU 性能公式。

1.1 计算机系统结构的概念

本节先从不同的角度讨论计算机系统的层次结构，然后介绍计算机系统结构、组成与实现的定义以及相互关系，同时也介绍相关的常用术语。

1.1.1 计算机系统的层次结构

计算机系统是由软件和硬件组成的复杂系统，因此在分析设计时通常采用层次结构的观点和方法去描述系统的组成与功能，这样可以控制计算机的复杂性，并使得计算机的分析与设计可以有组织地、系统地进行。下面将分别从系统内部的有机组成和程序设计语言功能的角度，介绍两种常用的层次结构模型。

1. 从计算机系统组成角度划分层次结构

如果从计算机系统组成的角度来划分层次，一般计算机系统都包含 5 层，如图 1-1 所示。

图 1-1 自下而上地描述了构成计算机系统的硬件层和多个软件层，直观展示了构建一台计算机时的逐层生成过程。

（1）第 1 层 微体系结构层是具体存在的硬件层次，它执行机器指令，可看做指令系统层指令的解释器。在由微程序控制的计算机上，微程序就是上一层指令的解释器。而在硬件直接控制的计算机上，是由硬件直接解释执行指令，并不存在一个真正的程序来解释上一层的指令。

（2）第 2 层 指令系统层是机器语言程序员所看到的计算机，这一层也称为传统机器级。它是一个抽象的层次，其主要特征就是指令系统。指令系统层定义了硬件与编译器之间的接口，它是一种硬件和编译器都能理解的语言。一方面，指令系统会表明一台计算机具有哪些硬件功能，是硬件逻辑设计的基础。因

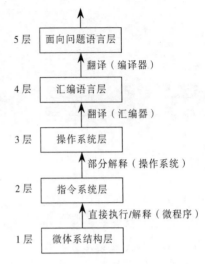

图 1-1 从计算机系统组成角度划分的层次结构模型

此，在指令系统层，应该定义一套在当前和将来的技术条件下能够高效率实现的指令集。另一方面，指令系统层需要为编译器提供明确的编译目标，使编译结果具有规律性和完整性。

（3）第 3 层 操作系统层。从系统程序员的角度来看，操作系统是一个在指令系统层提供的指令和特性之上又增加了系统调用和特性的程序。这一层增加的系统调用是由运行在指令系统层上的操作系统解释执行的。操作系统层并不是为普通程序员的使用而设计的，它主要是为支持高层所需的解释器或编译器的运行而设计的。

（4）第 4 层 汇编语言层。由于直接用机器指令代码编程非常困难，汇编语言实际上就是"符号化"的机器语言，每一条机器语言指令都有一条汇编指令语句与之对应，它是面向机器结构的语言。用汇编语言编写的程序先由汇编器翻译成机器语言程序，然后由微体系结构层解释执行。

从这一层看去，每一种计算机都有一套自己的汇编语言，解释它的汇编器，以及相应的程序设计与开发方法。汇编语言层以及上层是提供给解决应用问题的应用程序员使用的。

（5）第 5 层 面向问题语言层。该层的语言通常是为解决现实问题的应用程序员使用的，这些语言称为高级语言。目前，已开发的高级语言有几百种，如 C、C++、Java、Lisp 和 Prolog 等，用这些语言编写的程序一般会先由编译器翻译成第 3 层或第 4 层能识别的语言，然后再执行，偶尔也有解释执行的。

在计算机系统中，第 1、2、3 层结构使用的机器语言指令用二进制代码表示，虽然适合机器执行，但不容易被人理解。从第 4 层开始，所使用的语言是人们能理解的单词和缩略语。因此，在第 2 层和第 3 层主要用解释方式执行指令；而第 4 层和第 5 层通常采用编译方式执行指令。

总之，用分层方式来设计和分析计算机系统时，设计人员可以忽略一些无关紧要的细节，让系统设计中复杂的问题变得更容易理解。

2．从语言功能角度划分层次结构

如果将计算机功能抽象为"能执行用某些程序设计语言编写的程序"，那么我们看到的就是图 1-2 所示的一种语言功能层次模型。计算机硬件的物理功能只是执行机器语言，称为机器

语言物理机（当然，还可细分出一个微程序级）。从这一级我们看到的是一台实际的机器。

一般情况下，计算机都是先将用程序设计语言编写的程序翻译成机器语言，然后才能由物理机执行。但当高级语言较复杂时，也可分级编译，即将高级语言先翻译成层次低些的某种中间语言，再将中间语言进一步翻译成机器语言，如图 1-2 中虚线所示。

如图 1-2 所示，从使用某种高级语言编程的程序员的角度来看计算机，看到的就是可以执行这种高级语言的机器，即具有这种高级语言功能的虚拟机。虚拟机是指通过配置软件（如某种语言的编译器或解释器）扩充机器功能后所形成的一台计算机，实际机器并不具备这种功能。例如，C 语言程序员看到计算机能接收并执行 C 语言编写的程序，从他的角度看到的就是一台可以执行 C 语言的虚拟机，然而实际上物理机只能执行其机器语言，它是通过配置 C 语言编译程序才能处理 C 语言程序的。

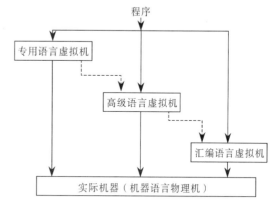

图 1-2　从语言功能角度划分的层次结构模型

采用虚拟机概念是计算机设计中的又一重要策略，它将提供给用户的功能抽象出来，使其脱离具体的物理机器，这有利于让用户摆脱真实物理机细节的束缚，获得超越物理机的功能。例如，为了使 Java 程序能在不同的计算机上运行，SUN 公司（已于 2009 年 Oracle 公司收购）定义了一种称为 Java 虚拟机（Java Virtual Machine，JVM）的虚拟体系结构。它有 32 位字组成的内存，能执行 226 条指令，大多数指令都很简单，只有少量较复杂的指令。

小知识

SUN 公司不仅提供了一个将 Java 语言程序编译成 Java 虚拟机指令序列（又称 Java 执行程序）的编译器，以实现程序的跨平台运行，而且还实现了能解释执行 Java 程序的解释器，该解释器用 C 语言编制，可在任何一台有 C 编译器的计算机上运行。例如，通常 Internet 的浏览器中就包含了 JVM 解释器，用来运行网页中的小 Java 执行程序 Applet（为网页提供语音和动画）。但是，这种解释器的执行速度较慢，因此产生了另一种运行方法，即在浏览器中包含一个将 JVM 程序翻译成机器语言的编译器，并在需要时激活它，这种随时编译的编译器称为 JIT（Just In Time）。这种运行方式的问题是第一次运行时的开销较大，即从收到 JVM 程序到开始执行会有因编译产生的延时，然而对于重复使用的 JVM 程序来说该方式（编译方式）的效果更佳。

除了软件实现的 JVM 机（JVM 解释器和 JIT 编译器）之外，SUN 和其他一些公司还设计了硬件的 JVM 芯片，即设计出可直接执行 JVM 程序的 CPU，不再需要用一层软件来解释或用 JIT 来编译 JVM 程序。这种体系结构的芯片 picoJava-Ⅰ和 picoJava-Ⅱ已经出现在嵌入式系统市场上。

3．软、硬件在逻辑上的等价

计算机系统以硬件为基础，通过软件扩充其功能，并以执行程序方式体现其功能。一般来说，硬件只完成基本的功能，而复杂的功能则通过软件来实现。但是，硬件与软件之间的界面，如功能分配关系，常随技术发展而变化。有许多功能既可以直接由硬件实现，也可以在硬件支持下靠软件实现，对用户来说在功能上是等价的，我们称为软、硬件在功能上的逻辑等价。例如，乘法运算，可由硬件乘法器实现，也可在加法器与移位器支持下由乘法子程序实现。又如，前述的 Java 虚拟机既可以用软件（JVM 解释器或 JIT 编译器）实现，也可以用硬件（JVM 芯片）实现。

从设计者角度看，指令系统是硬件与软件之间的界面。硬件的基本任务是识别与执行指令代码，因此指令系统所规定的功能一般可由硬件实现。用程序设计语言编制的程序最终需要转换成指令序列，由指令代码表示才能执行，因此指令系统是编程的基础（直接或间接）。如何设计指令系统，选择恰当的软、硬件功能，取决于所选定的设计目标、系统的性能价格比等因素，并与当时的技术水平有关。

刚出现数字计算机时，人们依靠硬件实现各种基本功能。但是，由于硬件造价高，随后设计计算机系统时就采用了硬件软化的技术策略，即只让硬件实现较简单的指令系统，如加、减、移位与基本逻辑运算功能，而依靠软件实现乘、除、浮点运算等更复杂的功能。曾经的小型计算机就采用了这种技术策略，从而使得它们的造价不高、结构简单，同时又具有较强的功能。

随着集成电路技术的飞速发展，我们可以在一块芯片上集成相当强的功能模块，于是计算机系统设计又出现了另一种技术策略——软件硬化，即将原来依靠软件才能实现的一些功能，改由大规模、超大规模集成电路直接实现，如浮点运算、存储管理等功能。这样，系统将具有更高的处理速度和更强的功能。

如果说系统设计者必须关心软、硬件之间的界面，即哪些功能由硬件实现，哪些由软件实现，用户则更关心系统究竟能提供哪些功能。至于这些功能是由硬件还是软件实现，在逻辑功能上则是等价的，只是执行速度有差别而已。

1.1.2　计算机系统结构、组成与实现

1. 基本概念

计算机系统的层次结构表明，不同层（级）的计算机具有不同的属性。传统机器级程序员所看到计算机的主要属性是该机指令系统的功能特性，而高级语言虚拟机程序员所看到计算机的主要属性是该机所配置的高级语言具有的功能特性。

对于不同的计算机系统，从传统机器级程序员或汇编语言程序员的角度来看，具有不同的属性。但是，从某一种高级语言程序员看，它们就几乎没有什么差别，具有相同的属性。因此，从高级语言程序员的角度，是"看不见"不同计算机系统在传统机器级上存在的差别的。在计算机技术中，对这种本来是存在的事物或属性，但从某种角度看又好像不存在的概念称为透明性（Transparency）。在一个计算机系统中，低层机器的属性对高层机器的程序员往往是透明的。

计算机系统结构，也称为计算机体系结构（Computer Architecture）。早在 1964 年 C.M.Amdahl 就给出了它的定义：计算机系统结构是机器语言程序员（或编译程序设计者）所看到的计算机的属性，是硬件子系统的概念性结构与功能特性。

Amdahl 提出的系统结构是指传统机器级的系统结构，是编译程序生成的机器语言目标程序能够在机器上正确运行应遵循的计算机属性。实际上，传统机器级系统结构的属性主要是由该机器的指令系统来表征的，具体属性如下：

（1）数据表示：硬件能直接识别和处理的数据类型。

（2）寄存器定义：包括各种寄存器的定义、数量和使用方式。

（3）指令系统：寻址规则、机器指令的操作类型和格式、指令间的排序和控制机制。

（4）中断系统：中断的类型和中断响应硬件的功能等。

（5）机器工作状态的定义和切换：如管态和目态等。

（6）存储系统：主存最小编址单位、编址方式、可编程最大存储容量等。

（7）输入/输出结构：输入/输出连接方式、处理机存储器与输入/输出设备间数据传送的方式和格式、输入/输出操作的状态等。

（8）信息保护：信息保护方式和硬件对信息保护的支持。

这些属性表明，经典计算机体系结构概念的实质就是计算机系统中软硬件界面的确定，界面之上是软件的功能，界面之下是硬件的功能。显然，经典计算机系统结构定义的范畴不包括机器级内部数据流和控制流的组织，也不包括逻辑设计与物理实现。

计算机组成（Computer Organization），也称为计算机组织。在计算机系统结构确定分配给硬件子系统的功能及其概念结构之后，计算机组成的任务是研究硬件子系统各组成部分的内部结构和相互联系，以实现机器指令级的各种功能和特性。它包括：数据通路宽度的确定，各种功能部件的相互连接及性能参数的匹配，功能部件的并行性确定，控制部件的设计，缓冲器和排队的使用，可靠性技术的采用等。例如，AMD Opteron 64 与 Intel Pentium 4 的指令系统相同，即两者的系统结构相同；但内部组成不同，流水线和 Cache 结构是完全不同的，相同的程序在两个机器上的运行时间一般是不同的。

计算机实现（Computer Implementation），是指计算机组成的物理实现。它包括处理机、主存储器、I/O 子系统等部件的物理结构，器件的集成度和速度，信号传输，器件、模块、插件、底板的划分与连接，专用器件的设计，电源、冷却、装配等技术以及有关的制造技术和工艺等。例如，同一系列机中的 Pentium 4 与移动版 Pentium 4 具有相同的指令系统和基本相同的组成，但由于是不同档次的机器，其硬件实现是不同的，两者的时钟频率和存储系统是不同的。

计算机系统结构、计算机组成和计算机实现是 3 个不同的概念。计算机系统结构是指令系统及其模型；计算机组成是计算机系统结构的逻辑实现；计算机实现是计算机组成的物理实现。它们各自包含不同的内容和采用不同的技术，但又有紧密的关系。

随着计算机技术的迅速发展，现代计算机系统设计面临的问题与 10 年前也大不相同。计算机系统结构、组成与实现之间的界限变得越来越模糊。现在使用的是广义的计算机体系结构概念，它既包括经典的计算机体系结构的概念范畴，也包括对计算机组成和计算机实现技术的研究。

当前计算机系统设计的任务异常复杂，涉及很多领域的技术，从编译程序、操作系统到指令系统设计、功能结构设计、逻辑设计和实现技术，特别是实现技术的发展对系统结构具有深远的影响，这些实现技术包括集成电路、半导体 DRAM、磁盘技术和网络实现技术。

通常，计算机系统设计的首要任务是要明确功能需求，即机器的应用领域，如设计目标是通用桌面机还是科学计算桌面机。也包括适应市场的需求，如果市场已存在为某一指令系统设计的大量软件，系统结构设计者应该考虑在新的机器中与该指令系统兼容。同时，还要考虑支持选定的操作系统所必需的特性，如存储管理和信息保护。对硬软件技术标准的支持也是很重要的，如浮点标准、典型 I/O 标准、操作系统、网络和编程语言等。

2. 系列机

系列机（Family Machine）是指由一个制造商生产的具有相同的系统结构，但具有不同组成和实现的一系列不同型号的计算机。这个概念是由 IBM 公司在设计 IBM S360 系统提出来的。直到现在，各计算机制造商仍按系列机的思想发展自己的产品。

如，IBM 370 系列有 370/115、125、135、145、158、168 等一系列从低速到高速的各种型号。它们的系统结构相同，具有同样的指令系统，从程序设计者所看到的机器属性是相同的；但它们采用不同的组成和实现技术，在低档机上可以采用指令串行执行的方式，而在高档机上则采用重叠、流水和其他并行处理方式等，因此它们各有不同的性能和价格。

对计算机领域影响最大也是产量最大的系列计算机就是 IBM PC 及其兼容系列机和 Intel 的 80x86 系列微处理机。80x86 系列微处理机的概况如表 1-1 所示。

表 1-1　80x86 系列微处理机概况

型　号	发布年份	字长（位）	晶体管数（万个）	主频（MHz）	内部数据总线宽度（位）	外部数据总线宽度（位）	地址总线宽度（位）	寻址空间	高速缓存
8086	1978	16	2.9	4.77	16	16	20	1MB	无
8088	1979	16	2.9	4.77	16	8	20	1MB	无
80286	1982	16	13.4	6～20	16	16	24	16MB	无
80386	1986	32	27.5	12.5～33	32	32	32	4GB	无
80486	1989	32	120～160	25～50	32	32	32	4GB	内置 8KB
Pentium（586）	1993	32	310～330	60～166	64	64	32	4GB	内置 8KB 数据、8KB 指令
Pentium Pro（P6）	1995	32	550+1550	160～200	64	64	36	64GB	内置 8KB 数据、8KB 指令；256KB 二级高速缓存
Pentium Ⅱ	1997	32	750	233～333	64	64	36	64GB	内置 32KB；512KB/1MB/2MB 二级高速缓存
Pentium 4	2000	32	42 000	1300	64	64	36	64GB	内置 32KB；512KB/1MB/2MB 二级高速缓存

图 1-3 所示为 PC 系列机的典型结构。ISA（Industry Standard Architecture）总线是 AT 总线标准化以后的名称。从图 1-3 可以看出，从早期 PC 到 Pentium PC，都是由微处理机直接通过总线控制主存储器；然而从 Pentium Ⅱ 开始则是由外部的总线控制器控制主存储器。

一种体系结构可以有多种组成。同样，一种组成可以有多种物理实现。系列机从程序设计者的角度看都具有相同的机器属性，因此按这个属性编制的机器语言程序及编译程序都能通用于各档机器，因此各档机器是软件兼容的（Software Compatibility），即同一个软件可以不加修改地运行于体系结构相同的各档机器上，而且运行结果一样，差别只是运行时间不同。系列机的出现较好地解决了软件要求环境稳定和硬件、器件技术迅速发展之间的矛盾，对计算机的发展起到了重要的推动作用。

不同制造商生产的具有相同体系结构的计算机称为兼容机（Compatible Machine）。兼容机可以对原有的体系结构进行某种扩充，同时采用新的计算机组成和实现技术，因而具有较高的性能价格比，在市场上有较强的竞争能力。

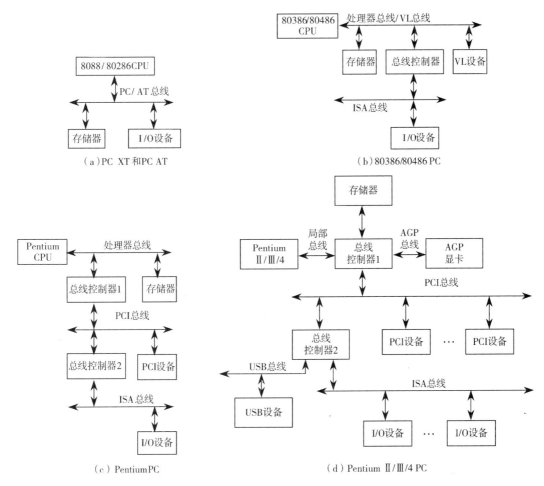

图 1-3 PC 系列机的典型结构

系列机软件兼容的向后兼容是指在某个时期投入市场的某种型号机器编制的程序,不加修改就能运行在它之后投入市场的机器上;向上兼容指的是按某档机器编制的程序,不加修改就能运行于比它高档的机器上。

为了适应系列机中性能不断提高和应用领域不断扩大的要求,后续各档机器的体系结构可以在原有基础适当扩充,但要保持向后兼容。Intel 公司的 80x86 系列微处理机在向后兼容方面是非常具有代表性的,从 1979 年的 8086 到 1999 年的 Pentium Ⅲ,增加了保护方式指令集、MMX 指令集和 KNI 指令集,但它保持了极好的二进制代码级的向后兼容性。

系列机为了保证软件的向后兼容,要求体系结构基本不改变,这无疑又妨碍了计算机体系结构的发展。这也是 RISC 微处理机在性能上很快超过传统的 CISC 微处理机的主要原因之一。

1.2 计算机系统结构的发展

1946 年冯·诺依曼(John von Neumann)首先提出了现代计算机的若干设计思想,其核心是"存储程序概念",采用这些设计思想的计算机设计体制被后人称为冯·诺依曼体制,这是计算机发展史上的一个里程碑。人们把在这一概念指导下设计的,在一个程序计数器控制下顺序执行指令的计算机,称为冯·诺依曼计算机,或简称诺依曼机。

需要指出，世界上第一台电子计算机 ENIAC 的程序是通过外部开关接线板排定的，因此它不属于"存储程序"（Stored Program）控制的诺依曼机类型。第一台"存储程序"控制的实验室计算机是 1949 年在英国剑桥大学完成的 EDSAC（Electronic Delay Storage Automatic Calculator）。从那时起，直到目前实用的各种计算机系统，不论其外观和性能有多么巨大的差异，就其系统结构来说，本质上都是属于冯·诺依曼计算机一类。

本节先介绍冯·诺依曼计算机的结构特征和存储程序计算机系统结构的发展过程，然后简介非冯·诺依曼计算机的概念。

1.2.1　冯·诺依曼计算机

几十年来计算机的体系结构尽管不断改进，但冯·诺依曼体制的核心概念仍沿用至今，绝大多数实用的计算机仍属于冯·诺依曼计算机。冯·诺依曼计算机由运算器、控制器、存储器和输入/输出设备组成，如图 1-4 所示。

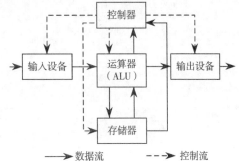

图 1-4　冯·诺依曼计算机的结构框图

冯·诺依曼计算机结构的主要特点可以归纳为如下几点：

（1）采用存储程序方式，程序的指令和数据存放在同一存储器中。存储器由线性编址的单元组成，每个单元的位数是相同且固定的。

（2）指令由操作码和地址码组成。操作码指定操作类型，地址码指明操作数和操作结果的地址。操作数的类型（定点、浮点或十进制数）由操作码决定，操作数本身不具有数据类型标志。

（3）控制流由指令流产生。指令在存储器中按其执行顺序存储，由指令计数器（也称程序计数器）指明每条指令所在单元的地址。通常每执行完一条指令，指令计数器自动加"1"，以指示下一条顺序指令地址。虽然执行顺序可以根据运算结果改变，但是解题算法仍然是也只能是顺序型的。

（4）存放在存储器中的指令和数据，都是以二进制编码表示的，它们本身是无法区别的。只是指令的地址应由指令计数器给出，即以指令计数器的值为地址，从存储器中读出的内容将被机器看成是指令，被送往控制器去解释和执行。

（5）机器以运算器为中心，采用二进制运算。输入/输出设备与存储器之间的数据传送都经过运算器；控制器实施对各部件的集中控制。

冯·诺依曼系统结构是现代计算机发展的基础。它实现了存储程序的工作机制；但指令的执行顺序由指令计数器控制，是一种控制驱动方式的机器。特别是它的串行执行方式，使其解题算法和编程模型只能是顺序型的；它更深远的影响是较长期以来大多数程序设计语言、编译程序、操作系统都是面向顺序式编程模型。

冯·诺依曼等人提出这种结构时，由于硬件价格昂贵，故使硬件完成的功能尽量简单，而把更多的功能交由软件来完成。随着计算机应用领域的扩大，高级语言和操作系统的出现，这种功能分配的状况引起了愈来愈多的矛盾，迫使人们不断地对这种体系结构进行改进。

1.2.2　存储程序计算机系统结构的发展过程

1. 计算机系统结构的改进过程

从世界上第一台真空管数字电子计算机到如今以超大规模集成电路（VLSI）为技术基础

的电子计算机，计算机已经走过了 60 多年的时空。从计算机的发展历史来看，它一开始就与构成所采用的电子器件密切相关，计算机的更新换代通常是由器件及线路的变革来标识的；其次，计算机系统结构的不断改进也持续提高了计算机的性能。

从 1960 年以来，晶体管的出现使处理机的尺寸越来越小，价格不断降低；同时，出现了相对价廉的磁心存储器，这为系统结构的改进提供了有力的支持。一方面，采用并行结构以提高系统性能，如当时典型的大型机 IBM 360、Burroughs B5000，所采用的是小规模共享内存多处理机结构；又如，CDC 6600 的多个外设处理机与中心处理机通过非对称共享内存相连，并提供双 CPU 配置。另一方面，处理机内部进行了很大的革新，使用流水线技术和功能单元重复实现指令级并行性，以有效地提高处理机的性能。此外，DEC 公司也推出了结构简单、性价比较高的 PDP 系列小型机，其中 PDP-8 的结构变革是采用了总线结构，这种结构为以后的小型机和微型机广泛采用。

1970 年以后，集成电路技术发展很快，影响着系统结构也不断改进，计算机性能的增长速度达到每年 25%~30%。并行结构的计算机的性能进一步提高，开发了相应的并行软件，产生了一系列著名的大型计算机系统，如 IBM 370 系列、CDC 7600、 CrayX-MP 等，以及超级小型机 VAX 11 系列。

1971 年诞生了第一个微处理机 Intel 4004，它标志着一次计算机设计和实现技术的突破。从 20 世纪 70 年代末到 80 年代中期，采用微处理机的计算机，其性能增长率达到每年 35%，其中重要的因素是集成电路技术的迅速发展。20 世纪 70 年代初期的微处理机如 4004、8080、8085，指令间采用串行执行方式，性能不高。20 世纪 70 年代后期，微处理机内部开始采用大型机中的指令级并行技术，如 Intel 8086 内部采用流水线技术，有效地提高了性能。由于微处理机的增长率和大批量生产的成本优势，使与微处理机相关的产业迅猛发展，反过来又促进了微处理机的持续发展。

一直到 1986 年，微处理机的发展主要是增加并行处理的位数，4 位的微处理机被 8 位微处理机取代，然后是 16 位，到出现 32 位的计算机时，这个趋势就减缓了，目前 64 位的微处理机已经开始使用。对更宽数据的需求不是由性能引起的，而主要是为了改进浮点数的表示或增加地址空间。

20 世纪 80 年代中期到 90 年代中期，微处理机的发展主要是通过不断提高指令级并行度来提高机器的性能。这时出现了异于传统的精简指令集计算机（Reduced Instruction Set Computer，RISC），导致了计算机系统结构的一次重大变革。RISC 强调在单周期内完成常用指令的执行，技术实现从采用流水线到多指令发射，也注重编译器的优化。当时 RISC 成为系统结构发展的主流，典型处理机如 SPARC、MIPS R4000。Intel 公司在设计 Intel 80486及后期的微处理机时，也吸收了 RISC 的设计思想。

从 20 世纪 80 年代中期到 2002 年，计算机性能的增长每年超过了 50%。主要因素是由于单一芯片中集成的元器件数量越来越多，时钟频率不断提升；在处理机设计时采用了许多复杂的处理机制以提高指令执行的并行度，如 Intel Pentium 系列芯片。但是，一个单线程控制流内的指令级并行性开发是有限的。当微处理机每周期发射 2 条指令时，性能提高很有效，发射 4 条指令也有明显改善；但是更多如发射 8 条指令就很难提高性能（因为程序中平均每 5 条指令有一次转移），而且设计与实现的复杂性都会急剧增长。

自 2002 年以后，由于指令级并行性开发的限制，同时还存在功耗、散热以及存储器时延等问题，处理机性能的增长率下降为 20%，使继续有效地提升单核微处理机性能的难度不断加大。因此，微处理机并行性的开发需要向上一个层次（并发多线程）转移，即通过在单芯片上放入多个结构相对简单的处理机来进一步提高处理机的性能。目前，多核微处理机已经用于 PC、工作站和服务器中，如 Intel E8500（双核）、Q9550（4 核）、Gulftown（6 核）等。

综上所述，计算机系统性能的不断提高主要依靠器件技术的进步和系统结构的改进。而推动计算机系统结构发展的一个重要手段就是在系统的不同层次开发并行性。

特别需要强调的是，微处理机性能的迅速提高使得现代计算机的系统结构发生了深刻的变化。近 20 年来微处理机都占据统治地位，一方面高性能的微处理机由于采用了过去大型机的多种并行处理技术，而使其性能已经超过了多年前的超级计算机，并广泛用于桌面计算机、服务器和嵌入式计算机系统中。另一方面，由多个微处理机构成的多处理机系统已经取代了大型机，一些高端的超级计算机也是采用大量的高性能微处理机构成。

2．计算机系统的分代

从计算机出现以来，更新换代速度迅速，一种典型的分代方式如表 1-2 所示。表 1-2 表明计算机已经经历了 5 代，现在正处在第 5 代，各代的划分主要依据器件技术水平，并带有明显的硬件和软件技术标志。

表 1-2　计算机系统的发展

说明　分代	器件技术和系统结构	软　　件
第 1 代 （1946—1954）	电子管和继电器。单 CPU，用程序计数器和累加器顺序完成定点运算	机器语言或汇编语言，单用户，用 CPU 程序控制 I/O
第 2 代 （1955—1964）	晶体管和磁心存储器，用印制电路互连。变址寄存器，浮点运算；多路存储器，I/O 处理机	有编译程序支持的高级语言，子程序库，批处理监控程序
第 3 代 （1965—1974）	中小规模集成电路（MSI-SSI），多层印制电路，微程序。流水线，高速缓存，虚拟存储技术，先行处理机，系列机	多道程序设计，分时操作系统，多用户应用
第 4 代 （1975—1990）	大规模或超大规模集成电路（LSI/VLSI），半导体存储器。RISC 处理机，多处理机，多计算机，向量超级计算机	用于并行处理的多处理机操作系统、专用语言和编译器；并行处理和分布计算的软件工具和环境
第 5 代 （1991 至今）	甚大规模集成电路（ULSI）。高密度和高速度的处理机和存储器芯片，多核芯片。采用大规模并行处理，可扩展和容许时延的系统结构	大规模分布式计算，多种风格并行语言，自动并行化编译器，互联网应用

1.2.3　非冯·诺依曼结构计算机

计算机系统结构主要沿着两个方向发展：一个方向是不断对冯·诺依曼结构进行改进，以持续提高现代计算机系统的性能。另一个方向是研究非冯·诺依曼结构的计算机。

冯·诺依曼结构的计算机系统无论在结构上怎样改进，其运行程序或执行指令的控制方式仍然属于控制驱动方式。

符号处理、函数归约、定理证明、逻辑推理等非数值信息处理或人工智能问题求解的应用，都需要寻求能更有效地开发其并行性的控制方式。20 世纪 70 年代以来，提出了数据驱动、需求驱动和模式匹配驱动 3 种新的驱动方式。

数据流计算机是一种数据驱动方式系统结构的计算机，只有当一条或一组指令所需的操作数全部准备好时，才能激发相应指令的一次执行，执行结果又流向等待这一数据的下一条或一组指令，以驱动该条或该组指令的执行。因此，程序中各条指令的执行顺序仅仅是由指令间的数据依赖关系决定的。

需求驱动方式是一个操作只有在要用到其输出结果时才开始启动,如果此操作的操作数未到齐,则它去启动能得到各输入数的操作,需求链一直延伸下去,直至遇到常数或外部已输入数据为止,然后再按相反方向去执行操作。归约机就是通过对函数求值的需求,激发相应指令的执行,它属于需求驱动系统结构、使用函数式程序设计语言的计算机。

模式匹配驱动方式是通过搜索,获得与给定标识符号(模式)相匹配的对象来激发指令的执行,其结果又将引起一组新的寻求匹配的操作,如此继续,直到满足终止条件。在 Prolog 程序设计语言中,计算的进行是由谓词模式匹配来驱动的,而谓词是代表客体之间关系的一种字符串模式,主要用来求解非数值的符号演算。面向智能的计算机,如 Lisp 机、Prolog 机、神经网络等,都属于模式匹配驱动系统结构计算机。

显然,这些新型计算机的计算模型和程序设计语言,只适合于某一领域的计算,并不能代替当前的通用计算机系统。控制驱动方式的计算机系统仍然是系统结构发展的主流。目前,除了数据流计算机已有一些成型机外,其他驱动方式的计算机还处于研究阶段,还存在大量深入的工作有待完成。

1.3　并行性与并行计算机

计算机系统结构改进的关键途径是在系统的不同层次开发并行性,其目的就是提高计算机系统的性能。本节先介绍并行性的基本概念,然后讨论提高计算机系统并行性的技术途径,最后简述典型的并行计算机系统。

1.3.1　并行性概念

并行性(Parallelism)是指在同一时刻或是同一时间间隔内完成两种或两种以上性质相同或不相同的工作。只要时间上互相重叠,就存在并行性。实际上,并行性包括同时性与并发性。同时性(Simultaneity)是指两个或多个事件在同一时刻发生;并发性(Concurrency)是指两个或多个事件在同一时间间隔内发生的并行性。

并行性已经在不同层次或等级中得到开发应用,从执行程序的角度看,并行性等级从低到高可分为:

(1)指令内部并行:一条指令内部的各个微操作之间的并行。

(2)指令级并行 ILP(Instruction Level Parallel):并行执行两条或多条指令。

(3)任务或进程级并行:并行执行两个或多个任务或程序段。

(4)作业或程序级并行:多个作业或多道程序的并行执行。

在单处理机系统中,并行性级别到任务级或作业级并行时,则由操作系统中的进程管理、作业管理、并发程序设计等软件的方式来实现。而在多处理机系统中,由于已有了完成各个任务或作业的处理机,对应级别的并行性是由硬件实现的。因此,实现并行性也有一个软硬件功能分配问题,往往也需要折中考虑。

计算机系统能实现的并行层次,不仅与系统结构有关,而且与使用的算法、语言、编译器、操作系统有关,也与具体的程序功能有关。

1.3.2　提高并行性的技术途径

计算机系统中提高并行性的措施有很多,就其基本思想可归纳为下列三种途径:

1．时间重叠（Time-interleaving）

在并行性概念中引入时间因素，即多个处理过程在时间上相互错开，轮流重叠地使用同一套硬件设备的各个部分，以加快硬件周转而赢得速度。

处理机内的指令流水线技术就是时间重叠途径的典型例子，流水线的基本思想是在一个指令序列中让指令重叠执行以减少总的完成时间。流水线执行的关键在于流水线中并不是每条指令都依赖于它的前一条指令，这样，完全或部分地并行执行指令就成为可能。如图 1-5 所示，若一条指令的执行分为取指、分析、执行 3 个步骤，则指令流水线由对应的 3 个独立部件构成，每条指令的 3 个执行阶段分别在对应部件上完成。设每个操作步骤的完成时间均为 Δt，若第 k 条指令、第 $k+1$ 条指令和第 $k+2$ 条指令在时间上错开 Δt，就可以在指令流水线上轮流完成不同的指令步骤，加快了程序的执行速度，如图 1-5（b）所示。

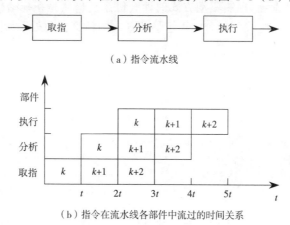

（a）指令流水线

（b）指令在流水线各部件中流过的时间关系

图 1-5　时间重叠的例子

2．资源重复（Resource-replication）

在并行性概念中引入空间因素，通过重复设置硬件资源，可以大幅度提高并行处理能力。随着集成电路的发展，硬件价格和体积不断下降，资源复制已经称为提高系统性能最有效的手段。

超标量处理机内有多条指令流水线，可以使多条指令同时执行，这表明同时采用了时间重叠和资源重复技术。显然，多处理机和多计算机本身就是资源重复的结果。

需要说明，还有一种提高并行性的软件方式称为资源共享，它是指多个任务按一定时间顺序轮流使用同一套硬件设备，这样既降低了成本，又提高了计算机设备的利用率。如，带有多个终端的单机计算机系统，在分时操作系统的支持下可以为多个用户或多个任务服务，每个终端上的用户感到好像自己有一台处理机。但实际上，这种并行性是由多个用户进程分时共享单一处理机实现的，可以认为是用虚拟方式模拟多处理机功能。

时间重叠是实现并行性中的并发性，资源重复是实现并行性中的同时性。在硬件上，无论是单机还是并行计算机系统主要都是采用这两种技术途径来实现并行性。

1.3.3　并行计算机简介

按照并行计算机的系统结构，可以分为：流水线向量处理机、阵列计算机、多处理机系统与多计算机系统。下面分别简介它们的结构和并行特点。

1. 流水线向量多处理机系统

流水线技术属于时间重叠的并行途径,是一种在单机和多机系统中采用的提高并行性的基本技术。

图 1-5 中给出的是一个 3 级流水线结构,从理论上讲,一条 k 级线性(各级处理时间相同)流水线,其处理能力可以提高 k 倍。但实际上,除了各级处理时间可能不同而不能保持理想的线性状态外,访存冲突、数据相关、转移和中断等因素,都会引起处理时间的额外延长,其性能很难达到理论值。

为了充分发挥流水线处理的效率,流水线方式特别适合于对一大批数据重复进行同样操作的场合。因此,流水线结构的多处理机结构,尤其适用于向量处理。

图 1-6 所示为一种流水线多处理机系统结构。Cray-1 和富士通 VP-200 超级计算机所采用的流水线结构与图 1-6 中的结构十分相似。这一结构中包含了 3 条流水线:一条 3 级指令流水线,用于指令处理;一条标量算术逻辑运算流水线是标量处理机的核心;另一条向量流水线构成了向量处理机。在指令流的控制下,标量和向量处理机对标量数据流和向量数据流进行流水线处理。无论是标量数据还是向量数据,都可以是定点或浮点形式。显然,这种系统结构既采用了时间重叠技术又采用了资源重复技术。

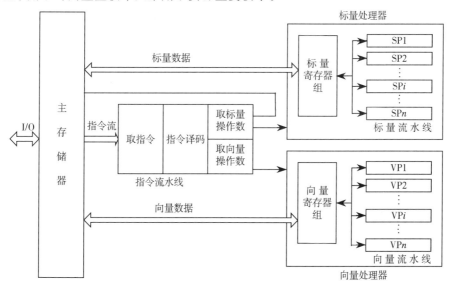

图 1-6 流水线向量多处理机系统结构示意图

2. 阵列计算机系统

假设要求完成以下计算:

```
r₀=0
for i=1 to 100 do
    aᵢ=xᵢ/yᵢ
    bᵢ=aᵢ*zᵢ
    rᵢ=bᵢ+rᵢ₋₁
endfor
```

如果在一般单处理机计算机上进行上述计算,显然是执行一段循环程序。仔细分析上述程序段,可以看出,对于不同的 100 组原始数据(x,y,z)重复执行 100 次相同的运算 $a=x/y$ 和 $b=a*z$ 。由于(x,y,z)的取值是互相独立的,这一计算过程可以用图 1-7 所示的模型来表示。图示表明,沿垂直方向的运算,必须串行进行,因为下一步计算依赖于上一步计算结果。但是沿水平方向，是 100 组相同的计算序列。除了中间结果 r_i 有前后依赖关系外，其余相同的运算都可以同步地并行进行。也就是说，可以用 100 个相同的处理机同时对各自的输入 (x_i, y_i, z_i) 进行相同的运算，输出相应的中间结果 r_i。显然，这样的并行处理方式大大提高了类似于图 1-7 所示计算模型的处理效率。

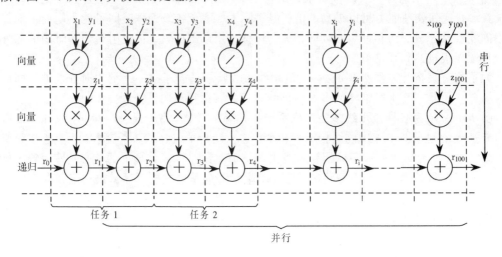

图 1-7 并行处理的一种模型

阵列计算机就是适用于这类处理的一种多处理机系统。Illiac Ⅳ 是一种较早开发的典型阵列计算机。它的系统结构框图如图 1-8 所示。其主体是 n 个可同步并行操作的处理部件 PE（Processing Element）。每个 PE 具有相同的结构，主要包含一个 ALU 和一个局部存储器 LM。这 n 个 PE 将同步地对不同的输入数据进行相同的操作。n 个 PE 之间有一个互联网络，主要起数据交换的作用。从控制存储器 CM（Control Memory）中读出的指令，都由 CP 解释。PE 不包含解释分析指令的功能。标量运算和控制型指令，则直接由控制处理机（Control Processor, CP）执行。凡是向量运算指令，就发布给所有的 PE，每个 PE 将按照指令的要求，从自己的 LM 中取操作数执行运算。PE 间的互联网络也是在 CP 的控制下完成数据调度操作。

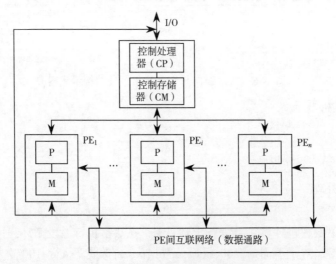

图 1-8 阵列计算机系统结构框图

3. 多处理机系统与多计算机系统

前面介绍的流水线向量多处理机系统与阵列计算机系统，在开发并行性方面，都有一定的局限性。流水线向量处理系统主要适用于对一批数据进行多次相同或不同操作的场合；阵列计算机则适用于对一批互相无关的不同数据进行相同操作的场合。总之，这两种结构都特别适用于向量处理，如矩阵运算、卷积运算、FFT 等。对于不符合上述要求的应用，它们的潜在性能就不能充分发挥。

将多个处理机或多个计算机组织在一个系统中，在集中或分布控制下，形成一个协同操作的并行处理系统。系统中各个处理机或计算机可以同步工作，也可以异步工作；可以执行相同的操作，也可以执行不同的操作，或完成不同的任务。因此，这样的系统更具有通用性，可用于解决多种类型的并行处理的问题，也是当前的主流并行计算机系统。

由多个处理机及存储器模块构成的并行计算机被称为多处理机系统（Multiprocessor System），它的一种基本互连结构如图 1-9 所示。多个处理机通过互联网络可共同使用多个存储器，这多个存储器组成了系统的全局存储器。处理机之间的通信通过共享存储器进行。

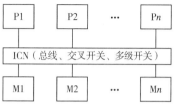

图 1-9　一种共享存储的多处理机互连结构

目前，最普遍的多处理机组织方式是对称多处理机 SMP（Symmetrical Multi-Processor），它由多个相同或相似的处理机组成，以总线或某种开关阵列互连成一台计算机。例如，Sun Enterprise 10000 服务器采用 SMP 结构，有 64 个 Ultra SPARC 处理机，共享 64 GB 全局存储器，通过交叉开关互联。目前的多核芯片也属于多处理机系统。

由多个计算机构成的并行计算机被称为多计算机系统（Multicomputer System），其基本的互连结构如图 1-10 所示。其中每个计算机（可以是单机系统或 SMP 系统）只能访问自己内部的私有存储器，而无法访问其他计算机内的存储器。计算机之间的通信只能通过消息传递（Message Passing）方式进行。这种结构不存在访存冲突问题，但各计算机之间通过互联网络交换消息将导致通信开销增大。

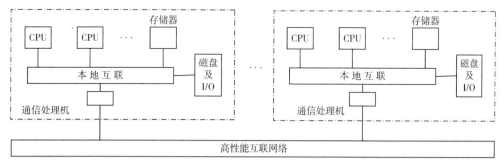

图 1-10　消息传递的多计算机系统互连结构

大规模并行处理系统 MPP（Massively Parallel Processing）属于多计算机系统，它是由成百上千个结点（含微处理机、本地存储器、网络接口等）以高带宽低时延的专有网络互联而构成的大规模计算机系统，由于其高性能而用于科学计算、军事、数据仓库、决策支持系统等领域。例如，Cray T3D 系统，可以扩展到 2 048 个结点，结点主要包含一个 Alpha 21164 微处理机、本地主存和通信处理机，结点之间通过双向三维环网互联通信，结点还通过一个 GigaRing 网与 I/O 结点互连。

集群系统（Cluster）也是多计算机系统，它由一组完整的计算机通过专用网络或局域网互连而成，作为统一的计算资源一起工作，并能产生像一台计算机在工作的印象。Google PC集群系统，有 40 个机架，每个机架上可插入 80 台刀片式 PC，因此系统共由 3 200 台 PC 通过以太网互连而成，其性价比很高。

1.4　计算机系统的分类

计算机的分类方法有多种，本节介绍两种常用的分类方法。

1.4.1　Flynn 分类法

从并行性的角度对计算机系统分类的方法有多种，其中经典的分类方法是 1966 年美国的 M．J．Flynn 教授提出的。先给出如下定义：

指令流（Instruction Stream）：机器执行的指令序列。

数据流（Data Stream）：由指令流调用的数据序列，包括输入数据和中间结果。

多倍性（Multiplicity）：在系统最受限制的元件上同时处于同一执行阶段的指令或数据的最大可能个数。

同时，他按照指令流和数据流两种不同的组合，把计算机系统的结构分为以下 4 类：

（1）单指令流单数据流 SISD（Single Instruction Stream Single Datastream）；

（2）单指令流多数据流 SIMD（Single Instruction Stream Multiple Datastream）；

（3）多指令流单数据流 MISD（Multiple Instruction Stream Single Datastream）；

（4）多指令流多数据流 MIMD（Multiple Instruction Stream Multiple Datastream）。

对应于这四类计算机的基本结构框图如图 1-11 所示。CU 表示控制器，PU 表示处理单元，即执行部件，MM 是存储器模块。图 1-11 中略去了输入/输出设备。

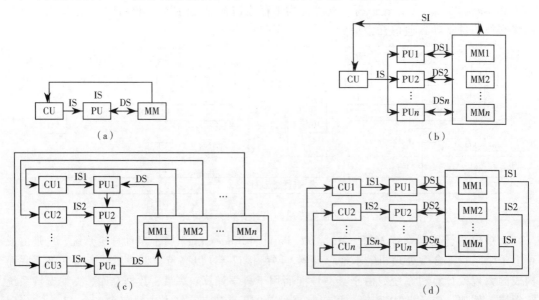

图 1-11　Flynn 分类法中 4 种系统的基本结构

SISD 是传统的顺序处理计算机。SIMD 以阵列处理机为代表。MISD 实际代表何种计算机，存在着不同的看法。多处理机与多计算机系统属于 MIMD 结构。

由于实际计算机系统结构的类型较多，因而 Flynn 分类法难以对所有的计算机特性进行准确的分类。例如，前述的流水线向量多处理机系统就不能简单地用 Flynn 法归类。Flynn 法从指令流和数据流的角度揭示了计算机的并行，但多数计算机仍然可以用 Flynn 法归类，它仍然是至今最为流行的一种并行性分类法。

1.4.2 应用分类

在计算机系统结构领域中，有两个变化是很突出的：一个是过去大中型计算机所采用的主要系统结构技术，如流水线、超标量和超流水线、向量运算、虚拟存储、高速缓存、I/O 通道等开始用在个人计算机/工作站中。另一个是一些高性能的计算机是由多个微处理机构成的并行机器。因此，进入 20 世纪 90 年代以来，传统的巨、大、中、小、微分类的技术界限正在消失，更符合市场发展的通常是按应用分类。

按照计算机的性能和应用特征，现代主要的计算机可分为桌面计算机、服务器型计算机和嵌入式计算机三种类型。

1. 桌面计算机

桌面计算机包括个人计算机和工作站。个人计算机主要为一个用户提供良好的计算性能和较低成本的工作环境。最早出现的个人计算机是 1977 年 Apple 公司的 Apple Ⅱ 微型计算机。20 世纪 80 年代，IBM PC、IBM PC/XT、IBM PC/AT 系列机的推出和迅速普及，带动了为其生产 Intel 80x86 微处理机芯片的 Intel 公司和 Windows 操作系统的 Microsoft 公司的巨大发展。后来，由于 IBM 公司转为生产使用 OS/2 操作系统的个人机 PS/2，因此其他厂商开始生产 PC 兼容机，继续采用 Intel 公司生产的 80386、80486、Pentium、Pentium Pro、Pentium Ⅰ/Ⅱ/Ⅲ/4 等一系列 32 位微处理机芯片或其他公司生产的兼容芯片。

工作站是指具有完整人机交互界面、图形处理性能和较高计算性能，可配置大容量的内存和硬盘，I/O 和网络功能完善，使用多任务多用户操作系统的小型通用个人化计算机系统。1983 年，美国 Apollo 公司推出了首台适合计算机辅助设计（CAD）的工作站。Apollo 公司于 1989 年被 HP 公司兼并，目前工作站厂商主要有 SUN、HP、DELL、SGI 等公司。工作站推出时采用 32 位结构，现在已有 64 位结构，并普遍采用 RISC 处理机芯片，如 SUN 采用的是 SPARC 系列芯片，HP 采用的是 PA-RICS，SGI 采用的是 MIPS，IBM 采用的是 Power PC。工作站主要采用 UNIX 操作系统，应用于多媒体设计和制作领域。

桌面计算机典型的系统结构是以总线形式将 CPU 模块、存储器模块、各种 I/O 模块互连在一起，构成计算机系统。多数桌面机使用单一处理机，属于 SISD 结构计算机。

有一些工作站采用两个或几个处理机，共享集中式存储器，是对称式多处理机 SMP，属于 MIMD 结构计算机。由于多核处理机芯片的出现，使用这样芯片的个人机也属于 MIMD 结构计算机。

目前，最大的一个计算机市场就是桌面计算机市场。桌面计算机的范围涵盖了从低于 500 美元的个人计算机到超过 5 000 美元、拥有超高配置的工作站。在这个价格和性能区间，计算机市场的总体趋势是提高其性价比。因此，桌面计算机往往是最新、最高性能的微处理机和低成本微处理机最先应用的领域。

2. 服务器

服务器是 20 世纪 90 年代迅速发展起来的主流计算机产品，它是为网上客户机在网络环境下提供共享资源（包括查询、存储、计算等）的高性能计算机，具有高可靠性、高性能、高吞吐能力、大内存容量等特点，并且具备强大的网络功能和友好的人机界面。其高性能主要体现在长时间的可靠运行、良好的扩展性、强大的外部数据吞吐能力等方面。

服务器是网络中的核心设备，其可靠性是关键，如运行 Google、处理 Cisco 业务、或者在 eBay 上进行拍卖业务的服务器，必须确保每周 7 天、每天 24 小时连续运转。如果这样的服务器系统出现故障，那么其后果比一台桌面计算机的故障所带来的损失更具灾难性。服务器可采用 ECC（Error Checking and Correcting）内存、RAID（Redundant Array of Independent Disks）技术、热插拔技术、冗余电源、冗余风扇、机箱锁、密码保护等方法使服务器具备容错能力和安全保护能力。上述硬件技术与安装于服务器之上的网络操作系统的系统备份等功能结合起来，使服务器具备高可靠性。

服务器应具有可扩展性。由于服务需求或功能需求的迅速增长，服务器也应随之扩展。因此，对于服务器来讲，能够在计算能力、存储器容量、存储系统以及 I/O 带宽等方面进行升级是至关重要的。例如，采用 Intel 处理机的服务器具备较多的 PCI、ISA 插槽，较多的驱动器支架及较大的内存扩展能力，提供冗余电源、冗余风扇，采用 SICI 技术、RAID 技术、高速智能网卡。使得用户的网络扩充时，服务器也能满足新的需求，保护用户的投资。

服务器要将其数据和硬件提供给网络共享，其主要设计目标就是为了达到高效的吞吐量，也就是说，服务器的整体性能以每分钟处理的事务数或每秒所提供的页面数来衡量。对单个请求的响应非常重要，但用单位时间处理的请求数目来表示整体效率和成本效率对大多数服务器来说更为关键。因此，服务器都采用多处理机结构，极大地提高了计算能力。服务器属于 MIMD 结构计算机。

服务器按规模可分为：大型服务器（企业级或计算中心级）、中型服务器（部门级）、小型服务器（基层工作组级）、入门级服务器等。按服务器的外形与结构来分，可分为：塔式服务器、机柜式服务器。

目前，性价比高的是采用 Intel 或与其兼容的处理机芯片的服务器，又称 IA32（Intel Architecture 32 位总线结构）架构服务器，这是一个通用开放的系统。由于 PC 已存在大量用户，使得 IA 结构服务器与用户机的亲和度极高。IBM、HP、DELL、联想、浪潮等很多公司都生产 IA 架构服务器。例如，企业级服务器采用 4 核芯片 Intel Xeon E5504 作为多处理机，操作系统主要采用 Windows 2000/Windows NT 4，也可以支持现在流行的 Linux、SCO UNIX、Solaris for x86 等 UNIX 操作系统。

IBM、HP、SUN、fujitsu 等公司也生产采用其他多处理机的服务器。SUN、Fujitsu 等公司的服务器基于 SPARC 结构；HP 公司的则是基于 PA-RISC 结构；Compaq 公司是 ALPHA 结构。I/O 总线也不相同，如 Fujitsu 是 PCI，SUN 是 Sbus。这就意味着各公司服务器的插卡，如网卡、显示卡等可能也是专用的。操作系统一般是基于 UNIX 的，但是版本却不同，如 SUN、Fujitsu 是用 SUN Solaris，HP 是用 HP-UNIX，IBM 是 AIX，所以这类服务器的结构是封闭的。然而，其高可靠性、高速的计算能力和采用 UNIX，操作系统的安全性，对金融保险等领域的用户仍有相当的吸引力，尽管价格是 IA 架构服务器的好几倍。

此外，用两台或多台服务器通过网络连接组成一个服务器集群系统，以满足某些应用的高性能和高可靠性需求，这种集群系统需要特殊的软件和硬件支持。集群配置可以保证某台服务器发生故障时，集群中的另一台服务器除了完成自己分内的任务外，可以接任故障服务器的任务。而且，集群系统具有在各服务器上平衡负载的能力，当系统加入新结点（服务器）时，负载平衡机制应能自动将新结点列入可调度范围。

3．嵌入式计算机

在很多应用中，计算机作为应用产品的核心控制部件，隐藏在各种装置、设备和系统中，这样的计算机称为嵌入式计算机。嵌入式计算机系统集软件与硬件于一体，是满足具体应用对功能、可靠性、成本、体积、功耗等综合性严格要求的专用计算机系统。嵌入式系统的硬件部分，主要包括嵌入式微处理机、存储器、I/O 接口和外设部件等；软件部分包括操作系统软件（要求实时和多任务操作）和应用软件。

嵌入式系统的核心是嵌入式微处理机。嵌入式微处理机一般对实时和多任务有很强的支持能力，能完成多任务并且有较短的中断响应时间，从而使内部的代码和实时操作系统的执行时间减少到最低限度。嵌入式微处理机的功耗必须很低，尤其是用于便携式的无线及移动的计算和通信设备中靠电池供电的嵌入式系统更是如此。

很多嵌入式应用还要求最小化存储器。存储器是系统成本的一部分，因此，对存储器大小的优化是很重要的。嵌入式系统的操作系统和应用程序都需要装入存储器，存储器大小的问题就转化成了软件代码量大小的问题，因此需要在满足应用需求的基础上，对其操作系统进行优化裁剪，以尽量减少代码量，从而减少存储器的容量，也减少了功耗需求。

嵌入式计算机是目前计算机市场中增长最快的领域。嵌入式系统几乎包括了生活中的所有电器设备，如手机、掌上 PDA、电视机顶盒、汽车、微波炉、数码照相机、家庭自动化系统、电梯、空调、安全系统、自动售货机、工业自动化仪表与医疗仪器等。

1.5　计算机系统设计的主要任务与量化原则

现代计算机系统的复杂性对设计者提出了更高的要求，本节主要探讨了设计者的主要任务、计算机系统设计中的经验方法，以及两个用于设计方案评价的重要公式 Amdahl 定律和CPU 性能公式。

1.5.1　计算机系统设计者的主要任务

计算机系统设计者的任务包括指令系统的设计、功能的组织、逻辑设计和其物理实现，即要设计出能满足包括功能、价格、性能、供电和可用性等要求的计算机。因此，设计者需要熟悉从编译系统、操作系统到逻辑设计和硬件实现等一系列技术。

下面给出计算机系统设计者主要考虑的因素。

1．确定所设计计算机系统的功能需求

对计算机系统设计者而言，功能需求必须适应市场需求，如设计的是通用桌面机还是商用服务器，二者对功能需求的着重点是不同的，桌面机设计的关键问题是高性价比和良好的图形性能；而服务器则更强调可靠性、可扩展性和吞吐量。应用软件也对功能的确定有重要的影响，如果市场上已有大量针对某一指令集系统结构设计的软件，系统结构设计者就应考虑在新的机器中与这一指令系统兼容。如果对某一特定应用软件的市场需求非常大，设计者也可能会在新计算机中引入某些支持这些软件的功能特性，以增强新计算机在市场中的竞争力。

具体的功能需求包括：

（1）应用领域是专用还是通用，是面向科学计算还是面向商用处理，是桌面机、服务器还是嵌入式计算机，专用机应用于特殊领域，要求有非常高的性能。通用机对各种应用都适合，有比较平衡的性能。科学计算应用领域要求浮点运算性能高。商用系统要求支持 COBOL、

数据库和事务处理。嵌入式计算机通常要求对图像、视频或是其他一些专门的应用有特殊的支持，要求功耗限制和实时处理。

（2）软件兼容层次。如果要求在高级语言层兼容，则设计者设计系统结构的限制少，但需要新的编译器。如果要求在目标代码或二进制代码层兼容，则系统结构已经确定了，灵活性差，但不需要在软件或程序移植方面增加投入。

（3）操作系统要求。这是为支持选定的操作系统所必需的特性。例如，地址空间的大小，这个特性可能会对应用程序有限制；存储管理，可按操作系统的需要采取分页或分段管理方式；存储保护，按照操作系统和应用要求页保护或段保护。

（4）标准。如浮点数标准，IEEE754；I/O 总线标准有 VME、Sbus、PCI、SCSI 等；如操作系统，UNIX、Windows、Linux；如网络标准，Ethernet、ATM 等；程序设计语言标准有ANSIC、C++、Java、FORTRAN 等。

2．软、硬件的功能分配

一旦所设计机器的功能需求确定下来后，就需要进行软、硬件功能分配，相同功能的计算机系统，其软、硬件功能分配可以在很宽的范围内变化。一般而言，提高硬件功能比例可以提高性能，减少程序所需的存储空间，但会降低硬件利用率和计算机系统的灵活性及适应性；而提高软件功能的比例可降低硬件成本，设计容易、改进简单，但运算速度会下降，软件设计费用和存储器容量要增加。但硬件实现也并不总是比软件实现快，如一个先进的算法用软件实现其性能优于用硬件实现的一个较差的算法。软件与硬件功能的合理分配才能设计出性能价格比最佳的计算机。

有的特殊要求需要配置相应的硬件。例如，一台需进行大量浮点运算的用于科学计算的计算机其浮点数处理往往用硬件实现，以提高浮点性能；而很少需要浮点操作的计算机，其浮点运算就采用软件实现。又如，用于事务处理的商用计算机需要进行大量的十进制数和字符串操作，因此，相应的系统结构应包含具有这些功能的指令；而没有设置这些指令的计算机则只有通过子程序来提供这些功能。

对设计方案的选择，必须考虑到设计的复杂性。复杂设计需要较长的完成时间。一般而言，用软件实现复杂设计比用硬件容易一些。因此，在满足系统性能的前提下，可以将某些复杂功能用软件实现。另一方面，指令系统和组织结构的设计选择会影响硬件实现的复杂性以及编译器和操作系统的复杂性，设计者必须把握所选择的设计方案在硬软件两方面实现的难易程度。

3．设计出符合未来技术发展的系统结构

一个成功的系统结构设计必须能够适应计算机技术的快速发展，以延长计算机的生存周期。例如，IBM 大型机的系统结构已经使用了超过 40 年的时间。

系统结构的设计者要特别关注计算机实现技术和计算机应用的重要发展趋势，因为这不仅影响计算机以后的成本，也影响所设计的系统结构的生存周期。

计算机实现的主要技术包括：集成电路技术、半导体 DRAM、磁盘技术和网络实现技术。设计时如果充分考虑这些快速发展的技术，可以将计算机设计的生存周期延长至 5 年或更长。因此，计算机设计所采用的实现技术应具有一定的前瞻性，因为产品批量生产时正是这些技术最有成本效益或性能最优时。通常，成本降低的速度与器件密度提高的速度基本相当。

软件技术发展重要的趋势之一是程序及其数据所使用的存储空间越来越大，系统结构设计者在设计时需要考虑这个因素。另一个重要趋势是高级语言在很多应用领域取代了汇编语言，这使编译器的地位更加重要，它与系统结构之间的相互支持可以有效地提高处理机运行程序的效率，因此设计者必须对编译技术有深入了解。

1.5.2　计算机系统设计的量化原则

下面介绍计算机系统设计中经常用到的方法和两个用于设计方案评价的重要公式。

1. 利用并行性

并行技术不仅是计算机系统结构改进的主要手段，也是设计系统结构的重要方法。为了满足性能需求，可以在系统的各个层次采用并行技术。

在系统级使用并行，如服务器采用多处理机和多磁盘技术，处理作业请求的工作量可以在多个处理机和磁盘之间同时进行，可有效地提高服务器的吞吐量性能。

在单处理机级，指令间的重叠执行和同时执行可有效地加快指令的执行速度，具体方法是采用流水线和超标量结构。

在部件级也可以发掘并行性，如主存储器采用多体交叉结构，可以并行访问多个存储模块；算术逻辑运算部件（ALU）的先行进位加法器，利用超前进位和多位同时相加并行求和，使运算时间大为缩短。

2. 加快经常性事件的速度

在计算机设计中，非常重要且应用很广泛的准则就是提高经常性事件的执行速度，经常性事件速度的加快能够显著提高整个系统的性能。这条原则也适用于资源分配。

通常，经常出现的情况一般比不经常出现的情况要简单一些，因而提高性能相对容易。如，CPU 中的两个数相加时，相加结果可能产生溢出，出现溢出的情况比较少见，不溢出才是比较常见的情况。因此，可以通过优化不溢出相加的操作来提高机器的性能。而发生溢出的概率很小，即使发生了，处理较慢也不会对系统性能产生很大的影响。

此原则也同样适用于资源的分配。例如，处理机中的取指和译码单元要比乘法单元使用得更加频繁，因此，应优先优化这两个单元。

下面将要讨论的将此原则进行量化的一个基本定律，即 Amdahl 定律。

3. Amdahl 定律

对计算机某一部分的改进，所得到的性能提升可以用 Amdahl 定律定量地反映出来。Amdahl 定律可以阐述为：系统中某一部件由于采用某种更快的执行方式后所获得系统性能的提高，与这种执行方式的使用频率或占总执行时间的比例有关。

Amdahl 定律定义了一台计算机系统采用某种改进措施所取得的加速比。加速比就是下式所定义的比率：

$$加速比 = \frac{采用改进措施后计算机的性能}{没有采用改进措施时计算机的性能}$$

$$= \frac{没有采用改进措施时某任务的执行时间}{采用改进措施后某任务的执行时间}$$

加速比反映了使用改进措施后完成一个任务比不使用改进措施完成同一任务加快的比率。

Amdahl 定律中，加速比与两个因素有关：

（1）在原有的计算机上，能被改进的部分在总执行时间中所占的比例称为改进比例，记为 F_e。即

$$F_e \frac{可改进部分的执行时间}{改进前整个任务的执行时间}$$

F_e 总小于等于 1。例如，如果一个任务在原来机器上的执行时间为 60 s，其中 20 s 的执行时

间可以使用改进措施，那么 F_e 就是 20/60。

（2）改进部分采用改进措施后，相比没有采用改进措施前性能提高的倍数称为改进加速比，记为 S_e。即

$$S_e = \frac{改进前改进部分的执行时间}{改进后改进部分的执行时间}$$

它总大于 1。例如，在原来的条件下程序的某一部分执行时间为 5 s，而改进后这一部分只需要 2 s，那么 S_e 就是 5/2。

可以得出如下结论：

（1）改进后整个任务的执行时间 T_n 为：

$$T_n = T_0 \left(1 - F_e + \frac{F_e}{S_e}\right)$$

其中 T_0 为改进前的整个任务的执行时间。

（2）改进后整个系统的加速比 S_n 为：

$$S_n = \frac{T_0}{T_n} = \frac{1}{(1 - F_e) + F_e / S_e}$$

上面式子中（$1 - F_e$）表示不可改进部分，显然当 F_e 为 0，即没有可改进部分时，S_n 为 1，所以性能的提高幅度受改进部分所占比例的限制。当 $S_e \to \infty$ 时，则 $S_n = \dfrac{1}{1 - F_e}$，因此，可获取性能改善极限值受 F_e 值的约束。

下面举几个例子来说明 Amdahl 定律的应用。

【例 1-1】 假定新的处理机采用了改进措施，新处理机处理 Web 应用程序的运行速度是原来处理机的 10 倍，同时假定新处理机有 40% 的时间用于计算，另外 60% 的时间用于 I/O 操作。那么改进性能后总的加速比是多少？

解：由题意可知，$F_e = 40\% = 0.4$，$S_e = 10$

$$S_n = \frac{1}{0.6 + 0.4/10} = \frac{1}{0.64} \approx 1.56$$

【例 1-2】 试分析采用哪种设计方案实现求浮点数平方根 FPSRQ 对系统性能提高更大。假定 FPSRQ 操作占整个测试程序执行时间的 20%。一种设计方案是增加专门的 FPSRQ 硬件，可以将 FPSRQ 操作的速度加快到 10 倍；另一种设计方案是提高所有 FP 运算指令的执行速度，使得 FP 指令的执行速度加快为原来的 1.6 倍，设 FP 运算指令在总执行时间中占 50%。试比较这两种设计方案。

解：对这两种设计方案的加速比分别进行计算。

增加专门 FPSRQ 硬件方案：$F_e = 20\% = 0.2$，$S_e = 10$

$$S_{\text{FPSRQ}} = \frac{1}{(1 - 0.2) + 0.2/10} = \frac{1}{0.82} = 1.22$$

提高所有 FP 运算指令速度方案：$F_e = 50\% = 0.5$，$S_e = 1.6$

$$S_{\text{FP}} = \frac{1}{(1 - 0.5) + 0.5/1.6} = \frac{1}{0.8125} = 1.23$$

根据结果可以判断，提高所有 FP 运算指令速度的方案要好一些，这是由于该测试程序中浮点操作所占比重较大。

以上例子需要知道 FPSQR 硬件方法和改进 FP 操作的时间,而直接测量这些时间往往是比较困难的。下面介绍 CPU 性能公式方法,即把 CPU 执行时间分成 3 个独立的分量,如果知道一种方案如何影响这三个分量,按照公式就能计算这种方案的总性能效果。在设计硬件之前可以用仿真器来测试这些分量。

4．CPU 性能公式

大多数计算机都有一个产生周期性定时信号的时钟。时钟的长度可以用时钟周期(如 2 ns)或其频率(如 500 MHz)来度量。一个程序执行时所花费的 CPU 时间可以表示为:

$$CPU\ 时间 = 一个程序的\ CPU\ 时钟周期数 \times 时钟周期$$

或

$$CPU\ 时间 = 一个程序的\ CPU\ 时钟周期数/频率$$

此外,还可以用一个程序的指令条数(用 IC 表示)和执行所需的时钟周期数,来计算出执行一条指令所需的平均时钟周期数(Clock cyclesPer Instruction,CPI):

$$CPI = 一个程序的\ CPU\ 时钟周期数/\ IC$$

CPI 是衡量不同指令和不同实现方法的一个处理机性能指标。

一个程序的 CPU 时钟周期数也可以表示为 IC × CPI。

因此有

$$CPU\ 时间 = IC \times CPI \times 时钟周期$$

$$CPU\ 时间 = (IC \times CPI)/频率$$

上式表明,CPU 的性能取决于 3 个要素:① 时钟周期;② 每条指令所需的平均时钟周期数 CPI;③ 指令条数 IC。时钟周期取决于硬件技术和组织;CPI 取决于计算机组成和指令系统的结构;指令数目取决于系统结构的指令系统和编译技术。

有时,在处理机的设计中要用到下面的方式计算总的 CPU 时钟周期数:

$$CPU\ 的时钟周期数 = \sum_{i=1}^{n} I_i \times CPI_i$$

其中,I_i 表示 i 指令在程序中执行的次数,CPI_i 表示 i 指令所需的平均时钟周期数,n 为指令种类数。可用这个式子来表示 CPU 时间:

$$CPU\ 时间 = \left(\sum_{i=1}^{n} I_i \times CPI_i \right) \times 时钟周期$$

总的 CPI 也可以表示为:

$$CPI = \frac{\sum_{i=1}^{n} (I_i \times CPI_i)}{IC} = \sum_{i=1}^{n} \left(\frac{I_i}{IC} \times CPI_i \right)$$

其中,IC 表示程序中总的指令数,I_i/IC 表示 i 指令在程序中所占的比例。

CPI_i 需要通过测量获得,因此必须考虑流水线效率、Cache 的命中率以及其他存储器效率等。

下面是对例 1-2 的两种设计方案,改用指令的执行频度和指令 CPI 来分析,在实际情况中可以通过仿真或使用硬件仪器来测量相应的指标。下面通过例子来说明上述 CPU 性能公式。

【例 1-3】 假设针对一个测试程序有如下的测量值:

$$FP\ 指令(包括\ FPSRQ\ 指令)的执行频度 = 25\%$$

$$FP\ 指令的平均\ CPI = 4.0$$

其他指令的平均 CPI=1.33

FPSRQ 指令的执行频度=2%

FPSRQ 指令的 CPI=20

假定有两种备选的设计方案，一种是将 FPSRQ 的 CPI 减至 2；另一种是将所有 FP 的 CPI 减至 2.5。下面用 CPU 性能公式比较这两种方案。

解：由题意可知，方案中只有 CPI 发生了变化，指令执行频度保持不变。首先计算没有任何改变的原始 $CPI_{original}$：

$$CPI_{original} = \sum_{i=1}^{n}\left(\frac{I_i}{IC} \times CPI_i\right) = (25\% \times 4) + (75\% \times 1.33) = 2.0$$

用原始的 $CPI_{original}$ 减去改进了 FPSRQ 功能所节省的时间，就可以计算出改进 FPSRQ 方案的 $CPI_{with\ new\ FPSRQ}$：

$$CPI_{with\ new\ FPSRQ} = CPI_{original} - 2\%(CPI_{old\ FPSRQ} - CPI_{of\ new\ FPSRQ\ only})$$
$$= 2.0 - 2\%(20-2) = 1.64$$

可以用同样的方法计算改进所有 FP 方案的 CPI，或通过将改进 FP 的 CPI 值和非 FP 的 CPI 值加起来得到。利用后一种方法的计算如下：

$$CPI_{newFP} = (25\% \times 2.5) + (75\% \times 1.33) = 1.6225$$

因为改进所有 FP 方案的 CPI 较小，所以这种方案对 CPU 的性能提高更多。

下面分析改进所有 FP 方案的加速比：

$$S_{newFP} = \frac{CPU 时间_{original}}{CPU 时间_{newFP}} = \frac{IC \times 时周期 \times CPI_{original}}{IC \times 时周期 \times CPI_{newFP}}$$
$$= \frac{CPI_{original}}{CPI_{newFP}} = \frac{2.0}{1.6225} \approx 1.23$$

由此可见，以上结果与例 1-2 用 Amdahl 定律计算出的结果是相同的。

在 CPU 性能公式中，其分量的测量和计算较容易，因此 CPU 性能公式的使用比 Amdahl 定律更方便。

5．程序的局部性原理

对大量程序运行过程的统计和分析发现，程序经常会重复使用它最近使用过的指令和数据，具体而言，程序花费 90% 的执行时间来执行 10% 的代码，这就是程序的局部性原理。局部性原理意味着可以利用最近用过的指令和数据在一定误差范围内合理地预测将要用到的指令和数据。

有两种类型的局部性原理。时间局部性原理说明最近访问过的内容很可能即将再次被使用；空间局部性原理是说相邻地址单元的内容可能在一定时间内被连续使用。

程序访问的局部性原理是构建存储体系和设计 Cache 的理论基础。

1.6　计算机系统的性能评测

计算机性能评测包括"评估"与"测试"两种方法。性能评估是基于一些原始数据进行逻辑推算，典型的评估指标有 MIPS（Million Instructions Per Second）、MFLOPS（Million Floating Point Operations Per Second）。而性能测试是用"尺子"来度量计算机的性能，作为尺子的程序称为基准测试程序(Benchmark Program)。目前,主要有系统性能评测委员会 SPEC(Standard Performance Evaluation Cooperation)和事务处理性能测试委员会 TPC (Transaction Processing Council)制定测试标准和提供基准测试程序。

本节将讨论两个典型的计算机性能评估指标 MIPS 和 MFLOPS,然后介绍了 3 种广泛应用的计算机性能基准测试程序集。

1.6.1 计算机性能评估

程序的执行时间是衡量计算机性能的标准。计算机上程序执行的时间越少速度就越快,性能就越好。下面说明两个典型的性能评估指标 MIPS 和 MFLOPS。MIPS 适合评估标量机,MFLOPS 用来评估浮点操作。

1. MIPS

MIPS 表示每秒百万条指令数。对于一个给定的程序,MIPS 定义为:

$$MIPS = \frac{指令条数}{执行时间 \times 10^6} = \frac{时钟频率}{CPI \times 10^6}$$

因此,程序的执行时间 T_e 为:

$$T_e = \frac{指令条数}{MIPS \times 10^6}$$

既然 MIPS 是单位时间内执行指令的条数,那么机器愈快其 MIPS 愈高。但是,在使用 MIPS 评估机器的性能时应该注意以下问题:

(1)MIPS 只适用于评价标量机的性能,这是因为标量机中执行一条指令,一般是得到一个运算结果;而并行机中的向量计算,是用一条向量指令对多个数据元素进行运算,得到多个结果。MIPS 不能准确评价并行机向量计算的速度。

(2)MIPS 依赖于指令系统,所以用 MIPS 来比较指令系统不同的机器性能的优劣是很不准确的。

为了对不同指令系统的计算机进行更合理的性能比较,可以采用相对 MIPS 指标,选择一个参照计算机进行性能比较。相对 $MIPS_v$ 的计算公式为:

$$MIPS_v = \frac{T_{ref}}{T_v} \times MIPS_{ref}$$

其中, T_{ref} 表示程序在参照机上的执行时间; T_v 表示相同程序在要评估的计算机上的执行时间; $MIPS_{ref}$ 表示约定的参照机的 MIPS。在 20 世纪 80 年代,常以 DEC 公司的 VAX11/780 计算机作为参照机,它的 $MIPS_{ref}$ 值设为 1。现在的计算机由于性能大幅提高,一般采用 GIPS 和 TIPS 来衡量,分别表示每秒执行十亿条指令和万亿条指令。

2. MFLOPS

另一种替代标准是 MFLOPS,即每秒百万次浮点操作次数。MFLOPS 定义为:

$$MFLOPS = \frac{程序中的浮点操作次数}{执行时间 \times 10^6}$$

MFLOPS 比较适用于衡量有大量浮点运算操作的高性能计算机的性能。因为 MFLOPS 是用浮点操作次数来评估性能,而不是用指令来衡量。一般而言,同一程序在不同的机器上执行的指令可能不同,但是执行的浮点运算数量常常是相同的。因此,MFLOPS 可以用来比较两种不同的机器的浮点性能。

但是用 MFLOPS 评估机器性能仍然存在以下问题：

（1）MFLOPS 只能用来衡量机器浮点操作的性能，而不能体现机器的整体性能。

（2）MFLOPS 评价不同机器并非完全可靠，因为不同机器上浮点运算指令集不同。例如，有的机器有除法指令，而有的机器没有，显然，对完成程序的浮点除法运算，前者的浮点操作次数比后者少得多，执行时间也少于后者，这时 MFLOPS 的评价结果可能不准确。

（3）不同浮点运算的复杂性是不同的，如浮点加执行速度远快于浮点除，将一个加运算等同于除运算是不合理的。为此，通常对测试程序中的每种浮点操作乘以一个加权值，称为正则化值，求得加权 MFLOPS 值。如在 Livermore 循环测试程序中，设置浮点加、减、乘和比较操作的正则化值为 1，浮点除法、开方操作的正则化值为 4，而浮点指数、三角函数等操作的正则化值为 8。

由于计算机性能的快速提高，MFLOPS 已经太小，现在通常采用 GFLOPS 和 TFLOPS 来衡量，分别表示每秒执行十亿次和万亿次浮点操作。

对于高性能计算机，其功耗大，通常采用单位功耗的性能指标来衡量，具体用 MIPS/W 表示单位功耗能达到的 MIPS 指标。这种指标也称为计算机的功耗效率指标。

计算机的性能通常用峰值性能（Peak Performance）和持续性能（Sustained Performance）来评价。用上述分析方法计算得到的 MIPS 和 MFLOPS 指标都是峰值性能指标。峰值性能是指在理想情况下计算机系统可获得的最高理论性能，它不能反映出系统的实际性能。实际性能又称为持续性能，其值只有峰值性能的 5%～35%，这是因为实际程序运行时会受到硬件结构、操作系统、算法设计和编程等因素的影响。

1.6.2　计算机性能的测试

计算机的性能与测试程序的执行时间相关，因此测试程序的选择就很关键。如果用户仅使用计算机完成某种特定的应用，那么这组应用程序就是评估计算机系统性能的最佳测试程序。用户通过比较在不同系统中这组应用程序的执行时间，就可以知道哪个计算机系统的性能更好。然而，实际上这种情况很少见。大部分用户必须依靠其他测试程序才能获得不同机器性能的比较，因此出现了由非商业性组织或者第三方厂商提供的基准测试程序。

基准测试程序（Benchmark）用于测试计算机系统的性能，对不同结构机器的性能提供量化比较结果，为用户选择更适合应用要求的机器提供决策。基准测试程序试图提供一个客观、公正的评价机器性能的标准。但真正做到完全公正并非易事，要涉及很多因素，包括硬件、体系结构、编译优化、编程环境、测试条件、解题算法等。一组标准的测试程序要提供一组控制测试条件和步骤的规范说明，包括测试平台环境、输入数据、输出结果和性能指标等。

基准测试程序通常有以下四种：

（1）核心测试程序：从实际的程序中抽取少量较短的关键的程序代码构成，这些代码的执行直接影响程序总的执行时间，如 Livermore Loops 和 Linpack。

（2）小测试程序：代码在 10～100 行，具有特定目的测试程序，如 Sieve of Erastosthenes、Puzzle 和 Quieksort。

（3）综合测试程序：对大量的应用程序中的操作进行统计，得到各种操作比例，再按这个比例编制的模拟测试程序，如 Whetstone 和 Dhrystone。

（4）基准测试程序集：选择一组有代表性的基准应用测试程序，集中起来构成基准测试程序集，以有效评测计算机处理各种应用的性能。这种测试程序集合也称为测试程序组件（Benchmark Suites），如 SPEC、TPC。

目前，应用最广泛的是基准测试程序集，它避免了独立测试程序存在的片面性，而且程序组件中的不同基准测试程序之间可以互相弥补彼此的不足，产生的测试结果比较全面和客观，从而有效地提高了测试计算机性能的准确性。值得注意的是，一方面计算机技术不断发展，另一方面厂商会针对基准测试程序专门采取优化手段以加强产品竞争力，因此需要不断淘汰不适用的同时推出改进的和新的基准测试程序。

不同的基准测试程序，侧重点不一样：有的测试 CPU 性能，有的测试文件服务器性能，有的测试科学计算性能，有的测试输入/输出性能，有的测试网络通信速度等。下面介绍三种广泛应用的基准测试程序集。

1. SPEC 基准测试程序集

SPEC 是一个开放性的非营利组织，1988 年由工作站厂商 HP、DEC、MIPS、SUN 共同发起，旨在为软硬件厂商、学术研究机构等提供基准测试平台，用于评估计算机的性能。该组织每个季度都要公布一次成百上千的性能测试结果。SPEC 组织的 CPU 基准测试如今已经成为一项评估处理机计算性能的全球性测试标准，是目前 CPU 性能评估最为客观而可信的基准测试之一。

SPEC 推出第一组基准测试程序叫 SPEC89，包含 10 个程序；SPEC 92 扩充到 20 个程序，SPECint 92 有 6 个整数测试程序，浮点测试程序 14 个。随后 SPEC 又发布了一些新的基准测试程序集 SPEC 95、SPEChpc 96、SPECweb 96，SPEC 2000 等。SPEC 原来主要是测试 CPU 性能，现在强调开发能反映真实应用的基准测试程序集，并已推广至测试高性能计算机系统、网络服务器和商业应用服务器等。目前，SPEC 的基准测试程序组件包括：

（1）SPEC CPU 2006：CPU 性能比较测试组件。

（2）SPECviewperf：可视化计算性能测试组件。

（3）SPECapc：基于应用的图形性能测试组件。

（4）SPEC MPI 2007：机群和 SMP 系统 MPI 并行、浮点和计算密集性能测试组件。

（5）SPEC OMP 2001：使用基于 OpenMP 标准应用测试共享存储器并行处理系统的性能测试组件。

（6）SPECjAppServer 2004：基于 J2EE 1.3 应用服务器性能测试组件。

（7）PECjbb 2005：使用典型 Java 商业应用测试服务器的性能测试组件。

（8）SPECjms 2007：基于 JMS 企业级面向消息中间件服务器的首个工业标准性能测试组件。

（9）SPECjvm 2008：Java 运行时环境性能测试组件。

（10）SPECmail 2009：基于 SMTP 和 IMAP4 协议的企业级邮件服务器性能测试组件。

（11）SPECsfs 2008：基于 NFSv3 和 CIFS 协议的文件服务器性能测试组件。

（12）SPECpower_ssj 2008：测试服务器级别计算机功耗和性能的首个工业标准性能测试组件。

（13）SPECweb 2009：基于 HTTP 和 HTTPS 协议的 Web 服务器性能测试组件。

我们主要介绍 SPEC CPU2006，它对桌面系统性能和单处理机服务器性能的测试均有价值。CPU 2006 以 Sun Ultra Enterpirse 2 工作站作为基准参考系统，所有被测试计算机与之相比即可得出相对性能指数。Sun 的这套系统的 CPU 采用 296 MHz 的 UltraSPARC II 处理机。

SPEC CPU 2006 的测试包含两个部分：用于测试处理机整数性能的 CINT 2006 包含 12 个测试程序，范围从 C 编译器到"下棋"程序，再到量子计算机模拟程序；测试处理机浮点性能的 CFP 2006 包含 17 个测试程序，如计算流体动力学的大涡模拟、语音识别系统、大型生物分子模拟系统和线性及非线性三维结构应用的有限元代码。通过这些程序的测试，基本可以表现处理机的真实计算性能。SPEC CPU 2006 测试程序组件的程序如表1-3所示。

表1-3 SPEC CPU 2006 测试程序组件中的程序

测试程序名	程序类型	源码语言	说　明
perlbench	整数	C	Perl 编程语言
bzip2	整数	C	一种块分类压缩算法
gcc	整数	C	GNU C 编译器
mcf	整数	C	公交调度的组合优化
gobmk	整数	C	一个下围棋程序（人工智能）
hmmer	整数	C	基因序列搜索
sjeng	整数	C	一个高级下国际象棋程序
libquantum	整数	C	量子计算机模拟程序
h264ref	整数	C	一种视频压缩算法
omnetpp	整数	C++	使用 OMNet++离散事件模拟器模拟以太网
aster	整数	C++	路径发现算法
xalancbmk	整数	C++	使用修改 Xalan-C++版本将 XML 文件转换为其他文件类型
bwaves	浮点	Fortran	流体动力学计算，计算三维超声速瞬态粘性层流
gamess	浮点	Fortran	量子化学计算，gamess 实现了很广的量子化学计算范围
milc	浮点	C	量子色动力学
zeusmp	浮点	Fortran	计算流体动力学模拟
gromacs	浮点	C，Fortran	分子动力学模拟
cactusADM	浮点	C，Fortran	广义相对论演化方程计算
leslie3d	浮点	Fortran	计算流体动力学的大涡模拟
namd	浮点	C++	大型生物分子模拟系统
dealII	浮点	C++	deal.II 是一个自适应有限元和误差估计的 C++程序库
soplex	浮点	C++	使用单纯形算法和稀疏线性代数解线性规划
povray	浮点	C++	图像光线追踪
calculix	浮点	C、Fortran	结构力学、线性和非线性三维结构应用的有限源代码
GemsFDTD	浮点	Fortran	计算电磁学，在 3D 中使用有限差分时域法（FDTD）方法解 Maxwell 方程
tonto	浮点	Fortran	一个开源的采用 Fortran 95 面向对象设计的量子化学软件包
lbm	浮点	C	流体动力学，使用"Lattice- Boltzmann 法"模拟三维中非压缩流体
wrf	浮点	C、Fortran	从米到数千公里范围的天气模型
sphinx3	浮点	C	来自卡内基梅隆大学著名的语音识别系统

从前面基准测试程序组件的组成可以看出，SPEC 除了提供桌面机 CPU 性能测试组件外，还提供高性能并行处理计算机和服务器的性能测试组件。如，SPECsfs 2008 是一个通过使用文件服务器请求脚本文件来测量网络文件系统 NFS 性能的基准测试组件，它能够测量输入输出系统性能和处理机性能。SPECweb 2009 是一个网络服务器基准测试组件，它能够模拟多个浏览器请求服务器的静态和动态网页，以及模拟浏览器向服务器发送数据的操作。

2. TPC 基准测试程序

联机事务处理 OLTP（On-Line Transaction Processing）服务器广泛应用于各种商业领域，如银行的 ATM 系统、电信的计费系统、机票预订系统、股票交易系统等。OLTP 服务器一般运行大型数据库，需要进行大量运算简单的在线事务处理，每个事务可能涉及数据库的查询和更新。事务处理服务器通常面对大量的客户，每个事务就是一笔交易，计算量小，但是对数据的检索能力和输入/输出能力要求较高，因此评价它的性能指标是每秒处理的事务数。

20 世纪 80 年代中期，一些工程师创建了独立于厂商的事务处理性能委员会 TPC，该组织对全世界开放，但迄今为止，绝大多数会员都是美、日、西欧计算机软硬件的制造商。TPC 的功能是制定商务应用基准测试程序的标准规范、性能和价格度量，并管理测试结果的发布。

第一个 TPC 基准测试程序 TPC-A 于 1985 年发布，以后被其他更强的基准测试程序所取代。TPC-C 是 1992 年开始创建的在线事务处理（OLTP）基准测试程序，它能够模拟复杂的查询应用场景。TPC-D 是决策支持（Decision Support）的基准程序。TPC-E 是 2008 年 3 月推出的新的在线事务处理（OLTP）基准测试程序，它将取代 TPC-C。

在推出 TPC-E 之前，TPC 不给出基准程序的代码，只给出基准程序的标准规范（Standard Specification），由厂商或其他测试者根据规范，构造出自己的测试平台和测试程序。而现在的 TPC-E 提供基准测试程序的源代码。

TPC 为保证测试结果的客观性，被测试者（通常是厂家）必须提交给 TPC 一套完整的报告（Full Disclosure Report），包括被测系统的详细配置、分类价格和包含五年维护费用在内的总价格。该报告必须由 TPC 授权的审核员核实。

TPC-E 强调测试模型的高仿真性。它是以美国纽约证券交易所为模型，模型架构完成了从 C/S 架构到 B/S 架构的过渡，是典型的互联网时代 OLTP 性能测试基准程序。TPC-E 模拟了一系列后端处理数据以及证券公司前端客户在股票交易市场的典型行为——账户查询、在线交易和市场调研，模拟证券公司与外界金融市场相联系，根据市场变化执行程序并更新相关账户和市场信息。它不仅包含了 B2C（Business to Consumer）环境，还包含了 B2B（Business To Business）环境，这种商业模型更容易理解，同时更贴近现有用户的应用。

TPC-E 基准测试程序以每秒处理的事务数来评测系统的性能，具体单位是 tpsE。此外，它们对响应时间也有要求，当响应时间达到极限值时测量吞吐量。用于模拟真实世界的大型系统主要表现在用户数量和数据库规模上，它通常具有较高的事务处理率。最后还要考虑运行基准测试程序系统的性能成本，这样才能更准确地比较性价比。

针对服务器性能的测试来说，SPEC 测试注重全面衡量 Web 应用中 Java 企业级应用服务器性能；而 TPC 测试体系则注重在线处理能力和数据库查询能力。如果说 SPEC 测试针对的是服务器硬件，则 TPC 测试针对的是一整套系统，它体现了服务器厂商在高端关键领域的方案开发和优化能力，因此，对高端用户选型整套系统来说，TPC 测试无疑更具参考价值。

3. LinPACK 基准测试程序

LinPACK 是线性系统软件包（Linear System Package）的缩写，于 1979 年正式发布，是求解稠密线性代数方程组的数学软件，程序中包含了大量浮点加法和浮点乘法运算，因此该软件包就很自然地成为浮点性能的测试基准程序，用以评价高性能计算机的浮点性能。

LinPACK 测试包括三类，LinPACK 100、LinPACK 1000 和 HPL。LinPACK 100 求解规模为 100 阶的稠密线性代数方程组，它只允许采用编译优化选项进行优化，不得更改代码，甚至代码中的注释也不得修改。LinPACK 1000 求解规模为 1000 阶的线性代数方程组，达到指定的精度要求，可以在不改变计算量的前提下做算法和代码上做优化。HPL 即 High Performance Linpack，也称高度并行计算基准测试，它对数组大小 N 没有限制，求解问题的规模可以改变，除基本算法（计算量）不可改变外，可以采用其他任何优化方法。

1992 年出现了代替 Linpack 以及 EisPACK（特征值软件包）的 LAPACK，它使用了数值线性代数中更新、更精确的算法，同时采用了大型矩阵分解成小矩阵的方法从而可有效地使用存储器。LAPACK 是建立在 BLAS1、BLAS2、BLAS3 的基础上的，BLAS1 完成单个向量或两个向量的运算（如标量乘向量、向量加、向量内积等），主要用于向量计算机；BLAS2 执行矩阵-向量运算；BLAS3 执行矩阵-矩阵运算。

随后出现的是 ScaLAPACK，其被称为 LAPACK 的增强版，主要为可扩展的、分布存储的并行计算机而设计的。ScaLAPACK 支持稠密和带状矩阵的各类操作，如乘法、转置和分解等。ScaLAPACK 例程可以加入多个并行算法，并且可根据数据分布，问题规模和机器大小选择这些算法。

1.6.3 计算机性能测试结果的统计和比较

计算机系统的持续性能可以用各种基准测试程序运行结果的某种统计平均值来表示，不同机器的性能就可以通过某种平均值来进行比较。常用的统计平均值表示法有 3 种：算术性能平均值（Arithmetic Mean）、几何性能平均值（Geometric Mean）和调和性能平均值（Harmonic Mean）。

1. 算术性能平均值 A_m

算术性能平均值是 n 个测试程序运算时间或运算速度的算术平均值。设计算机运行各测试程序运算时间测量结果分别为 T_1、T_2、$\cdots$、T_n，则该计算机的执行时间算术平均值的计算公式为：

$$A_m = \frac{1}{n}\sum_{i=1}^{n} T_i = \frac{1}{n}(T_1 + T_2 + \cdots + T_n)$$

算术平均值也可以采用计算机执行各种测试程序的速度指标的平均值。

2. 调和性能平均值 H_m

如果性能是用速度（如 MFLOPS）表示，则可以采用调和平均值。设计算机运行各测试程序的速度测量指标分别为 R_1、R_2、$\cdots$、R_n，则该计算机的调和平均值的计算公式为：

$$H_m = \frac{n}{\sum_{i=1}^{n}\frac{1}{R_i}} = \frac{n}{\sum_{i=1}^{n}T_i} = \frac{n}{T_1 + T_2 + \cdots + T_n}$$

调和平均值与测试程序总的执行时间成反比。它和算术平均值一样，性能比较的结果与参考计算机的选择有关。

3. 几何性能平均值 G_m

一台计算机的几何平均值的计算公式为：

$$G_m = \sqrt[n]{\left(\prod_{i=1}^{n} R_i\right)} = \sqrt[n]{\left(\prod_{i=1}^{n}\frac{1}{T_i}\right)} = R_1^{\frac{1}{n}} \times R_2^{\frac{1}{n}} \times \cdots \times R_n^{\frac{1}{n}}$$

几何平均值的一个重要特点是，两个计算机速度的几何平均值之比等于速度比的几何平均值。

$$\frac{G_m(X)}{G_m(Y)} = G_m\left(\frac{X}{Y}\right)$$

由此可得：

$$\frac{G_m(X/Z)}{G_m(Y/Z)} = \frac{G_m(X)/G_m(Z)}{G_m(Y)/G_m(Z)} = \frac{G_m(X)}{G_m(Y)} = G_m\left(\frac{X}{Y}\right)$$

这说明，在进行性能比较时，与参考计算机的选择无关，即不论选取哪一台计算机作为参考机，G_m 都能保持比较结果的一致性。

如果考虑工作负荷中各程序出现的比例不同，就需要对各程序执行时间或执行速度加上相应权值，构成各种加权平均。此时有：

$$A_m = \sum_{i=1}^n w_i T_i$$

$$H_m = (\sum_{i=1}^n w_i T_i)^{-1} = (\sum_{i=1}^n \frac{w_i}{R_i})^{-1}$$

$$G_m = \prod_{i=1}^n R_i^{w_i} = R_1^{w_1} \times R_2^{w_2} \times \cdots \times R_n^{w_n}$$

上述 3 个公式中对所有的 w_i，有：

$$\sum_{i=1}^n w_i = 1$$

在实际评价指标中，一般采用几何性能平均值和调和性能平均值。

下面介绍 SPEC 基准测试程序的评价方法。SPEC 的评价指标有 3 个：SPEC 参考时间、SPEC 率和 SM（Spec Mark）。

SPEC 参考时间（SPEC Reference Time）是测试程序在参考计算机上的执行时间。

SPEC 率（SPEC Ratio）是测试程序在参考计算机上的执行时间与在被测计算机上的执行时间的比值，可以表示为：

$$\text{SPECRatio}_A = \frac{\text{参考计算机的行}}{A机的执行时间}$$

显然，SPECRatio 比值越高，说明被测计算机的性能越高。

例如，假设针对同一个基准测试程序 A 计算机的 SPEC Ratio 比 B 计算机的高出 1.3 倍，则可表示为：

$$\frac{\text{SPECRatio}_A}{\text{SPECRatio}_B} = \frac{\dfrac{\text{参考计算机的执行时间}}{A机的执行时间}}{\dfrac{\text{参考计算机的执行时间}}{B机的执行时间}} = \frac{B机的执行时间}{A机的执行时间} = \frac{A机的性能}{B机的性能} = 1.3$$

SM 是被测试计算机执行一组基准测试程序分别得到的 SPEC 率的几何平均值。若某被测计算机的 SPEC 率有 n 个数值，记为 $\text{SPECRatio}_i (i = 1, \cdots, n)$，则该计算机的 SPEC 率的几何平均值，即 SM 的计算公式为：

$$\text{SM} = \sqrt[n]{\prod_{i=1}^n \text{SPECRatio}_i}$$

采用 SPEC 定义的单一性能指标 SM 为衡量不同计算机的性能提供了依据。但是由于计算机系统的复杂性，一个单一性能指标很难完整地表示出系统的性能特征，所以仍然需要将 n 个基准程序的 SPEC 率列出，以便进行分项比较分析，为不同的应用提供参考。

如表 1-4 所示，表中给出了 3 种计算机执行 SPECfp 2000 基准测试程序组件（含 14 个测试程序）的执行时间、SPECRatio 以及几何平均值。这 3 种计算机是：SUN 公司的 Ultra 5、Intel 公司的 Itanium 2 和 AMD 公司的 Opteron。其中，SUN 公司的 Ultra 5 是 SPEC 2000 的参考计算机。

表 1-4　Ultra 5、Itanium 2、Opteron 的 SPECfp2000 执行时间和 SPECRatio

基准测试程序	Ultra 5 时间（s）	Opteron 时间（s）	Opteron SPECRatio	Itanium 2 时间（s）	Itanium 2 SPECRatio	Itanium / Opteron SPECRatio
wupwise	1 600	51.5	31.06	56.1	28.53	0.92
swim	3 100	125.0	24.73	70.7	43.85	1.77
mgrid	1 800	98.0	18.37	65.8	27.36	1.49
applu	2 100	94.0	22.34	50.9	41.25	1.85
mesa	1 400	64.6	21.67	108.0	12.99	0.60
galgel	2 900	86.4	33.57	40.0	72.47	2.16
art	2 600	92.4	28.13	21.0	123.67	4.40
equake	1 300	72.6	17.92	36.3	35.78	2.00
facerec	1 900	73.6	25.80	86.9	21.86	0.85
ammp	2 200	136.0	16.14	132.0	16.63	1.03
lucas	2 000	88.8	22.52	107.0	18.76	0.83
fma3d	2 100	120.0	17.48	131.0	16.09	0.92
sixtrack	1 100	123.0	8.95	68.8	15.99	1.79
apsi	2 600	150.0	17.36	231.0	11.27	0.65
几何平均值 SM			20.86		27.12	1.30

　　表中最后一列给出了 Itanium 与 Opteron 的 SPECRatio 之比，比值大于 1 的项就表明针对这个测试程序 Itanium 的性能更高，即 Itanium 的执行时间更短。而且，最后一列的值表明 14 个测试程序中，其中 8 个程序 Itanium 的执行时间更短，因此总体上 Itanium 的性能高于 Opteron，其几何平均值也支持这个结果。

习　题

　　1. 解释下列术语：

层次结构	编译	解释	虚拟机
透明性	计算机系统结构	计算机组成	计算机实现
系列机	软件兼容	并行性	时间重叠
资源重复	资源共享	SMP	MPP
桌面计算机	服务器	嵌入式计算机	Amdahl 定律
CPI	MIPS	MFLOPS	基准测试程序

　　2. 假设有一个经解释实现的计算机，可以按功能划分成 4 级。每一级为了执行一条指令需要下一级的 N 条指令解释。若执行第一级的一条指令需 K ns 时间，那么执行第 2、3、4 级的一条指令各需要用多少时间？

　　3. 假设有一个计算机系统分为 4 级，每一级指令都比它下面一级指令在功能上强 M 倍，即一条 $i+1$ 级指令能够完成 M 条 i 级指令的工作，且一条 $i+1$ 级指令需要 N 条 i 级指令解释。对于一段在第 1 级执行时间为 Ks 的程序，在第 2、第 3、第 4 级上的一段等效程序需要执行多少时间？

4. 试叙述软硬件等价的含义，硬件和软件在什么意义上是不等价的，试举例说明。

5. 传统机器级系统结构的具体属性主要包括哪些？

6. 试以实例说明计算机系统结构、计算机组成与计算机实现之间的相互关系与相互影响。

7. 对计算机系统结构，下列哪些是透明的？哪些是不透明的？

存储器的模 m 交叉存取；浮点数据表示；I/O 系统是采用通道方式还是外围处理机方式；数据总线宽度；阵列运算部件；通道是采用结合型的还是独立型的；访问方式保护；程序性中断；串行、重叠还是流水控制方式；堆栈指令；存储器最小编址单位；Cache 存储器。

8. 从机器（汇编）语言程序员看，以下哪些是透明的？

指令地址寄存器、指令缓冲器、时钟发生器、条件码寄存器、乘法器、主存地址寄存器、磁盘外设、先行进位链、移位器、通用寄存器、中断字寄存器。

9. 下列哪些对系统程序员是透明的？哪些对应用程序员是透明的？

系列机各档不同的数据通路宽度、虚拟存储器、Cache、程序状态字、"启动 I/O"指令、"执行"指令、指令缓冲寄存器。

10. 试叙述冯·诺依曼系统结构的主要改进方面。非冯·诺依曼系统结构与冯·诺依曼系统结构的主要区别是什么？

11. 并行计算机的结构主要有哪几种？试说明各自的特点和用途。当前并行计算机的主流结构是哪一种？

12. 试述 Flynn 分类的 4 种计算机系统结构有何特点。

13. 说明个人计算机与工作站的结构特点和用途。

14. 试说明服务器与桌面机有哪些不同。

15. 为什么说并行技术是改进计算机系统结构的主要手段？

16. 计算机系统设计的方法与量化原则主要包括哪些？

17. 如果某一计算任务用向量方式求解比用标量方式求解要快 20 倍，称可用向量方式求解部分所花费时间占总的时间的百分比为可向量化百分比。为达到加速比 2，可向量化的百分比应为多少？为获得加速比 10，所需可向量化的百分比为多少？

18. 如果某一计算任务用向量方式求解比用标量方式求解要快 20 倍，假设某程序可向量化部分为 70%。硬件设计者认为可以通过加大工程投资，使向量处理速度加倍来进一步增加性能；而编译程序设计者认为只需设法增加向量工作方式的百分比就可使性能得到相同的提高，问：此时需使可向量化成分再增加多少百分比就可实现？你认为上述硬、软件两种方法中，哪一种方法更好？

19. 假设高速缓存 Cache 工作速度为主存的 5 倍，且 Cache 被访问命中的概率为 90%，则采用 Cache 后，能使整个存储系统获得多高的加速比？

20. 设计指令存储器有两种不同方案：一种是采用价格较贵的高速存储器芯片；另一种是采用价格便宜的低速存储芯片。采用第二种方案时，用同样的经费可使存储器总线带宽加倍，从而每隔 2 个时钟周期就可取出 2 条指令（每条指令为单字长 32 位）；而第一种方案，每个时钟周期存储器总线仅取出 1 条单字长指令。由于访存空间局部性原理，当取出 2 个指令字时，通常这 2 个指令字都要使用，但仍有 25%的时钟周期中，取出的 2 个指令字中仅有 1 个指令字是有用的。试问采用这两种实现方案所构成的存储器带宽为多少？

21. 在一台 500 MHz 计算机上执行标准测试程序，程序中指令类型、执行数量和平均时钟周期数如下：

指 令 类 型	指令执行数量	平均时钟周期数
整数	45 000	1
数据传送	75 000	2
浮点	8 000	4
分支	1 500	2

试求出该计算机的 CPI、MIPS 和程序执行时间。

22. 某工作站采用时钟频率为 15 MHz、处理速率为 10 MIPS 的处理机来执行一个已知混合程序。假定每次存储器存取为 1 周期延迟，试问：

（1）此计算机的有效 CPI 是多少？

（2）假定将处理机的时钟提高到 30 MHz，但存储器子系统速率不变。这样，每次存储器存取需要两个时钟周期。如果 30%指令每条只需要一次存储存取，而另外 5%每条需要两次存储存取，并假定已知混合程序的指令数不变，并与原工作站兼容，试求改进后的处理机性能。

指 令 类 型	CPI	指令混合比（%）
算术和逻辑	1	60
高速缓存命中的加载/存储	2	18
转移	4	12
高速缓存缺失的存储器访问	8	10

（1）计算在单处理机上用上述跟踪数据运行程序的平均 CPI。

（2）根据（1）所得 CPI，计算相应的 MIPS 速率。

23. 已知 4 个程序在 3 台计算机上的执行时间（s）如下：

程 序	执行时间（s）		
	计算机 A	计算机 B	计算机 C
程序 1	1	10	20
程序 2	1 000	100	20
程序 3	500	1000	50
程序 4	100	800	100

假设四个程序中每一个都有 100 000 000 条指令要执行，计算这三台计算机中每台机器上每个程序的 MIPS 速率。根据这些速率值，你能否得出有关三台计算机相对性能的明确结论？能否找到一种将它们统计排序的方法？试说明理由。

24. 在 SUN SPARC2 工作站上，对 SPEC Bencmark 进行测试，获得了如下所示的速率值，求出其算术、几何及调和平均值（以 MFLOPS 表示）。

程 序 名	速率（MFLOPS）	程 序 名	速率（MFLOPS）
GCC	10.7	Li	9.0
Espress0	8.9	Eqntott	9.7
Spice2g6	8.3	Matrix300	11.1
DODUC	5.0	FPPPP	7.8
NASA7	8.7	TOMCATV	5.6

第2章 指令系统

指令系统是硬件和软件之间的接口，可以表明一台计算机具有哪些硬件功能，是硬件逻辑设计的基础；它也可为编译器提供明确的编译目标，使编译结果具有规律性和完整性。指令系统是计算机系统软、硬件功能分配的界面，也是计算机系统结构设计的核心，对计算机系统的性能有直接的影响。

本章主要介绍与指令系统直接有关的数据表示，然后阐述指令系统优化设计的方法和技术，最后讨论指令系统发展中的 CISC（复杂指令系统计算机）和 RISC（精简指令系统计算机）两种设计思想，并介绍 RISC 处理机 MIPS R4000 和 SPARC 的指令系统。

2.1 数 据 表 示

计算机系统中所处理的数据类型多种多样，常见的有文件、图、表、树、队列、链表、栈、向量、串、实数、整数、布尔数和字符等。计算机系统结构要解决的问题是如何在硬件和软件之间合理分配这些数据类型，即系统所有的这些数据类型哪些由硬件实现，哪些用软件来实现。

数据表示指的是能由硬件直接识别的数据类型，也就是由指令系统处理的数据类型。如，Pentium Ⅱ 的数据表示包括：8 位、16 位和 32 位带符号和无符号整数，二-十进制数，32 位和 64 位浮点数，串数据。又如，UltraSPARC Ⅱ 的数据表示有：8 位、16 位、32 位和 64 位带符号和无符号整数及 32 位、64 位和 128 位浮点数。UltraSPARC Ⅱ 没有提供硬件指令支持二-十进制数和串数据表示，但是它的浮点运算精度比 Pentium Ⅱ 更高。

数据表示是数据类型中最常用的、相对比较简单的、易于硬件实现的那些数据类型。相对较复杂的数据类型，如表、树、队列、链表等则是由软件来处理，它们是数据结构研究的对象。数据结构和数据表示是软、硬件的交互界面。系统结构设计在软、硬件功能分配时，应考虑在机器中设置哪些数据表示，以便能够高效地支持应用中的数据结构，这需要花费适当的硬件代价。

由于基本的数据表示在前导课程已有详细阐述，本节主要更深入地讨论浮点数表示涉及的一些问题，以及自定义数据表示。

2.1.1 浮点数表示

现代的大部分计算机都引入了浮点数据表示，典型的长度有 32 位和 64 位。浮点数表示的关键问题是：在数据字长确定的情况下，能设计出一种具有最佳表示范围、表示精度和表示效率的浮点数表示方式。

1. 浮点数的表示范围

在机器中，典型的浮点数机器字格式如图 2-1 所示。

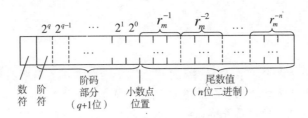

图 2-1 浮点数机器字格式

如图 2-1 所示，浮点数机器字代码由两部分组成：阶码部分和尾数部分。阶码部分包含了阶符和阶码值两部分。尾数部分包括数符和尾数值。浮点数的值可表示为：

$$N = r_m^{\ e} \times m \qquad \text{其中} \quad e = r_e^{\ q} \qquad (2\text{-}1)$$

浮点数表示需要确定以下 6 个参数：

（1）尾数的基 r_m。尾数表示可以采用二进制、四进制、八进制、十六进制和十进制等，即尾数的基 r_m 可分别取值为 2、4、8、16、10 等。

（2）尾数 m。尾数 m 可以采用原码或补码表示，其数值可以采用小数或整数表示。

（3）尾数长度 n。尾数占用的二进制位数称为尾数长度，不包括符号位。

尾数的基为 r_m，尾数长度为 n 可表示的 r_m 进制数的位数为 $n' = n / [\log_2 r_m]$。当尾数采用二进制即 $r_m = 2$ 时，尾数长度 n 就是 n'；如果尾数采用十六进制，则需要 4 位二进制数表示 1 位十六进制数，这时十六进制尾数的实际位数为 $n' = n / [\log_2 16] = n/4$。

（4）阶码的基 r_e。阶码一般采用二进制表示，即阶码的基 $r_e = 2$。

（5）阶码 e。阶码 e 一般采用移码或补码表示，其数值采用整数表示。

（6）阶码长度 q。由于阶码采用二进制，因此，阶码长度 q 的值就是阶码部分的二进制数位数。注意，q 不包括阶码符号位。

从式（2-1）可以看出，浮点数的表示范围与尾数的基值 r_m 有关，也与阶码长度 q 和尾数长度 n 以及采用的机器数表示形式有关。

由于机器字长的限制，任何一种浮点数的表示范围和可表示的浮点数个数是有限的，浮点数只能表示数轴上分散于正、负两个区间上的部分离散值，如图 2-2 所示。

图 2-2 浮点数在数轴上的分布

在浮点数表示的正数区间：规格化浮点数的最大正数值 N_{max} 由尾数的最大正数值与阶码的最大正数值组合而成；规格化浮点数的最小正数值 N_{min} 由尾数的最小正数值与阶码的最小负数值组合而成。在浮点数表示的负数区间：规格化浮点数的最大负数值（$-N_{max}$）由尾数最大负数值与阶码最小负数值组合而成；规格化浮点数的最小负数值（$-N_{min}$）由尾数的最小负数值与阶码的最大正数值组合而成。

在尾数采用原码、纯小数，阶码采用移码、整数的浮点数表示方式中，规格化浮点数的表示范围 $N_正$ 和 $N_负$ 为：

$$r_m^{-1} \times r_m^{-2^q} \leqslant N_正 \leqslant (1 - r_m^{-n}) \times r_m^{2^q - 1}$$

$$-(1 - r_m^{-n}) \times r_m^{2^q - 1} \leqslant N_负 \leqslant -r_m^{-1} \times r_m^{-2^q}$$

在尾数采用补码、纯小数，阶码采用移码、整数的浮点数表示方式中，规格化浮点数与上述浮点数表示在正数区间完全相同，但是负数区间有区别，$N_负$ 的表示范围为：

$$-1 \times r_m^{2^q - 1} \leqslant N_负 \leqslant -\left(r_m^{-1} + r_m^{-n}\right) \times r_m^{-2^q}$$

以上公式表明，浮点数的表示范围与尾数的基值 r_m 有关，也与阶码长度 q 和尾数长度 n 以及采用的机器数表示形式有关。但是，影响浮点数表示范围的主要因素是尾数基值 r_m 和阶码位数 q。

【例 2-1】 浮点数长度 32 位，数符 1 位和阶符 1 位，阶码长度 $q=6$，尾数长度 $n=24$，尾数和阶码采用二进制，即 $r_m = r_e = 2$。尾数采用原码、纯小数，阶码采用移码、整数，其规格化浮点数表示范围为：

$$2^{-1} \times 2^{-2^6} \leqslant |N| \leqslant (1 - 2^{-24}) \times 2^{2^6 - 1}$$

即
$$2^{-65} \leqslant |N| \leqslant (1 - 2^{-24}) \times 2^{63}$$

【例 2-2】 浮点数长度 32 位，数符 1 位和阶符 1 位，阶码长度 $q=6$，尾数长度 $n=24$，尾数采用十六进制，阶码采用二进制，即 $r_m = 16$，$r_e = 2$。尾数采用原码、纯小数，阶码采用移码、整数，给出其规格化浮点数表示范围。

解：由于尾数采用十六进制，24 位二进制表示 6 位十六进制数，故浮点数表示范围为：

$$16^{-1} \times 16^{-2^6} \leqslant |N| \leqslant (1 - 16^{-6}) \times 16^{2^6 - 1}$$

即
$$16^{-65} \leqslant |N| \leqslant (1 - 16^{-6}) \times 16^{63}$$

从上述两个例子可以看出，当浮点数阶码尾数的二进制位数、码制、小数点位置都相同时，则浮点数表示范围由基值 r_m 决定，基值 r_m 越大表示范围越大；但是，基值 r_m 越大，浮点数在数轴上的分布越稀疏。

2. 规格化浮点数的表示个数

由于字长限制，浮点数表示方式所能表示的浮点数个数是有限的、不连续的，可表示的规格化浮点数的个数应该是可表示的阶码的个数与可表示的尾数的个数的乘积。

如果阶码的基 $r_e = 2$，则 q 位长的阶码可表示的阶码的个数为 2^q 个。

尾数的基为 r_m，n 位长的尾数可表示的 r_m 进制数的位数为 $n' = n / [\log_2 r_m]$，每个 r_m 进制数的数位均可以有 $0 \sim (r_m - 1)$ 个，即 r_m 个取值，所以，尾数的总个数为 $r_m^{n'}$，但应去掉小数点后第 1 个 r_m 进制数位是 0 的非规格数。显然，非规格化尾数的个数占了全部尾数总个数的 $1/r_m$。因此，可表示的浮点数规格化数的总个数就为 $r_m^{n'} \times (1 - 1/r_m)$。

由此推出可表示的规格化浮点数的个数为：

$$2^q \times r_m^{n'} \times (1 - 1/r_m) \qquad\qquad (2-2)$$

可以推出，r_m 越大，在与 $r_m=2$ 的浮点数相重叠的范围内，所表示数的个数要少得多，即数的分布会更稀疏。

3. 规格化浮点数的表示精度

浮点数表示方式所能表示的浮点数个数是不连续的、有限的，只能表示出实数中很少的一部分，是实数的一个子集，称为浮点数集。

浮点数集的表示误差指的是浮点数集中两个最接近的浮点数之间的误差。在浮点运算中，会出现运算中间结果或最后结果的尾数不在浮点数集中的情况（不是溢出），这时必须用最接近这个结果的浮点数表示。例如，浮点加法运算过程中，对阶操作需要对一个浮点数进行右移时，就要对尾数的最低位进行舍入，通常采用四舍五入来确定最低位的值，这时就产生了误差。

表示误差也称为表示精度。规格化浮点数的表示精度直接与尾数基 r_m 的取值和 r_m 进制的尾数位数 n' 有关。规格化浮点数运算中，如果需要对尾数的最低位进行处理，通常采用四舍五入的规则，因此，可以认为表示误差是尾数的最后一位的值的一半。由此可以得出规格化浮点数的表示精度为：

$$\delta(r_m, n') = \frac{1}{2} r_m^{-(n'-1)} \qquad\qquad (2-3)$$

根据式（2-3），可以得出例 2-1 和例 2-2 中两种不同尾数基值浮点数的表示精度分别为：

$$\delta(2, 24) = \frac{1}{2} \times 2^{-23} = 2^{-24}$$

$$\delta(16, 6) = \frac{1}{2} \times 16^{-5} = 2^{-21}$$

比较以上的两个浮点数的表示精度，可以看出尾数基值 $r_m=16$ 时，其表示精度与 $r_m=2$ 相比将损失 2^3 倍。显然，当浮点数尾数的二进制位数长度相同时，尾数基值 r_m 为 2 具有最高的表示精度。

4. 浮点数机器字的格式设计

定义一种浮点数机器字的格式需要确定浮点数表示的 6 个参数，具体原则如下：

（1）确定尾数 m 的数制和码制。主要从运算简单、表示直观等方面来考虑，目前多数机器尾数 m 采用小数、原码表示。尾数 m 采用原码表示，虽然加减法比采用补码表示复杂，但乘除法要简单得多。

（2）确定阶码 e 的数制和码制。目前一般机器阶码 e 都采用整数、移码表示。阶码 e 采用移码表示的主要原因是使浮点数零与机器零一致，而且移码的大小直接反映了阶码真值的大小，这便于两个浮点数的阶码比较。由于阶码主要是用来扩大浮点数的表示范围，因此，阶码 e 必须用整数表示。

（3）确定尾数的基 r_m。前面的讨论表明在浮点数机器字长一定的情况下，取 $r_m=2$ 时，浮点数有最高的表示精度。目前多数机器尾数基值 r_m 取 2。

（4）确定阶码的基 r_e。在一般通用计算机中，都取 $r_e=2$。

（5）在浮点数表示方式中，尾数长度 n 主要影响表示精度，阶码长度 q 主要影响表示范围。可根据要求的表示范围和表示精度确定 n 和 q 的值。

按照目前多数实际机器的情况，假设：浮点数尾数 m 用原码、小数表示，阶码 e 用移码、整数表示，尾数基值 $r_m=2$，阶码基值 $r_e=2$。要求浮点数表示范围不小于 N（N 为可表示的最大正数），表示精度不低于 δ，确定 q 和 n 的值的方法如下：

根据浮点数表示范围的要求，可得下式：

$$2^{2^q-1} \geqslant N$$

解这个不等式：

$$2^q \geqslant \frac{\ln N}{\ln 2} + 1$$

得到阶码长度 q 为：

$$q \geqslant \frac{\ln(\dfrac{\ln N}{\ln 2}+1)}{\ln 2} \qquad (2\text{-}4)$$

根据浮点数表示精度要求，可得下式：

$$\frac{1}{2} \times 2^{-(n-1)} \leqslant \delta$$

故得出尾数长度 n 为：

$$n \geqslant -\frac{\ln \delta}{\ln 2} \qquad (2\text{-}5)$$

由（2-4）和（2-5）两个不等式得出的阶码长度 q 和尾数长度 n，再加上一个尾数符号位 m_f 和一个阶码符号位 e_f，就组成了一种满足以上假设浮点数表示范围和表示精度的浮点数机器字格式。一般为了使浮点数机器字字长满足整数边界的要求，还需要适当调整 q 和 n 的值。

【例 2-3】 设浮点数尾数 m 用原码、小数表示，阶码 e 用移码、整数表示，尾数基值 $r_m=2$，阶码基值 $r_e=2$。要求规格化浮点数的表示范围 N 为 $10^{-37} \sim 10^{37}$，要求浮点数表示精度不低于 10^{-16}，试设计一种浮点数的格式。

根据浮点数表示范围的要求，用式（2-4）计算阶码的长度 q 为：

$$q \geqslant \frac{\ln(\dfrac{\ln N}{\ln 2}+1)}{\ln 2} = \frac{\ln(\dfrac{\ln 10^{37}}{\ln 2}+1)}{\ln 2} = 6.95$$

考虑到要满足整数边界，可取阶码长度 $q=7$ 位。

根据浮点数表示精度要求，用式（2-5）计算尾数长度 n 为：

$$n \geqslant -\frac{\ln \delta}{\ln 2} = -\frac{\ln 10^{-16}}{\ln 2} = 53.2$$

考虑到要满足整数边界，可取尾数长度 $n=54$ 位。

在此例中，阶码长度 $q=7$ 位，尾数长度 $n=54$ 位，再加上 1 位尾数符号位和 1 位阶码符号位，则浮点数机器字字长为 $2+q+n=63$ 位，距离机器字字长的整数边界要求还差 1 位。这一位可以加到尾数长度 n 上用以提高表示精度，也可以加到阶码长度 q 上用以扩大表示范围。如果将这 1 位加到尾数长度上，则设计的 64 位浮点数机器字格式如图 2-3 所示。

63	62	61	55	54	0
m_f	e_f	e		m	

图 2-3　一种浮点数机器字格式

2.1.2　自定义数据表示

在数据表示上，高级语言与机器语言一直存在语义差异。在高级语言中，引用数据之前必须用类型说明语句定义数据类型，其运算符不反映数据类型，即运算符与数据类型无关，是通用的。如在 C 语言程序中，有以下语句：

```
int i,j
float x,y
i=i+j
x=x+y
```

由此可见，i、j 是整型数据，x、y 是实型数据，运算符"+"既可用于整型也可用于实型数据相加。然而，一般的机器语言程序则完全不同，指令中是由操作码定义操作数据的类型。如浮点数加法机器指令：

浮点加	X	Y

在以上指令中，操作码是浮点加，指定对操作数 X 和 Y 进行浮点加法运算，无论 X 和 Y 是否是浮点数，都是按浮点数进行运算。因此，编译时就需要把高级语言程序中的数据类型说明语句和运算符转换成机器语言中不同类型指令的操作码，并要验证指令中操作数的类型是否与运算符所要求的一致，若不一致，还需要进行处理，从而增加了编译程序的复杂性。

为了在数据表示上缩小高级语言与机器语言的语义差异，有人提出在机器语言中实现自定义数据表示，即由数据本身定义自己的类型，同时也可以简化指令系统和编译器。

自定义数据表示主要有带标志符的数据表示和数据描述符数据表示。

1. 带标志符的数据表示

带标志符的数据表示是指在数据中采用若干位来表示数据的类型。如早期的 B7500 大型机中，每个数据用 3 位标志符来区分 8 种数据类型，如图 2-4 所示。

标志符主要用于指明数据类型，也可用于指明所用信息的类型。20 世纪 70 年代的 R-2计算机中，采用带标志符数据表示的数据字格式，如图 2-5 所示。

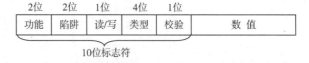

图 2-4　带标志符的数据表示　　　　图 2-5　R-2 计算机中带标志符的数据表示

图 2-5 中，共有 10 位标志，2 位功能位用于区别数据是操作数、指令、地址还是控制字。2 位陷阱位用于软件定义 4 种捕捉方式，为程序员对程序进行跟踪控制提供方便。1 位读/写位用于指定数据是只读的还是可读可写的。4 位类型位可在功能位定义的基础上进一步定义数据的类型。如果功能位定义了数据类型是操作数，则类型位进一步定义操作数是二进制数、十进制数、定点数、浮点数、字符串、单精度、双精度等。如果功能位定义了数据类型是地址，则类型位进一步定义地址的寻址方式等。最后 1 位标志位是奇偶校验位。

标志符数据表示缩小了高级语言和机器语言语义差异，但是数据字因增设标志符，会增加程序所占的主存空间，而且按标志符确定数据属性及判断操作数之间是否相容等操作，会降低单条指令的执行速度，增加硬件控制的复杂性。

2．数据描述符数据表示

对于一组具有相同类型而且是连续存放的数据，如向量、矩阵和多维数组，没有必要让每个数据都带有相同的标志符，因此，可以采用数据描述符。

数据描述符与标志符的主要区别是：标志符只作用于一个数据，而描述符要作用于一组数据。因此，标志符通常与数值一起存放在同一个数据单元中，而描述符一般单独占用一个存储单元。描述符在描述一组数据的属性中，还包括整个数据块的访问地址、长度及其他特征或信息。

B6700 计算机的描述符如图 2-6 所示，前 3 位为 000，表示该字为数据；前 3 位为 101，表示该字为数据描述符。如果该字是数据描述符，则进一步用 8 位标志位描述数据特性。当描述的是整块数据时，"地址"字段用于指明首元素的地址，"长度"字段用于指明块内的元素个数。

101	8位标志位	长度	地址		000	数　值

（a）数据描述符　　　　　　　　　　　　　　（b）　数据

图 2-6　B6700 机中数据描述符表示

可以将描述符按树型连接以描述多维数组表示。例如，有一个 3×4 二维阵列 A：

$$A = \begin{bmatrix} a_{00} & a_{01} & a_{02} & a_{03} \\ a_{10} & a_{11} & a_{12} & a_{13} \\ a_{20} & a_{21} & a_{22} & a_{23} \end{bmatrix}$$

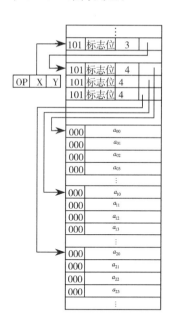

图 2-7 中表示了用数据描述符描述 A 阵列的情况，具体使用了两级描述符，一级描述符一个，二级描述符是连续存放的 3 个描述符，描述符的前 3 位都为 101。一级描述符的"长度"位为 3，指向有 3 个元素的二级描述符的首址；每个二级描述符的"长度"位都为 4，分别指向对应的有 4 个元素的数据。实际上，两级描述符构成了一颗双层树。类似的，用三层结构的描述符就可以描述三维数组。

如图 2-7 所示，二维阵列 A 是一条指令的一个操作数，指令中的一个地址 X 指向描述 A 阵列的一级描述符，OP 表示操作码。

数据描述符表示为向量、矩阵和多维数组等数据结构的实现提供了一定的支持，有利于简化编译中的代码生成，可以比变址法更快地形成元素地址。但向量、阵列各元素能否同时进行并行运算与是否采用数据描述符却没有直接关系，它取决于机器的控制运算结构是否能实现并行处理。

图 2-7　用数据描述符表示
一个 3×4 二维阵列

2.2　寻　址　技　术

从指令系统层来看，程序所处理的数据通常存放在主存储器、寄存器、堆栈、I/O 接口中，寻址技术就是指如何从这些存储部件中获得数据的技术。寻址技术主要讨论存储部件的编址方式、寻址方式和定位方式。

在"计算机组成原理"课程中对指令的各种寻址方式有详细介绍，本节更注重于分析和比较它们的特点。

2.2.1 编址方式

要访问存放在主存储器、寄存器、堆栈、I/O 接口中的数据，必须对这些存储部件的空间进行编址。编址方式主要涉及编址单位和编址空间。

1. 编址单位

存储空间常用的编址单位有：字编址、字节编址和位编址。

字编址是指每个编址单位与访问的数据存储单元（如读/写一次寄存器、主存单元）相一致，即每个编址单元的二进制位数与一次访问存储部件所获的二进制位数是相同的。这种方式硬件实现容易，但是不便于处理非数值（如字符）信息。目前仍有一些面向数值计算的机器采用这种编址方式。

字节编址是指以 1 个字节作为编址单位。这是目前大多数通用计算机采用的编址方式，以适应非数值计算的应用需求。

位编址是指以 1 个二进制位作为编址单位。在很多单片机中，有的存储器区域和控制寄存器可以按位编址，同时也按字节编址，对位进行访问或操作是用位操作指令完成的。单片机主要用于嵌入式系统的硬件控制，使用位操作指令可以很方便地对 I/O 端口的位进行处理。

多数机器按字节编址，但是通常主存储器的字长是 4 个字节以上，而且多数机器允许按字节、单字、双字访问存储器，因此编址单位与访问存储器的信息宽度不一致，从而产生数据如何在存储器中存放的问题。

如某台机器，按字节编址，数据有字节（8 位）、半字（双字节）、单字（4 字节）和双字（8 字节）不同宽度。主存数据宽度 64 位，即一个存储周期可访问 8 个字节。采用按字节编址，大于字节宽度的数据是用该数据的首字节地址来寻址的。一种存放数据的方法是，在主存中允许数据从任意字节地址单元存放，如图 2-8（a）所示，这种方法很容易出现一个数据跨主存宽度边界存储的情况；对于跨界存放的数据，即使数据宽度小于或等于主存宽度，也需要两个存储周期才能访问到，导致访问速度明显下降。

另一种数据存放方法是，要求数据在主存中存放的地址必须是该数据宽度（字节数）的整数倍，即双字地址的最低 3 个二进制位必须为 000，单字地址最低 2 位必须为 00，半字地址最低 1 位必须为 0，如图 2-8（b）所示。这种存放方法也称为按整数边界存储方式，它可以使访问任意宽度的数据都只用一个存储周期。虽然浪费了一些存储空间，但是速度比上一种方法有显著提高。

（a）数据按任意字节地址存放

图 2-8 数据在主存中的存放方式

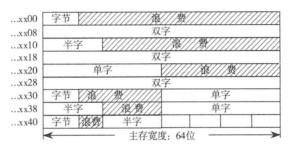

（b）数据按整数边界存放

图 2-8　数据在主存中的存放方式（续）

2．编址空间的组织

计算机中需要编址的存储部件主要有通用寄存器、主存储器和 I/O 接口。它们的编址空间可以有以下 3 种组织方式：

1）三个地址空间

由于通用寄存器、主存储器和 I/O 接口的工作速度和容量等性能差别较大，很多机器中对这 3 个地址空间进行独立编址。也就是说，每个地址空间都从 0 开始编地址码。

CPU 中的通用寄存器数量有限，访问速度很快，其容量比主存储器小得多，所需要的地址码长度短。一般只有单一的直接寻址方式。

主存储器的容量大，所需要的地址码长度很长。采用的寻址方式最复杂，一般有间接寻址和变址寻址等多种寻址方式，以避免在指令中直接表示主存单元的地址码。

I/O 接口中的寄存器的数量一般比通用寄存器多，其地址码长度介于寄存器和主存之间，因此多采用直接寻址方式，也有机器采用寄存器间按寻址方式。

3 个地址空间独立编址，由于每个地址空间都从 0 开始编码，因此 3 个空间会有重叠，但是指令的操作码和寻址方式会明确指出所访问的是哪个地址空间。访问 I/O 地址空间则需要设置专用的 I/O 指令。如 Intel 80x86 系列就采用 3 个地址空间独立编址。

2）两个地址空间

CPU 的通用寄存器独立编址；I/O 接口寄存器和主存储器统一编址，统一编址空间的高端地址一般用于 I/O 接口寄存器地址。采用两个地址空间的组织方式，访问主存的指令就能访问 I/O 寄存器，可以减少指令条数，但存在的问题是主存的地址空间会减小，如 VAX-11 系列机就采用两个地址空间的组织方式。

3）一个地址空间

所有数据存储单位统一编址，地址空间的低端地址是 CPU 的通用寄存器地址，高端地址是 I/O 接口寄存器地址。在单片机中，片内存储器容量不大，一般采用一个地址空间，以减少指令种数。

计算机中的一些专用寄存器或寄存器堆，如预取指令和数据的缓冲器，是不需要编址的。Cache 映射的是相连的主存内容，因此不需要编址。在堆栈型计算机中，数据的存取完全按照先进后出的方式进行，其存储部件是不需要编址的。

2.2.2　寻址方式

一条指令包括操作码和地址码，指令的功能就是根据操作码对地址码提供的操作数完成指定的操作。指令中提供操作数或操作数地址的方式，称为寻址方式。

CPU 根据指令约定的寻址方式对地址字段的有关信息作出解释，以找到操作数。每种机器的指令系统都有一套自己的寻址方式。不同计算机的寻址方式的分类和名称并不统一，但大多数可以归结为以下几种类型。

1. 立即寻址

此种寻址方式的操作数在指令中，在取出指令的同时也就取出了其操作数。它不需要访问任何地址空间，指令执行速度很快。缺点是指令字中的立即数长度有限，可用于为程序提供精度要求不高的整型常数。

2. 寄存器寻址

此种寻址方式的操作数存放在寄存器中，在指令中给出寄存器地址（编号），执行指令时，根据该寄存器号就可以从中获取操作数。寄存器寻址方式有两个重要的优点：

（1）从 CPU 的寄存器中读取操作数要比访问主存快得多，因而在 CPU 中设置足够的寄存器，以尽可能多地在寄存器之间进行运算操作，已成为提高机器工作速度的重要措施之一。

（2）由于寄存器数远小于主存单元数，所以指令中寄存器编号字段所占位数也就大大少于主存地址码所需位数。

在 RISC 计算机中，主要的和基本的寻址方式，尤其是其运算类指令的操作数和结果都采用寄存器寻址方式。此种寻址方式也是多数 CISC 计算机采用的寻址方式。

3. 主存寻址

主存寻址方式主要有直接寻址方式、间址寻址方式和变址类寻址方式。

（1）直接寻址方式。直接寻址方式要求在指令中直接给出操作数或结果所在的主存单元的地址。这种寻址方式简单易于实现；但是主存容量很大，使其地址码很长，而指令字中分配给地址码的位数有限，特别在两地址指令和三地址指令中，这个矛盾更加突出。此外，直接寻址的地址码是指令的一部分，不能随程序需要而动态改变，不能满足程序循环和程序在主存中浮动的需要。

（2）间接寻址方式。存储器间接寻址方式是在指令中给出操作数地址的地址，一般需要通过两次访问主存才能获得操作数。这种寻址方式通过多次读取来提供地址的可变性，增加了编程的灵活性；但指令中需要的地址码一般较长，且访存次数的增加减慢了指令执行速度。

寄存器间接寻址方式是在寄存器中存放操作数地址。在指令执行时，先访问寄存器号指定的寄存器并从中获得主存单元地址，然后再访问该主存单元地址指定的主存单元，获得操作数。这种寻址方式能用短的地址码对相对较大的主存空间寻址，寻址过程只需一次访存，因此广泛用于大多数计算机中。而且，程序采用这种寻址方式可以通过修改间址寄存器内容访问不同的主存单元，为编程提供了方便。

（3）变址类寻址方式。变址寻址方式由指令给出变址寄存器编号和一个形式地址（也称为地址偏移量）。在指令执行时，将变址寄存器内容与形式地址相加，即得到操作数地址，按此地址访问主存单元即可得到操作数。其典型用法是将指令中不能修改的形式地址作为基准地址，而将变址寄存器内容作为偏移量。如某个数组存放在一段连续的主存区间中，首址为 B，可让 B 作为指令中的形式地址，而变址寄存器中存放偏移量，即所需访问单元与首址

单元之间的距离。通过修改变址寄存器内容，该指令本身不需做任何修改，就可以访问该数组的任何一个元素。显然，变址寻址能够方便灵活地对数组、表格、链表等数据结构进行访问与处理。这种寻址方式通过地址计算使地址灵活可变，为大多数机器采用。

基址寻址方式是将指令给出的基址寄存器编号和一个形式地址相加得到操作数地址。其形成操作数地址的方法与变址相同，也可以认为是变址的一种特殊形式，但是二者的应用目的不同。

基址寻址方式的一种典型应用是程序重定位。目标程序是在操作系统管理下调入主存运行的，因此用户在用高级语言编程时，并不知道这段程序将被安排在主存的哪一段区域，所以用户在编程时使用的是一种与实际主存地址无关的逻辑地址，在运行时再自动转换为操作系统分配给它的实际主存地址（物理地址），此方式称为程序重定位。在多道程序方式中更需要解决程序重定位问题。显然，采用基址寻址方式能够较好地解决这个问题。在实现程序重定位时，由操作系统为用户程序分配一个基地址，并将其装入基址寄存器，在程序执行时就可以自动形成实际的主存地址。另一种典型应用是扩展有限字长指令的寻址空间。由基址寄存器提供全字长的地址码，足以指向主存的任何区间，运行时基址寄存器装入某个主存区间的首地址或是程序段的首地址。而指令中的形式地址位数较少，只需给出主存单元相对于首地址的偏移量即可。例如主存容量为 16 MB，基址寄存器为 24 位，基址可以指向全部地址空间；指令中相应地址字段为 16 位，其中 2 位用于指定 4 个基址寄存器之一，14 位形式地址给出偏移量，可以访问某个 16 KB 的空间。由于程序运行的局部性，在某段时间内运行在一个有限区间之内，上述方法能够满足实际需要，通过修改基址可以移向另一区间。

需要指出，在实际机器中，变址/基址的应用方式可以有不同变化。有的机器中既有基址寻址也有变址寻址；有的机器中，基址寻址与变址寻址实际上是合二为一的；也有两种寻址的合成即基址变址寻址方式，需要进行两次变址计算才能得到操作数的地址。

变址寻址的另一种特殊形式是相对寻址，这时变址寄存器就是程序计数器，用于指示下条指令地址，而指令中的偏移量指出的是操作数地址与程序计数器内容之间的相对距离。当指令地址变化时，由于其偏移量不变，使得操作数与指令在可用的存储区内一起移动，所以仍能保证程序的正确执行。相对寻址的指令在程序重定位时，指令地址码是不需要修改的，因此多数机器的转移类指令常采用相对寻址方式。

4. 堆栈寻址

操作数存放在堆栈中，指令隐含约定由堆栈指针 SP 寄存器提供堆栈栈顶单元地址，进行读出或写入。堆栈中的数据只能先进后出，因此对堆栈空间寻址无须指明地址。如果堆栈操作指令的另一个操作数涉及寄存器或主空间，则需要在指令中给出相应的寻址方式。堆栈寻址可省去对应的地址字段，节省了程序空间，存储效率较高。

堆栈"后进先出"的特点非常适用于子程序多重嵌套、递归调用、多重中断等方式。此外，堆栈还适合于逆波兰式计算场合。堆栈寻址几乎是现代计算机都采用的寻址方式。

一台机器的指令系统可以采用多种寻址方式，那么在指令中如何区分它们呢？常见的方法有两种：① 一种方法是由操作码决定其寻址方式，即由操作码含义隐含约定采用何种寻址方式；② 另一种方法是在指令中设置寻址方式字段，由字段不同的编码组合来指定操作数的寻址方式。

2.2.3 程序在主存中的定位方法

在多数计算机中，编译器在对一个源程序或源程序段进行编译时，是不能确定程序在主存中的实际位置的。因此，编译后的目标程序通常是从零地址开始分配地址空间，这种地址称为逻辑地址。逻辑地址的集合称为逻辑地址空间。计算机中的主存储器，使用一维线性编址，这种地址称为主存物理地址，其地址的集合称为主存物理空间。

对于多道程序，各目标程序的逻辑地址空间与物理地址空间是不一致的。当程序装入主存时，就需要进行逻辑地址空间到物理地址空间的转换，即对程序进行重定位。

一种定位方法是要求对程序中那些需要修改地址的指令和数据加上某种标识，在程序运行之前，由专门的装入程序一次将目标程序中带标识的指令和数据的逻辑地址变换成物理地址。程序一旦装入主存，其物理地址不再改变，这种定位技术称为静态重定位。这种定位方式允许程序每次运行前装入到主存不同的物理地址空间中，但是程序运行时位置不能改变。如图 2-9 所示，当目标程序 A 装入主存从 a 地址开始的物理空间中时，为了正确运行程序，指令的地址码应根据不同的寻址方式作相应的变换。例如，用直接寻址、间接寻址和变址寻址访存时都应将指令中的逻辑地址加一个 a 值，而对立即数和相对地址，则不加 a 值。

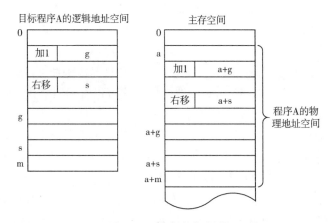

图 2-9 静态定位方式

静态定位方式允许程序在每次运行前装入到主存不同的物理地址空间中，但是程序运行时位置不能再改变，故主存利用率低。如果程序需要的容量超过分配给它的物理空间，就必须采用覆盖结构。此外，多个用户不能共享存放在主存中的同一个程序。而程序的动态定位方式则可以避免这些问题。

程序动态定位方式是指程序在装入主存时不修改指令的地址码，而是在程序执行时，通过硬件支持的基址寻址方式将操作数的逻辑地址转换为主存的物理地址。图 2-10 所示为将目标程序 A 在主存中的起始地址 a 存入对应的基址寄存器中，当程序执行时，由地址加法器将指令操作数的逻辑地址加上基址寄存器中程序的起始地址，就形成了操作数的物理地址。实际上，并不是所有指令的地址码都需要修改，如立即寻址和相对寻址是不需要修改的，为此需要在指令中标识本指令的主存地址码是否需要加上基址。

动态定位方式允许为一个程序分配不连续的主存空间，并且也允许多个程序共享存放在主存中的同一个程序段，有效地提高了主存的利用率。它还可以支持虚拟存储器，从而大大扩展了逻辑地址空间。但实现动态定位方式需要有硬件支持，且实现存储管理的软件算法较复杂。

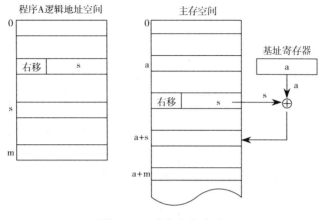

图 2-10 动态定位方式

2.3 指令格式的设计和优化

设计者在选择指令格式时，必须考虑许多因素，包括扩展新指令和利用在指令系统的使用周期中出现的新技术等，这些都是相当重要的。具体的设计原则主要有 3 条。

首先，一般情况下，短指令要优于长指令。由 n 条 32 位指令组成的程序所占的内存空间只是 n 条 64 位指令组成的程序的一半。内存带宽（内存每秒钟能够读/写多少位）一直是系统的主要瓶颈之一，减小指令长度可以有效地缓解这一瓶颈。由于现代处理机具有在一个时钟周期内并行取多条指令的能力，较短的指令长度意味着更快的处理速度。但是，使指令长度达到最小，可能会使译码和重叠执行变得困难，因此，在考虑最小化指令长度时，必须兼顾考虑译码和指令执行所需要的时间。

第二条原则是在指令格式中必须有足够的空间来表示所有的操作类型，还要考虑留下富余的空间给以后的扩展指令使用。例如，一台有 2^n 种操作的计算机，它的指令长度必须大于 n。

第三条原则是关于地址码的个数与每个地址码的位数。例如：典型 RISC 机器 MIPS 的指令长度固定为 32 位，其中操作码 6 位，访存指令设计有 3 个地址码 26 位，2 个 5 位的寄存器地址与 1 个 16 位的主存地址偏移量，采用基址寻址方式访问主存。

本节首先描述与分析指令操作码的 3 种编码方式和地址码的优化，然后讨论典型的 CISC 处理机 Pentium Ⅱ 与 RISC 处理机 SPARC 的指令格式。

2.3.1 指令操作码的优化

一条指令是由操作码和地址码两部分组成的。指令操作码的优化，就是指如何用最短的二进制位数来表示指令的操作信息，使程序中指令的平均操作码长度最短。

操作码的编码方式主要有 3 种：定长操作码、哈夫曼（Huffman）编码和扩展编码。

1. 定长操作码

定长编码是指所有指令的操作码长度都是相等的。如果需要编码的操作码有 n 个，那么定长操作码的位数最少需要 $\lceil \log_2 n \rceil$ 位。例如，用指令字中第一个字节（8位）表示操作码。这种方式有利于简化硬件设计和减少指令译码时间，但是浪费了信息量。

很多机器，如 IBM 公司的大、中型机和 RISC 体系结构都采用这种编码方法。

2. 哈夫曼编码

哈夫曼编码的基本思想是，当各种事件发生的概率不均等时，对发生概率最高的事件用最短的编码来表示，而对出现概率较低的事件用较长的编码来表示，这样可以使事件编码的平均位数缩短，从而减少处理时间。哈夫曼编码可以用于信息压缩的场合，如存储空间的压缩和时间的压缩。

使用哈夫曼编码对操作码进行优化表示，需要知道每种指令在程序中出现的概率（使用频度），这是通过对大量已有的典型程序进行统计后得出的。

编码优化的程度用平均码长来评价，平均码长定义为：

$$l = \sum_{i=1}^{n} p_i l_i \qquad (2\text{-}6)$$

其中，p_i 是表示第 i 种操作码在程序中的出现概率或使用频度，共有 n 种操作码；l_i 是第 i 种操作码的编码长度。

也可以用位冗余量来衡量编码优化的程度，位冗余量为：

$$R = \frac{l - H}{l} = 1 - \frac{H}{l} \qquad (2\text{-}7)$$

其中

$$H = -\sum_{i=1}^{n} p_i \log_2 p_i \qquad (2\text{-}8)$$

H 称为信息熵（Entropy），表示用二进制编码表示 n 个码点时，理论上的最短平均编码长度。因此，对实际编码的平均码长 l，都有 $l > H$，故有 $0 < R < 1$。

【例 2-4】 假设某模型机共有 $n = 10$ 种不同的指令，经统计各指令在程序中的使用频度如表 2-1 所示。若操作码用定长码表示需要 $\lceil \log_2 10 \rceil = 4$ 位。

表 2-1　某模型机指令使用频度举例

指　　令	使用频度（p_i）	指　　令	使用频度（p_i）
I_1	0.25	I_6	0.08
I_2	0.20	I_7	0.05
I_3	0.15	I_8	0.04
I_4	0.10	I_9	0.03
I_5	0.08	I_{10}	0.02

根据式（2-8）计算操作码的最短平均编码长度为：

$$H = -\sum_{i=1}^{10} p_i \log_2 p_i$$

$= -(0.25 \times \log_2 0.25 + 0.20 \times \log_2 0.20 + 0.15 \times \log_2 0.15 + 0.10 \times \log_2 0.10 + 0.08 \times \log_2 0.08 +$

$0.08 \times \log_2 0.08 + 0.05 \times \log_2 0.05 + 0.04 \times \log_2 0.04 + 0.03 \times \log_2 0.03 + 0.02 \times \log_2 0.02) = 2.96$

这表明模型机 10 种指令的操作码平均只需 2.96 位即可。如果用 4 位定长码表示，$l = 4$，根据式（2-7）计算信息冗余量为：

$$R = 1 - \frac{H}{l} = 1 - \frac{2.96}{4} \approx 26\%$$

下面对例 2-4 使用哈夫曼编码，如图 2-11 所示。首先利用哈夫曼算法，构造哈夫曼树。将所有 10 条指令的使用频度从小到大排序构成一个结点集，每次从结点集中选择频度最小的两个结点合并成频度为这两个频度之和的父结点，若结点集不为空集，就将生成的新结点放到结点集中，继续从这个新的结点集中选择出 2 个频度最小的结点生成其父结点，直至结点集成为一个空集，就生成了一棵哈夫曼树。从根结点开始，对每个结点的两个分支分别用"0"和"1"标识。

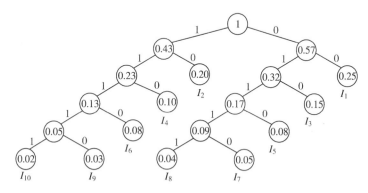

图 2-11 哈夫曼树举例

如果要得到指令 I_i 的操作码编码，则根据图 2-11 中的哈夫曼树，从根结点到 I_i 叶结点的路径上，将沿线所经过的 0 或 1 代码依次组合起来就形成了 I_i 指令的哈夫曼编码，如表 2-2 所示。

表 2-2　操作码哈夫曼编码和扩展操作码编码

指　　令	频度（p_i）	操作码 OP 使用哈夫曼编码	OP 长度（l_i）	2-4 扩展操作码编码	OP 长度（l_i）
I_1	0.25	0　　0	2	0　　0	2
I_2	0.20	1　　0	2	0　　1	2
I_3	0.15	0　　1　　0	3	1　　0　　0　　0	4
I_4	0.10	1　　1　　0	3	1　　0　　0　　1	4
I_5	0.08	0　　1　　1　　0	4	1　　0　　1　　0	4
I_6	0.08	1　　1　　1　　0	4	1　　0　　1　　1	4
I_7	0.05	0　　1　　1　　1　　0	5	1　　1　　0　　0	4
I_8	0.04	0　　1　　1　　1　　1	5	1　　1　　0　　1	4
I_9	0.03	1　　1　　1　　1　　0	5	1　　1　　1　　0	4
I_{10}	0.02	1　　1　　1　　1　　1	5	1　　1　　1　　1	4

根据式（2-6）计算操作码哈夫曼编码的平均码长为：

$$l = \sum_{i=1}^{10} p_i l_i = 0.25 \times 2 + 0.20 \times 2 + 0.15 \times 3 + 0.10 \times 3 + 0.08 \times 4 + 0.08 \times 4$$

$$+ 0.05 \times 5 + 0.04 \times 5 + 0.03 \times 5 + 0.02 \times 5 = 2.99$$

平均码长 2.99 位，非常接近于 H。这种哈夫曼编码的信息冗余量为：

$$R = 1 - \frac{H}{l} = 1 - \frac{2.96}{2.99} \approx 1.0\%$$

与 4 位定长码的 26%信息冗余量相比要小得多。

需要指出的是哈夫曼编码并非是唯一的。只要将哈夫曼树各分支的"0"与"1"互换，就可以得到一组新的编码。如果存在多个相同的最小频度，由于频度合并的次序不同，会导致生成不同的哈夫曼树，得到的编码也不相同。但是，计算的哈夫曼编码平均码长 l 是唯一的，而且是可用二进制位编码平均码长中最短的编码，因此哈夫曼编码是最优化的编码。

3. 操作码扩展编码

哈夫曼编码具有最优化的平均码长，信息冗余量也接近理想值。但是，哈夫曼编码形成的操作码一般不规整，码长种类多，例 2-4 中 10 种指令就有 4 种码长，不利于实现硬件译码和软件编译。

为此，实际机器中采用将定长操作码与哈夫曼编码结合形成的一种编码方式，称为操作码扩展编码。这种编码方式的操作码长度不是定长的，但只限于几种码长，较规整。编码时，仍采用高概率使用短码、低概率使用长码的哈夫曼压缩思想。具体编码规则是，根据要求确定编码的几种长度，然后从最短码开始，一种长度的编码通常要剩下一个或多个码点用作扩展标志，为后续较长的编码使用。与哈夫曼编码类似，扩展操作码中的短码不能是长码的前缀。

对于例 2-4 中的 10 条指令，如果采用扩展操作码编码，则可以有多种方法。采用扩展操作码编码如表 2-2 右部分所示。将使用频度高的 I_1、I_2 用两位操作码的 00、01 表示，剩下的 2 个码点 10、11 作为扩展为 4 位编码的标志。

根据式（2-6）计算这种扩展操作码编码的平均码长为：

$$l = \sum_{i=1}^{10} p_i l_i$$

$$= (0.25 + 0.20) \times 2 + (0.15 + 0.10 + 0.08 + 0.08 + 0.05 + 0.04 + 0.03 + 0.02) \times 4 = 3.1$$

这种编码的信息冗余量为：

$$R = 1 - \frac{H}{l} = 1 - \frac{2.96}{3.10} \approx 4.5\%$$

这种表示法的平均长度和信息冗余量，虽比哈夫曼编码的大，但比定长 4 位码小得多，而且编码较规整，是一种实际可用的优化编码。

为了便于硬件分级译码，一般采用等长扩展，如 4-8-12 扩展法表示操作码位数按 4 位、8 位和 12 位，每级加长 4 位扩展。类似还有 3-6-9 扩展法等。实际机器中，也有根据需要采用每级扩展位数不等的不等长扩展法。

在 4-8-12 等长扩展法中，如果选择的扩展标志不同就会有不同的扩展方法。例如 15-15-15 法和 8-64-512 法。如图 2-12 所示，15-15-15 法是在 4 位的 16 个码点中，保留 1 个码点作为扩展标志，在 8 位和 12 位码长也是如此。8-64-512 法是在 4 位的 16 个码点中，保留 8 个码点作为扩展标志；在 8 位的 128 个码点中保留 64 个码点作扩展标志；在 12 位的 1 024 个码点中保留 512 个码点作扩展标志。

指令使用频度 p_i 的分布可以作为选择哪种编码的依据。例如，某机器中有 15 种指令的 p_i 值都比较大，还有 15 种次之，其余 p_i 值很小，则适合选择 15-15-15 法；如果只有 8 种指令的 p_i 值较大，另外 64 种指令的 p_i 值次之，则适合采用 8-64-512 法。而实际机器中可采用更为灵活的扩展方式,如 PDP-11 机器的指令操作码长度有 4 位、7 位、8 位、10 位、12 位、13 位和 16 位。

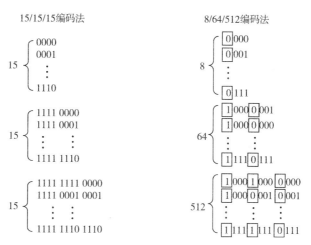

图 2-12 操作码等长扩展编码法

2.3.2 地址码的优化表示

指令由操作码和地址码组成。由于下一条指令地址由程序计数器给出,因此地址码只需要给出操作数和结果的地址。地址码长度主要取决于地址码个数、寻址方式、存储设备(通用寄存器、主存和堆栈等)的编址方式和寻址空间大小等。

1. 地址码个数

指令的地址码个数常见的有 3 个地址、两个地址、一个地址及零地址。

(1) 三地址指令格式为:

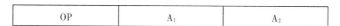

OP 表示操作码;A_1、A_2、A_3 分别表示操作数 1 的地址、操作数 2 的地址、结果存放地址,A_1、A_2 和 A_3 可以是主存单元地址或寄存器地址。

这种格式可以在操作后,两个操作数均不被破坏,可供再次使用,间接减少了程序的长度。例如,典型的 RISC 处理机都设置有三地址指令。

(2) 两地址指令格式为:

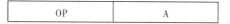

由 A_2 提供源操作数源地址;由 A_1 提供目的操作数地址,在运算后不再保留,该地址改为存放运算结果,只是 A_1 或 A_2 应尽量采用通用寄存器,以减少访存次数。这种格式减少了指令给出的显地址数,可以缩短指令长度。Intel 80x86 主要采用这种指令格式。

(3) 一地址指令格式为:

OP	A

一地址指令有两种常见的形态,根据操作码含义确定它属于哪一种。

① 只有目的操作数的单操作数指令。指令中只给出一个目的地址 A,A 既是操作数的地址,又是操作结果的存放地址。

② 隐含约定目的地址的双操作数指令。在某些机器中，双操作数指令也可采用一地址指令格式。源操作数按指令给出的源地址 A 读取，另一个操作数（目的操作数）隐含在 CPU 的累加器 AC 中，运算结果也将存放在 AC 中。例如，Intel 8x86 的乘法、除法指令就采用该格式。

可见，一地址指令不仅可用来处理单操作数运算，也可用来处理双操作数运算，这是使用隐含地址以简化地址结构的典型方法。

（4）零地址指令格式为：

$$\boxed{\text{OP}}$$

指令中只有操作码，不含操作数。这种指令有两种可能：

① 不需要操作数的指令，例如空操作指令、停机指令等。

② 所需操作数是隐含指定的。例如，计算机中对堆栈操作的运算指令，所需的操作数事先约定在堆栈中，由堆栈指针 SP 隐含指出，操作结果仍送回堆栈中。又如，Intel 80x86 的串操作处理指令，其操作数是隐含指定的。

从上述讨论可知，指令格式中采用隐含指定操作数地址（即隐地址）能够有效地减少地址数，实际上缩短了指令码的长度。

上述几种指令格式只是一般情况，并非每台计算机都具有。例如，在 Intel 80x86 的指令系统中，指令地址格式有零地址、一地址和两地址 3 种形式。三地址指令具有功能强、便于编程等特点，曾经多为指令字长较长的大型机所用。又如，RISC 处理机以三地址指令为主，也设置少量两地址、一地址和零地址指令。

在设计指令格式时，可以将操作码扩展编码与不同地址个数组配使用，以平衡指令的长度。下面通过一个例子来说明。

【例 2-5】 设某机器的指令长度是 16 位，而其中操作数地址长度为 4 位。这种情况对于具有 16 个寄存器（寄存器地址 4 位）而且算术运算都在寄存器中进行的计算机来说，是非常合适的。一种设计方案是每条指令具有 4 位的操作码和 3 个地址，这样共有 16 条三地址的指令，其格式为：

15　　　12	11　　　8	7　　　4	3　　　0
OP	A_1	A_2	A_3

但是如果共需要 15 条三地址指令、14 条两地址指令、31 条一地址指令和 16 条零地址指令，则一种扩展方法如图 2-13 所示。

上述例子表明，可以通过将最短的操作码分配给需要最多的位来定义其他信息的指令，使各指令的长度保持相等。但是，从优化操作码的角度，同时又必须考虑给常用的指令分配短的操作码，给不常用的指令分配长的操作码来使平均指令长度达到最短。在实际应用中，也可以采用变长指令，只是要求指令长度是字节或字的倍数，因此，指令格式的设计必须综合权衡多种因素。

2. 缩短地址码的方法

当前大多数计算机系统都采用虚拟存储器系统，为程序提供更大的地址空间，这就要求指令中的访存操作数地址是一个逻辑地址（虚拟地址），其长度一般远超过实际主存的所需地址长度。因此，需要考虑如何用较短的地址码来表示一个较大的逻辑地址空间。下面讨论几种常用的缩短地址码的方法。

现代处理机内部通常都设置一定量的寄存器，但数目有限，其地址码较短。因此，无论是采用寄存器直接寻址，还是寄存器间接寻址都可以有效地缩短地址码长度。例如，某机器有 32 个寄存器，每个寄存器长度是 32 位，一个寄存器地址只需要 5 位，如果采用寄存器间址，5 位地址码就可以间接给出 32 位的存储器逻辑地址。

采用基址或变址寻址方式缩短地址码长度。由基址寄存器提供全字长的地址码，足以指向整个逻辑地址空间，运行时可以用基址寄存器装入某个主存区间或是程序段的首址，指令中的位移量只是相对于首址的偏移量，位移量可以比较短。例如，Intel 80x86 实模式的位移量通常为 8 位或 16 位。

采用存储器间接寻址方式缩短地址长度。例如，主存储器按字节编址，将主存低 1 KB 区域专门用来存放地址，如果逻辑地址需要 32 位，则用连续 4 字节单元就可以存放 32 位地址，即 1 KB 主存空间可以存放 256 个地址，在指令中用 8 位长度就可以表示 32 位地址。

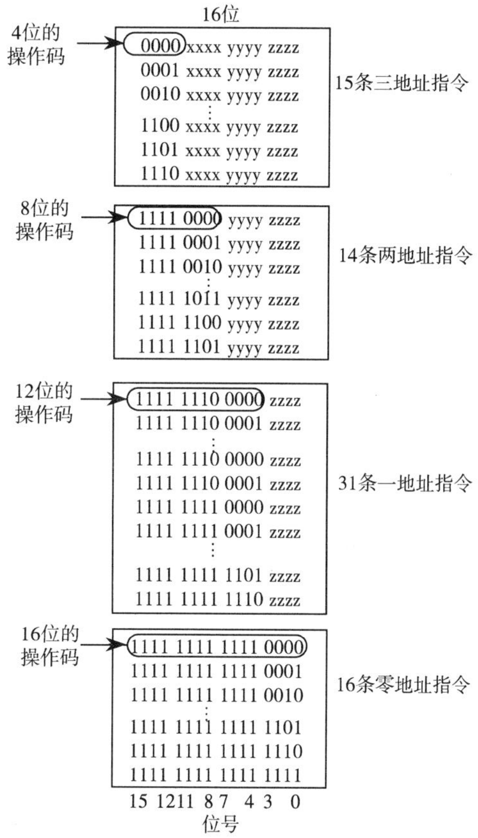

图 2-13　一种 16 位指令长度的操作码扩展方法

2.3.3　指令格式设计实例

在设计指令格式时，需要考虑指令的长度是采用固定的长度，还是采用可变长度。由于不同指令表示的信息量差异很大，可变长度指令就可以满足这样的需求，但是读取变长指令的时间会延长，而且指令越复杂执行时间也越长，实现也就更复杂。反之，指令长度固定，格式简单，则读取与执行时间短，实现相对容易。

目前，多数复杂指令系统集计算机 CISC 都采用可变长度指令，如 Intel 80x86 系列。而精简指令系统计算机 RISC 则一般采用固定长度指令，如 SPARC、MIPS。下面以典型的 CISC 的处理机 Pentium Ⅱ 与 RISC 处理机 SPARC 为例讨论其指令格式。

1. Pentium Ⅱ 指令格式

Pentium Ⅱ 的指令格式相当复杂。这首先是因为要与 Intel 80x86 兼容，而 80x86 的指令格式本身就比较复杂。再者是因为 Pentium Ⅱ 对地址和数据的 32 位扩展，以及增加了寻址方式的灵活性。

在下面介绍的 Pentium Ⅱ 指令的各个组成部分中，只有操作码字段是必须出现的，其他字段都是可选的。图 2-14 中给出了 Pentium Ⅱ 的指令格式，最多具有 6 个变长域。指令前缀一般根据需要选用，并放在指令前面。在 Pentium 机器码程序中，大部分指令并无前缀，它们使用默认的条件进行操作。

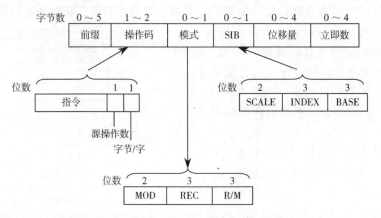

图 2-14　Pentium Ⅱ 指令格式

Pentium Ⅱ 指令地址格式包括两地址、一地址和零地址 3 种形式。如果双操作数指令的一个操作数在内存中，那么另一个就不能在内存中。

在早期的 80x86 体系结构中，虽然也使用了前缀字节来修改某些指令，但是所有指令的操作码长度都是一个字节的长度。前缀字节作为额外的操作码附加在指令的最前面用于改变指令的操作。然而，在 80x86 体系结构发展的过程中，所有的操作码已经用完，因此操作码 0xFF 作为出口码（Escape Code），以表示本条指令的操作码是两字节的。

Pentium Ⅱ 的操作码通常需要完全译码后才能确定执行哪一类操作，同样，指令的长度也只有在操作码译码后才能知道，也就是译码后才能确定下一条指令的起始地址。这就使实现更高的性能如多条指令重叠或同时执行变得更为困难，这也是所有可变长度指令都存在的问题。

操作码之后的是模式字节，模式字节及下一个字节 SIB 定义寻址方式。模式字节分为 3 个字段，分别是 MOD（2 位）、REG（3 位）和 RM（3 位）。REG 定义一个寄存器操作数，另一个操作数由 MOD 和 R/M 组合在一起（5 位）指定。5 位可以区分 32 种可能性，它们是 8 个寄存器操作数和 24 种存储器数据寻址方式。其中的一种（MOD/RM＝00/100）要求使用 SIB 字节，设置 SIB 字节是为了保持向下兼容的同时增加原来没有想到的新特性。

SIB 字节专门为比例变址寻址而设置。它由 3 个字段组成：INDEX（3 位）定义变址寄存器。SCALE（2 位）定义比例因子，BASE（3 位）定义基址寄存器。存储器地址的计算方法是，变址寄存器的内容乘以比例因子，再加上基址寄存器的内容。

如果 MOD/RM 定义的寻址方式中需要位移量，则由 DISP 字段给出。位移量可以是 8 位、16 位或 32 位。如果不需要位移量，则该字段不出现在指令格式中。

IMME 字段给出立即数指令中的立即数，它可以是 8 位、16 位或 32 位。

2. SPARC 指令格式

SPARC（Scalable Processor Architecture）是指由 SUN 公司定义的一种 RISC 处理机结构。SUN 已经研制了自己的 SPARC 处理机，而且也许可其他厂商生产 SPARC 兼容机。

SPARC 所有指令的长度固定为 32 位。如图 2-15 所示，最高两位操作码（OP）定义指令格式，基本指令格式只有 3 种。格式 1 专为 CALL 指令而设，格式 2 为 SETHI（置高位）和 BRANCH（转移）指令而设。常用的算术逻辑操作指令、LOAD/STORE 指令及其他指令均使用格式 3。第 2 个操作码 OP2 用于区分 BRANCH、SETH 等指令。第 3 个操作码 OP3 是定义指令操作的，每条指令只定义一个单独的操作。OPC 是协处理机指令操作码，OPF 是浮点处理机指令操作码。

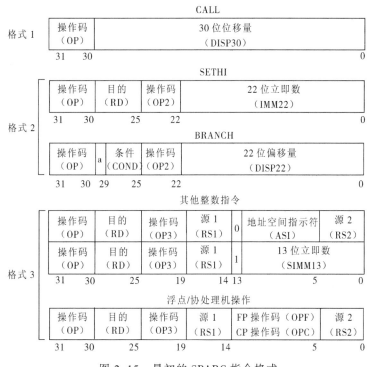

图 2-15 最初的 SPARC 指令格式

如图 2-15 所示的指令格式 3，大多数指令的第 1 个源操作数 RS1 是寄存器操作数；第 2 个可能是寄存器 RS2，也可能是立即数 SIMM13；而目的地址一般均是寄存器 RD（除了 store 和转移指令外）。整数算术逻辑运算指令是将 RS1 与 RS2 的内容（或 SIMM13）按操作码 OP3 规定的操作运算后把结果送往 RD，其功能可以描述为：

当格式第 13 位 $i=0$ 时，$(RS1)OP3(RS2)\rightarrow RD$；

当 $i=1$ 时，$(RS1)OP3\ SIMM13\rightarrow RD$。

LOAD 指令将存储器中的数据送往 RD 中，而 STORE 指令将 RD 中的数据送往存储器中。存储器地址的计算方法如下（寄存器间接寻址方式）：

当 $i=0$ 时，存储器地址 $=(RS1)+(RS2)$；

当 $i=1$ 时，存储器地址 $=(RS1)+SIMM13$。

由于指令长度是 32 位，因此不能在指令中包括 32 位常量。SETHI 指令只能设置 22 位常量，而把剩下的 10 位留给其他指令去实现。

非预取的条件转移指令使用格式 2 时，由 COND 字段决定测试哪种条件。a 位用于延迟转移控制，当 $a=0$ 时，跟在转移指令下面的指令总是被执行；当 $a=1$ 时，只在条件转移指令转移成功时，跟在转移指令下面的指令才被执行。

格式 1 用于执行过程调 CALL 指令。这条指令很特别，其操作码只有两位，其余 30 位都用于定义地址。

图 2-15 给出的是最初的 SPARC 指令格式。随着时间的推移，新的指令格式添加进来。大多数新的指令格式是通过把一些位分成不同的字段得到的。例如，最初的转移指令使用格式 2，有 22 位的偏移量。当加入分支预取指令时，22 位中的 3 位被移作他用，其中 1 位用于预测（预测/不预测），其他两位用于定义使用的条件码位集合，只剩下 19 位的偏移量。

SPARC 的指令格式、指令类型和寻址方式相对简单，可以认为是 RISC 体系结构的代表。

2.4　指令系统的改进

　　精简指令系统计算机 RISC 是 20 世纪 80 年代提出的一种新的设计思想。目前，市场上很多处理机都采用了 RISC 体系结构，如 SUN 公司（已于 2009 年被 Oracle 公司收购）的 SPARC、SuperSPARC、UtraSPARC，SGI 公司的 R4000、RS000、R10000，IBM 公司的 Power、PowerPC，Intel 公司的 80860、80960，DEC 公司的 Alpha，Motorola 公司的 88100 等。此外，一些典型的复杂指令系统计算机 CISC 在处理机设计时也吸收了一些 RISC 的设计思想，如 Intel 公司的 80486 和 Pentium 系列。

　　本节先概述 CISC、RISC 的发展及特点，然后以两个典型的 RISC 处理机 MIPS R4000 与 SPARC 为例，讨论其指令系统。

2.4.1　RISC 与 CISC 的概述

1. CISC 与 RISC

　　随着超大规模集成电路 VLSI 技术的迅速发展，计算机系统中硬件的成本不断下降，而软件成本却在不断上升。因此，人们热衷于在指令系统中增加更多的指令和复杂的指令，以适应不同应用领域的需要，并考虑尽量缩短指令系统与高级语言之间的语义差异，以便于高级语言的编译和降低软件成本。

　　另外，为了维护系列机的软件兼容性，也使指令系统变得越来越庞大。在系列机中，为了使老用户在软件上的投资不受损失，新机型必须继承老机型指令系统中的全部指令，这种情况使同一系列计算机的指令系统越来越复杂。例如，DEC 公司的 VAX–11/780 有 303 条指令、18 种寻址方式。一般来说，人们在计算机设计方面的传统想法和做法是：进一步增强原有指令的功能以及设置更为复杂的新指令取代原先由软件子程序完成的功能，实现软件功能的强化，从而使机器指令系统日益庞大和复杂，按这种传统方法设计的计算机系统称为复杂指令系统计算机（Complex Instruction Set Computer，CISC）。

　　指令系统很复杂、功能很强并不一定能提高机器的速度，CISC 中采用很多复杂的寻址方式，为了计算有效地址需花费一定的时间；有的指令需要多次访问主存储器，所以执行速度会降低。

　　复杂指令系统的实现需要复杂的控制器来支持，VLSI 生产工艺要求规整性，而 CISC 处理机中，为了实现大量的复杂指令，控制逻辑极不规整，增加了 VLSI 设计与生产的难度。在微处理器芯片中，复杂的控制器占据的面积大，限制了其他部件的硬件资源。

　　系列机为实现兼容，其控制部件多用微程序控制方式来实现，以便于指令系统的扩展。但微程序控制部件执行一条机器指令通常需要几个微周期，因此降低了指令的执行速度。

　　为了提高指令的执行速度，CISC 中常采用流水线技术。但由于存在很多问题，例如指令系统采用变字长指令、不同指令争用共同资源以及转移指令等，使流水线的效率不高。

　　在 CISC 系统上运行大量程序获得的统计分析结果表明，各种指令的使用频率相差悬殊，最常用的是一些比较简单的指令，仅占指令总数的 20%，但在程序中出现的频率却占 80%；而有 80%左右的指令很少使用，它们的使用量约占整个程序的 20%。这个分析结果使得人们怀疑 CISC 是否有必要设置实现大量的复杂指令。

　　综上所述，传统的 CISC 设计思想不利于提高计算机的速度。而且复杂的指令系统必然增加硬件实现的复杂性，从而使计算机的研制周期长、投资大。因此，人们开始研究传统指令系统的合理性问题。

1975 年，IBM 公司提出了精简指令系统的想法。后来美国加利福尼亚大学伯克利分校的 RISC I 和 RISC II、斯坦福大学的 MIPS 机的研制成功，为精简指令系统计算机 RISC（Reduced Instruction Set Computer）的诞生与发展奠定了重要基础。

2. RISC 的特点

精简指令系统计算机 RISC 的着眼点并不是简单地放在简化指令系统上，而是通过简化指令使计算机的结构更简单合理，从而提高处理速度，其精髓是减少指令执行的平均周期数。

RISC 是一种计算机系统结构的设计思想，直到现在都还没有一个确切的定义。下面给出 RISC 设计思想的一些主要特点。

1）大多数指令在一个周期内完成

指令系统中的大多数指令是执行一些简单的和基本的功能，这些指令可较快地在单周期内执行完毕，从而使指令的译码和解释的开销减少。RISC 为了更好地实现这个特点，必须采用流水线结构。

2）采用 LOAD/STORE 结构

由于访问主存储器指令花费时间较长，因此在指令系统中应尽量减少访问主存指令，而只保留不能再减掉的 LOAD（取数）与 STORE（存数）两种访存指令。由于其他大多数指令都不能访存，这些指令所需要的操作数都来自通用寄存器，运算结果也暂存于通用寄存器，因此容易实现在单周期内完成。

3）较少的指令数和寻址方式

选取使用频率高的一些简单指令，以及少量能有效支持操作系统、高级语言实现及其他功能的指令，减少指令条数。选用简单的寻址方式，以寄存器寻址及寄存器相关的寻址为主。从而简化控制部件，有利于减少指令的执行周期数。

4）固定的指令格式

指令长度、格式固定，可简化指令的译码逻辑，并有利于提高流水线的执行效率。为了便于编译的优化，常采用三地址指令格式。

5）面向寄存器的结构

为减少访问主存储器，CPU 内应设较多的通用寄存器。一般 RISC 计算机中至少有 32 个通用寄存器，可以存放程序的全局变量和局部变量。

6）硬布线控制逻辑

由于指令系统的精简，控制部件可由组合逻辑实现，不用或少用微程序控制，这样可使控制部件的速度大大提高。此外，芯片上的控制部件所占面积也大为减小，可腾出更多空间放寄存器组、Cache 等部件，这就减少了部件间的连线延迟，又进一步提高了操作速度。

7）注重编译的优化

RISC 指令系统的简化，必然使编译生成的代码长度增长。但通过编译优化技术，将编译初步生成的代码重新组织，即对目标指令代码的执行次序重新排序，以充分发挥内部操作的并行性，从而进一步提高流水线的执行效率。虽然编译优化技术使编译时间拉长，但这种代价的结果是使程序的执行时间缩短。而且程序的编译工作只需进行一次，编译后生成的优化执行代码却可以高效率地执行多次。因此，这个代价是值得的。

根据 RISC 的设计思想，1981 年加州大学伯克利分校的 David Patterson 等人研制出了 32

位 RISC Ⅰ 微处理机。其指令系统的 31 种指令包括：12 种算术逻辑指令，8 种访问存储器的指令，7 种程序控制指令和 4 种其他指令。指令字长度固定为 32 位，以三地址指令为主，有少量两地址和一地址指令，可识别 3 种数据类型。只有变址寻址和相对寻址两种寻址方式。按字节编址，只有 LOAD/STORE 指令可以访问存储器，其他指令的操作都在通用寄存器之间进行。时钟频率为 8 MHz，所有指令都在一个机器周期（500 ns）完成。CPU 设置了 78 个通用寄存器，将它们分为多个寄存器窗口提供给相应过程使用，即采用重叠寄存器窗口技术。由于 RISC Ⅰ 控制器部分只占 CPU 面积的 6%，因此才有较大的面积用于安排较多的寄存器。而当时属于 CISC 型微处理机的 MC68000 的控制器部分占芯片面积的 50%，Z8000 的控制器部分占芯片面积的 53%，因此，它们的芯片上无法安排数量众多的寄存器，只能更多地访问存储器。而且 RISC Ⅰ 处理机的设计和布线错误比 Z 8000 和 MC 68000 少 3～4 倍，研制周期比 Z 8000 和 MC 68000 少 4～6 倍，其速度却比 MC 68000 和 Z 8000 快 3～4 倍，有些功能还超过了 PDP-11/70 和 VAX-11/780 小型机。

随着计算机技术的不断发展，RISC 的设计思想也有了一些发展变化，更强调所设计的指令系统支持流水线的高效率执行，并支持编译器生成优化代码。

为了使流水线高效率执行，RISC 应具有以下特征：

（1）简单而统一的指令格式，加快指令译码；

（2）大部分指令在单周期完成；

（3）只有 LOAD/STORE 指令能够访问主存；

（4）简单的寻址方式；

（5）采用延迟转移技术；

（6）LOAD 延迟技术。

为了支持编译器生成优化代码，RISC 应具有以下特征：

（1）三地址指令格式；

（2）较多的寄存器；

（3）对称的指令格式。

RISC 技术存在的问题是编译后生成的目标代码较长，占据了较多的存储器空间。然而，RAM 芯片的集成度不断提高，成本不断下降，存储空间的增加已不是首要的问题。RISC 设计思想不仅为 RISC 所采用，一些传统的 CISC 的设计也吸取了 RISC 的优点。例如，Intel 80486 设计时就吸取了 RISC 中的一些思想，其中很重要的一点就是注重常用指令的执行效率，减少常用指令执行所需的周期数。

3. RISC 与 CISC 的典型参数比较

在 1.5.2 节曾介绍了一个程序执行时所花费的 CPU 时间可以表示为：

$$CPU\ 时间 = IC \times CPI \times 时钟周期$$

其中，IC 是指令条数，CPI 是每条指令所需的平均时钟周期数。

表 2-3 中对典型 CISC 与 RISC 的 3 个参数 IC、CPI 和时钟周期进行了比较。

表 2-3　CISC 与 RISC 的 IC、CPI 和时钟周期的比较

类　　型	指令条数 IC	指令平均周期数 CPI	时钟周期
CISC	1	2～15	5～33 ns
RISC	1.3～1.4	1.1～1.4	2～10 ns

对表 2-3 给出的 3 个参数进行如下的分析比较：

1）程序所执行的总指令条数 IC

RISC 选择的是比较简单且使用频度较高的一些指令，CISC 中的一条复杂指令所完成的功能在 RISC 中可能要用几条指令才能实现。对同一个源程序分别编译后所生成的目标代码，RISC 的目标代码要比 CISC 的目标代码长。但是，由于 CISC 中复杂指令在程序中的比例很少，其程序目标代码中的绝大多数指令都是同 RISC 一样的简单指令，因此，大量的统计结果表明，RISC 的程序目标代码的总指令条数 IC 只比 CISC 的 IC 多 30%～40%。

2）指令平均周期数 CPI

由于 CISC 的指令一般是用微程序解释执行，一条指令需要几个时钟周期才能完成，一些复杂指令则需要十几个～几十个周期才能完成。统计表明，大多数 CISC 指令执行平均时钟周期数（CPI）为 4～6 个周期。RISC 的大多数指令都是单周期执行的，只有少数复杂指令和访存操作的 LOAD 和 STORE 指令需要多个周期，所以 RISC 的 CPI 略大于 1。例如，SUN 公司的 SPARC 处理机的 CPI 为 1.3～1.4，SGI 公司的 MIPS 处理机的 CPI 为 1.1～1.2。

3）时钟周期

由于 RISC 的指令条数较少、指令格式较规整及寻址方式简单，加速了指令译码并易于硬布线逻辑实现，因此，RISC 的 CPU 时钟周期一般小于 CISC 的时钟周期。目前，使用中的 RISC 处理机的工作主频一般高于 CISC 处理机。

由表 2-3 可以估算出 RISC 的程序执行速度要比 CISC 快 3 倍左右。其中的关键在于 RISC 的指令平均时钟周期数 CPI 减小了。CPI 减少是 RISC 结构各个特点共同支持的结果，指令格式、寻址方式、指令条数和指令功能的简化，大大降低了硬件实现的复杂性，更好地支持指令流水线高效率的执行；同时采用编译优化技术，也有助于提高流水线的效率。

在 CISC 中，通过增强指令系统的功能，增加了实现指令系统的硬件的复杂程度，但却简化了由指令系统支持的软件尤其是操作系统。虽然 CISC 一般采用微程序控制，影响了指令的执行速度，但可以方便支持指令系统的兼容性。

可以说，RISC 的出现是计算机系统结构发展最重要的变革之一，一方面 CISC 通过吸收 RISC 设计思想提高了传统机器的性能。例如，Intel 公司的 80x86 处理机的指令平均周期数在不断缩小，8086 的 CPI 约为 20，80286 的 CPI 约为 5.5，80386 的 CPI 约为 4，80486 的 CPI 接近 2；另一方面，RISC 指令系统也开始采用一些复杂而必要的指令，使 RISC 计算机结构也日益复杂，部分 RISC 的逻辑实现采用硬联和微程序相结合，让大多数简单指令以硬联方式实现，功能较复杂的指令允许用微程序解释实现。从目前的发展趋势来看，RISC 与 CISC 的优势互补和技术交融将会持续下去。

2.4.2 RISC 指令系统实例

1. MIPS R4000 指令系统

典型的 RISC 计算机是 MIPS Technology 公司推出的 MIPS 系列计算机。MIPS R2000、R3000 和 R6000 微处理机芯片，具有相同的 32 位系统结构和指令系统。MIPS R4000 与之前芯片不同，它所有内部和外部数据路径和地址、寄存器以及 ALU 都是 64 位的，当然其指令系统是保持兼容的。

64 位的结构提供更大的地址空间，允许操作系统将大于 10^{12}B 的文件直接映射到虚拟存储器，方便了数据的存取。由于目前普遍使用磁盘空间达到或超过 100 GB，32 位机器的 4 G

地址空间变成了限制。此外，64 位使得 R4000 能够处理更高精度的浮点数（如 IEEE 单精度浮点数），并能够一次处理字符串数据中的 8 个字符。

R4000 处理机芯片成两个部分，包括 CPU 和存储管理协处理机。CPU 结构简单，其设计思想是，尽可能使指令执行逻辑简单，留出空间用于增加提高性能的逻辑线路。

处理机设置了 32 个 64 位通用寄存器，分别表示为 $0～$31。$0 寄存器的值固定为 0，是一个特殊寄存器。因此，存放数据的寄存器只有 31 个。

R4000 包括一个 64 KB 的指令 Cache 和一个 64 KB 的数据 Cache。相对较大的 Cache 允许系统保持更多的程序代码和局部数据，从而减少了访存冲突和提高了指令的执行速度。

1）MIPS 的指令格式

MIPS 的指令采用 32 位固定长度，支持三地址指令。指令格式有 3 种，包括立即数型、转移型和寄存器型，如图 2-16 所示。MIPS 的寻址方式只有 3 种：立即数寻址方式、寄存器寻址方式，以及基址加 16 位偏移量的访存寻址方式。

	6	5	5	16
I类型 （立即数）	Operation	RS	RT	Immediate/Address

	6		26	
J类型 （转移）	Operation		.Target	

	6	5	5	5	5	6
R类型 （寄存器）	Operation	RS	RT	RD	Shift	Function

Operation	6位操作码
RS	5位源寄存器指示
RT	5位源/目标寄存器指示
Immediate	16位立即数，转移或地址偏移
Target	26位转移目标地址
rd	5位目标寄存器指示
Shift	5位移位总量
Function	6位ALU/Shift功能指示

图 2-16　MIPS 的指令格式

采用寄存器型格式的指令主要是算术逻辑运算指令，其中两个源操作数寄存器号用 RS 与 RT 表示，结果寄存器号用 RD 表示，操作码用 OP 表示。指令中的 Shift 字段指定移位操作时移位的位数，Function 字段是扩展操作码指示 ALU/Shift 功能。包含立即数的运算指令采用立即数型指令格式，立即数为 16 位；取数指令 LW（Load Word）和存数指令 SW（Store Word）也采用立即数型指令格式，指令格式中的 16 位 Address 字段存放地址的偏移量；条件转移指令也是立即数型指令格式，转移地址采用相对寻址，指令格式中的 16 位 Address 字段存放相对寻址的地址偏移量。无条件转移指令采用转移型指令格式，指令中的 Target 字段存放 26 位的目标指令地址。

2）MIPS 指令集

MIPS R 系列处理机的基本指令集如表 2-4 所示。MIPS 基本指令集有 8 类指令，具体包括：LOAD/STORE 指令、含立即数算术指令、算术指令（三地址，寄存器寻址）、移位指令、乘/除指令、跳转和分支指令、协处理机指令以及专门指令。所有运算操作都基于寄存器；只有 LOAD/STORE 指令能够访问主存储器。

R4000 没有存放条件码的专用寄存器。如果一条指令产生某个条件，其相应的标志存于一个通用寄存器中。这可以避免采用专门处理条件代码的逻辑，因为它们会影响流水线的执行和编译器对指令的重排序。而且，采用处理寄存器值相关性的逻辑，可以保证流水线的高效率。

表 2-4 MIPS R 系列基本指令集

操 作 码	说 明	操 作 码	说 明
LOAD/STORE 指令		SLL	逻辑左移
LB	装入字节	SRL	逻辑右移
LBU	装入无符号字节	SRA	算术右移
LH	装入半字	SLLV	逻辑左移可变
LHU	装入无符号半字	SRLV	逻辑右移可变
LW	装入字	SRAV	算术右移可变
LWL	装入左字		
LWR	装入右字	乘/除指令	
SB	存储字节	MULT	乘
SH	存储半字	MULTU	无符号乘
SW	存储字	DIV	除
SWL	存储左字	DIVU	无符号除
SWR	存储右字	MFHI	由 HI 送出
含立即数算术指令		MTHI	送至 HI
ADDI	加立即数	MFLO	由 LO 送出
ADDIU	加无符号立即数	MTLO	送至 LO
SLTI	小于立即数置位	跳转和分支指令	
SLTIU	小于无符号立即数置位	J	跳转
ANDI	AND 立即数	JAL	跳转并链接
ORI	OR 立即数	JR	跳转到寄存器
XORI	XOR 立即数	JALR	跳转并链接寄存器
LUI	装入上部立即数	BEQ	相等分支
算术指令（3地址，寄存器寻址）		BNE	不等分支
ADD	加	BLEZ	小于或等于零分支
ADDU	无符号加	BGTZ	大于零分支
SUB	减	BLTZ	小于零分支
SUBU	无符号减	BGEZ	大于或等于零分支
SLT	小于置位	BLTZAL	小于零分支并链接
SLTU	无符号小于置位	BGEZAL	小于或等于零分支并链接
AND	与	协处理机指令	
OR	或	LWCz	装入字以协处理机
XOR	异或	SWCz	存储字以协处理机
NOR	或非	MTCz	传送到协处理机
移位指令		MFCz	由协处理机传出

续表

操作码	说明	操作码	说明
CTCs	传送控制到协处理机	BCzF	协处理机 z 假分支
CFCz	由协处理机传出控制	专门指令	
COPz	协处理机操作	SYSCALL	系统调用
BCzT	协处理机 z 真分支	BREAK	断点

R4000 在 MIPS 基本指令集的基础上增加了一些附加指令，如表 2-5 所示。新的指令类型只增加了异常处理指令，其余的是原有类型指令的扩充。

表 2-5　R4000 附加的指令

操作码	说明	操作码	说明
LOAD/STORE 指令		异常指令	
LL	装入链接	TGE	若大于或等于自陷
SC	条件存储	TGEU	若无符号大于或等于自陷
SYNC	同步	TLT	若小于自陷
跳转和分支转移指令		TLTU	若无符号小于自陷
BEQL	等于时转移	TEQ	若等于自陷
BNEL	不等于时转移	TNE	若不等自陷
BLEZL	小于或等于零转移	TGEI	若大于或等于立即数自陷
BGTZL	大于零转移	TGEIU	若大于或等于无符号立即数自陷
BLTZL	小于零转移	TLTI	若小于立即数自陷
BGEZL	大于或等于零转移	TLTIU	若小于无符号立即数自陷
BLTZALL	小于零转移并链接	TEQI	若等于立即数自陷
BGEZALL	大于或等于零转移并链接	TNEI	若不等于立即数自陷
BCzTL	协处理机 z 为真时转移	协处理机指令	
BCzFL	协处理机 z 为假时转移	LDCz	装入双协处理机
		SDCz	存储双协处理机

MIPS 用硬件实现的是最简单的和最常用的存储器寻址方式。这种存储器寻址方式实际上是基址寻址，即地址是由一个存放在寄存器中的基地址与相对该基址的一个 16 偏移量相加获得。例如，装入字指令 LW 的具体使用形式如下：

```
lw r2,128(r3);((r3)+128)→r2
```

以上指令的含义是，以寄存器 r3 的内容为基地址加上 128（偏移量），形成存储器地址，将此地址存储单元的字内容装入寄存器 r2 中。

MIPS 的编译器使用多条机器指令的合成来实现普通机器中的典型寻址方式。表 2-6 中给出了 3 条合成指令对应的一条或几条实际指令，其中使用了 LUI（Load Upper Immediat）指令，这条指令将 16 位立即数装入寄存器高半部，低半部置为全 0。

表 2-6　用 MIPS 寻址方式合成其他寻址方式

合成指令	对应的实际指令
lw r2, <16 位偏移量>	lw r2, <16 位偏移量>（r0）
lw r2, <32 位偏移量>	lui r1, <偏移量的高 16 位>

续表

合 成 指 令	对应的实际指令
	lw r2，<偏移量的低 16 位>（r1）
lw r2，<32 偏移量的低 16 位>（r4）	lui r1，<偏移量的高 16 位>
	addu r1，r1，r4
	lw r2，<偏移量的低 16 位>（r1）

2．SPARC 指令系统

SPARC 处理机的设计借鉴了美国加州大学伯克利分校研制的 RISC Ⅰ 机器，它的指令集和寄存器组织基本上基于 RISC Ⅰ。

1）SPARC 寄存器组与重叠寄存器窗口技术

RISC 处理机的指令系统比较简单，CISC 中的一条复杂指令，在 RISC 中可能要用一段简单指令组成的子过程（子程序）代码段来实现。因此，相比 CISC，RISC 程序中会出现更多的 CALL 和 RETURN 指令。

执行 CALL 指令时，必须把硬件现场（主要是程序计数器内容和处理机的程序状态）和软件现场（主要是指子过程会改写的通用寄存器中的内容等）保存到主存中。此外，还需要调用过程（父过程）将参数传递给被调用过程（子过程）。子过程在执行 RETURN 指令时，要恢复现场，并把结果传送回父过程。因此，执行 CALL 和 RETURN 指令时，访问存储器的信息量很大，频繁的访存操作会大大降低系统的性能。

为了尽量减少访存操作，F. Baskett 提出了重叠寄存器窗口（Overlapping Register Window）技术，并首先在 RISC Ⅰ 上应用，SPARC 也采用了这种技术。

重叠寄存器窗口的基本思想是：在处理机中设置数量较多的寄存器，并把它们划分成多个窗口。如图 2-17 所示，为每个过程分配一个窗口，每个窗口包括 3 组寄存器：参数寄存器、局部寄存器和临时寄存器，其中参数寄存器与父过程共用，用来存放父过程传送给本过程的参数，同时也存放本过程传送给父过程的计算结果；临时寄存器与子过程共用，用来存放本过程传送给子过程的参数和子过程传送给本过程的计算结果。也就是说，分配给过程的寄存器窗口是按照调用关系进行部分重叠的。

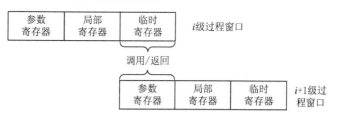

图 2-17　重叠寄存器窗口

SPARC 采用了重叠寄存器窗口技术。每个窗口由 24 个寄存器组成；总的窗口数可以为 2～32 个，取决于具体实现方法。图 2-18 中表示了 8 个窗口的实现过程，总共使用了 136 个物理寄存器。物理寄存器 R0～R7，是所有过程共用的全局（Global）寄存器。

如图 2-18 所示，为每个过程分配一个窗口，即可寻址逻辑寄存器 R8～R31，窗口分为 3 组寄存器，每组 8 个寄存器。逻辑寄存器 R24～R31 标记为输入，与父过程共用；逻辑寄存器 R8～R15 标记为输出，与子过程共用。这两组寄存器与其他窗口重叠。逻辑寄存器 R16～R23

标记为局部，是本过程使用的局部寄存器，既不与其他过程共用，也不与其他窗口重叠。

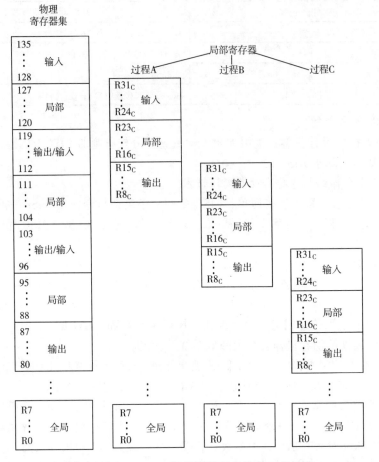

图 2-18　SPARC 寄存器窗口布局和 3 个过程

采用重叠寄存器窗口技术后，对程序来说任何时刻都只能看见和寻址 32 个逻辑寄存器，尽管实际的物理寄存器不止 32 个。寄存器窗口重叠是为了在过程之间有效地传递参数，要实现窗口重叠则需重新命名寄存器，针对图 2-18 中的过程 B，原有的父过程 A 输出寄存器 R8～R15 仍然可见，但是它们现在的名字是输入寄存器 R24～R31，也就是说寄存器被重新命名。然而，8 个全局寄存器 R0～R7 是不会变的，也就是说，它们对所有的寄存器窗口都是相同的。

如图 2-19 所示，给出了 8 个窗口，即从窗口 W0 到 W7 构成的环形窗口。SPARC 允许把最后一个过程的输出寄存器组与第一个过程的输入寄存器组重叠起来，形成一个窗口环，对被嵌套调用的过程循环分配窗口。在环形窗口中，调用过程将要传送的参数放入它的输出寄存器中；被调用过程将这同一组物理寄存器看做它的输入寄存器。处理机维护一个指向当前执行过程窗口的指针，称之为当前窗口指针（Current Window Pointer，CWP）。CWP 是处理机状态寄存器 PSR 的一个字段，PSR 中还有一个窗口无效屏蔽 WIM（Window Invalid Mask）字段，用于指示无效的窗口。过程调用指令通过减小 CWP 的值来隐藏旧的寄存器窗口，并提供新的寄存器窗口给被调用过程使用。

当过程调用采用多层嵌套时，处理机将会用尽所有的寄存器窗口。这时，最旧的寄存器窗口将被调入内存，以便获得可用的寄存器窗口。与此类似，在许多过程调用返回之后，内存中的寄存器窗口会被重新调入。因此，重叠寄存器窗口技术只是在调用层次不是很多时才能有效地提高处理机的性能。

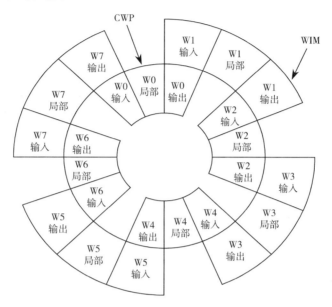

图 2-19　SPARC 中的 8 个寄存器窗口生成的环形结构

2）SPARC 指令集

SPARC 指令集如表 2-7 所示，包括 6 类指令：LOAD/STORE 指令、移位指令、布尔运算指令、算术指令、跳转/转移指令和其他指令。SPARC 具有典型的 RISC 特征，所有运算操作都基于寄存器，只有 LOAD/STORE 指令能够访问主存储器。

表 2-7　SPARC 指令集

助 记 符	说　　　明	助 记 符	说　　　明
LOAD/STORE 指令		算术指令	
LDSB	装入有符号字节	ADD	加
LDSH	装入有符号半字	ADDCC	加，设置条件码
LDUB	装入无符号字节	ADDX	带进位加
LDUH	装入无符半字	ADDXCC	带进位加，设置条件码
LD	装入字	SUB	减
LDD	装入双字	SUBCC	减，设置条件码
STB	存字节	SUBX	带借位减
STH	存半字	SUBXCC	带借位减，设置条件码
STD	存字	MULSCC	多步，设置条件码
STDD	存双字	跳转/转移指令	
移位指令			
SLL	逻辑左移	BCC	按条件转移
SRL	逻辑右移	FBCC	按浮点条件转移

助 记 符	说 明	助 记 符	说 明
SRA	算术右移	CBCC	按协处理机条件转移
布尔运算指令		CALL	调用过程
AND	AND	JMPL	跳转并链接
ANDCC	AND，设置条件码	TCC	按条件自陷
ANDN	NAND	SAVE	前移寄存器窗口
ANDNCC	NAND，设置条件码	RESTORE	后移寄存器窗口
OR	OR	REIT	由自陷返回
ORCC	OR，设置条件码		
ORN	NOR	其他指令	
ORNCC	NOR，设置条件码	SETHI	设置高 22 位
XOR	XOR	UNIMP	未实现的指令（自陷）
XORCC	XOR，设置条件码	RD	读专门寄存器
XRON	相异 NOR	WR	写专门寄存器
XRONCC	相异 NOR，设置条件码	IFLUSH	指令 Cache 清除

运算操作指令都是寄存器到寄存器的，运算类指令有 3 个操作数，其功能可以表示成：

$$R_{s1} \text{ op } S2 \rightarrow R_d$$

其中，R_{s1} 是寄存器操作数，S2 或者是寄存器操作数或者一个 13 位立即数，R_d 是目的寄存器。寄存器 0 即 R_0 已被硬布线成为 0 值，R_0 可以用于常数或寻址需要 0 值的指令。

可由 ALU 实现操作的指令包括：整数加法（带或不带进位），整数减法（带或不带借位），布尔运算 AND、OR、XOR 及其非操作，逻辑左移、逻辑右移和算术右移。除移位指令之外，运算指令都可选择设置 4 个条件代码：零、负、上溢、进位。整数以 32 位的二进制补码形式表示。

LOAD/STORE 指令可以区分对字（32 位）、双字、半字、字节的装入或存储。半字或字节的装入指令还可按有符号数和无符号数区别对待，前者是以符号位，后者是以 0 向左扩展，将 32 位目的寄存器左端空缺位填满。

存储器寻址方式只有一个，即存储器操作数的有效地址（EA）是基地址和偏移量之和。基地址来自寄存器，偏移量可以是立即数也可以来自于寄存器，可表示为：

$$EA = (R_{s1}) + S2$$

或
$$EA = (R_{s1}) + (R_{s2})$$

SPARC 的这个存储器寻址方式非常灵活，其不同的组合可以形成 3 种寻址方式，如表 2-8 所示的后 3 种寻址方式。

表 2-8　以 SPARC 寻址方式组合成其他寻址方式

一般寻址方式	寻址表示	SPARC 等价寻址	SPARC 指令类型
立即寻址	操作数=立即数	S2	寄存器-寄存器
寄存器寻址	R	R_{s1}，R_{s2}，R_d	寄存器-寄存器
直接寻址	EA=A	R_0+S2	装入，存储
寄存器间接寻址	EA=(R)	R_{s1}+0	装入，存储
基址寻址	EA=(R)+A	R_{s1}+S2	装入，存储

与 MIPS 存储器寻址方式相比，SPARC 存储器寻址更灵活。另一个不同是，MIPS 使用 16 位偏移量，SPARC 使用 13 位偏移量。

习　　题

1. 试述数据类型、数据表示和数据结构之间的关系。

2. 浮点数表示是否可以表示在表示范围内的所有实数？为什么？

3. 某机器浮点数的机器字长为 32 位，阶码长度 $q=7$ 位，尾数长度 $n=23$ 位，阶码符号位和尾数符号位各占 1 位。尾数和阶码的基都为 2，即 $r_m=r_e=2$，尾数用原码、纯小数表示，阶码用移码、整数表示。请给出规格化浮点数的表示范围。

4. 某机器浮点数表示的阶码长度 $q=6$ 位，阶码的值 e 用二进制整数、移码表示，尾数长度 $n=6$ 位，尾数的值 m 用十六进制纯小数、补码表示。请给出规格化浮点数的表示范围。

5. 试证明：尾数长度 n 相同，尾数的基不同的浮点数表示方式中，尾数的基 $r_m=2$ 的浮点数表示方式的规格化浮点数的表示精度最高。

6. 设浮点数表示方式中，阶码长度 $q=6$ 位，尾数长度 $n=48$ 位。当尾数的基分别取值 2、8、16 时，求非负阶规格化正尾数浮点数的最小阶值、最大阶值、阶码的个数、尾数最小值、尾数最大值、浮点数最小值、浮点数最大值和可表示的浮点数个数。

7. 为什么会出现标识符数据表示？标志符数据表示与描述符数据表示有何区别？

8. 带标志符的数据表示增大了数据字的字长，是否会增大目标程序在这种机器上运行时占用的存储空间？为什么？

9. 试说明变址寻址和基址寻址的适用场合。试设计一种只用 4 位地址码就可以指向一个大地址空间中任意 64 位地址的寻址机制。

10. 指令中常用的寻址方式有：立即数寻址、寄存器寻址、直接寻址、寄存器间接寻址、间接寻址、变址寻址。试分别说明这些寻址方法的原理，并对它们在：可表示操作数的范围大小；除取指外，为获得操作数所需访主存的最少次数；为指明该操作数所占用指令中的信息位数多少；寻址复杂性程度这 4 个方面进行比较。

11. 如 IBM 370 设有基地址寄存器，每条指令的基地址寄存器地址（4 位）加位移量（12 位）共 16 位作为地址码。现在，如果采用另一种方法即让每条指令都有一个 24 位的直接地址，针对下面两种情况评价这个方法的优、缺点：

（1）数据集中于有限几块，但这些块分布在整个存储空间；

（2）数据均匀地分布在整个地址空间中。

你认为在实际应用中这两种情况的哪一种可能性大？为什么？

12. 指令格式的设计需要从哪几个方面来考虑？为什么？

13. 经过统计，某处理机的 9 条指令使用频度分别为：43%、13%、7%、6%、5%、1%、2%、22%、1%，试分别设计这 9 条指令操作码的哈夫曼编码、3-3-3 扩展编码和 2-7 扩展编码，并计算这 3 种编码的平均码长。

14. 某专用机用于文字处理，每个文字符用 4 位十进制数字（0～9）编码表示，空格则用 "–" 表示，在对传送的文字符和空格进行统计后，得出它们的出现频度分别为：

| – : 20% | 0 : 17% | 1 : 6% | 2 : 8% | 3 : 11% | 4 : 8% |
| 5 : 5% | 6 : 8% | 7 : 13% | 8 : 3% | 9 : 1% | |

（1）若上述数字和空格均用二进制码编码，试设计二进制信息位平均长度最短的编码。

（2）按（1）设计的最短编码，若传送 10^6 个文字符号，且每个文字符号都跟一个空格，则共需传送多少个二进制位？若传送比特率为 56 kbit/s，则共需传送多少时间？

（3）若对数字 0～9 和空格采用 4 位定长编码，重新计算问题（2）的要求。

15. 为什么扩展编码要求任何短码都不能是任何长码的前缀？扩展编码如何实现这一要求？

16. 对给定的频度分布 $\{p_i\}$，由哈夫曼算法生成的哈夫曼树的结构可能不是唯一的，在什么情况下不唯一？由给定的频度分布 $\{p_i\}$ 生成不同结构的哈夫曼树，得出哈夫曼编码的平均码长是否是唯一的？

17. 经统计，某处理机 14 条指令的使用频度分别为 0.01、0.15、0.12、0.03、0.02、0.04、0.02、0.04、0.01、0.13、0.15、0.14、0.11、0.03，试分别给出指令操作码的定长编码、哈夫曼编码、只能有 2 种码长且扩展编码的平均码长尽可能短，并分别计算这 3 种编码的平均码长。

18. 某机的指令字长 16 位，设有单地址指令和双地址指令 2 类指令。若每个地址字段均为 6 位，且双地址指令有 x 条，试求出单地址指令最多可以有多少条？

19. 若某处理机的指令系统要求有：三地址指令 4 条，一地址指令 255 条，零地址指令 16 条，设指令字长为 12 位，每个地址码长度为 3 位。问能否用扩展编码为其操作码编码？如果要求单地址指令为 254 条，能否对其操作码扩展编码？说明理由。

20. 一台模型机共有 7 条指令，各指令的使用频度分别为 35%、25%、20%、10%、5%、3%、2%；有 8 个通用寄存器和 2 个变址寄存器。

（1）试设计 7 条指令操作码的哈夫曼编码，并计算操作码的平均码长。

（2）若要求设计 8 位长的寄存器—寄存器型指令 3 条，16 位长的寄存器—存储器型变址寻址指令 4 条，变址范围为 –127～+127，试设计指令格式，并给出指令各字段的长度和操作码编码。

21. 简要列举包括操作码和地址码两部分的指令格式优化可采用的各种途径和思路。除了指令格式优化外，试列举 3 个在计算机不同场合和用途上使用哈夫曼压缩概念的例子。

22. 简述 Pentium II 与 SPARC 处理机指令格式的特点。

23. 简述设计 RISC 机器的一般原则与可采用的基本技术。

24. 为什么 SPARC 处理机要采用重叠寄存器窗口技术？简述该技术的工作机制。

25. 为什么 RISC 处理机通常只允许 LOAD/STORE 指令访问主存储器？

26. 简述 MIPS R4000 与 SPARC 指令系统的寻址方式的特点。

27. 简要比较 CISC 机器和 RISC 机器各自的结构特点，它们分别存在哪些不足和问题？为什么说今后的发展应是 CISC 和 RISC 的结合？

第**3**章

流水线技术

流水线技术是一种将每条指令分解为多步，并让各步操作重叠，从而实现几条指令并行处理的技术。程序中的指令仍是一条条顺序执行，但可以预先取若干条指令，并在当前指令尚未执行完时，提前启动后续指令的另一些操作步骤，从而加速一段程序的运行过程。在计算机体系结构设计中，为了提高执行部件的处理速度，经常在部件中采用流水线技术，这是一种性能价格比较高的方法。

本章首先介绍流水线的基本概念、流水线的分类和流水线的性能计算方法，然后深入讨论基于 MIPS R4000 流水线的相关问题，并给出一种流水线处理机实例。最后讨论流水线技术在向量处理机中的应用。

3.1　流水线概述

加快机器指令程序的执行是组成设计的基本任务，可从两方面实现。一是通过选用更高速的器件、采取更好的运算方法、提高指令内各微操作的并行程度、减少解释过程所需要的拍数等措施加快每条机器指令的执行。二是通过控制机构同时执行两条、多条以至整段程序的方式加快整个机器指令程序的执行。重叠和流水线是其中常用的方式。本节先介绍这两种方式有关的概念和原理，然后从不同角度讨论流水线的分类及特点，同时也介绍相关的常用术语。

3.1.1　流水线的基本概念

1. 指令的重叠执行

一条指令的执行过程可分为多个阶段。这里简单地分为 3 个阶段。第 1 阶段是取指令，按照程序计数器的内容访问主存，取出一条指令送入指令寄存器。第 2 阶段是分析指令，对指令的操作码进行译码，按照指定的寻址方式和地址码形成操作数的地址，并按这个地址读取操作数，操作数可能在主存中，也可能在寄存器中。第 3 阶段是执行指令，根据操作码的要求，对操作数完成指令规定的操作或运算，并把结果写到寄存器或主存中。在指令执行的3 个阶段中都可能要访问主存。另外，指令分析与指令执行阶段还要求更新指令计数器。为读取下一条指令做准备。当有多条指令要在处理机中执行时，可以有多种执行方式。

1）顺序执行方式

顺序执行方式指的是只有在前一条指令的各过程段全部完成后,才从存储器取出下一条指令。指令执行过程如图 3-1（a）所示。其中取指令简称取指,分析指令简称析指,执行指令简称执指,则 n 条指令的执行时间为 $T=n \times (t_取+t_析+t_执)$。若每段时间相等都是 t,则 n 条指令的执行时间为 $T=3nt$。

顺序执行方式的优点是指令之间易于控制和处理,结构设计与组成实现简便易行。顺序执行方式的缺点是机器语言程序解释执行的速度慢,指令执行速度慢,功能部件利用率低,因为一个部件工作时,其他两个部件是空闲的。

2）仅两条指令重叠执行方式

图 3-1（b）所示为仅两条指令重叠执行方式,执指 k 与取指 $k+1$ 是同时工作的,在时间上出现一次重叠。n 条指令的执行时间为 $T=t_取+n \times t_析+(n-1) \times (t_取,t_执)\max+t_执$。若每段时间相等都是 t,则 n 条指令的一次重叠执行时间为 $T=(2n+1)t \approx 2nt$。

与顺序执行方式比较,当 n 很大时,约缩短了 1/3 的时间。

3）三条指令重叠执行方式

图 3-1（c）所示为三条指令重叠执行方式,即把第 k 条指令的执指阶段、第 $k+1$ 条指令的析指阶段和第 $k+2$ 条指令的取指阶段分别占用取指、析指和执指部件在同一时间完成。在时间上出现两次重叠。n 条指令的执行时间为 $T=t_取+(t_析,t_取)\max+(n-2) \times (t_取,t_析,t_执)\max+(t_执,t_析)\max+t_执$。若每段时间相等都是 t,则 n 条指令的二次重叠执行时间为 $T=(2+n)t \approx nt$。

取指 k	析指 k	执指 k	取指 $k+1$	析指 $k+1$	执指 $k+1$

（a）顺序执行方式

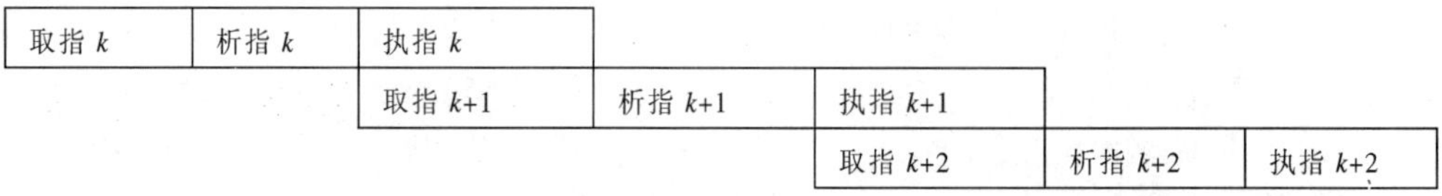

取指 k	析指 k	执指 k			
	取指 $k+1$	析指 $k+1$	执指 $k+1$		
		取指 $k+2$	析指 $k+2$	执指 $k+2$	

（b）一次重叠执行方式

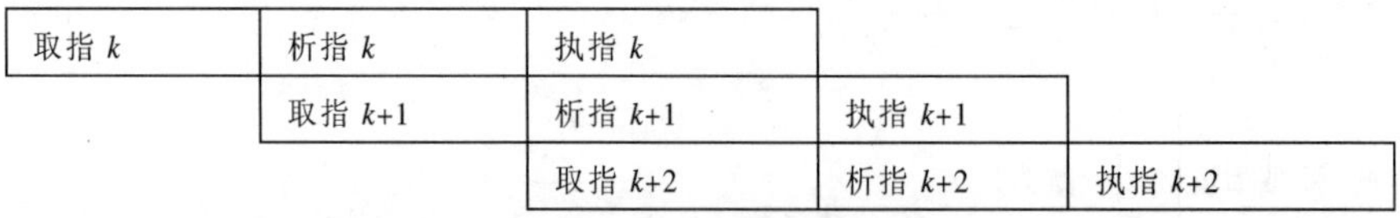

取指 k	析指 k	执指 k	
取指 $k+1$	析指 $k+1$	执指 $k+1$	
取指 $k+2$	析指 $k+2$	执指 $k+2$	

（c）三条重叠执行方式

图 3-1 指令的执行方式

与顺序执行方式相比较,当 n 很大时,约缩短了 2/3 的时间。

小知识

指令重叠方式不仅仅局限于上述 3 种,若一条指令的过程段划分更多时,重叠组合方式更多。需要注意的是,重叠执行方式并不能缩短一条指令的执行时间,但可缩短多条指令的平均执行时间。

【例 3-1】 设 $t_取=3\Delta t$, $t_析=4\Delta t$, $t_执=5\Delta t$,分别计算顺序执行方式、仅两条重叠方式和三条重叠方式执行 $n=200$ 条指令的时间。

顺序执行:

$$200 \times (3+4+5)=2400 \, \Delta t$$

两条重叠:

$$3+200 \times 4+(200-1) \times 5+5=1803 \, \Delta t$$

三条重叠:

$$3+4+(200-2) \times 5+5+5=1007 \, \Delta t$$

从上述内容可以看到,程序运行时,如能实现多次重叠,就有可能大大提高速度。那么这种重叠对计算机组成提出了什么要求?

(1)要实现执指 k、析指 $k+1$ 与取指 $k+2$ 三者重叠,硬件上必须要有相对独立的取指、析指和执指部件。为此,需要把顺序执行方式中一个集中的指令控制器,分解成 3 个功能独立的部件:存储控制器(存控)、指令控制器(指控)、运算控制器(运控)。

(2)要解决 3 个阶段访问主存冲突问题,实现并行访存。有以下 3 种解决办法。

- 将主存分为两个独立编址的存储器:指令存储器和数据存储器,CPU 可分别独立访问,这样就没有取指和析指访存的冲突。若执指结果只写入寄存器,则三者都可同时进行。如许多计算机中采用的哈佛结构,就是将一级 Cache 分成指令 Cache 和数据 Cache。但这种方法对汇编语言程序员和机器语言程序员是不透明的。
- 低位交叉存取方式,可并行访问不在同一个存储体中的指令或数据,但如果要访问的指令或数据都在同一个存储体中,就可能带来冲突。
- 根本解决办法是采用先行控制技术,这也是普遍采用的办法。在重叠操作中,当前一条指令在执行过程中需要提前取出后面的指令进行相应处理,这种提前取出后继指令进行相应处理的操作称为先行。

先行控制部件的主要内容包括先行地址站,可存放先行指令地址和先行操作数地址;先行指令站,可存放多条指令;先行操作数站,可存放多个操作数;先行地址形成部件,可形成先行指令地址以及先行操作数地址;先行操作数译码站,可完成对多条指令的译码并保留译码输出状态。其结构图如图 3-2 所示。

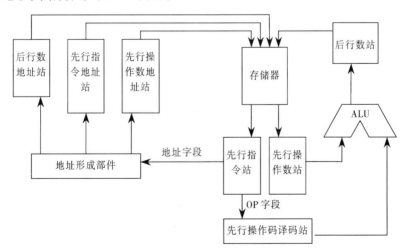

图 3-2 先行控制部件结构图

图 3-2 还涉及了后行部件,所谓后行部件就是对指令执行后的结果进行处理的器件。它包括后行数地址站,提供后行数存放地址;后行数站,存放运行的结果,并将结果送给存储器。

（3）还要求各个功能部件的运行速度大致相等，避免在重叠中相互等待，如图 3-3 所示。这需要用到先行控制技术中的缓冲技术，并依靠 RISC 技术的支持。

图 3-3　指令重叠运行时的相互等待

（4）如果指令 k 是转移指令，则顺序取来的指令 $k+1$ 势必无效，重叠运行就会被打断，类似的（如数据相关等）问题都必须解决。

可见，实现功能部件的多次重叠，使程序运行如同生产流水线一般源源不断地执行指令和得到结果，就需要 RISC 系统的支持和采用先行控制技术，并解决有关控制转移、数据相关、资源冲突带来的可能使流水线断流的问题。

2．从重叠到流水线

流水线方式是把一个重复的过程分解为若干个子过程，且每个子过程可以与其他子过程对不同的对象同时进行操作。处理机可以在不同级别上采用流水线方式工作，有指令流水线、操作部件流水线、访存流水线等。流水线技术是加快 CPU 执行速度的关键技术。

现实生活中就有很多采用了流水线的例子。比如洗衣店的例子，设洗衣店有 A、B、C、D 四堆衣服需要清洗、甩干和折叠。设清洗衣服需要 30 分钟，用甩干机甩干衣服需要 30 分钟，专人折叠衣服需要 30 分钟。若采用顺序执行方式，洗这 4 堆衣服需要 6 个小时，若采用三条重叠方式，洗这 4 堆衣服仅仅需要 3 个小时。可以看出，流水线虽然无法帮助解决单个任务的延迟，但有利于减少整个工作时间。

指令的仅两条重叠执行方式就是一种简单的指令流水线。一条指令的执行过程分解为"析指"和"执指"两个子过程，分别在指令分析器和指令执行部件中完成，如图 3-4 所示。由于在指令分析器和指令执行部件的输出端各有一个锁存器，分别保存指令分析和指令执行的结果，使得指令分析器和指令执行部件能成为两个独立的功能部件，可以同时并行工作，从而使析指 $k+1$ 和执指 k 同时进行。

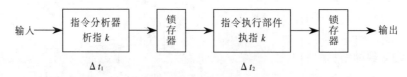

图 3-4　一种简单的流水线

如果把执行一条指令的过程分得更细，图 3-5 所示为一个典型的 5 阶段流水线，那么处理机执行指令的平均速度将更快，当然每个部件的输出端都要有一个锁存器。

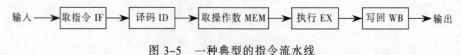

图 3-5　一种典型的指令流水线

若某个子过程所需时间较长，还可以进一步分解为更小的子过程，即在功能部件的内部也采用流水线方式工作。例如，浮点加法器可以分解为求阶差、对阶、尾数加和规格化等 4 个独立的功能部件，组成如图 3-6 所示的采用 4 级流水线的浮点加法器，一般使每个部件的执行时间相等，虽然执行一次浮点加法仍需 $4\Delta t$，但 4 个部件同时工作，则每隔一个 Δt 就能完成一次浮点加法，速度提高了 3 倍。

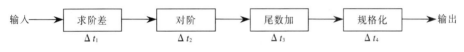

输入 → 求阶差 Δt_1 → 对阶 Δt_2 → 尾数加 Δt_3 → 规格化 Δt_4 → 输出

图 3-6 浮点加法器流水线

3.1.2 流水线的分类

流水线按不同的观点有不同分类，一般而言流水线可以分为以下几种类型。

1．按各过程段用时是否相等分类

流水线按各过程段用时是否相等可分为均匀流水线和非均匀流水线两种。

所谓均匀流水线指的是各过程段用时全相等的流水线，如图 3-7 所示。而非均匀流水线指的是各过程段用时不全相等的流水线，如图 3-8 所示。

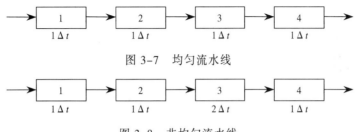

1 $1\Delta t$ → 2 $1\Delta t$ → 3 $1\Delta t$ → 4 $1\Delta t$

图 3-7 均匀流水线

1 $1\Delta t$ → 2 $1\Delta t$ → 3 $2\Delta t$ → 4 $1\Delta t$

图 3-8 非均匀流水线

2．按处理的数据类型

按处理的数据类型可分为标量流水线和向量流水线两种。

所谓标量流水线是指只有流水线，没有向量数据表示和相应的向量指令。在处理向量指令时，采用流水处理方式对向量各元素（标量数据）按标量指令的要求进行处理，如 IBM 360/91、Amdahl 470V/6 等。

而向量流水线是由向量数据表示与向量指令流水线相结合而形成的，向量很适合流水处理，一个向量指令序列可以在向量流水处理机上流水处理。所以，向量处理机是向量数据表示和流水技术的结合，如 TiASC、STAR-100、CYBER-205、CRAY-1、YH-1 等。在本章后面将详细阐述它们的结构和特点。

3．按流水线的规模

按流水线的规模可分为操作流水线、指令流水线和宏流水线。

所谓操作流水线是把处理机的算术逻辑部件分段，使得各种数据类型的操作能够进行流水，规模最小。

而指令流水线则是把解释指令的过程按照流水方式处理。因为处理机要处理的主要时序过程就是解释指令的过程，这个过程当然也可分解为若干个子过程。把它们按照流水（时间重叠）方式组织起来，就能方便处理机重叠地解释多条指令。从这个意义上说，可以把指令解释过程分解为由"析指"与"执指"两个子过程组成的最简单的指令流水线，它同时只能解释两条指令，适用于多进程、多任务，其规模较大。

宏流水线是指由两个以上的处理机串行地对同一数据流进行处理，每个处理机完成一项任务。如图 3-9 所示，数据流完成任务 1 的处理，其结果存入存储器中。它又被第二个处理机取出进行任务 2 的处理……依此类推。这种流水线一般属于异构型多处理机系统，它对提高各处理机的效率有很大的作用，规模最大。

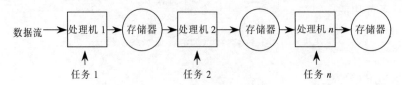

图 3-9　处理机级流水线

4．按功能分类

按流水线完成的功能是否单一，流水线可分为单功能流水线与多功能流水线两种。

所谓单功能流水线，是指一条流水线只能完成一种固定的功能。例如，浮点加法器流水线专门完成浮点加法运算，浮点乘法器流水线专门完成浮点乘法运算。当要实现多种不同功能时，可以采用多条单功能流水线。如 Cray-1 有 12 个单功能流水线，我国研制的 YH-1 计算机有 18 条单功能流水线。

所谓多功能流水线，是指流水线的各段可以进行不同的连接，从而使流水线在不同的时间，或者在同一时间完成不同的功能。例如，Texas 仪器公司的高级科学技术奖 ASC 中采用的 8 段流水线（见图 3-10（a））。每条流水线通过不同的连接方式可以完成整数加减运算、整数乘法运算（见图 3-10（b））、浮点加法运算（见图 3-10（c））、浮点乘法运算，还可以实现逻辑运算、移位操作和数据转换等功能。

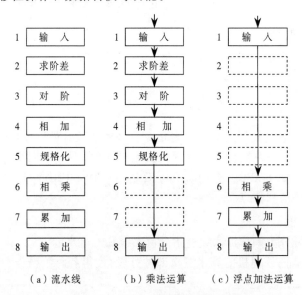

图 3-10　TiASC 的多功能流水线

5．按工作方式分类

流水线按工作方式可分为静态流水线和动态流水线两种。

所谓静态流水线是指同一段时间内,多功能流水线中的各段只能按照一种固定的方式连接，实现一种固定的功能。例如，上述 TiASC 的 8 段流水线只能按浮点加、减运算连接方式工作，或者是按定点乘法运算方式工作，不能在同一时间有的段进行浮点加、减法运算，而有的段进行定点乘法运算。显然，在静态流水线中，只有当输入是一串相同的运算操作时，流水的效率才能得到发挥。其优点是控制简单，缺点是运算效率不高。

所谓动态流水线是指在同一段时间内，多功能流水线中的各段可以按照不同的方式连接，同时执行多种功能。当然，同时实现多种方式是有条件的，即流水线中的各个功能部件之间不能发生冲突。例如，在同一时间内，当某些段正在实现某种运算（如定点乘法）时，另一些段却在实现另一种运算（如浮点加法）。这样，就不是必须相同运算的一串操作才能进行流水处理。其优点是效率和功能模块利用率比静态流水线要高，缺点是相关控制复杂。

图 3-11（a）和图 3-11（b）给出了静、动态流水线时空图的对比，可以很清楚地看到其工作方式的不同。

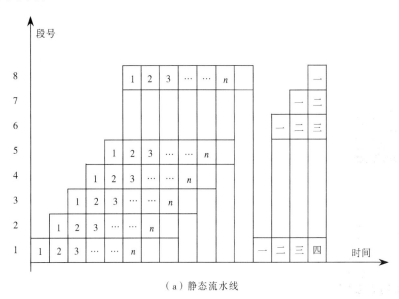

（a）静态流水线

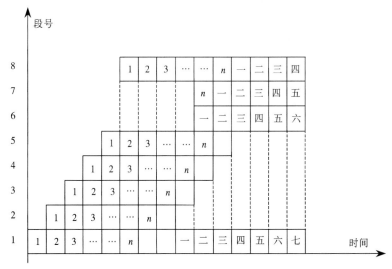

（b）动态流水线

图 3-11 静、动态流水线时空图的对比

目前，采用静态流水线的处理机居多。

6．按连接方式分类

按照流水线的各个功能段之间是否有反馈信号，可将流水线分为线性流水线和非线性流水线。

所谓线性流水线，是指流水线的各段串行连接，没有反馈回路。输入数据从流水线的一端进入，从另一端输出。数据在流水线中的各个功能段流过时，每一个功能段都流过一次，而且仅仅流过一次。

而非线性流水线，是指流水线中除有串行连接的通路外，还有反馈回路。图 3-12 所示为一个非线性流水线，S_3 的输出可反馈到 S_2，而 S_4 的输出可反馈到 S_1。这种非线性流水线对输入流水线加工的指令要加以较复杂的控制以保证两条或多条指令不会发生对某一功能段的争用。

要说明非线性流水线的工作情况，除了给出类似图 3-12 所示的连接图之外，还要用类似图 3-13 的"预约表"来表示有反馈回路的功能段使用的次数。在图 3-13 的预约表中，反映了流水线各功能段的执行时间。横坐标为时间，纵坐标为流水线功能段。表中用"×"表示某个功能段在相应时间段要被使用。图 3-13 表明，S_2 段被连续使用了两次。

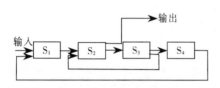

图 3-12　一种非线性流水线

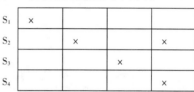

图 3-13　非线性流水线的预约表

非线性流水线与线性流水线的区别如下：

（1）非线性流水线有反馈回路或前馈回路，或两者兼有。

（2）执行一条指令时，各功能模块不是都执行一次。

（3）表示非线性流水线除连接图外，还需有预约表一起来说明；线性流水线其预约表是确定的，而非线性流水线可对应多张预约表。

（4）非线性流水线的输出端不一定是最后模块。

7．其他分类

除上述几种外，流水线分类还有下述几种：

（1）根据控制方式流水线可分为顺序流水线和乱序流水线。顺序流水线输出端流出的任务与输入端流入的任务顺序一致。而乱序流水线输出端流出任务的顺序跟输入端可以不一样。例如，在不发生数据相关的情况下，无须访存读数的指令可能优先于需要等待访存读数的指令执行，这样的任务可能较早在输出端流出。

（2）在线性流水线中，根据控制方式还可以分成同步流水线和异步流水线。本章介绍的都是同步流水线，而一般的宏流水线多采用异步方式。例如，处理机之间的数据传送往往采用"握手"通信方式，通过一问一答来实现数据流移动。这里不再详细阐述。

3.1.3　流水线的特点

流水线具有以下特点：

（1）流水线处理的必须是连续任务，只有连续不断的任务才能充分发挥流水线的效率。必须尽可能克服程序本身带来的数据相关、控制相关等问题。

（2）流水线依靠多个功能部件并行工作来缩短程序的执行时间，实际上是把一个大的功能部件分解为多个子过程，如前述将浮点数加法器分解为 4 个子过程。

（3）流水线中的每一功能部件后面都要有一个缓冲寄存器，即所谓的锁存器，以便平滑各个功能段延时时间的不一致。

（4）流水线中各段时间应尽量相等，避免段延时过长引起的相互等待。对执行时间长的功能段，即所谓"瓶颈"，要设法解决，否则将使得整个流水线性能下降。

（5）流水线需要有"装入时间"和"排空时间"。在流水线处理的任务很多时，"装入时间"和"排空时间"所占的比例将很小。

3.2　流水线的时空图及性能分析

使用时空图来描述流水线工作是一种常见的方式。本节主要介绍流水线时空图，以及通过时空图对流水线进行性能分析的主要指标。

3.2.1　流水线的时空图

流水线的时空图中用横坐标表示时间，即在流水线中的各个任务所经过的时间。当流水线中各个功能部件的执行时间都相等时，横轴被分割成长度相等的时间段。时空图的纵坐标表示流水线的各个功能部件形成的功能段（子过程）。图 3-14 所示为一种只有分析指令（简称析指）和执行指令（简称执指）两个功能段的指令流水线的时空图，图 3-15 所示为一个 4 段浮点加法器流水线的时空图。时空图可以很直观地体现出各个功能段以及它们的执行时间序列，在流水线的输入端，描述了各个任务的装入时间，在流水线的输出端，可看到各个任务执行后的排空时间。

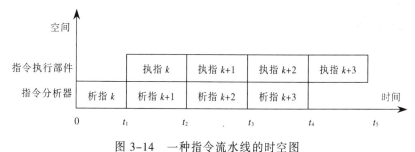

图 3-14　一种指令流水线的时空图

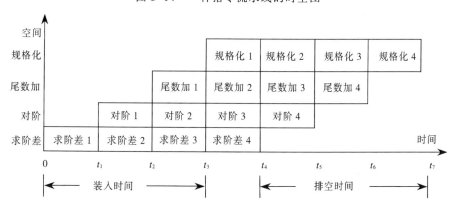

图 3-15　4 段浮点加法器流水线的时空图

3.2.2 流水线的性能分析

衡量流水线性能的主要指标有吞吐率、加速比和效率，本节以线性流水线为例，讨论线性流水线三项性能指标的计算方法。其中有关分析方法和计算公式也适用于非线性流水线。

1. 吞吐率

（1）定义。流水线的吞吐率（ThroughPut rate，TP）是指单位时间内流水线所完成的任务数量，输出的结果数量。

（2）公式。依据流水线吞吐率的定义，得到计算吞吐率的基本公式如式（3-1）所示：

$$TP = \frac{n}{T_k} \tag{3-1}$$

式（3-1）中，TP 表示吞吐率，n 表示任务数，T_k 表示处理完 n 个任务所用的时间。下面讨论几种情况下吞吐率的计算。

（3）最大吞吐率。流水线的最大吞吐率是在 n 趋于无穷大的时候达到，如式（3-2）所示：

$$TP_{max} = \lim_{n \to \infty} \frac{n}{(k+n-1)\Delta t} = \frac{1}{\Delta t} \tag{3-2}$$

最大吞吐率与实际吞吐率的关系如式（3-3）所示：

$$TP = \frac{n}{k+n-1} TP_{max} \tag{3-3}$$

由此可见，只有当 $n \gg k$，即不间断输入流水线的指令数目 n 远大于流水线段数 k 时，才有 $TP \approx TP_{max}$。

对于 TP_{max}，实际上是实现不了的。一方面是因为流水线存在着指令上线时间和排空时间；另一方面因为种种原因，流水线执行的任务很难做到连续进行。

下面分两种常见情况具体讨论流水线的吞吐率。

① 各段执行时间相等，任务连续。

设流水线具有 k 个功能段，各段执行时间相等为 Δt，当有 n 个任务连续流入流水线时，其时空图如图 3-16 所示。

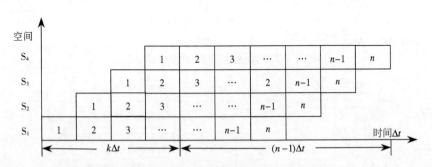

图 3-16 各段执行时间相等的流水线时空图

从流水线的输出端来看，用 k 个 Δt 输出第 1 个任务，余 $n-1$ 个 Δt，每个 Δt 输出 1 个任务，共花费 $k\Delta t + (n-1)\Delta t$。同样，从流水线的输入端来看，使用 n 个 Δt 输入 n 个任务，另外还用 $k-1$ 个 Δt 排空流水线，共花费 $k\Delta t + (n-1)\Delta t$，即 $T_k = k\Delta t + (n-1)\Delta t$。

因此，各段执行时间相等，连续执行 n 个任务的一条 k 段线性流水线的实际吞吐率计算如式（3-4）所示。

$$TP = \frac{n}{k\Delta t + (n-1)\Delta t} \qquad (3-4)$$

② 各段执行时间不相等时的实际吞吐率。

若一条 k 段线性流水线的各段执行时间 Δt_1，Δt_2，$\cdots$，Δt_k 不相等（见图 3-17），那么除第 1 个任务外，其余 $n-1$ 个任务必须取 $\max(\Delta t_1, \Delta t_2, \cdots, \Delta t_k,)$ 作为时间间隔连续流入流水线。

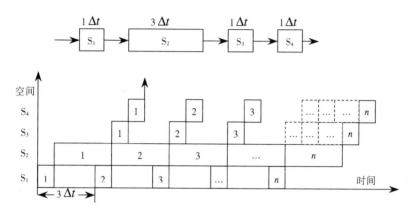

图 3-17 各段执行时间不等的时空图

因此，连续流入 n 个任务的实际吞吐率如式（3-5）所示：

$$TP = \frac{n}{\sum\limits_{j=1}^{k}\Delta t_j + (n-1)\max(\Delta t_1, \Delta t_2, \cdots, \Delta t_k)} \qquad (3-5)$$

此时流水线的最大吞吐率如式（3-6）所示：

$$TP_{max} = \frac{1}{\max(\Delta t_1, \Delta t_2, \cdots, \Delta t_k)} = \frac{1}{\Delta t_j} \qquad (3-6)$$

从式（3-5）和式（3-6）可知，流水线的最大吞吐率和实际吞吐率主要是由流水线中执行时间最长的那个功能段决定的，这个功能段就成为整个流水线的"瓶颈"。

【例 3-2】 一个 4 段线性浮点加法流水线，各段执行时间不等，如图 3-18 所示，其中 $\Delta t_1 = \Delta t$，$\Delta t_2 = \Delta t$，$\Delta t_3 = 2\Delta t$，$\Delta t_4 = \Delta t$。求流水线最大吞吐率和连续输入 n 个对象的实际吞吐率。

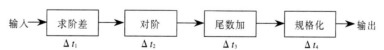

图 3-18 各段执行时间不等的 4 段浮点加法流水线

解：由式（3-5）可得：

$$TP = \frac{n}{\sum\limits_{j=1}^{4}\Delta t_j + \max(\Delta t_1, \Delta t_2, \Delta t_3, \Delta t_4)(n-1)} = \frac{n}{5\Delta t + 2(n-1)\Delta t}$$

（4）提高吞吐率的方法。主要方法有采用快速部件和改进流水线结构解决瓶颈两种方法。这里重点介绍第二种方法。

流水线中执行时间最长的功能段就是影响流水线吞吐率提高的瓶颈，解决方法有以下两种：

① 分离瓶颈段，即把流水线的瓶颈段拆分成几个独立的子功能段。如将图 3-18 中的瓶颈段尾数加分为 3 个子功能段 S_{3a}、S_{3b} 和 S_{3c} 让各功能段的执行时间均为 Δt，如图 3-19 所示，原来的 4 段流水线改为各段执行时间相等的 6 段流水线。瓶颈段分离后的流水线的最大吞吐率和实际吞吐率为：

$$TP_{max} = \frac{1}{\Delta t} \text{ 和 } TP = \frac{n}{(5+n-1)\Delta t} = \frac{n}{(n+4)\Delta t}$$

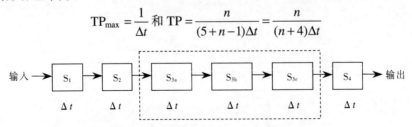

图 3-19　瓶颈段 S_3 细分为 3 个独立的功能段

可见，改进后的流水线吞吐率比改进前的有很大提高。

② 重复设置瓶颈段，即让多个瓶颈段并行工作，其控制逻辑比较复杂。若瓶颈段难以分离可采用此办法。如图 3-20（a）所示，增设两个瓶颈段 S_3，共计 3 个 S_3（记为 S_{3a}、S_{3b}、S_{3c}），在段 S_2 的输出端设置一个分配器，其作用是把 S_2 的第 1 个输出给 S_{3a}，把 S_2 的第 2 个输出给 S_{3b}，把 S_2 的第 3 个输出给 S_{3c}，以后依次重复。同样在 S_4 的输入端要设置一个收集器，依次顺序收集各个 S_3 的输出，并分时输入到 S_4，图 3-20（b）描述了重复设置瓶颈段的时空图，同样可以得到流水线的最大吞吐率和实际吞吐率，结果与分离瓶颈段的结果相同。

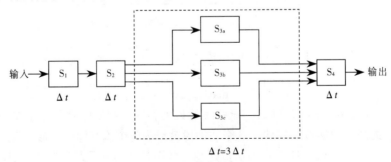

（a）增设两个瓶颈段 S_3

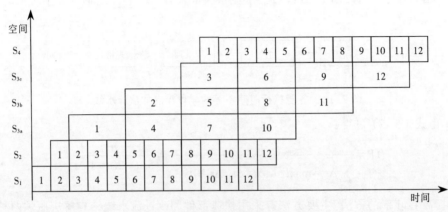

（b）增设两个瓶颈段后的时空图

图 3-20　多个程序段并行工作

实际上，由于存在多种原因，使流水线的实际吞吐率要低于最大吞吐率，例如前面提到的流水线存在装入和排空时间，输入的任务往往不是连续的；以及程序本身存在数据相关；多功能流水线在完成某一种功能时有的流水线段不使用等。必须注意计算流水线实际吞吐率的基本公式是式（3-1），其余公式都是在特殊情况下推导出来的，在使用有关公式时，要特别注意这些公式的使用条件。

2．加速比

（1）定义。流水线的加速比（Speedup，S）指完成某个任务顺序执行所用时间与流水线执行所用时间之比。

（2）公式。流水线加速比的基本公式如式（3-7）所示：

$$S = \frac{T_0}{T_k} \qquad (3-7)$$

其中，T_0 为不用流水线即串行执行所用的时间，T_k 为使用流水线所用的时间。

若 k 段流水线完成 n 个连续任务且各段执行时间相等，则 $T_0 = k \times n \times \Delta t$，$T_k = (k+n-1) \Delta t$，则式（3-7）可改写为式（3-8）：

$$S = \frac{T_0}{T_k} = \frac{kn\Delta t}{(k+n-1)\Delta t} = \frac{kn}{(k+n-1)} \qquad (3-8)$$

此时，最大加速比如式（3-9）所示：

$$S_{\max} = \lim_{n \to \infty} \frac{kn}{k+n-1} = k \qquad (3-9)$$

如例 3-2，分离瓶颈段后的加速比为：

$$S = \frac{T_0}{T_k} = \frac{kn}{k+n-1} = \frac{5n}{5+n-1}$$

由式（3-9）可知，当 $n \gg k$ 时，$S_{\max} \approx k$，即各段执行时间相等的线性流水线的最大加速比等于流水线的段数。然而，并非段数越多越好，因为段数多时，要求连续输入的任务数 n 很多，才能充分发挥效率。实际上段数提高会受到数据相关、控制相关及控制的复杂性、实现成本等因素限制。

当各段执行时间不相等时，一条 k 段线性流水线完成 n 个连续任务的实际加速比如式（3-10）所示：

$$S = \frac{n\sum_{i=1}^{k} \Delta t_i}{n\sum_{i=1}^{k} \Delta t_i + (n-1)\max(\Delta t_1, \Delta t_2, \cdots, \Delta t_k)} \qquad (3-10)$$

3．效率

（1）定义。流水线效率（Efficiency，E）是指流水线的设备利用率。在时空图上，流水线的效率定义为 n 个任务占用的时空区与 k 个功能段总的时空区之比，因此流水线的效率包含时间和空间两个方面的因素。

（2）公式。实际上，n 个任务占用的时空区就是顺序执行 n 个任务的总的时间 T_0；而用一条 k 段流水线完成 n 个任务的总的时空区为 $k\Delta t$，其中 T_k 是流水线完成 n 个任务所使用的总时间，则一条 k 段流水线的效率如式 3-11 所示：

$$E = \frac{T_0}{kT_k} = \frac{S}{k} \quad\quad （3-11）$$

即流水线效率是它的实际加速比 S 与它的最大加速比 k 之比。

若 n 个任务连续，各功能段时间相等，则式 3-11 可改写为式 3-12 所示：

$$E = \frac{T_0}{kT_k} = \frac{kn\Delta t}{k(k+n-1)\Delta t} = \frac{n}{k+n-1} \quad\quad （3-12）$$

显然当 $n \gg k$ 时，且各段 Δt 相等时，$E_{max}=1$。这时，流水线的各段都处于忙状态，从时空图上看，每一段都是等效的。事实上，由于存在装入时间和排空时间，不可能每一个功能段全部时间都在忙碌，因此效率不会等于 1，而只在 n 非常大的时间，装入时间和排空时间所占比例很小，E 才接近 1。

由式（3-12）可得到例 3-2 拆分瓶颈后的效率为

$$E = \frac{n}{k+n-1} = \frac{n}{5+n-1}$$

由式（3-2）、式（3-8）和式（3-12），可得 k 段流水线完成 n 个连续任务且各段执行时间相等时，TP、S 和 E 之间的相互关系：

$$E = TP \cdot \Delta t \quad\quad TP = E/\Delta t \quad\quad E = S/k \quad\quad S = k \cdot E$$

当 $n \gg k$ 时，

$$E_{max} = 1 \quad\quad S_{max} = k \quad\quad TP_{max} = 1/\Delta t$$

若各段执行时间不相等时，参照图 3-19 和式 3-10，可得 k 段流水线完成 n 个连续任务的实际效率如式（3-13）所示：

$$E = \frac{n \sum_{i=1}^{k} \Delta t_i}{k \cdot \left[\sum_{i=1}^{k} \Delta t_i + (n-1) \max(\Delta t_1, \Delta t_2, \cdots, \Delta t_k) \right]} \quad\quad （3-13）$$

【例 3-3】 线性流水线，输入任务是不连续的情况，计算流水线的吞吐率、加速比和效率。用图 3-18 所示的一条 4 段浮点加法器流水线计算 8 个浮点数的和：

$$Z = A+B+C+D+E+F+G+H \quad\quad （3-14）$$

解： 由于存在数据相关，要在 $A+B$ 的运算结果在第 4 个时钟周期末尾产生之后，在第 5 个时钟周期才能继续开始做加 C 的运算。这样，在每两个加法运算之间，每个功能部件都要空闲 3 个时钟周期。这时候，实际上与不采用流水线的顺序执行方式完全一样。

把式（3-14）进行一个简单的变换，得到式 3-15：

$$Z = [(A+B)+(C+D)] + [(E+F)+(G+H)] \quad\quad （3-15）$$

小括号内的 4 个加法操作之间，由于没有数据相关，可以连续输入到流水线中。只要前两个加法的结果出来之后，第一个中括号内的加法就可以开始进行。8 个浮点数求和的流水线时空图如图 3-21 所示。

从流水线的时空图中可以看到，7 个浮点加法共用了 15 个时钟周期。假设每一个流水段的延迟时间均为 Δt，则有 $T_k=15\Delta t$，$n=7$。那么流水线的吞吐率 TP 为：

$$TP = 7/15\Delta t$$

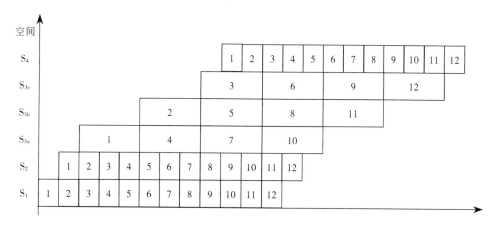

图 3-21 例 3-3 的流水线时空图

流水线的加速比 S 为：

$$S = \frac{T_0}{T_k} = (4 \times 7)/15 = 1.87$$

流水线的效率 E 为：

$$E = \frac{T_0}{kT_k} = \frac{S}{k} = (4 \times 7)/(4 \times 15) = 0.47$$

3.3　流水线中的相关

　　流水线处理机具有高性能的结构，如果流水线中的指令相互独立，则可以充分发挥流水线的性能。但在实际机器中，指令间可能会是相互依赖的，这会降低流水线的性能。如在重叠方式的指令执行过程中，由于发生了某种关联而使正在被执行的指令无法再继续下去的现象，称为相关。本节主要介绍流水线中的结构相关、数据相关、控制相关这 3 种相关现象，以及解决办法。

3.3.1　什么是流水线相关

　　如果要执行算式 $S=a/b+c$，要通过下列 4 条指令来执行。

```
LD  R,A
DIV R,B
ADD R,C        ;要等 DIV 结果
ST  R,S        ;存结果
```

　　可以看到第 3 条指令 ADD　R，C 执行的前提是第 2 条指令执行完毕、有了结果以后才能执行。换言之，只要第 2 条指令没有执行完毕，结果没有出来，第 3 条指令就无法执行下去，这就出现了指令因为等待前面结果，使后面指令无法继续执行下去的现象，即相关。

　　一般来说，流水线中的相关主要分为以下 3 种类型：

　　（1）结构相关：又称资源相关，是指当有多条指令进入流水线后在同一机器周期内争用同一功能部件所发生的冲突。或者说是当硬件资源满足不了同时重叠执行的指令的要求，而发生资源冲突时，就发生了结构相关。

　　（2）数据相关：指在执行本条指令的过程中，如果用到的指令、操作数、变址偏移量等

正好是前面指令的执行结果，则必须等待前面的指令执行完成，并把结果写到主存或通用寄存器中之后，本条指令才能开始执行。

（3）控制相关：指由条件分支指令、转子程序指令、中断等引起的相关。当流水线遇到分支指令和其他能够改变 PC 值的指令时，就会发生控制相关。

可以看出流水线中的"相关"是种不好的现象，它可能会使流水线停顿。那么，如何解决流水线中的相关问题呢？其基本方法就是：让流水线中的某些指令暂停，而让其他指令继续执行。下面将针对上述 3 种类型的相关分别讨论其解决方法。

在本节中解决相关问题的一些方法中，有如下约定：当一条指令被暂停时，在该暂停指令之后发射的所有指令都要被暂停，而在该暂停指令之前发射的指令仍可继续进行；在暂停期间，流水线不会取新的指令。

3.3.2　流水线中的结构相关（资源相关）

如果某些指令组合在流水线中重叠执行时产生了资源冲突，那么称该流水线有结构相关。而导致这一现象的原因主要是功能部件不是全流水或重复设置的资源的份数不够。所以为了能够在流水线中顺利执行指令的所有可能组合，而不发生结构相关，通常需要采用流水化功能单元的方法或资源重复的方法。图 3-22 所示为当数据和指令存在同一存储器中时，由于存储器访问冲突而带来的流水线结构相关。

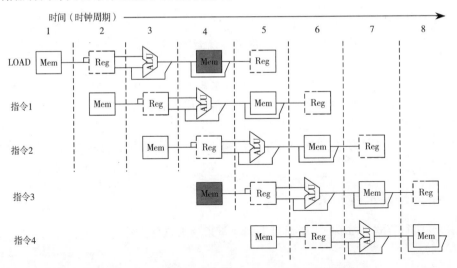

图 3-22　由于存储器访问冲突而带来的流水线结构相关

对于这种冲突，通常有以下两种解决方法：

（1）插入暂停周期，即让流水线在完成前一条指令对数据的存储器访问时，暂停取后一条指令的操作（见图 3-23）。（暂停周期一般也被称为"流水线气泡"，或简称为"气泡"）

引入暂停后的时空图如图 3-24 所示。

（2）设置相互独立的指令存储器和数据存储器或设置相互独立的指令 Cache 和数据 Cache，如图 3-25 所示。

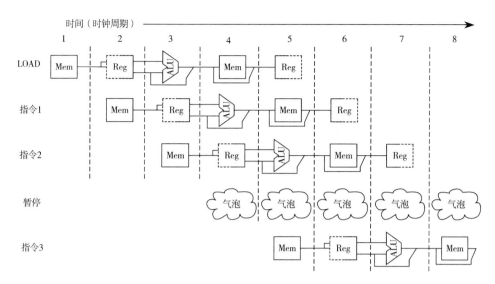

图 3-23　为消除结构相关而插入的流水线气泡

指　令 编　号	时　钟　周　期									
	1	2	3	4	5	6	7	8	9	10
指令 i	IF	ID	EX	MEM	WB					
指令 $i+1$		IF	ID	EX	MEM	WB				
指令 $i+2$			IF	ID	EX	MEM	WB			
指令 $i+3$				stall	IF	ID	EX	MEM	WB	
指令 $i+4$						IF	ID	EX	MEM	WB
指令 $i+5$							IF	ID	EX	MEM
指令 $i+6$								IF	ID	EX

图 3-24　引入暂停后的流水线时空图

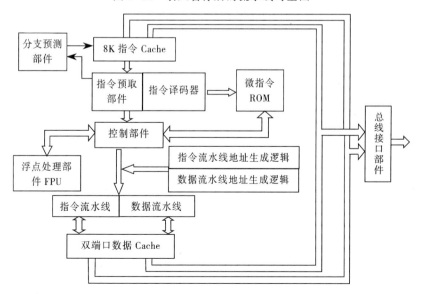

图 3-25　双 Cache 结构

3.3.3　流水线中的数据相关

如果下面的条件之一成立，则指令 j 与指令 i 数据相关：

（1）指令 j 使用指令 i 产生的结果

（2）指令 j 与指令 k 数据相关，指令 k 与指令 i 数据相关，则指令 j 与指令 i 数据相关。

第 2 个条件指出，如果两条指令之间存在类似上述的相关链，则它们之间也是相关的。这条相关甚至可以贯穿整个程序。

例如，考虑如下使数组元素递增的一段代码。在下面的代码段中，0(R1)存放数组元素的首地址，#-8 存放数组元素的尾地址，F2 中存放标量 S。

```
Loop:  L.D  F0,0(R1)
ADD.D F4,F0,F2
S.D F4,0(R1)
DADDUI R1,R1,#-8
BNE R1,R2,LOOP
```

在上述例子中，相关序列涉及浮点数：

```
Loop:  L.D  F0,0(R1)


ADD.D  F4,F0,F2


S.D    F4,0(R1)
```

和定点数：

```
DADDUI R1,R1,#-8


BNE    R1,R2,LOOP
```

图中箭头所示的都是相关序列，每条指令均相关于前面一条指令。此处的箭头及以后例子中将要出现的箭头都表示为了得到正确结果指令之间必须保持的执行顺序。箭头从一条必须先执行的指令指向后执行的指令。

如果两条指令之间有数据相关，那么它们就不能同时执行或是完全重叠执行，这种相关性说明它们之间存在一条有一个或多个数据冲突的相关链，同时执行这些指令会造成流水线互锁结构的处理机检测到这种冲突而插入停顿，从而减少甚至取消指令之间的重叠。在一个依靠编译器进行调度来消除冲突的处理机中，编译器不能调度相关的指令使它们完全地重叠执行，因为那样会使执行结果出错。指令序列中存在的数据相关反映出产生该指令序列的程序源代码中也存在这种相关关系，这种源代码中的相关性一般是不能破坏的。

相关性是程序的特性，一个相关是否会导致实际的冲突，该冲突是否会造成停顿，这是流水线结构的基本特性。这一特性对于理解指令级并行性如何被利用是很重要的。

在所举的例子中，指令 DADDIU 和 BNE 之间存在数据相关，由于本章把流水线的分支检测移到了 ID 流水段，因此相关造成了 1 次停顿。若分支检测仍保留在 EX 流水段，这个相关就不会引起停顿。当然，循环的延时仍然是两个周期，而不是一个。

　　相关性的存在只是意味着存在冲突的可能性,而是否确实有冲突及冲突会造成多少个停顿周期,则是具体流水线的特性。数据相关性有以下几个重要特性:(1)相关性预示存在冲突的可能性;(2)相关性决定必须遵循的计算顺序;(3)相关性决定可被利用的并行性的上限。

　　数据相关性会限制可以利用的指令级并行性,可以从两个不同的方面来解决:保持相关关系但避免冲突,或通过变换代码来消除相关关系;对代码进行调度是保持相关关系并避免冲突常用的一个方法。在第 4 章中将考虑通过硬件方法在程序执行过程中动态调度指令。结果表明,有一些相关将被消除,这主要是由软件方法实现的,某些情况下也可以使用一些硬件技术。数据在指令中的流动既可能通过寄存器也可能通过内存。当数据流发生在寄存器中时,由于指令中的寄存器名均是固定的,因而相关关系可以简单明了地检测出来,虽然有分支指令存在时会复杂一些,因为为了保证正确性,编译器和硬件的一些功能都会受到限制。

　　而涉及内存操作的数据流之间的相关关系则相对较难被检测出来,因为即使两个形式上完全不相同的地址,也有可能指向同一个内存单元。例如,100(R4)和 20(R6)有可能表示同一个内存地址。此外,load 和 store 指令的有效地址在不同执行时刻的地址也有可能是不同的(即 20(R4)和 20(R4)可以是不同的地址)。这些都使相关性的检测工作进一步复杂化。

3.3.4　流水线的控制相关

　　控制相关是指因为程序的执行方向可能被改变而引起的相关。可能改变程序执行方向的指令通常有无条件转移、一般条件转移、复合条件转移、子程序调用、中断等。
　　一个控制相关的最简单例子是程序语句 then 部分对于 if 分支的相关,如下面例子所示:
```
if  p1 then{
        S1;};
S
if  p2 then {
        S2;};
```
这里的 if p1 和 if p2 编译生成目标代码以后都是分支指令。语句 S1 与 p1 控制相关,S2 与 p2 控制相关。S 与 p1 和 p2 均无关。
　　控制相关会带来两方面的限制:
　　(1)控制相关对一个分支的指令不能被移到分支之前执行。if...then 程序中,then 后面的语句不能移至 if 之前执行。
　　(2)没有控制相关对一个分支的指令不能移至该分支指令之后从而受这个分支控制,如if...then 程序中,if 前的指令不能移至 then 部分中执行。
　　在简单流水线中,控制相关可以通过以下两个方面得到保证。第一,指令按顺序执行,这使得分支指令之前的指令只能在该分支指令之前执行。第二,对控制或分支冲突进行检测,保证控制相关对一个分支的指令在分支转移方向没有确定之前不会被执行。
　　虽然保留控制相关是保证程序正确执行的简单而有效的做法,但控制相关本身并不是限制性能的基本因素。从上面的例子中还可以看到,编译器可以去掉某些控制相关。在某些情况下,有可能不考虑控制相关去执行某些还不该轮到执行的指令,仍然能够得到正确的结果。可见控制相关并不是必须保留的关键性因素。实际上,通过维护数据和控制相关所保证的是对程序正确执行起关键性作用的两个特性:异常行为和数据流。

保留异常行为即意味着不管怎么改变指令执行的顺序,都不能改变原先程序中的异常情况。也可以说是指令执行顺序的改动不能在程序中引起新的异常,一个简单例子可以说明维持控制相关是如何防止上述问题的。考虑如下代码:

```
DADDU R2,R3,R4
    BEQZ R2,L1
    LW  R1,0(R2)
L1:
```

在这个例子中,很容易看出,如果不考虑由 R2 引起的数据相关问题,就可能会改变程序的执行结果。另外一点却不那么明显:如果忽略控制相关而把 LW 指令移到分支指令之前,则有可能引起内存保护异常的错误。注意,这里没有其他任何数据相关阻止调换 BEQZ 指令和 LW 指令,有的只是控制相关。如果需要在保持数据相关的情况下重组指令,将考虑忽略分支引起的异常。

数据流是维持控制相关所要保证的第二个特性。数据流即指令中确实存在的数据值在产生它和引用它的指令之间的流动形态。分支指令使得数据流是动态变化的,因为分支指令使得某一指令中的数据可能来自于多个不同的地方。从另一方面讲,仅仅维持数据相关是不够的,因为一条指令可能对多个前驱有数据相关,究竟哪个前驱提供数据给一条指令是由源程序来决定的,而要保证源程序的顺序就需要维持控制相关。

考察如下代码段:

```
DADDU  R1,R2,R3
BEQZ   R4,L
DSUBU  R1,R5,R6
    L:
      …
OR    R7,R1,R8
```

在这个例子中,指令 OR 中所用到的 R1 值取决于分支转移是否成功。数据相关只能处理静态的读、写顺序,仅仅保留数据相关关系并不能保证程序执行结果的正确性。在这个例子中,仅仅保证 OR 指令数据相关于 DADDU 或 DSUBU 指令并不足以保证程序正确执行。在程序正确执行时,数据流关系也是必须保证的:若分支转移不成功,则 OR 指令引用的是 DSUBU 指令中的 R1 值;反之,引用的是 DADDU 指令计算的 R1 值,保留 DSUBU 指令对于分支转移的控制相关,可以防止对数据流的非法改动。因此,这里的 DSUBU 操作不能移到分支指令之前执行。

有时改变控制相关可以既不影响异常行为也不影响数据流。考虑下列代码:

```
DADDU  R1,R2,R3
BEQZ   R12,Snext
DSUBU  R4,R5,R6
DADDY  R5,R4,R9
Snext
```

如果这里知道 DSUBU 指令的目标寄存器 R4 在标号 Snext 之后不会被用到（一个值是否会被将来的指令用到的性质被称为存活性），那么在分支指令之前就改变 R4 的值也不会影响到数据流的状况，因为 R4 在 Snext 后不会被用到，即相当于结束了。因此，如果 DSUBU 指令也不会产生异常（即处理机不会使用它重新开始同样的处理），就可以把 DSUBU 指令移到分支之前，程序的执行结果也不会因此而改变。如果分支转移确实成功，那么，虽然 DSUBU 指令会执行，但它是空操作，不会影响到程序的结果。这一类的代码调度有时也称预测法，编译器这时必须预测分支运行的结果（在这种情况下，相当于预测分支转移不成功）。有关编译器的猜测机制将在第 4 章中更详细地讨论。

对产生控制停顿的控制冲突进行检测可以保证控制相关性。很多软硬件方面的技术都可以消除或减少控制停顿。例如，前面介绍的延迟转移可以减少控制冲突造成的停顿，调度一个延迟的分支需要编译器保持原先的数据流。

从上面的分析可以看到，无论是哪种相关，都是一种不好的现象，尤其是控制相关，影响面积很大。而且据统计，在一般程序中，转移指令至少占 1/5。除了前面介绍的延迟转移、指令取消的技术外，在第 4 章中，还将更详尽地介绍处理相关，尤其是控制相关的几种技术。

3.4　MIPS R4000 流水线计算机

在早期生产的计算机中，巨型计算机 CRAY-1 和大型计算机 CDC-7600 属于超流水线处理机，其指令级并行度 $n=3$。在目前大量使用的微处理机中，只有 SGI 公司的 MIPS（Microprocessor without Interlocked Piped Stages）系列处理机属于超流水线处理机。MIPS 是除 Intel 公司的 X86 系列微处理机之外，生产量最大的一种微处理机。MIPS 系列的微处理机主要有 R2000、R3000、R4000、R5000 和 R10000 等几种，本节以 R4000 为例，介绍超流水线处理机的基本结构和工作原理。

3.4.1　MIPS R4000 流水线计算机基本结构和工作原理

R4000 处理机是一种流水线处理机，它所实现的 MIPS-3 指令集是一种和 DLX 类似的 64 位指令集。但是和 DLX 流水线不同，R4000 的流水线特别考虑了流水访问存储器的操作。图 3-26 所示为 R4000 微处理机的结构框图。

如图 3-26 所示，R4000 芯片内有两个 Cache，指令 Cache 和数据 Cache 的容量各 8 KB，每个 Cache 的数据宽度为 64 位。由于每个时钟周期可以访问 Cache 两次，因此，在一个时钟周期内可以从指令 Cache 中读出两条指令，从数据 Cache 中读出或写入两个数据。

整数部件是 R4000 的核心处理部件，它主要包括一个 32×32 位的通用寄存器堆，一个算术逻辑部件、一个专用的乘法/除法部件。整数部件负责取指令。整数操作的译码和执行，LOAD 与 STORE 操作的执行等。通用寄存器堆用作标量整数操作和地址计算，寄存器堆有两个输出端口和一个输入端口，它还设置有专用的数据通路，可以对每一个寄存器读和写两次。整数部件包括一个整数加法器和一个逻辑部件，负责执行算术运算操作、地址运算和所有的移位操作。乘法/除法部件能够执行 32 位带符号和不带符号的乘法或除法操作，它可以与整数部件并行执行指令。

浮点部件包括一个浮点通用寄存器堆和一个执行部件。浮点通用寄存器堆由 16 个 64 位的通用寄存器组成，它也可以设置成 32 个 32 位的浮点寄存器。浮点执行部件由浮点乘法部件、浮点除法部件和浮点加法/转换/求平方根部件 3 个独立的部件组成，这 3 个浮点部件可以并行工作。浮点操作主要包括浮点加、减、乘、除和求平方根、定点与浮点格式的转换、浮点格式之间的转换、浮点数比较等 15 种。浮点控制寄存器用来设置浮点协处理机的状态和控制信息，主要用于诊断软件、异常事故处理、状态保存与恢复、舍入方式的控制等。

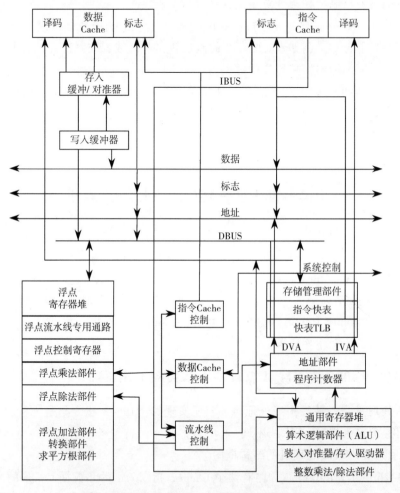

图 3-26 MIPS R4000 超流水线处理结构

R4000 的 8 段流水线结构如图 3-27 所示，其 8 个流水段的功能分别为：IF 段是取指令的前半部分操作，主要完成选择 PC 值和访问指令 Cache 的启动工作；IS 段是取指令的后半部分操作，主要完成访问指令 Cache 的操作；RF 段完成译码、取寄存器和相关检测等操作，并检测指令 Cache 命中情况；EX 段为执行段，包括计算有效地址、ALU 操作、计算分支目标地址和检测分支条件；DF 段完成取数据操作，用于访问数据 Cache 的前半部分；DS 段为访问数据 Cache 的后半部分；TC 段完成 Cache 标记检测，以确定访问数据 Cache 是否命中；WB 段写回读出的数据或寄存器—寄存器操作的结果。由于流水线段数较多，这有利于提高时钟频率（其时钟速率可达 100～200 MHz），所以这种类型的流水又称为"超级流水"（Superpipelining）。

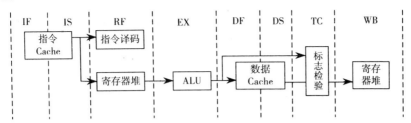

IF：取第一条指令；IS：取第二条指令；RF：读寄存器堆、指令译码；
EX：执行指令；DF：取第一个数据；DS：取第二个数据；
TC：数据标志检验；WB：写回结果

图 3-27　MIPS R4000 处理机的流水线操作

对于非存储器操作指令，如果指令 Cache 命中，那么，指令可以在指令执行（RX）流水级执行，指令的执行结果可以在 EX 流水级的末尾得到。

在正常情况下，MIPS R4000 指令流水线工作时序如图 3-28 所示。一条指令的执行过程经历 8 个流水线周期。由于一个主时钟周期包含有两个流水线周期，因此，也可以认为每 4 个主时钟周期执行完一条指令。

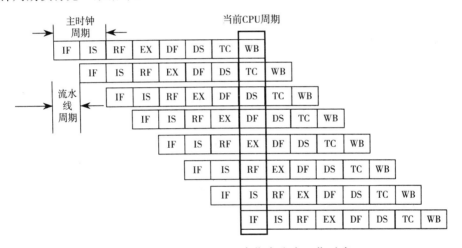

图 3-28　MIPS R4000 正常指令流水工作时序

从流水线的输入端看，每一个流水线周期启动一条指令。同样，从流水线的输出端看，每一个流水线周期执行完成一条指令。当流水线被充满时，如图 3-28 的黑框内所示，有 8 条指令在同时执行。如果把两个流水线周期看做一个时钟周期，则在一个时钟周期内，R4000 处理机分时发射了两条指令。同样，在一个时钟周期内，流水线也执行完成了两条指令，因此，R4000 是一种很典型的超流水线处理机。

在取第一个数据（DF）和取第二个数据（DS）流水级期间，R4000 要访问数据 Cache。首先，存储器管理部件（MMU）在 DF 和 DS 流水级把数据的虚拟地址变换成主存物理地址。然后，在标志检验（TC）流水级从数据 Cache 中读出数据的区号，并把读出的区号与变换成的主存物理地址进行比较。如果比较结果相等，则数据 Cache 命中。对于 STORE 指令，如果命中，只要把数据送到写入缓冲器，由写入缓冲器负责把数据写到数据 Cache 的指定单元中。对于非存储器操作指令，在写回结果（WB）流水级要把指令的最后执行结果写回到通用寄存器堆中。

3.4.2 MIPS R4000 流水线

指令序列在 MIPS R4000 流水线中重叠执行情况如图 3-29 所示。值得注意的是，尽管访问指令存储器和数据存储器在流水线中占据多个流水周期，但是这些访问存储器的操作是全流水的，所以 R4000 流水线可以在每个时钟周期启动一条新的指令。

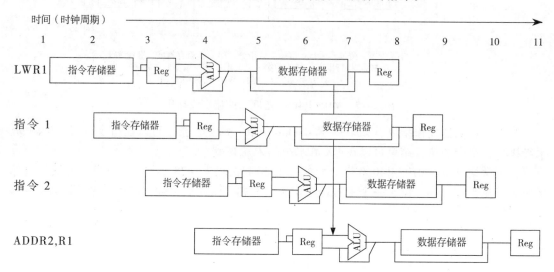

图 3-29　指令在 R4000 流水线中的重叠执行

从图 3-29 可以看出，由于从存储器中读入的数据在 DS 段的末尾才会有效，所以其载入延迟是 2 个时钟周期，如图 3-30 所示。

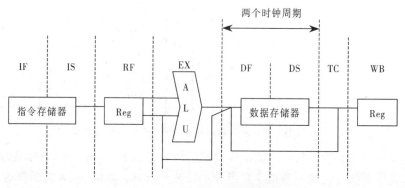

图 3-30　载入两个时钟周期延时

由此可见，R4000 的流水线具有较长的载入和分支延迟。另外，考虑如图 3-31 所示的指令序列在 R4000 流水线中的执行时空图，可以看出，由于紧跟 LOAD 指令之后的指令要使用 LOAD 指令从存储器中读出的数据，为了保证 ADD 指令能够使用正确的载入数据，必须在流水线中插入两个暂停周期，并采用定向技术将读出的数据直接定向到 ADD 指令的 ALU 输入端。对于 SUB 指令来说，也需定向 LOAD 指令读出的数据，而 OR 指令则可直接从寄存器 R1 中读取所需要的值。

因此，对 R4000 的流水线来说，定向是十分重要的。实际上，其流水线的定向路径比 DLX 流水线要多，在 R4000 的流水线中，ALU 输入端的定向源有 4 个：EX/DF、DF/DS、DS/TC

和 TC/WB，如图 3-32 所示，所以其对定向的控制也要比 DLX 流水线复杂得多。

指令序列	时 钟 周 期								
	1	2	3	4	5	6	7	8	9
LW　R1	IF	IS	RF	EX	DF	DS	TC	WB	
ADD　R2,R1		IF	IS	RF	stall	stall	EX	DF	DS
SUB　R3,R1			IF	IS	stall	stall	RF	EX	DF
OR　R4,R1				IF	stall	stall	IS	RF	EX

图 3-31　指令序列在 R4000 流水线中的执行时空图

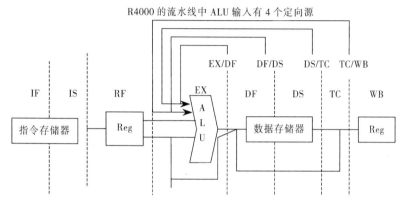

图 3-32　定向的 R4000 流水线

　　如图 3-33 所示，由于在 R4000 的流水线中，在 EX 段完成分支条件的计算，所以其基本的分支延迟是 3 个时钟周期。为了降低分支延迟损失，MIPS 结构采用了单周期延迟分支技术，并且延迟分支调度是基于预测失败策略（从失败处调度策略）。图 3-34 所示为基于这种技术的 R4000 流水线对分支指令处理的时空图。

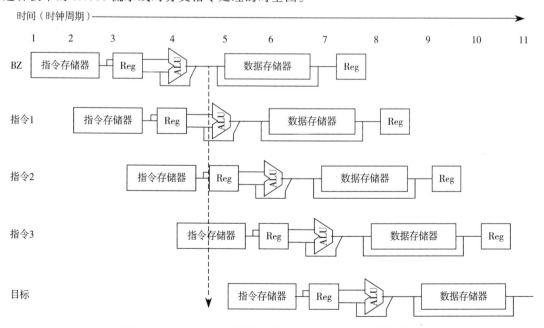

图 3-33　R4000 流水线的基本分支延迟为 3 个时钟周期

指令序列	时钟周期								
	1	2	3	4	5	6	7	8	9
分支指令	IF	IS	RF	EX	DF	DS	TC	WB	
延迟槽		IF	IS	RF	EX	DF	DS	TC	WB
暂停		stall	stall	stall	stall	stall	Stall	stall	
暂停			stall	stall	stall	stall	Stall	stall	
分支目标					IF	IS	RF	EX	DF

指令序列	时钟周期								
	1	2	3	4	5	6	7	8	9
分支指令	IF	IS	RF	EX	DF	DS	TC	WB	
延迟槽（分支指令+1）		IF	IS	RF	EX	DF	DS	TC	WB
分支指令+2			IF	IS	RF	EX	DF	DS	TC
分支指令+3				IF	IS	RF	EX	DF	DS

图 3-34　基于单周期延迟分支方法的 R4000 流水线处理分支指令时空图

3.5　向量处理机

向量处理机结构目前已成为解决数值计算问题的一种重要的高性能结构。它有两个主要的优点——效率高和适用性广。绝大多数向量处理机都采用流水线结构，当一条流水线不能达到所要求的性能时，设计者往往采用多条流水线。这种处理机不仅能处理单条流水线上的数据，还能并行地处理多条流水线上独立无关的数据。本节主要介绍向量处理的基本概念、结构、向量指令的执行过程和简单性能计算，并分析了向量的链接技术，最后介绍了提高向量处理机的方法以及向量处理机的性能评价方法。

3.5.1　向量处理的基本概念

1. 什么是向量处理

通过一个简单的例子来说明向量处理与标量处理的差别。先考察一个用 FORTRAN 语言编写的程序：

```
DO 100 I=1,N
A(I)=B(I)+C(I)
100 B(I)=2*A(I+1)
```

对上述这个程序循环，在一般的机器上可用以下指令序列来实现：

```
INITIALIZE I=1
10   READ B(I)
READ C(I)
ADD B(I)+C(I)
STORE A(I) ← B(I)+C(I)
READ A(I+1)
```

```
MULTIPLY 2*A(I+1)
STORE B(I) ←2*A(I+1)
INCREMENT I ←I+1
IF I≤N GOTO 10
STOP
```

这里常量 2 和数组 A、B 和 C 中的每一个元素都称为标量。这一指令序列称为"标量指令序列"，它的执行过程为"标量处理"过程。一般来说，一条标量指令只能处理一个或一对操作数。

上面的程序循环，在向量计算机中通过向量化编译程序得到下面 3 条向量指令组成的一个向量指令序列：

```
A(1:N)=B(1:N)+C(1:N)
TEMP(1:N)=A(2:N+1)
B(1:N)=2*TEMP(1:N)
```

第一条指令分别取出数组 B 和数组 C 的 N 个元素，并分别相加，然后将 N 个和存入数组 A。第二条指令将取出的数组 A 的 N 个元素存入暂存区 TEMP 的 N 个单元。 第三条指令使暂存区 TEMP 的 N 个元素分别乘 2，并将 N 个乘积存入数组 B。通常把这 N 个互相独立的数称做"向量"，对这样一组数的运算叫做"向量处理"。可以看到，一条向量指令可以处理 N 个或 N 对操作数。因此，向量指令的处理效率要比标量指令的处理效率高得多。

2．向量处理方式

在大型数组的处理中常常包含向量计算，按照数组中各计算相继的次序，可以把向量处理方法分为 3 种类型：

（1）横向处理方式：向量计算按行的方式从左至右横向地进行；

（2）纵向处理方式：向量计算按列的方式自上而下纵向地进行；

（3）纵横处理方式：横向处理和纵向处理相结合的方式。

这里以计算：$f_i=a_i×(b_i+c_i)$为例来说明上述 3 种处理方式。（设各向量分别放在大写字母单元中）

1）横向处理方式

横向处理方式也就是逐个求 $f[i]$ 的方式。即先计算 $f[1]=a[1]×(b[1]+c[1])$；再计算 $d[2]=a[2]×(b[2]+c[2])$；…；最后计算 $d[n]=a[n]×(b[n]+c[n])$。

这里存在两个问题：

（1）在计算向量的每个分量时，都发生读/写数据相关，流水线效率低。

（2）如果采用多功能流水线，必须频繁地进行流水线切换。

所以，横向处理方式对向量处理机而言不合适，适合于一般的标量机。不过即使在标量处理机中，也经常通过编译器进行指令流调度。

2）纵向处理方式

设 A、B、C、D 是长度为 N 的向量，即 $A=(a_1,a_2,\cdots,a_N)$，$B=(b_1,b_2,\cdots,b_N)$，$C=(c_1,c_2,\cdots,c_N)$，$D=(d_1,d_2,\cdots,d_N)$。因此，上述算式可以写成如下向量运算的形式：

$$D=A(B+C)$$

纵向处理方式对整个向量按相同的运算处理完之后，再去执行别的运算。对于上式，则有

K=B+C

D=KA

即将所有算式列出后，按列进行计算。例如，对f0～f99可分为四大步完成。

第一大步：取向量

```
LD   R0,A0
     ⋮
LD   R99,A99
```

第二大步：向量乘

```
MUL  R0,B0
     ⋮
MUL  R99,B99
```

第三大步：向量加

```
ADD  R0,C0
     ⋮
ADD  R99,C99
```

第四大步：送结果

```
ST   R0,F0
     ⋮
ST   R99,F99
```

可以看出，这种处理方式仅用了两条向量指令，且处理过程中没有出现分支指令，每条向量指令内无相关，两条向量指令间仅有一次数据相关。如果仍用静态多功能流水线，也只需一次功能切换，所以这种处理方式适合于对向量进行流水处理。

由于向量长度 N 的大小不受限制，无论 N 有多大，相同的运算都用一条向量指令完成。向量指令的源向量和目的向量都在内存储器中，运算的中间结果需要送回内存储器保存。因而，对存储器的信息流量要求较高。

3）纵横处理方式

把长度为 N 的向量分成若干组，每组长度为 n，组内按纵向方式处理，依次处理各组。设

$$N=sn+r$$

其中，r 为余数。若余下的 r 个数也作为一组处理，则共有 $s+1$ 组，其运算过程为：先算第1组，再算第2组，…，最后算第 $s+1$ 组。

比如，可以将所有算式分为若干组进行，如 f0～f99 可分为 10 组：第一组、第二组…第十组。组内采用纵向处理，组间采用横向处理。

如第一组：取向量

```
D   R0,A0
    ⋮
D   R9,A9
```

向量乘

```
MUL R0,B0
    ⋮
MUL R9,B9
```

向量加

```
ADD R0,C0
    ⋮
```

```
ADD  R9,C9
送结果
ST   R0,F0
     ⋮
ST   R9,F9
```

其余各组与第一组类似，这里不再详述，总共用了 10 个寄存器（R0～R9）。

纵横处理方式对向量长度 N 的大小也不加限制，但它是以 n 为一组进行分组处理的。在每组运算中，用长度为 n 的向量寄存器作为运算寄存器并保留中间结果，从而大大减少了访问存储器的次数。这就可以降低对存储器信息流量的要求、也减少访问存储器发生冲突所引起的等待时间，因而提高了处理速度。

3.5.2　向量处理机的结构

向量处理机的基本思想是把两个向量的对应分量并行运算，产生一个结果向量。这样，如果 A、B、C 都是向量，各有 N 个元素，则一台向量处理机能够完成如下运算：

$C=A+B$

也可以表示成

$c_i = a_i + b_i, 0 \leqslant i \leqslant N-1$

其中 C 用分量形式可表示为 $(C_0,C_1,\ldots,C_{n-1})$，A，B 与其类似。

一种采用流水线运算部件实现上述运算的方法如图 3-35 所示。运算器的两条输入数据通路分别传送数据 A 和 B。存储器每个时钟周期分别提供 A 和 B 的一个元素到相应的输入数据通路上。运算器每个时钟周期产生一个输出值。

小知识

实际上，数据的输入速率只需和输出速率一样即可。如果运算器每 d 个时钟周期输出一个结果，那么输入数据的速率也只需每 d 个时钟周期为每条数据通路送入一个数据即可。

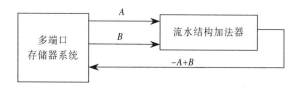

图 3-35　一种能实现两个向量加的流水结构加法器

图 3-35 所示为向量处理机最简单的框图，它说明数据在流水线上流动的一般情况。图中流水结构加法器是向量计算机的核心部件。

要求向量计算机的存储器系统能提供给运算器连续不断的数据流以及接收来自运算器的连续不断的运算结果，这是设计存储器系统的困难之处。对此，向量处理机在系统结构方面所采用的主要技术都是设法维持连续的数据流，调整操作次序以减少数据流请求。假设取操作数、运算、把结果写回存储器在一个时钟周期内完成，就要求存储系统能在一个时钟周期内读出两个操作数和写回一个运算结果。

　　一般的随机访问存储器一个时钟周期内最多只能完成一次读操作或写操作。因此图 3-35 所示的存储器系统的带宽至少应 3 倍于一般的存储器系统。这里还忽略了输入/输出操作对存储器带宽的要求，以及取指令对存储器带宽的影响，不过向量结构的一大优点就在于取一次指令可以完成一个很长的向量运算。所以，与传统结构中 20%～50% 的带宽用于取指令的情况相比，向量结构中取指令操作所要求的带宽通常可以忽略。

　　系统结构设计者所面临的主要问题是如何设计出一个能满足运算器带宽要求的存储器系统。目前，市场上出售的向量计算机主要采用两种方法：

　　（1）利用几个独立的存储器模块来支持对相互独立的数据的并发访问，从而达到所要求的存储器带宽。即存储器—存储器结构。

　　（2）构造一个具有所要求带宽的高速中间存储器，并能实现该高速中间存储器与主存储器之间的快速数据交换，即寄存器—寄存器结构。

　　在第一种方法中，如果一个存储模块一个时钟周期最多能取一个数据，那么要在一个时钟周期存取 N 个独立数据就需有 N 个独立的存储模块。在第二种方法中，中间存储器的容量较小，所以存取速度比较快，从而获得较高的带宽。但是，由于小容量的存储器中的数据必须由主存装入，尽管其带宽很高，最终大容量的主存仍会成为整个系统的瓶颈。

　　为了最大限度地利用这种小容量的高速存储器，对已装入高速存储器的操作数应尽量多次访问。这样，处理机实际访问主存的请求就会减少，主存的带宽也不必和处理机所要求的最大带宽一样高。

　　后面还将介绍这种高速存储器的另一个用途是提供主存所没有的访问方式。这样，就可以把矩阵这种数据结构从主存送到中间存储器。矩阵存入中间存储器之后就可以按行、按列、按对角线或按子阵对其进行快速存取。若矩阵存于主存储器中，就不一定都能按这些方式进行有效的存取。第二种方法在某些机器上又被加以改进，提供不止一级的中间存储器，适当选择各级存储器的容量、成本和性能，使得整个存储器系统的性能价格比较为理想。

3.5.3　向量指令的执行过程及简单性能计算

1. CRAY-1 机有关问题

1）向量指令的类型

　　在寄存器—寄存器系统结构中，在把所有的向量操作数送入流水线之前，都要预先装入向量寄存器中。在把中间和最后结果（流水线输出）存入主存储器以前，也要把它们装入向量寄存器中。因此向量指令通常可分为 4 种类型：

　　（1）取向量：Vi←存储器；

　　（2）存向量：存储器←Vi；

　　（3）向量与向量运算：Vi←Vj OP Vk；

　　（4）向量与数据运算：Vi←Vj OP B。

　　2）多向量寄存器组结构

　　共有 8 个向量寄存器组（V0～V7），每个组可存放 64 个长度为 64 位的二进制数的向量数据，如图 3-36 所示。

　　此外，每个多功能部件都以 $1\tau = 10\ \text{ns} = 10^{-8}\ \text{s}$ 为单位的流水线结构。

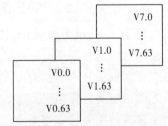

图 3-36　多向量寄存器组结构

3）独立总线结构

每个向量寄存器组到每个功能部件之间都有单独总线连接，在不冲突条件下，可实现功能部件之间并行运行。

2．向量指令的执行过程及简单性能计算

衡量向量处理机性能的简单参数有向量指令的完成时间和向量数据处理速度两个。下面通过例 3-4 和例 3-5 分别讨论这两个参数的含义和计算方法。

通常情况下，CRAY-1 向量处理机中功能部件的启动开销为：逻辑运算部件为 2τ，定点加法部件为 3τ，移位部件为 4τ，浮点加和访问存储器均为 6τ，浮点乘为 7τ，除法运算为 14τ。此外，在功能部件和向量寄存器组之间相互传送也用 1τ。

【例 3-4】 单条向量指令的执行过程。

已知向量指令：V2←V1+V0（浮点加）向量长度为 64，实际上是 64 组向量数据求和。请计算该向量指令的完成时间和向量数据处理速度。

解：

第一步：画出向量指令结构图，如图 3-37 所示。

第二步：计算第一个结果完成时间。

送数 1τ，加法 6τ，输出结果 1τ，共 8τ。

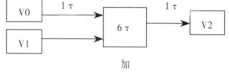

图 3-37　例 3-4 的向量指令结构图

第三步：从 3-38 图可以看出

完成运算时间=第一个结果时间+(长度-1)τ =(1+6+1)τ +(64-1)τ =71τ

第四步：向量数据处理速度计算=(向量指令条数×长度)/(完成运算用时)

$$=(1\times64)/(71\times10-8s)$$

$$=90 \text{ MFOLPS}$$

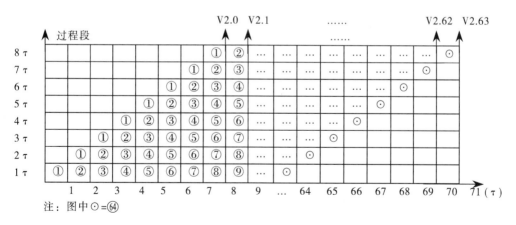

图 3-38　例 3-4 的向量指令时空图

【例 3-5】 多条向量指令的执行过程。

已知有多条向量指令：

V0←存储器；

V3←V2×V1；

V6←V5÷V4；

3 条指令可并行执行，向量长度为 64，请计算该向量指令的完成时间和向量数据处理速度。（若有多条向量指令，且可并行执行时，完成运算用时，可选用时最多的那条向量指令）

第一步：画出向量指令结构图，如图 3-39 所示。

第二步：计算第一个结果完成时间。

当有多条向量指令，且可并行执行时，计算第一个结果完成时间时，可选用时最多的那条向量指令。从图 3-39 可以看到：由于除法用时最长，以它为准，可得第一个结果完成时间是 $1+14+1=16\tau$。

第三步：计算完成运算时间：

完成运算时间=第一个结果时间+（长度-1）$\tau = 16\tau + (64-1)\tau = 79\tau$

第四步：向量数据处理速度计算=（向量指令条数×长度）/（完成运算用时）

$$=3\times64/(79\times10-8s) \approx 244 \text{ MFLOPS}$$

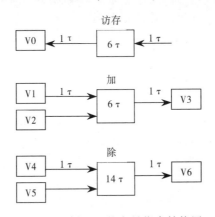

图 3-39　例 3-5 的向量指令结构图

3.5.4　向量的链接技术

将多条相关的向量指令链接起来组成更大规模的流水线，从而进一步提高向量数据处理速度，这种链接称为向量链接。

通过例 3-4 和例 3-5，可以看到当两个或更多的向量指令不相关时，便可以同时使用不同功能流水线和不同的向量寄存器。这种并发的指令能以相继的时钟周期发出。若指令之间是相关的，则要视不同情况采用不同的方法。图 3-40（a）描述了两个独立的向量加法都要求使用加法流水线。当第二条加法指令发出时，加法流水线就被预定了，所以，第二条加法指令就要延迟到加法流水线空闲后才能发出。图 3-40（b）表明两条不同的向量指令共享同一个操作数寄存器 V1。第一条加法指令预定操作数寄存器 V1，使乘法指令要延迟到操作数寄存器 V1 空闲后才能发出。图 3-40（c）说明加法流水线和操作数寄存器 V1 都被预定的情况。就像操作数寄存器要求预定一样，结果寄存器也需要预定若干个时钟周期，其值取决于向量长度和流水线延迟。这种预定保证了最后结果能正确地传送到结果寄存器。

结果寄存器可能成为后继指令的操作数寄存器。在 CRAY-1 中，这种技术称为两条流水线的链接（Chaining）。流水线链接是从流水线的内部定向概念发展而来的。链接是当从一个流水线部件得到的结果直接送入另一个功能流水线的操作数寄存器时所发生的链接过程。换句话说，中间结果不必送回存储器，而且甚至在向量操作完成以前就使用。链接允许当第一个结果一变成可用的操作数时就马上发出相继的操作。当然，所需要的功能流水线和操作数寄存器必须恰当地预定；否则，链接操作就不得不挂起直到所需要的资源变为可用为止。下面的例子说明 CRAY-1 中的流水线链接。

【例 3-6】 条条指令相关，可顺利链接的情况。

有如下向量指令：① V0←存储器；② V2←V0+V1；③ V3←V2 位移；④ V5← V3×V4；⑤ V7← V5÷V6；向量长度 64，请计算该向量指令的完成时间和向量数据处理速度。

解：分析相关性，每条指令之间，上一条向量指令的结果作下一条指令的一个源操作数。

第一步：画出向量指令结构图，如图 3-41 所示。

V3 ← V1+V2

V6 ← V4+V5

（a）功能部件确定

V3 ← V1+V2

V6 ← V1*V5

（b）操作数寄存器的预定

V0 ← V1+V2

V3 ← V1+V5

（c）功能部件和操作数寄存器的预定

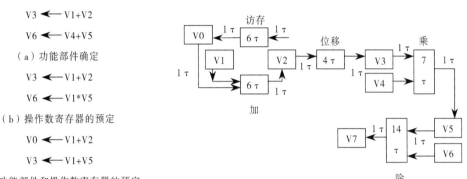

图 3-40　功能部件和操作数寄存器的预定　　　图 3-41　例 3-6 的向量指令结构图

第二步：计算第一个结果完成时间=6+2+6+2+4+2+7+2+14+2=47 τ 。

第三步：计算完成运算时间

完成运算时间=第一个结果时间+(长度-1) τ =47 τ +(64-1) τ =110 τ 。

第四步：向量数据处理速度计算=(向量指令条数×长度)/(完成运算用时)

$$=5×64/(110×10-8s) ≈ 291 \text{ MFLOPS}$$

【例 3-7】 条条指令相关，不能顺利链接的情况。

有如下向量指令：① V0←存储器；② V2←V0×V1；③ V4←V2+V3；④ V5←V4 位移；⑤ V7←V5÷V6；⑥ V0←V7×V1 向量长度为 64，请计算该向量指令的完成时间和向量数据处理速度。

解：分析相关性，上述向量指令条条相关，且有冲突，故不能顺利链接。

冲突 { V0——目寄存器冲突
V1——源寄存器冲突
×——功能部件冲突

第一步：画出向量指令结构图，如图 3-42 所示。

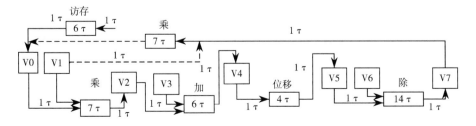

图 3-42　例 3-7 的向量指令结构图

当多条指令在执行过程中不能顺利链接时，对画向量链接特性图有所影响。可规定对于源寄存器冲突：第一次送出画实线，第二次送出画虚线；对于目寄存器冲突：第一次接收画实线，第二次接收画虚线；而对于功能部件冲突：第一次出现画实线，第二次出现画虚线。

第二步：计算第一个结果完成时间。

（1）为了计算是否需要推迟时间，以及推迟多少时间，先计算冲突部件的有关时间。如何计算，这里有如下规定：源冲突，从第一次送出到第二次送出之前 1τ；目冲突，从第一次接收到第二次接收之前 1τ；功能块，从第一次送出到第二次送入之前 1τ。

根据图 3-42，可得到冲突部件的有关时间

源冲突（V1）：1+7+1+1+6+1+1+4+1+1+14+1=39 τ。

目冲突（V0）：1+1+7+1+1+6+1+1+4+1+1+14+1+1+7=48 τ。

功能块（×）：1+1+6+1+1+4+1+1+14+1=31 τ。

说明：乘法功能部件冲突最严重，上述 3 个时间以最短时间为准（仅适用本例）。

（2）推迟时间计算。推迟时间的计算一般分两种情况：

① 当长度大于最短有关时间时，实际需要推迟时间为：

推迟时间=向量时间−有关时间

② 当长度小于等于有关时间时，实际不用推迟，可视为表面冲突。

本例推迟时间为：64−31=33 τ

第三步：计算完成运算时间=顺利连接时间+推迟时间

=1+6+1+1+7+1+1+6+1+1+4+1+1+14+1+1+7+1+(64−1)+33=152 τ

第四步：向量数据处理速度计算=(向量指令条数×长度)/(完成运算用时)

=6×64/(152×10-8)≈253 MFLOPS

【例 3-8】 若要进行向量运算：$D=A\times(B+C)$，假设向量长度≤64，且 B 和 C 已由存储区取至 V0 和 V1，则下面 3 条向量指令就可以完成上述运算：

① V3 ← A；② V2 ← V0+V1；③ V4 ← V2*V3。

第一、二条指令因既无向量寄存器使用冲突，也无功能部件使用冲突，所以这两条指令可并行执行。第三条指令与第一、二条指令均存在先写后读的相关冲突，因而可将第三条指令与第一条指令链接执行，如图 3-43 所示。

由于同步的要求，数据进入和流出每个功能部件，包括访存都需要 1τ 时间。

假设向量长度为 N，若这 3 条指令全部用串行方法，则执行时间为：

[[(1+6+1)+N−l]+[(1+6+1)+N−1]+[(1+7+1)+N−1]=3N+22 τ

若前两条指令并行执行，第二条指令串行执行，则执行时间为：

[[(1+6+1)+N−l]+[(l+7+1)+N−1]=2N+15 τ

若采用链接技术，则执行时间为：

(1+6+1)+(l+7+1)+(N−1)=17+N−1=N+16 τ

实现链接除了无向量寄存器使用冲突和无功能部件使用冲突外，还有时间上的要求，只有当前一条指令的第一个结果分量送入结果向量寄存器的那一个时钟周期方可链接，若错过该时刻就不能进行链接，只有当前一条向量指令全部执行完毕，释放向量寄存器资源后才能执行后面指令。另外，当一条向量指令的两个源操作数分别是两条先行指令的结果寄存器时，要求先行的两条指令产生运算结果的时间必须相等，即要求有关功能部件的延迟时间相等，如例中的访存和浮点加功能部件延时均为 6τ。此外，还要求这两条向量指令的向量长度必须相等，否则也不能链接。

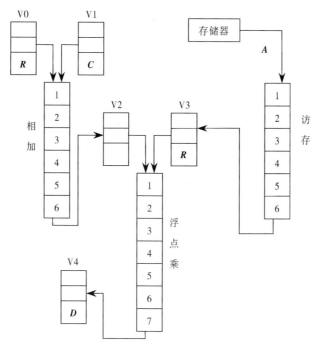

图 3-43　例 3-8 的链接操作

3.5.5　提高向量处理机的方法

1．链接技术

前面已经详细介绍了，这里不再叙述。

2．向量循环或分段开采技术

当向量的长度大于向量寄存器的长度时，必须把长向量分成长度固定的段。处理长向量的程序结构称为向量循环。这种技术也称为分段开采，一次处理一个向量段。将长向量分段成为循环是由系统硬件和软件控制完成的，程序员看不到这种向量分段为循环的过程，即分段对程序员是不透明的。每经过一次循环，就处理长向量的一个段。一般在进入循环以前，根据向量长度计算出循环计数值。下面是一个说明 CRAY-1 实现向量循环的例子。

【例 3-9】 设 A 和 B 是长度为 N 的向量。考虑以下的循环操作：

```
      DO 10 I=1,N
10    A(I)=5.0*B(I)+1.0
```

当 $N \leqslant 64$ 时，可以用如下指令序列实现上述循环操作：

S1	← 5.0	将常数 5.0 送入标量寄存器 S1；
S2	← c	将常数 c 送入标量寄存器 S2；
VL	← N	在向量长度寄存器 VL 中设置向量长度 N；
V0	← B	从存储器中将向量 B 读入向量寄存器 V0；
V1	← S1 * V0	向量 B 中的每个元素分别和常数 S1 相乘；
V2	← S2 + V1	向量 V_1 中的每个元素分别和常数 S2 相加；
A	← V2	将计算结果从向量寄存器 V2 存入存储器的向量 A。

第 5 条和第 6 条指令使用了不同的功能部件，又共享中间寄存器，它们可以链接在一起，

该链的输出最后存入 A 数组。

当 N 超过 64 时，就需要向量循环。在进入循环以前，把 N 除以 64，以确定循环计数值。如果有余数，则在第一次循环中首先产生 A 数组的余数个分量。对于 A 和 B 数组的每 64 个分量的段，循环由第 4 条到第 7 条指令组成。

3. 向量的递归技术

在向量操作中，结果通常是不送回到作为源操作数使用的同一个向量寄存器中的。有一类特殊的向量循环，其流水线功能部件的输出可能要回送到它的一个源向量寄存器。换句话说，一个向量寄存器用来同时存放源操作数和结果操作数。在功能流水线上的这种递归操作要求特别小心以避免产生数据阻塞问题。

CRAY 机器利用每个向量寄存器的分量计数器实现这一功能。在每个流水线周期，从分量这一角度看，向量寄存器的作用类似移位寄存器。当一个操作数分量移出向量寄存器进入流水线功能部件时，一个结果分量可以在同一周期进入腾空的分量寄存器。分量计数器必须跟踪移位操作，直到结果向量的所有 64 个分量都装入向量寄存器。

下面考虑用浮点加法流水线完成递归向量求和 $V2 \leftarrow V0+V1$，其中向量寄存器 V_1 保存要进行递归相加的浮点数，向量寄存器 V0 同时用作操作数寄存器和结果寄存器。令 C1 和 C2 分别是与向量寄存器 V1 和 V2 相关的分量计数器。初始时，计数器 C0 和 C1 都置成 0，V0 的第一个分量寄存器 V0 中的初始值也置成 0。通过浮点加法流水线需要 6 个时钟周期，寄存器和浮点加法流水线之间的往返传送各还需要 1 个时钟周期，因此，一次加法计算总共需要 1+6+1=8 个时钟周期，如图 3-42 所示。假定向量长度寄存器的值为 64，只作一个向量循环。

在 T_8 之前，计数器一直保持为 0。在此期间，$V0_0$（为 0）不断发送到流水线。但是，计数器 C_1 在每个时钟周期后都加 1，所以，在 T_8 以后，在随后的 64 个时钟周期内 $V1_0, V1_1, \cdots$ $V1_{63}$ 相继发送到流水线。T_8 以后，每个时钟周期后 C_0 都要加 1。这意味着，在每 8 个时钟周期内，相继输出的和将与来自 V1 的一个分量进行递归相加。当计算完成时，V0 的分量寄存器将被装入。64 个分量被分成 8 组，每组为 8 个分量的和。从 $V1_{56}$ 到 $V1_{63}$ 为最后一个求和的组，其中每个寄存器保存了 V1 的 8 个分量的和，这个组共保存了 8 个这样的求和值。

$$
\left.
\begin{aligned}
(V0_0) &= (V0_0) + (V1_0) = 0 + (V1_0) \\
(V0_1) &= (V0_0) + (V1_1) = 0 + (V1_1) \\
(V0_2) &= (V0_0) + (V1_2) = 0 + (V1_2) \\
(V0_3) &= (V0_0) + (V1_3) = 0 + (V1_3) \\
(V0_4) &= (V0_0) + (V1_4) = 0 + (V1_4) \\
(V0_5) &= (V0_0) + (V1_5) = 0 + (V1_5) \\
(V0_6) &= (V0_0) + (V1_6) = 0 + (V1_6) \\
(V0_7) &= (V0_0) + (V1_7) = 0 + (V1_7)
\end{aligned}
\right\} \text{第 1 组}
$$

$$
\left.
\begin{aligned}
(V0_8) &= (V0_0) + (V1_8) = 0 + (V1_8) \\
(V0_9) &= (V0_0) + (V1_9) = 0 + (V1_9)
\end{aligned}
\right\} \text{第 2 组}
$$

$$\vdots$$

$$(V0_{15}) = (V0_0) + (V1_{15}) = 0 + (V1_{15})$$

$$\vdots$$

上述的递归求和在科学计算中非常有用。

4．稀疏矩阵的处理技术

矩阵是许多科学与工程计算问题中研究的数学对象。在许多矩阵问题中非零元素往往是很少的。通常把许多元素的值为零的矩阵称为稀疏矩阵。例如，在有限问题中，经常遇到这种稀疏矩阵，其中非零项表示一个体积元素和相邻体积元素之间的相互作用。非零元素的个数与每个体积元素的个数有关。一般来说，非零元素的个数只占整个矩阵数的很少一部分。

在计算机系统结构方面已经采用了一些方法来解决稀疏矩阵问题。CDC STAR 采用稀疏向量方法。一个稀疏向量由两个向量组成，其中一个是短向量，它仅包含向量的非零元素。另一个是位向量，其中"1"表示对应位置为非零元素，"0"表示对应位置为零元素。位向量的长度与稀疏向量的长度相等。如果向量元素是 64 位操作的话，那么现在所需的位数只是原来的 1/64。

当需要访问稀疏向量的时候，CDC STAR 根据位向量来决定对某个特定的单元是否进行存取。当位向量相应位是零时，就不需要访问了。虽然位向量可以减少访问主存的次数，但是被存取的元素可能在冲突的存储模块中，这就会导致流水线的延迟。使只访问非零元素而获得的性能提高被抵消掉。位向量中的零也需一定的额外开销，但比一次完整的存储器访问所需的开销要小得多。

显然，这种类型的系统结构能对稀疏向量进行各种处理。比如把稀疏形式转换成完整的向量形式，或者反过来。流水结构运算器的输入端可以接受稀疏形式的向量，输出端可以输出稀疏形式的向量。

这种方法的主要问题是最好情况下用一位信息来代替 64 位信息。但是，大型的稀疏矩阵往往非常少，64:1 的节省远远不够。稀疏向量这种方法如何进一步改进仍是一个有待研究的问题。

3.5.6　向量处理机的性能评价

衡量向量处理机性能的主要参数有向量指令的处理时间 T_{vp}、向量长度为无穷大时的向量处理机的峰值性能 R_∞、半性能向量长度 $n_{1/2}$（向量处理机的性能为其峰值性能 R_∞ 一半时所需的向量长度）以及对同一段程序代码而言，向量方式的处理速度优于标量串行方式处理速度时所需的向量长度临界值 n_v。下面将分别讨论这些参数的含义和计算方法。

1．向量指令的处理时间 T_{vp}

在向量处理机中，如果向量处理单元以流水方式实现，那么按照流水线的性能分析方法和向量处理方法可知，该向量处理单元执行一条向量长度为 n 的向量指令所需的时间 T_{vp}，如式 3–16 所示：

$$T_{vp}=T_s+T_{vf}+(n-1)T_c \tag{3-16}$$

其中，T_s 为向量处理单元流水线的建立时间，包括向量起始地址的设置、计数器加 1、条件转移指令执行等。T_{vf} 为向量处理单元流水线的流过时间，它是从向量指令开始执行到得到第一个计算。T_c：流水线瓶颈段的执行时间。

如果流水线不存在"瓶颈"，每段的执行时间等于一个时钟周期，则式 3–16 可以写为：

$$T_{vp}=[s+e+(n-1)]T_{clk} \tag{3-17}$$

式 3–17 中，s 代表向量流水线的建立时间所对应的时钟周期数，e 为向量流水线的流过时间所对应的时钟周期数，T_{clk} 为时钟周期时间，也可将式 3–16 写为式 3–18 的形式。

$$T_{vp}=[T_{start}+n]T_{clk} \qquad (3-18)$$

其中 T_{start} 为向量功能部件启动所需的时钟周期数。

可以看出，对于一组向量指令而言，其执行时间主要取决于 3 个因素：向量的长度、向量操作之间是否链接、向量功能部件的冲突和数据的冲突性。

把几条能在同一个时钟周期内一起开始执行的向量指令集合称为一个编队。同一个编队中的向量指令之间一定不存在流水向量功能部件的冲突和数据的冲突。编队后的向量指令序列总的执行时间如式 3-19 所示：

$$T_{v} = \sum_{i=1}^{m} T_{c}^{i} = \sum_{i=1}^{m}(T_{start}^{i} + n)T_{clk} = (\sum_{i=1}^{m} T_{start}^{i} + mn)T_{clk}$$

$$= (T_{start} + mn)T_{clk} \qquad (3-19)$$

式 3-19 中，m 为向量指令序列编队的个数，T_{start} 为向量指令序列编队总的启动时钟周期数。

如果向量元素个数 n 大于向量处理机内部的向量寄存器长度，则需进行分段开采。从前面论述可知，在分段开采过程中，会引入一些标量处理和运算的额外时间开销。假设这些额外的时间开销为 T_{Loop} 个时钟周期，那么编队并采用分段开采技术后，向量指令序列执行所需的总的时钟周期数如式 3-20 所示：

$$T_n = \left\lfloor \frac{n}{MVL} \right\rfloor \times (T_{toop} + T_{start} + m \times MVL)$$

$$+ \left[T_{toop} + T_{start} + m \times \left[n - \left\lfloor \frac{n}{MVL} \right\rfloor \times MVL \right] \right]$$

$$= \left\lceil \frac{n}{MVL} \right\rceil \times (T_{toop} + T_{start}) + mn \qquad (3-20)$$

其中，MVL 是向量处理机的向量寄存器长度。

【例 3-10】 在某向量处理机上执行 DAXPY 的向量指令序列，也即计算双精度浮点向量表达式 $Y = a \times X + Y$。其中，X 和 Y 是双精度浮点向量，最初保存在外部存储器中，a 是一个双精度浮点常数，已存放在浮点寄存器 F0 中。计算该表达式的向量指令序列如下：

```
LV        V1, Rx          ;取向量 x
MULTFV    V2, F0,    V1    ;向量 V1 和浮点寄存器 F0 中的内容相乘
LV        V3, Ry          ;取向量 y
ADDV      V4, V2,    V3    ;加法
SV        Ry, V4          ;存结果
```

解：可以把上述 5 条向量指令按如下方式进行编队。

第 1 编队：LV V1,Rx;

第 2 编队：MULTFV V2,F0,V1; LV V3,Ry;

第 3 编队：ADDV V4,V2,V3;

第 4 编队：SV Ry,V4;

假设在该向量处理机中，T_{toop} =15，向量存储部件的启动需要 12 个时钟周期，向量乘法部件的启动需要 7 个时钟周期，向量加法部件的启动需要 6 个时钟周期，向量寄存器长度 MVL=64，那么依据式（3-20）对 n 个向量元素进行 DAXPY 表达式计算所需的时钟周期数为：

$$T_n = \left\lceil \frac{n}{MVL} \right\rceil \times (T_{\text{toop}} + T_{\text{start}}) + mn$$

$$= \left\lceil \frac{n}{64} \right\rceil \times (15 - 12 + 12 + 6 + 12) + 4n = \left\lceil \frac{n}{64} \right\rceil \times 57 + 4n$$

如果考虑采用向量链接技术，那么 DAXPY 的向量指令序列可以编队为：

第 1 编队：`LV V1,Rx;    MULTFV    V2,F0,V1`

第 2 编队：`LV V3,Ry;    ADDV      V4,V2,V3`

第 3 编队：`SV Ry,V4`

由于在第一编队中两条指令链接执行，所以第一编队启动需要 12+7=19 个时钟周期；同样第二个编队启动需要 12+6=18 个时钟周期；第三个编队启动仍然需要 12 个时钟周期。所以，采用链接技术后，依据式（3-20）对 n 个向量元素进行 DAXPY 表达式计算所需的时钟周期数为：

$$T_n = \left\lceil \frac{n}{MVL} \right\rceil \times (T_{toop} + T_{start}) + mn$$

$$= \left\lceil \frac{n}{64} \right\rceil \times (15 + 19 + 18 + 12) + 3n = \left\lceil \frac{n}{64} \right\rceil \times 64 + 3n$$

2. 向量处理机的峰值性能 R_∞

R_∞ 表示当向量长度为无穷大时，向量处理机的最高性能，也称为峰值性能。在评价向量处理机峰值性能的时候常常使用 MFLOPS 评价指标。向量处理机的峰值性能如式 3-21 所示：

$$R_\infty = \lim_{n \to \infty} \frac{\text{向量指令序列中浮点运算次数} \times \text{时钟频率}}{\text{向量指令序列执行所需的时钟周期数}} \qquad (3-21)$$

对于上述例 3-10 向量指令序列中的操作而言，只有"MULTFV V2，F0，V1"和"ADDV V4，V2，V3"两条浮点操作向量指令。假如该向量处理机的时钟频率为 200 MHz，那么

$$R_\infty = \lim_{n \to \infty} \frac{\text{向量指令序列中浮点运算次数} \times \text{时钟频率}}{\text{向量执行序列执行所需的时钟周期数}} \text{MFLOPS}$$

$$= \lim_{n \to \infty} \frac{2 \times n \times 200}{\left\lceil \dfrac{n}{64} \right\rceil \times 64 + 3n} \text{MFLOPS}$$

$$= \lim_{n \to \infty} \frac{2 \times n \times 200}{4n} \text{MFLOPS}$$

$$= 100 \text{MFLOPS}$$

3. 半性能向量长度 $n_{1/2}$

半性能向量长度 $n_{1/2}$ 是指向量处理机的运行性能达到其峰值性能 R_∞ 的一半时所必须满足的向量长度。它是评价向量功能部件的流水线建立时间对向量处理机性能影响的重要参数。通常希望向量处理机有较小的 $n_{1/2}$。

对于上面的例子，由于该向量处理机的峰值性能 $R_\infty = 100$ MFLOPS，所以根据半性能向量长度的定义有：

$$\frac{2 \times n_{1/2} \times 200}{\left\lceil \dfrac{n_{1/2}}{64} \right\rceil \times 64 + 3n_{1/2}} = 50$$

假设 $n_{1/2} \leqslant 64$，那么有：

$$64 + 3n_{1/2} = \frac{2 \times n_{1/2} \times 200}{50} = 8n_{1/2}$$

可得：

$$5n_{1/2} = 64, n_{1/2} = 12.8$$

所以有：

$$n_{1/2} = 13$$

4. 向量长度临界值 n_v

向量长度临界值 n_v 是指：对于某一计算任务而言，向量方式的处理速度优于标量串行方式处理速度时所需的最小向量长度。该参数既是衡量向量处理部件流水线建立时间的重要指标，也是衡量标量、向量处理速度对向量处理机性能影响的重要指标。

对于上述 DAXPY 的例子，假设 $n_v < 64$，在标量串行工作方式下实现 DAXPY 循环的开销为 10 个时钟周期。那么在标量串行方式下，计算 DAXPY 循环所需要的时钟周期数为：

$$T_s = (10 + 12 + 12 + 7 + 6 + 12) \times n_v = 59n_v$$

根据式（3-19）可知，在向量方式下，计算 DAXPY 循环所需要的时钟周期数为：

$$T_v = 64 + 3n_v$$

根据向量长度临界值的定义，有：

$$T_v = T_s$$
$$64 + 3n_v = 59n_v$$

所以有：

$$n_v = \left\lceil \frac{64}{56} \right\rceil = 2$$

习　题

1. 什么是流水线技术？简述流水线技术在计算机系统中的主要应用。

2. 简述流水线技术的特点。

3. 什么是流水线相关？流水线相关的种类及其主要处理方法有哪些？

4. 解释重叠方式中"一次重叠"的含义。

5. 在"一次重叠"的机器中，会出现哪些相关？如何处理？

6. 流水线按级别分成几类？线性流水线与非线性流水线有什么区别？动态流水线和静态流水线有什么区别？

7. 假设指令的解释分"取指"、"译码"、"执行"3 步，每步的时间相应为 t 取、t 译、t 执。

（1）分别计算顺序执行、两条重叠和 3 条重叠这 3 情况，执行完 100 条指令所需要时间的一般关系式。

（2）分别在 t 取 = t 译 = 2、t 执 = 1 和 t 取 = t 执 = 5、t 译 = 2 时，计算出上述各结果。

8. 水线最大吞吐率高低有关的是（　　）。

A. 过程的时间

B. 快子过程的时间

C. 慢子过程的时间

D. 后子过程的时间

9．指令间"一次重叠"是指（　　　）。

A．"取指 $k+1$"与"分析 k"重叠

B．"分析 $k+1$"与"执行 k"重叠

C．"分析 k"与"执行 $k+1$"重叠

D．"执行 k"与"取指 $k+1$"重叠

10．静态流水线是指（　　　）。

A．只有一种功能的流水线

B．功能不能改变的流水线

C．同时只能完成一种功能的流水线

D．可同时执行多种功能的流水线

11．有一条流水线如下：

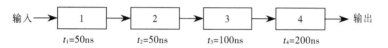

（1）求连续输入 10 条指令时该流水线的实际吞吐率和效率。

（2）流水线的"瓶颈"在哪一段？请采用某种方法来消除此瓶颈，并计算新流水线的实际吞吐率和效率。

12．用 1 条 5 个功能段的浮点加法器流水线计算 $F = \sum_{i=1}^{10} A_i$。每个功能段的延时均相等，流水线的输出端与输入端之间有直接的数据通路，而且设置有足够的缓冲寄存器。要求用尽可能短的时间完成计算工作，画出流水线时空图，计算流水线的实际吞吐率、加速比和效率。

向量处理有哪几种方法？各适合于什么样的计算机？

13．利用一条 4 段浮点加法器流水线计算 8 个浮点数之和：

$$Z=A+B+C+D+E+F+G+H$$

画出流水线时空图，计算该流水线的吞吐量、加速比和效率。

14．CRAY-1 向量处理机要实行指令间链接，必须满足下列条件中的（　　　）。

A．源向量 Vi 相同，功能部件不冲突，有指令相关

B．源向量 Vi 不同，功能部件相同，无指令相关

C．源向量 Vi、功能部件都不相同，指令有先写后读 Vi 相关

D．源向量 Vi、功能部件都不相同，指令间有先读后写相关

15．CRAY-1 机启动存储/流水部件及寄存器打入各需 1τ，"加" 6τ，"乘" 7τ，"访存" 6τ。现有向量指令串：

V3←存储器

V4←V0+V1

V2←V4*V3

向量长度均为 N，则指令串最短的执行时间是（　　　）。

A．N+19τ

B．N+18τ

C．N+17τ

D．N+16τ

16．CRAY-1 的两条向量指令：

V1←V2＋V3

V2←V4*V3

属于（　　　）。

    A．没有功能部件冲突和源 Vi 冲突，可以并行

    B．没有功能部件冲突和源 Vi 冲突，可以链接

    C．没有源 Vi 冲突，可以交换执行顺序

    D．有向量 Vi 冲突，只能串行

17．在 CRAY-1 机上，在下列指令组中，组内哪些指令可以链接？哪些不可以链接？不能链接的原因是什么？完成各指令所需的拍数（设向量长度均为 64，打入寄存器及启动功能部件各需 1 τ ）。

    （1）V0←存储器(6 τ)；V1←V2+V3(6 τ)；V4←V5×V6(7 τ)

    （2）V2←V0×V1;V3←存储器；V4←V2+V3

    （3）V0←存储器；V2←V0×V1；V3←V2+V0；V6←V3+V4

    （4）V0←存储器；V1←1/V0(14 τ)；V3←V1×V2；　V5←V3+V4

18．在 CRAY-1 机上计算 $Z=A×(B+C)$，设 A、B、C 都为长度为 128 位的向量，并已存放在相应的向量寄存器中，都利用浮点功能部件和链接技术，则完成该计算机所需的最短时间是多少拍？其实际吞吐率为多少？

第 4 章

指令级并行及限制

当指令之间不存在相关时，它们在流水线中可通过重叠并行执行。这种指令序列中存在的潜在并行性称为指令级并行（Instruction-Level Parallelism，ILP）。只有硬件技术和软件技术互相配合，才能够最大限度地挖掘出程序中存在的指令并行。

提高指令级并行性有两种方法，本章将分别介绍动态、依赖硬件的技术和静态的、依赖软件的技术。需要强调的是，这种动态和静态，以硬件为主和以软件为主的划分并不是绝对的，其中的一种技术常常对另一种技术也有用。不过，为了清楚，本章还是把它们分开介绍，并在最后一节介绍两种可以相互配合的技术。

4.1　指令级并行概述

指令之间可重叠执行性，即所谓指令级并行性。研究开发存在于指令之间的并行性，将进一步提高流水线的性能。本节主要介绍指令级并行的基本概念，相关性对指令级并行的影响，以及支持指令级并行的基本编译技术。

4.1.1　指令级并行的基本概念

通过前面学习，可以推导出，流水线处理机的 CPI（平均每条指令使用的周期数）等于基本 CPI 加上各种停顿所使用的周期数之和，如式 4-1 所示。

$$\text{CPI 流水线}=\text{CPI 理想}+\text{结构相关停顿}+\text{控制相关停顿}+\text{数据冲突停顿} \qquad (4-1)$$

其中，流水线的理想 CPI 是流水线的最大流量。结构相关停顿是由于两条指令使用同一个功能部件而导致的停顿。控制相关停顿是由于指令流的改变（如分支指令）而导致的停顿。数据冲突停顿是由数据相关造成的。减少其中的任何一种停顿，都可以有效地减少 CPI，从而增加每个时钟周期指令数量（Instructions Per Cycle，IPC）。

研究表明，在一个基本块（除了入口和出口之外，没有其他分支的线性指令序列）中可利用的并行性是很小的。例如，典型的 MIPS 程序中平均动态转移频率在 15%～20% 之间，即每隔 4～7 条指令就会有一个分支。由于这些指令很可能是相互关联的，所以在一个基本块中可以利用的指令重叠数将远小于基本块的大小。为了能够取得更多的性能提高，就必须开发多个基本块之间的指令级并行性。

提高指令级并行最简单也是最常用的方法，就是使一个循环中的不同循环体并行执行。这类并行性称循环级并行性。下面是一个简单的循环程序，完成由 1 000 个元素组成的两个数组的相加，此程序是完全可并行的：

```
for(i=1;i<=1000;i=i+1)
    x[i]=x[i]+y[i];
```

这个循环的每一个循环体都可以与其他任何一个循环体重叠执行，虽然在每一个循环体内部可重叠的机会几乎没有。

有多种技术可以将上述循环级的并行转化成指令级并行，这些技术通常由编译器静态地展开，或由硬件动态地对循环展开。

此外，还可以使用前面介绍的向量指令。虽然向量处理的思想要早于本章将要介绍的大部分指令级并行技术，但是，采用指令级并行技术的处理机还是在逐渐取代基于向量处理的处理机，而向量指令则有望在图像处理、数字信号处理和多媒体技术中得到广泛应用。

4.1.2 相关性对指令级并行的影响

判断指令之间是否有相关关系，对于判断程序中有多少并行性以及如何利用并行性是十分重要的。如果两条指令是可以并行的，且流水线资源充足（不存在任何冲突），那么它们可以在流水线上同时执行而不会造成停顿。若两条指令是相关的，即使有时它们可以部分重叠执行，它们也是不可并行的。因此，最重要的问题是判断指令之间是否存在相关关系。

在第 3 章里介绍了程序中的 3 种不同类型的相关：结构相关、数据相关和控制相关。3.3 节通过对 3 种相关性的研究，介绍基本块中存在的并行性，以及消除相关性的基本方法和原理。这里不再重复介绍，仅通过几个例子帮助大家巩固知识点。

【例 4-1】 对下面的源代码

```
for(i=1;i<=1000;i++)
    x[i]=x[i]+s;
```

（1）转换成 DLX 汇编语言，在不进行指令调度和进行指令调度两种情况下，分析代码一次循环的执行时间。

（2）通过编译过程分析，仔细考察换名的过程。

备注：本章使用的浮点流水线的延迟如图 4-1 所示：

产生结果指令	使用结果指令	延迟时钟周期数
浮点计算	另外的浮点计算	3
浮点计算	浮点数据存操作（SD）	2
浮点数据取操作（LD）	浮点计算	1
浮点数据取操作（LD）	浮点数据存操作（SD）	0

图 4-1 本章使用的浮点流水线的延迟

解：（1）

① 变量分配寄存器。

整数寄存器 R1：循环计数器，初值为向量，中最高端地址元素的地址。

浮点寄存器 F2：保存常数 S。假定最低端元素的地址为 8。

② DLX 汇编语言后的程序。

```
Loop:   LD      F0,0(R1)
```

```
ADD.D F4,F0,F2
SD  0(R1),F4
SUBI R1,R1,#8
BNEZ R1,Loop
```

③ 程序执行的实际时钟。

根据图 4-1 中给出的延迟，实际时钟如图 4-2 所示。

```
                                    指令流出时钟
        Loop:   LD      F0,0(R1)        1
                （空转）                 2
                ADD.D   F4,F0,F2        3
                （空转）                 4
                （空转）                 5
                SD      O(R1),F4        6
                SUBI    R1,R1,#8        7
                （空转）                 8
                BNEZ    R1,Loop         9
                （空转）                 10
```

图 4-2　程序执行的实际时钟

每个元素的操作需要 10 个时钟周期，其中 5 个是空转周期。

④ 指令调度以后，程序的执行情况如图 4-3 所示。

SD 放在分支指令的分支延迟槽中，对存储器地址偏移量进行调整。

```
                                    指令流出时钟
        Loop: LD    F0,0(R1)           1
              SUBI  R1,R1,#8           2
              ADD.D F4,F0,F2           3
              （空转）                  4
              BNEZ  R1,Loop            5
              SD    8(R1),F4           6
```

图 4-3　指令调度后的实际时钟

从图 4-3 可以看出，一个元素的操作时间从 10 个时钟周期减少到 6 个，5 个周期是有指令执行的，1 个空转周期。

（2）

① 首先，仅仅去除 4 遍循环体中的分支指令，得到以下由 17 条指令构成的指令序列，如下所示：

```
Loop:  LD        F0,0(R1)
       ADD.D     F4,F0,F2
       SD        0(R1),F4
       SUBI      R1,R1,#8
       LD        F0,0(R1)
       ADD.D     F4,F0,F2
       SD        0(R1),F4
       SUBI      R1,R1,#8
       LD        F0,0(R1)
       ADD.D     F4,F0,F2
```

```
    SD          0(R1),F4
    SUBI        R1,R1,#8
    LD          F0,0(R1)
    ADD.D       F4,F0,F2
    SD          0(R1),F4
    SUBI        R1,R1,#8
    BNEZ        R1,Loop
```

② 编译器可以通过对相关链上存储器访问偏移量的直接调整，将前 3 条 SUBI 指令消除掉，从而得到一个 14 条指令构成的指令序列，如下所示：

```
Loop: LD        F0,0(R1)
    ADD.D       F4,F0,F2
    SD          0(R1),F4
    LD          F0,-8(R1)
    ADD.D       F4,F0,F2
    SD          -8(R1),F4
    LD          F0,-16(R1)
    ADD.D       F4,F0,F2
    SD          -16(R1),F4
    LD          F0,-24(R1)
    ADD.D       F4,F0,F2
    SD          -24(R1),F4
    SUBI        R1,R1,#32
    BNEZ        R1,Loop
```

③ 通过寄存器换名，消除名相关。得到下面的指令序列：

```
Loop: LD        F0,0(R1)
    ADD.D       F4,F0,F2
    SD          0(R1),F4
    LD          F6,-8(R1)
    ADD.D       F8,F6,F2
    SD          -8(R1),F8
    LD          F10,-16(R1)
    ADD.D       F12,F10,F2
    SD          -16(R1),F12
    LD          F14,-24(R1)
    ADD.D       F16,F14,F2
    SD          -24(R1),F16
    SUBI        R1,R1,#32
    BNEZ        R1,Loop
```

再来看一个控制相关的例子。第 3 章里也曾介绍过控制相关。控制相关是指由分支指令引起的相关。控制相关决定了跟分支指令有关指令的执行顺序，即非分支指令只能在其执行的时候才能执行。程序中除了第一个基本块的每一条指令之外，均控制相关于某条或某些分支指令，通常情况下，这些控制相关关系是必须保留的。

典型的程序结构是 if...then 结构。看下面一个示例：

```
    if  p1{
        S1;
        };
        S;
    if p2{
        S2;
        };
```

P1 控制相关 S1，P2 控制相关 S2，而不是 S1。

控制相关会带来两方面的限制：

（1）有控制相关的一个分支指令不能被移到分支之前执行。例如，if...else 程序中，then 后面的语句不能移到 if 之前执行。

（2）没有控制相关的一个分支指令不能移到该分支指令之后，从而受这个分支控制，例如 if...then 程序中，if 前的指令不能移到 then 部分执行。

再考察例 4-1，假设循环展开时，循环控制分支指令没有去除，则指令序列如下所示：

```
Loop: LD      F0,0(R1)
      ADD.D   F4,F0,F2
      SD      0(R1),F4
      SUBI    R1,R1,#8
      BEQZ    R1,Exit
      LD      F0,0(R1)
      DD      F4,F0,F2
      SD      0(R1),F4
      SUBI    R1,R1,#8
      BEQZ    R1,Exit
      LD      F0,0(R1)
      ADD.D    F4,F0,F2
      SD      0(R1),F4
      SUBI    R1,R1,#8
      BEQZ    R1,Exit
      LD      F0,0(R1)
      ADD.D    F4,F0,F2
      SD      0(R1),F4
      SUBI    R1,R1,#8
      BNEZ    R1,Loop
Exit:
```

由于上述指令段中 BEQZ　R1,Exit; BEQZ　R1, Exit; BEQZ　R1,Exit 三条分支指令的存在，引起控制相关，导致其后的 4 条指令不能跨越分支指令进行调度，即不同循环遍次里的指令不能够跨越循环遍次进行调度。去除分支指令可以减少或消除控制相关。在去除了这 3 条分支指令以后，就消除了程序中相依存的控制相关，从而消除了跨越分支指令的全局调度，其后的指令才有可能在不同循环遍次之间调度。

4.1.3　支持指令级并行的基本编译技术

本节将对提高指令级并行的编译技术进行简单介绍，仅仅提供一些指令级编译技术的背景知识，而不会对其进行深入的讲解。

1. 检测并提高循环级并行

循环级并行是指在源代码或靠近源代码的层次进行并行分析，而指令级并行则是对经过编译技术产生的指令进行并行分析。循环级并行分析涉及检测跨循环体之间的操作数存在何种相关关系。目前，仅考虑数据相关关系，即某个操作数在某一时刻被写入，而在后面一个时刻被读取的情况。重名相关页可能存在，但是可以用重命名技术予以消除。

循环级并行分析集中分析某一个循环体中的数据存取是否涉及前一个循环体中的数据。这种相关称做体间相关。在 4.1.2 节中所讨论的例子，不存在体间相关关系，因此是可以开发循环体级并行的。例如下面的程序：

```
for(i=1000;i>0;i=i+1)
    x[i]=x[i]+s;
```

在这个循环程序中，用到了两次 x[i]，它们之间存在数据相关，但这是循环体内的相关而不是体间相关。在相邻的两次对 i 的引用上，存在体间相关，但这种相关包含规约变量，很容易识别和消除。

由于循环级并行的检测需要识别程序的结构，如循环、数组以及规约变量的计算，所以循环级并行通常是在源代码层进行分析，循环程序仍以较高级形式显示出来。

循环体间相关常常以重现的形式出现：

```
for(i=2;1<=100;i=i+1)
    Y[i]=Y[i-1]+Y[i];
```

重现是对一个变量赋予前面一个循环体中一个变量的值，而且往往是最近的一个循环体中的变量，如上述代码所示。检测这种循环依赖关系有两点很重要的原因：一是有些系统结构（如向量计算机）可以专门支持执行这种循环结构的程序；二是有些存在循环依赖关系的程序也可以获得很高的并行度。例如下面的循环程序：

```
for(i=6;1<=100;i=i+1)
    Y[i]=Y[i-5]+Y[i];
```

在第 i 次循环中，循环引用了第 i-5 个元素，因此称该循环的相关距离是 5。许多有相邻体间相关的循环，它们的相关距离是 1。相关距离越大，通过展开循环可以获得的并行度就越高。例如，如果展开前面一个循环程序，由于相关距离是 1，后一条指令相关于前一条指令。而如果展开一个相关距离是 5 的循环程序，则由于连续 5 条指令没有相关关系，因此可以取得更高的并行度。虽然许多循环体间的循环，其循环体间相关距离为 1，但还是会有更大距离的情况出现，这种更大距离的相关即可提供足够的并行度，以使处理机处于忙状态。

2. 循环展开技术

循环展开技术是利用多次复制循环体并相应调整展开后的指令和循环结束条件，增加有效操作时间与控制操作时间的比率。这种技术也给编译器进行指令调度带来了更大的空间。

下面通过一个例子来体现循环展开技术的特点。

【例 4-2】 将例 4-1 中的循环展开成 3 次得到 4 个循环体，再对展开后的指令序列在不调度和调度两种情况下，分析代码的性能。

假定 R1 的初值为 32 的倍数，即循环次数为 4 的倍数。

寄存器分配如下：

展开后的循环体内不重复使用寄存器。F0、F4：用于展开后的第 1 个循环体；F2 用于保存常数；F6 和 F8 用于展开后的第 2 个循环体；F10 和 F12 用于第 3 个循环体；F14 和 F16 用于第 4 个循环体。

（1）展开后没有调度的代码如图 4-4 所示。

对图 4-4 进行分析，可得到：

① 这个循环每遍均使用了 28 个时钟周期。

② 有 4 个循环体，完成 4 个元素的操作平均每个元素使用 28/4=7 个时钟周期。

③ 原始循环的每个元素需要 10 个时钟周期节省的时间：从减少循环控制的开销中获得的。

④ 在整个展开后的循环中，实际指令只有 14 条，其他 14 个周期是空转，效率并不高。

```
                              流出时钟
Loop: LD F0,0(R1)                1
      （空转）                    2
      ADD.D F4,F0,F2              3
      （空转）                    4
      （空转）                    5
      SD 0(R1),F4                 6
LD F6,-8(R1)                      7
      （空转）                    8
      ADD.D F8,F6,F2              9
      （空转）                   10
      （空转）                   11
      SD -8(R1),F8               12
LD F10,-16(R1)                   13
      （空转）                   14
      ADD.D F12,F10,F2           15
      （空转）                   16
      （空转）                   17
      SD -16(R1),F12             18
LD F14,-24(R1)                   19
      （空转）                   20
      ADD.D F16,F14,F2           21
      （空转）                   22
      （空转）                   23
      SD -24(R1),F16             24
      SUBI R1,R1,#32             25
      （空转）                   26
      BNEZ R1,Loop               27
      （空转）                   28
```

图 4-4　展开后没有调度的代码

（2）对指令序列进行优化调度，优化调度后的代码如图 4-5 所示。

```
                          指令流出时钟
Loop:  LD F0,0(R1)             1
       LD F6,-8(R1)            2
       LD F10,-16(R1)          3
       LD F14,-24(R1)          4
       ADD.D F4,F0,F2          5
       ADD.D F8,F6,F2          6
       ADD.D F12,F10,F2        7
       ADD.D F16,F14,F2        8
       SD 0(R1),F4             9
       SD -8(R1),F8           10
       SUBI R1,R1,#32         11
       SD 16(R1),F12          12
       BNEZ R1,Loop           13
       SD 8(R1),F16           14
```

图 4-5　优化调度后的代码

对图 4-5 进行分析，可得到以下结果：

① 没有数据相关引起的空转等待。

② 整个循环仅仅使用了 14 个时钟周期。

平均每个元素的操作使用 14/4=3.5 个时钟周期。

循环展开和指令调度可以有效地提高循环级并行性。

③ 这种循环级并行性的提高实际是通过实现指令级并行来达到的。

④ 优化调度可以使用编译器来完成，也可以通过硬件来完成。

通过上面的例子，可以看到对于同一程序，采用循环展开技术后指令流出所需时间大大降低，也就大大提高了指令级并行性。

需要提醒读者的是，在循环展开和指令调度时要注意下面几点问题：

① 保证正确性；

② 注意有效性；

③ 使用不同的寄存器；

④ 尽可能减少循环控制中的测试指令和分支指令；

⑤ 注意对存储器数据的相关性分析；

⑥ 注意新的相关性。

总之，实现循环展开的关键是分析清楚代码中指令的相关性，然后通过指令调度来消除相关。

3. 全局指令调度

全局指令调度是在保证不违背数据相关和控制相关的情况下，把代码尽可能压缩成几条指令。数据相关在操作上是一种偏序关系，而控制相关则指出了指令间的相互关系，不能被轻易移动。使用循环展开和相关性分析来决定两个引用是否指向同一个地址，可以克服数据相关的影响，控制相关也可通过循环展开的方法减少。给定一段代码，寻找最短执行序列的问题就是寻找关键路径（即最长的相关指令路径）的最短序列问题。

循环分支指令引起的控制相关可以通过展开解决。全局指令调度可以解决另一类由条件分支引起的控制相关。由于跨越分支移动代码经常会改变这些指令的执行频率，所以全局指令调度的有效性依赖于对不同路径上指令执行频率的估计。全局指令调度并不保证能提高执行速度，但如果预测信息准确，编译器就可以进一步决定上述移动会不会提高运行速度。全局指令调度受到很多因素限制，是一项非常复杂的工作。各种因素相互影响，需要从中做很多权衡。因此，人们设法提供硬件支持来简化它，详见 4.2 节。

4.2　指令的动态调度

第 3 章中论述的流水线属于静态调度的流水线。静态调度就是在出现数据相关时，为了消除或者减少流水线空转，编译器确定并分离出程序中存在相关的指令，然后进行指令调度，并对代码进行优化。

本节将介绍一种重要的方法——动态调度法，通过硬件重新安排指令的执行顺序，来调整相关指令实际执行时的关系，减少处理机空转，是一种以硬件复杂性的显著增加为代价的调度方法。动态调度有以下好处：它能够处理某些在编译阶段无法了解的相关关系，并简化编译器设计；更重要的是，它能够允许一个流水线机器上编译的指令在另一个流水线上也能有效运行。

4.2.1　动态调度的原理

通过前面介绍，可以知道到目前为止所使用流水线的最大的局限性就是指令必须顺序流出。先看下面一段代码：

```
DIV.D      F0,F2,F4;        S1
ADD.D      F10,F0,F8;       S2: S2 对 S1 数据相关，S2 被阻塞
SUB.D      F12,F8,F14;      S3: S3 与 S1、S2 都没有相关，但也被阻塞
```

在第 3 章的流水线中，结构冲突和数据冲突都是在译码段（ID）进行检测。只有当既没有结构冲突也没有数据冲突时，指令才能流出。为了使上述指令能够顺利执行下去，必须把指令流出的工作分成两个步骤：检测结构冲突和等待数据冲突消失。只要检测到没有结构冲突，就可以让指令流出。并且流出后的指令一旦其操作数就绪就可以立即执行。这样上面的 SUBD 指令就不会造成阻塞。修改后的指令是乱序执行的，即指令的执行顺序和程序顺序不同。同样，指令的完成也是乱序的，即指令的完成顺序与程序顺序不同。

为了允许乱序执行，这里将基本流水线（5 段流水线）的译码阶段（ID）再分为两个阶段：

（1）流出（Issue，IS）：指令译码，检查是否存在结构阻塞。

（2）读操作数（Read Operands，RO）：当没有数据相关引发的阻塞时就读操作数。

可以看出，指令的流出仍然是按程序顺序的，即按程序顺序流出。但是，它们在读操作数段是可能停顿和互相跨越，因而进入执行段时就可能已经是乱序的。

通过前面的论述可知，在前述 5 段流水线中，是不会发生 WAR 冲突和 WAW 冲突的，但乱序执行时就可能发生。例如，考虑下面的代码：

```
DIV.D    F10,F0,F2
SUB.D    F10,F4,F6
ADD.D    F6,F8,F14
```

DIV.D 指令与 SUB.D 指令存在反相关（寄存器 F6），如果流水线在 SUB.D 读出 F6 之前就完成 ADD.D，就会出现错误。同理，SUB.D 指令与 ADD.D 指令存在输出相关（寄存器 F10），流水线必须能检测出该相关，并避免 WAW 冲突。

后面章节将介绍的 Tomasulo 算法，可以通过使用寄存器重命名来避免冲突。在详细介绍 Tomasulo 算法之前，先介绍一种早期典型的动态调度算法——记分牌算法。

4.2.2　记分牌动态调度算法

在介绍记分牌动态技术之前，先了解记分牌技术的目标：在资源充足时，尽可能早地执行没有数据阻塞的指令，达到每个时钟周期执行一条指令。

先来看一个数据先读后写（WAR）相关引起的阻塞例子：

【例 4-3】有如下代码序列：

```
DIV.D    F0,F2,F4
ADD.D    F10,F0,F8
SUB.D    F8,F8,F14
```

经过分析，可以看出指令乱序执行时就会出现先读后写相关。而为了能够尽可能早地执行没有数据阻塞的指令，达到每个时钟周期执行一条指令，并发挥指令乱序执行的好处，必须有多条指令同时处于执行阶段，这就要求有多个功能部件或功能部件流水化或者两者兼有。

不妨假设：处理机采用多个功能部件。CDC 6600 具有 16 个功能部件：其中 4 个浮点部件、5 个存储器访问部件、7 个整数操作部件在 DLX 中。在 DLX 中，通常将记分牌技术主

要用于浮点部件，因为其他部件的操作延迟都很小，无所谓同时执行。假设有 2 个乘法器、1 个加法器、1 个除法部件和 1 个整数部件，整数部件用来处理所有的存储器访问、分支处理和整数操作。

采用记分牌技术的 DLX 处理机的基本结构如图 4-6 所示。

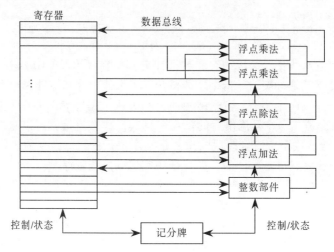

图 4-6　具有记分牌的 DLX 处理机基本结构

记分牌电路负责记录资源的使用，并负责相关检测，控制指令的流出和执行。图 4-7 中，每条指令均经过记分牌，并记录下各条指令之间数据相关的信息，这一步对应于指令流出，部分取代 DLX 的指令译码（ID）阶段的功能。然后，记分牌就需要判断什么时候指令可以读到所需的操作数，开始执行指令。如果记分牌判断出一条指令不能立即执行，它就检测硬件的变化从而决定何时能够执行。记分牌还控制指令写目标寄存器的时机。因而，阻塞检测及其解除时机的监测全都集中在记分牌上。后面会介绍记分牌的结构，但首先需要了解一下流水线中指令流出和执行的步骤。

每条指令在流水线中的执行过程可分为指令的流出、读操作数、执行和写结果 4 段，由于主要考虑浮点操作，因此不涉及存储器访问段。下面叙述一下这 4 段的主要功能：

1. 流出（Issue, IS）

如果本指令所需的功能部件有空闲，并且其他正在执行的指令使用的目的寄存器与本指令的不同，记分牌就向功能部件流出本指令，并修改记分牌内部的数据记录。解决了指令间存在的结构相关或写后写相关。

2. 读操作数（Read Operand, RO）

记分牌需要监测源操作数寄存器中数据的有效性，如果前面已流出还在运行的指令不对本指令的源操作数寄存器进行写操作，或者一个正在工作的功能部件已经完成了对这个寄存器的写操作，那么此操作数有效。当操作数有效后，记分牌将启动本指令的功能部件读操作数并开始执行。这样就解决了数据的先写后读（RAW）相关。

通过以上步骤，记分牌动态解决了结构和数据相关引发的阻塞，指令可能乱序流出。

3. 执行（Execution, EX）

取到操作数后就开始执行指令。这一步相当于标准 DLX 流水线中的执行段（EX），并且在流水线中可能要占用多个时钟周期。

4. 写结果（Write Result，WR）

记分牌知道指令执行完毕后，如果目标寄存器空闲，就将结果写入目标寄存器中，然后释放本指令使用的所有资源。

这里将检测先读后写（WAR）相关，如果有必要，计分牌将暂停此指令写结果到目的寄存器，直到相关消失。在出现以下的情况时，就不允许指令写结果：

（1）前面的某条指令（按顺序流出）还没有读取操作数；

（2）其中某个源操作数寄存器与本指令的目的寄存器相同。

如果不存在先读后写阻塞或阻塞消失以后，记分牌将通知功能部件将结果写入目标寄存器。该段替代了标准 DLX 流水线中的写结果段（WR）。只有操作数在寄存器中已经准备好以后，指令才可以读操作数，记分牌没有采用相关专用通道技术来提前获得记录数据。记分牌要分析它的记录数据，通过与功能部件的通信来控制指令处理的每一步。

此外，还有一个问题就是功能部件到寄存器文件的数据总线宽度是有限的，当流水线中进入读操作数段（RO）和写结果段（WB）的功能部件总数超过可用总线的数目，这会导致结构阻塞。

记分牌需要记录的信息分为三部分：

（1）指令状态表。记录正在执行的各条指令已经进入记分牌 DLX 流水线 4 段中的哪一段。

（2）功能部件状态表。记录各个功能部件的状态。每个功能部件在状态表中都由以下 9 个域来记录：

Busy：指示功能部件是否在工作；

Op：功能部件当前执行的操作；

Fi：目的寄存器编号；

Fj、Fk：源寄存器编号；

Qj、Qk：向 Rj、Rk 中写结果的功能部件；

Rj、Rk：表示 Fj、Fk 是否就绪，是否已经被使用。

（3）结果寄存器状态表。

每个寄存器在表中有一个域，用于记录写入本寄存器的功能部件（编号）。如果当前正在运行的功能部件没有需要写入本寄存器的，则相应域置为空。

【例 4-4】　给出如下所示的一段代码，请写出其代码运行过程中记分牌保存的信息。

```
LD       F6,34(R2)
LD       F2,45(R3)
MULT.D   F0,F2,F4
SUB.D    F8,F6,F2
DIV.D    F10,F0,F6
ADD.D    F6,F8,F2
```

解：上述代码运行过程中记分牌保存的信息如表 4-1～表 4-3 所示。

表 4-1　DLX 记分牌信息组成和记录的信息（指令状态表）

指　　令		指令状态表			
		IS	RO	EX	WR
LD	F6, 34(R2)	√	√	√	√
LD	F2, 45(R3)	√		√	

指 令		指令状态表			
		IS	RO	EX	WR
MULT.D	F0, F2, F4	√			
SUB.D	F8, F6, F2	√			
DIV.D	F10, F0, F6	√			
ADD.D	F6, F8, F2				

表 4-2　DLX 记分牌信息组成和记录的信息（功能部件状态表）

部 件 名 称	功能部件状态表								
	Busy	Op	Fi	Fj	Fk	Qj	Qk	Rj	Rk
整数	yes	LD	F2	R3				no	
乘法 1	yes	MULT.D	F0	F2	F4	整数		no	yes
乘法 2	no								
加法	yes	SUB.D	F8	F6	F2		整数	yes	n
除法	yes	DIV.D	F10	F0	F6	乘法 1		no	yes

表 4-3　DLX 记分牌信息组成和记录的信息（结果寄存器状态表）

	结果寄存器状态表							
	F0	F2	F4	F6	F8	F10	...	F30
部件名称	乘法 1	整数			加法	除法	...	

在表 4-1～表 4-3 中，第一条 LD 指令已经将结果写到目标寄存器中；第二条 LD 指令已经执行完毕,但是结果还没有写入目标寄存器 F2;由于第二条 LD 指令与 MULT.D 和 SUB.D 指令之间关于寄存器 F2（在图中有加框标志）存在先写后读相关，因此 MULT.D 和 SUB.D 两条指令在流水线的流出段等待，不能够进入流水线的读操作数段（RO）;同样，MULT.D 指令与 DIV.D 指令之间关于寄存器 F8 存在先写后读相关，因此 DIV.D 也在流水线的流出段等待，不能够进入读操作数段；指令 ADD.D 与指令 SUB.D 之间存在关于加法器的结构相关，ADD.D 被阻塞，且必须等到 SUB.D 指令全部执行完毕，释放加法器后才能够流出。

在上述功能部件状态表中，"整数"部件的 Busy 域为 yes，正在工作；从 Op 域可知它在执行 LD 指令，目标寄存器域 Fi 记录为 F2，对于存储器访问类指令，第一源操作数寄存器域 Fj 记录的实际上是访存地址寄存器 R3，因此可知这条指令就是第二条 LD 指令，它的 Rj 域为 no，表示 R3 的数据已经使用完毕。"乘法 1"部件的 Busy 域也是 yes，Op 域记录为 MULT.D 指令，目标寄存器域 Fi 为 F0，第一源操作数寄存器域 Fj 记录为寄存器 F2，它的 Qj 域非空，为"整数"部件，表示 F2 的数据将来自整数部件的当前操作结果，它的 Rk 域为 no，表示 F2 的数据还没有就绪，这个过程可以判断并解决数据的写后读相关；第二源操作数寄存器域 Fk 为寄存器 F4，Qk 域为空，表示 P4 不依赖于当前工作的任何部件，Rk 域为 yes，表示 F4 的数据已经就绪。"乘法 2"部件的 Busy 域也是 no，表示本功能部件当前空闲。其他部件的状态域分析与上述部件类似。

结果寄存器状态表中的域与每个寄存器一一对应，它记录了当前机器状态下写本寄存器的功能部件名称。在表 4-1～表 4-3 中，当前写 F0 的为"乘法 1"功能部件，写 F2 的为"整数"功能部件，写 F8 的为"加法"部件，写 F10 的为"除法"。域为空表示对应的寄存器没有被任何当前工作的功能部件作为目的操作数寄存器使用。

下面，在例 4-5 中观察例 4-4 中的指令序列如何往下执行。

【例 4-5】 假设浮点流水线中执行的延迟如下：

（1）加法需 2 个时钟周期；

（2）乘法需 10 个时钟周期；

（3）除法需 40 个时钟周期。

代码段和记分牌信息的起始点状态跟例 4-3 一样。分别给出 MULT.D 和 DIV.D 准备写结果之前的记分牌状态。

解：在分析记分牌状态之前，首先需要分析指令之间存在的相关性，因为相关性会影响指令进入记分牌 DLX 流水线的相应段。

（1）LD 指令到 MUL.D 和 SUB.D、MULT.D 到 DIV.D 之间以及 SUB.D 到 ADD.D 之间存在着先写后读相关。

（2）DIV.D 和 ADD.D 之间存在着先读后写相关。

（3）ADD.D 和 SUB.D 指令关于浮点加法部件还存在着结构相关。

表 4-4～表 4-6 和表 4-7～表 4-9 分别给出了 MULT.D 指令和 DIV.D 指令将要写结果时记分牌的状态。

表 4-4　MULT.D 指令记分牌的状态（指令状态表）

指　　令		指令状态表			
		IS	RO	EX	WR
LD	F6, 34(R2)	√	√	√	√
LD	F2, 45(R3)	√	√	√	√
MULT.D	F0, P2, F4	√	√	√	
SUB.D	F8, F6, F2	√	√	√	√
DIV.D	F10, F0, F6	√			
ADD.D	F6, F8, F2	√	√	√	

表 4-5　MULT.D 指令记分牌的状态（功能部件状态表）

部 件 名 称	功能部件状态表								
	Busy	Op	Fi	Fj	Fk	Qj	Qk	Rj	Rk
整数	no								
乘法 1	yes	MULT.D	F0	F2	F4			no	no
乘法 2	no								
加法	yes	ADD.D	F6	F8	F2			no	no
除法	yes	DIV.D	F10	F0	F6	乘法 1		no	yes

表 4-6　MULT.D 指令记分牌的状态（结果寄存器状态表）

	结果寄存器状态表							
	F0	F2	F4	F6	F8	F10	...	F30
部件名称	乘法 1			加法		除法	...	

表 4-7　DIV.D 指令记分牌的状态（指令状态表）

指　　令		指令状态表			
		IS	RO	EX	WR
LD	F6, 34(R2)	√	√	√	√
LD	F2, 45(R3)	√	√	√	√
MULT.D	F0, F2, F4	√	√	√	√
SUB.D	F8, F6, F2	√	√	√	√
DIV.D	F10, F0, F6	√	√	√	
ADD.D	F6, F8, F2	√	√	√	√

表 4-8　DIV.D 指令记分牌的状态（功能部件状态表）

部 件 名 称	功能部件状态表								
	BUSY	Op	Fi	Fj	Fk	Q	Qk	RJ	Rk
整数	no								
乘法 1	no								
乘法 2	no								
加法	no								
除法	yes	DIV.D	F10	F0	F6			no	no

表 4-9　DIV.D 指令记分牌的状态（结果寄存器状态表）

	结果寄存器状态表							
	F0	F2	F4	F6	F8	F10	…	F30
部件名称						除法	…	

在 MULT.D 准备写结果之前，从表 4-4～表 4-6 可知，由于 DIV.D 指令对 MULT.D 指令关于寄存器 F0（加框标志的）存在写后读相关，因此在 MULT.D 指令完成写结果之前，DIV.D 指令被阻塞在流出（IS）段而无法进入读操作数（RO）段。同时，由于 ADD.D 指令对 DIV.D 指令关于寄存器 F6（加框标志的）存在先读后写相关，因此在 DIV.D 指令完成读操作数 F6 之前，ADD.D 指令被阻塞在执行（EX）段，无法进入写结果（WR）段。

在表 4-7～表 4-9 中，DIV.D 准备写结果之前，这条指令前面的指令已经全部执行完毕，由于 DIV.D 指令执行需要 40 个时钟周期，其后的 ADD.D 指令需要两个时钟周期，由于 DIV.D 和 ADD.D 之间存在的先读后写相关在 DIV.D 进入流水线执行段之前已经解除，因此 ADD.D 有足够的时间完成写结果操作，所以指令序列仅仅剩下 DIV.D 指令没有完成写结果操作。

现在来详细分析讨论一下记分牌是如何控制指令执行的。操作在记分牌流水线中前进时，记分牌必须记录与操作有关的信息，如寄存器号等。下面是每条指令在流水线中进入某一段的条件和相应的记分牌的记录。为区分寄存器的名字和寄存器的值，约定将寄存器的名字加引号（"）如 Fj(FU)←'S1'表示将寄存器 S1 的名字送入 Fj(FU)，而不是它的内容。FU 表示指令使用的功能部件；D 表示目的寄存器的名字，S1 和 S2 表示源操作数寄存器的名字，Op 是要进行的操作；Fj(FU)表示功能部件 FU 的 Fj 域；result(D)表示结果寄存器状态表中对应于寄存器 D 的内容，为产生寄存器 D 中结果的功能部件名。

1. 流出（IS）

（1）进入条件。

```
not Busy(FU) and not result('D');        //判断结构阻塞和写后写
```

（2）记分牌记录内容。

```
Busy(FU)←yes;
OP(FU)←Op;
Fi(FU)←'D';
Fi(FU)←'S1';
Fk(FU)←'S2';
Qj←result('S1');                         //处理'S1'的 FU
Qk←result('S2');                         //处理'S2'的 FU
Rj←not Qj;                               //Rj 是否可用？
Rk←not Qk;                               //Rk 是否可用？
result('D')←FU                           //'D'被 FU 用作目的寄存器
```

2. 读操作数（RO）

（1）进入条件。

```
Rj·Rk;                                   //解决先写后读，两个源操作数须同时就绪
```

（2）计分牌记录内容。

```
Ri<-nO;                                  //已经读取就绪的数据 Ri
Rk<-nO;                                  //已经读取就绪的数据 Rk
Qj+0;                                    //不再等待其他 FU 的计算结果
Qk-0;
```

3. 执行（EX）

结束条件为功能部件操作结束。

4. 写结果（WR）

（1）进入条件。

```
∀f((Fj(f)≠Fi(FU) or Rj(f)=no)
and (Fk(f)≠Fi(FU) or Rk(f)=no));        //检查是否存在先读后写
```

（2）记分牌记录内容。

```
∀f(if Qj(f)=FU then Rj(f)←yes);          //有等结果的指令，则数据可用
∀f(if Qk(f)=FU then Rk(f)←yes);
result(Fi(FU))←0;                        //没有 FU 使用寄存器 Fi 为目的寄存器
busy(FU)=no                              //释放 FU
```

记分牌流水线增加了硬件的复杂性，但也获得了性能的增长。在最早使用记分牌技术的 CDC 6600 上进行性能测试的结果是：对于采用 FORTRAN 语言编写的程序，性能提高了 1.7 倍；而对于采用手工编写的汇编程序，性能提高了 2.5 倍。从硬件成本看，CDC 6600 上的记分牌的逻辑电路相当于一个功能部件，器件的耗费是非常低的，耗费最大的地方是大量的

数据和控制总线——大约是每个执行周期流出一条指令的顺序执行处理机需要总线的 4 倍。但是，记分牌有允许多条指令乱序执行的能力，为多指令流出提供了良好的借鉴。

记分牌技术通过指令级并行来减少程序中因为数据相关引起的流水线停顿。记分牌的性能受限于以下几个方面：

（1）程序指令中可开发的并行性，即是否存在可以并行执行的不相关的指令。如果每条指令均与前面的指令相关，那么任何动态调度策略均无法解决流水线停顿的问题。如果指令级并行性仅仅从一个基本块中开发（如 CDC 6600），则并行性不会太高。

（2）记分牌容量。记分牌的容量决定了流水线能在多大范围内寻找不相关指令。流水线中可以同时容纳的指令数量又称为指令窗口，目前这里假设记分牌指令窗口中仅仅容纳一个基本块，这样就可以不考虑分支指令的问题。

（3）功能部件的数目和种类。功能部件的总数决定了结构冲突的严重程度。采用动态调度后结构冲突会更加频繁。

（4）反相关和输出相关，这将引起记分牌中先读后写和写后写阻塞。

其中第（2）、（3）两条虽然可通过增加记分牌的容量和功能部件的数量来解决，但会导致处理机成本增加，并可能影响系统时钟周期时间。在采用动态调度的处理机中，写后写和先读后写阻塞会增多，因为乱序流出的指令在流水线中会引起更多的名相关。如果在动态调度中采用分支预测技术，就会出现循环的多个迭代同时执行，名相关将更加严重。

4.2.3　Tomasulo 动态调度算法

Tomasulo 算法相对于记分牌算法，在算法复杂性方面改进了很多，是一种更强的算法。许多开发指令级并行的现代处理机都采用了 Tomasulo 算法或其变形。

1. 基本思想

Tomasulo 算法是由 R.M.Tomasulo 于 1967 年首先提出的，并最早在 IBM360/91 处理机的浮点处理部件中被采用。在有的资料上，Tomasulo 算法又被称为公共数据总线（CDB）法或令牌法等。Tomasulo 算法跟踪指令操作数就绪的时间，以减少写写冲突和读写冲突。现代处理机使用此方法的众多变种，它们有一个共同的特点，即跟踪指令的相关性，使得指令所需要的操作数一准备好就允许指令执行，同时运用寄存器重命名技术来避免读写和写写冲突。

IBM 360/91 出现在 Cache 商业化以前。IBM 的目标是希望用专门为 360 系列设计的编译器和指令集提高浮点计算的性能，而不仅仅依赖专门为高端处理机设计的编译器。360 系统结构只有 4 个双精度浮点寄存器，这限制了编译器调度的有效性，也是促使 Tomasulo 方法出现的一个原因。此外，IBM 360/91 具有较长的内存访问和浮点操作延迟，而 Tomasulo 方法正好可以克服这些缺点。

下面结合 MIPS 指令集中的浮点单元和存取单元解释该算法。MIPS 与 360 系统最根本的差别是后者中出现了寄存器—存储器指令。由于 Tomasulo 算法使用了一个载入（也称取数）功能部件，因此对于寄存器—存储器寻址模式不需做太大的改动。IBM 360/91 采用流水功能部件，而不是多个功能部件，但是这两者不存在本质的区别，以下讨论算法时不妨假设是多个功能部件的情形，两者之间只是一个简单的概念性扩展。

正如将要看到的，当指令所需要的操作数就绪之后才开始执行指令，就可以避免读写冲突，而通过寄存器重命名可以避免由名字相关引起的读写冲突和写写冲突。寄存器重命名是对那些相关目标寄存器（包括前面指令正在读或写的寄存器）重新命名，使得乱序执行时的写操作不会影响需要写入以前值的指令的正确执行。

为了更好地了解采用寄存器重命名技术消除读写冲突和写写冲突的原理，这里给出下面一段代码，这段代码包括了这两种冲突：

```
DIV.D    F0,F2,F4
ADD.D    F6,F0,F8
S.D      F6,O(R1)
SUB.D    F8,F10,F14
MUL.D    F6,F10,F8
```

在上面的代码中，ADD.D 和 SUB.D 之间存在反相关关系，ADD.D 和 MUL.D 之间是输出相关，它们可能造成两种冲突：由 ADD.D 使用 F8 产生的读写冲突和由 ADD.D 晚于 MUL.D 完成产生的写写冲突。这里还有三处数据相关：DIV.D 与 ADD.D，SUB.D 与 MUL.D 以及 ADD.D 与 S.D。所有名相关都能通过寄存器重命名来消除，简单地说，假设存在两个暂存寄存器 S 和 T，使用 S 和 T 改写以上代码就可以消除这些相关性：

```
DIV.D    F0,F2,F4
ADD.D    S,F0,F8
S.D      S,0(R1)
SUB.D    T,10,F14
MUL.D    F6,F10,T
```

此外，接下来所有使用 F8 的地方必须用 T 来代替。在这个代码段里，所有的重命名过程都可以由编译器来完成，不过以后使用 F8 的所有地方都需要一个复杂的编译器或者硬件支持，因为在上述代码段和以后使用 F8 的代码之间可能存在一些复杂的分支语句。后面将会介绍 Tomasulo 算法会很好地解决跨分支重命名的问题。

在 Tomasulo 算法中，寄存器重命名的功能是通过保留站来实现的。保留站中缓存了即将要流出的指令所需要的操作数，其工作的基本思想是尽可能早地取得并缓存一个操作数，从而避免必须读操作数时才去寄存器中读取的情况。此外，即将执行的指令也会由保留站取得所需要的操作数。当出现多个操作写同一个寄存器时，只允许最后一个写操作更新寄存器。在指令发射之后，它所需要的操作数对应的寄存器也将换成保留站的名字，这一过程就是寄存器重命名技术。由于可以使用比真正的寄存器还多的保留站，因此可以消除原先编译器所不能消除的冲突。在讨论 Tomasuto 算法的过程中，还将继续讨论寄存器重命名技术并介绍如何进行重命名，以及重命名方法是如何消除读写和写写冲突的。

使用保留站与集中式寄存器文件相比有两个重要的特点。第一，冲突检测和执行控制是分布式的，每一个功能部件的保留站控制该部件中指令的执行时间。第二，结果将从保留站所缓存的地方直接送到功能部件中，而不是通过寄存器传送，为此使用了一条公共结果总线。该总线使所有等待该操作数的功能部件可以同时取到该数据（在 IBM 360/91 中，这条总线也称公共数据总线，CDB）。注意：在拥有多个执行部件和每个时钟发射多条指令的流水线中需要多条结果总线。

图 4-8 所示为基于 Tomasulo 算法的 MIPS 处理机的基本结构，该结构包括浮点部件和载

入—存储部件，但是没有给出执行控制状态表。保留站中保存着已经发射并等待在功能部件中去执行的指令，或者是指令所需的源操作数（这里可能是具体的操作数的值，也可能是可提供操作数的保留站编号）。

在读数缓冲器和写数缓冲器中保存着从内存读出或即将写到内存中的数据或数据地址，它们的工作方式与保留站一样，因此，在没有必要时就不特意区分它们。浮点寄存器通过一组总线连接到功能部件上，并通过一条总线连到写数缓冲器中。所有从功能部件和存储器中出来的结果均被送到公共数据总线上，并到达所有需要该操作数的地方（读数缓冲器例外）。所有的缓冲器和保留站均设置有标志字段，这些标志主要用于冲突控制机制。

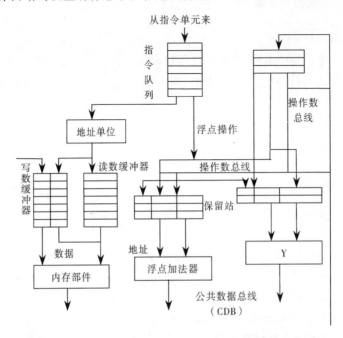

图 4-7 基于 Tomasulo 算法的 MIPS 处理机的基本结构

正如图 4-7 所示，指令从指令单元送至指令队列中，以先进先出（FIFO）的方式发射，保留站中保存了运算符和操作数及检测和解决冲突所需的信息。读数缓冲器有 3 个功能：负责保存有效地址的各个部分直到地址计算完成；监视正在等待访问内存的其他需求；对于已经执行完成的访问存储器操作，等待保存 CDB 上出现的结果。同样，写数缓冲器也要保存那些有效地址的各个部分直到地址计算完成，保留正在等待数据值的内存目标地址，保留地址和值直到内存单元可以使用。所有从浮点（即浮点运算器）部件和读数部件出来的结果均送至 CDB，从而可以送至浮点寄存器堆、保留站及写数缓冲器中。浮点加法器具有加法和减法的功能，浮点乘法器则实现乘法和除法运算。

在开始讨论保留站和算法的细节之前，不妨先看看指令运行所经过的几个阶段——正如在第 3 章讨论的 5 段流水线一样。因为结构有显著差异，这里只需要 3 个阶段。

（1）流出：从浮点运算队列中取得一条指令，这些指令按照先进先出的方式保留在队列中，以保持数据流的正确性。若指令的操作数已经准备好，而保留站中还有空位置，就发射该指令至保留站中，并把寄存器中已有的操作数也送至保留站中。如果没有空余的保留站，则说明发生了资源冲突，该指令只好等待保留站或缓冲器出现空闲。如果指令的操作数还不在寄存器里，则跟踪产生操作数的功能单元。在发射阶段还进行寄存器重命名工作，以消除读写冲突和写写冲突。

（2）执行：若还有操作数没有准备好，则监视公用数据总线（CDB），等待源操作数。操作数计算出来之后就被放到相应的保留站中。当指令所需要的源操作数均就绪之后，就可以执行该运算。由于这里的指令需要等待操作数就绪后才能执行，所以读写冲突不会产生。必须注意，虽然不同的功能单元可以同时开始执行几条指令。但是，当几条指令在同一个功能单元同时可以执行时，功能单元必须选择其中的一条指令执行，因为一个功能单元在同一个时钟周期只能执行一条指令。对于浮点保留站，选择可以是任意的，而对读数和写数缓冲器来说，就相对复杂一些。

读数和写数需要两个执行步骤：首先在基址寄存器有效时计算有效地址，然后再将数据读入读数缓冲器或从写数缓冲器写入内存。读数缓冲器在内存单元有效时就立即执行读内存操作，而写数缓冲器则保存数据等待内存单元有效时将数据写入内存。这样，通过有效地址计算，读数和写数都得以保留源程序的执行顺序，从而避免了访问内存的冲突。

为了维持异常行为，任何指令在它之前的分支指令没有完成之前不得开始执行。这种限制保证了执行时会引起异常嵌套的指令可以被执行。在使用了分支预测技术的处理机（使用动态调度的处理机都使用分支预测技术）中，这意味着处理机需要知道分支预测是正确的，这样才能允许分支后的指令执行。当然，通过记录指令发生的异常（而不是产生），可以不必停顿指令的执行直到进入写结果阶段。可以看到：猜测技术提供了一种更有弹性，也更完整的方法来处理异常，将在今后进一步讨论这个问题。

（3）写回结果：当结果出来之后，送至 CDB，进而写到寄存器中，或被其他保留站（包括缓冲器）读取。这个阶段中缓冲器会向内存写回数据：当地址和数据值都有效则写入内存中。

检测并消除冲突的数据结构附在保留站、寄存器堆、读数缓冲器和写数缓冲器中。当然，所附对象不同，所保存的信息也略有不同。除了读数缓冲器之外，其他部件均带有一个标志字段。标志字段本质上是重命名时用到的虚拟寄存器的名称。在本例中，标志字段是一个 4 位结构，它表示 5 个保留站中的某一个或是 6 个读数缓冲器中的某一个。下面将会看到这一作用相当于 11 个结果寄存器（而不是像 360 系统结构那样只有 4 个双精度寄存器）。在需要更多物理寄存器的处理机中，可以通过重命名方法取得更多的虚拟寄存器。标志字段指明产生源操作数的指令所在的保留站。

当指令流出并等待操作数时，标志字段会指向产生该操作数的保留站号，而不是指向目标寄存器。诸如 0 等未用的值，则表示操作数已经存放在寄存器中。由于保留站多于实际寄存器的数量，所以通过使用保留站进行重命名，可以减少写写冲突和读写冲突。在 Tomasulo 方法中，保留站作为扩展的虚拟寄存器使用。

下面定义一下有关的术语和数据结构。在不会引起二义性的情况下尽量采用记分牌中的术语，另外还沿用了 360/91 的一些术语。这里再强调一下：Tomasulo 算法中所讲的标志（Tags）是指缓冲或产生结果的保留站（功能部件）；当一条指令流出到保留站以后，原来操作数的寄存器名将不再引用。

（1）每个保留站有以下 6 个域：

① Op：对源操作数 S1 和 S2 所进行的操作。

② Qj、Qk：产生结果的保留站号，360/91 中称之为源部件（SINKunit 或者 SOURCEunit）。等于 0 表示操作数在 Vj 和 Vk 中或不需要操作数。

③ Vj、Vk：两个源操作数的值，360/91 称之为源（SINK 或者 SOURCE）。操作数项中，V 或 Q 域最多只有一个有效。

④ Busy：标识本保留站和相应的功能部件是否空闲。

（2）每个寄存器和存缓冲有一个 Qi 域：

① Qi：结果要存入本寄存器或存缓冲的保留站号。如果 Qi 空闲，表示当前没有指令要将结果写入此寄存器或存缓冲。当寄存器空闲时，Qi 域空闲。

（3）存缓冲和取缓冲还各有一个 Busy 域和一个 Address 域：

① Busy：标示缓冲是否空闲。

② A：地址域，用于记录存或取的存储器地址。

（4）存缓冲还有一个 V 域：

V：保存要存入存储器的数据。

2. 举例

在讨论具体的算法之前，先看一下对于下列代码，保留站的信息是怎样的。

【例 4-6】 具体代码如下：

```
LD       F6,34(R2)
LD       F2,45(R3)
MULT.D   FO,F2,F4
SUB.D    F8,F2,F6
DIV.D    F10,F0,F6
ADD.D    F6,F8,F2
```

前面已经介绍了当上述代码第一条 LD 指令完成写结果段后记分牌的信息。

表 4-10～表 4-12 给出的是采用 Tomasulo 算法时保留站、存缓冲、取缓冲和寄存器的标志等信息。Add1 标志表示是第一个加法功能部件，Multdl 标志表示是第一个加法乘法功能部件，依此类推。图中列出的指令状态表，仅仅是为了帮助理解，实际上并不是硬件的一部分，每条指令流出后的状态都保存在保留站中。

表 4-10～表 4-12 中所有的指令均已流出，但只有第一条 LD 指令执行完毕并将结果写到公共数据总线上。图中没有给出存/取缓冲的状态。实际上，取缓冲 2（Load2）是唯一工作的单元，它执行的是代码序列中的第二条 LD 指令，从地址为 R3+45 的存储器单元中取操作数。

直观上看，这些状态表中的信息与记分牌有两处显著的不同之处。第一，一旦操作数有效，它的值就被存入保留站的一个 V 域，而不用从某个寄存器或某个保留站中去取，实际上保留站中根本不保存计算结果。第二，指令 DIV.D 与 ADD.D 在记分牌中由于关于 F6 寄存器存在先读后写数据相关，导致 ADD.D 在流水线的写结果段被阻塞，而在 Tomasulo 算法中由于消除了先读后写相关，ADD.D 能够在 DIV.D 指令执行前全部执行完毕。

表 4-10～表 4-12 为第一条 LD 指令结束后保留站和寄存器的标志。

表 4-10　第一条指令结束后的指令状态

指　　令	指令状态表		
	流　出	执　行	写　结　果
LD　　F6，34(R2)	√	√	√
LD　　F2，45(F3)	√	√	
MULTD　F0，F2，F4	√		
SUBD　F8，F2，F6	√		
DIVD　F10，F0，F6	√		
ADDD　F6，F8，F2	√		

表 4-11　第一条指令结束后的保留站标志

名　称	保　留　站						
	Busy	Op	Vj	Vk	Q	Qk	A
Load1	no						
Load2	yes	LD					45+Regs[R3]
Add1	yes	SUB.D		Mem[34 十 Regs[R2]]	Load2		
Add2	yes	ADD.D			Addl	Load2	
Add3	no						
Mult1	yes	MULT.D		Regs[F4]	Load2		
Mult2	Yes	DIV.D		Mem[34+Regs[R2]]	Multl1		

表 4-12　第一条指令结束后的寄存器状态表

域	寄　存　器				状　态　表			
	F0	F2	F4	F6	F8	F10	....	F30
Qi	Multl	Load2		Add2	Addl	Mult2		

比较起来，可以看出 Tomasulo 算法相对于记分牌技术的主要优点如下：

（1）具有分布的阻塞检测机制。

（2）消除了数据的写后写和先读后写相关导致的阻塞。

第一个优点来自于分布式的保留站结构和 CDB 的使用。如果多条指令等待同一个结果，且每条指令均已经读到另一个操作数，那么 CDB 的广播机制可以使得这些指令能够同时得到这个操作数，并同时开始运行。而使用集中式寄存器堆时，等待着的指令只能通过使用寄存器总线去读取所需要的寄存器中的值。

第二个优点实际上是在保留站中，寄存器重命名技术将操作数尽可能早地存入保留站中，从而消除写写和读写冲突。从表 4-10～表 4-12 中可以看到 ADD.D 和 DIV.D 已经同时发射，虽然它们存在涉及 F6 的读写相关。在这里，两种方法均可以消除这种冲突。第一，如果为 DIV.D 提供操作数的指令已经执行完成，那么 Vk 就会保存该结果，从而允许 DIV.D 独立于 ADD.D 执行。第二，如果第一个 LD 指令还未执行完毕，则 DIV.D 指令所在的 Mult2 保留站的 Qk 域将指向第一条 LD 指令的保留站（Load1），而不是 F6。所以，无论哪种情况

ADD.D 均可以流出并开始执行。实际上，所有使用第一条 LD 结果的指令的某个 Q 域均指向第一条 LD 的保留站 Load1，从而允许 ADD.D 指令执行并将结果存入结果寄存器而不影响 DIV.D 的执行。

下面将要讨论一下写写冲突的消除。在此之前不妨先看一下上述例子是如何继续执行的。在该例子和本章以下的例子中，将做如下假设：加法 2 个时钟周期，乘法 10 个时钟周期，除法 40 个时钟周期。

【例 4-7】 在上例的代码中，考察当代码执行到 MUL.D 准备写回结果时，各状态表中的信息。

解：如表 4-13～表 4-15 所示，ADD.D 和 DIV.D 之间的读写冲突不再阻碍流水线正常运行，ADD.D 可以早于 DIV.D 先执行完成。注意，即使取数到 F6 的指令有可能被延迟，但是把运算结果写入 F6 的加法操作还是会正确执行的，而且不会引起写写冲突。

表 4-13～表 4-15 为 MULT.D 准备写结果时的状态表的信息。

表 4-13　MULT.D 准备写结果时的指令状态

指　　令		指令状态表		
		流　出	执　行	写　结　果
LD	F6，34(R2)	√	√	√
LD	F2，45(F3)	√	√	√
MULT.D	F0，n，F4	√	√	
SUB.D	F8，F2，F6	√	√	√
DIV.D	F10，F0，F6	√		
ADD.D	F6，F8，12	√	√	√

表 4-14　MULT.D 准备写结果时的保留站状态

名称	保　　　　留　　　　站						
	Busy	Op	Vj	Vk	Qj	Qk	A
Load1	no						
Load2	no						
Add1	no						
Add2	no						
Add3	no						
Mult1	yes	MULT.D	Mem[45+Regs[R3]]	Regs[F4]			
Mult2	yes	DIV.D		Mem[34+Regs[R2]]	Mult1		

表 4-15　MULT.D 准备写结果时的寄存器状态表

域	寄　　存　　器				状　　态　　表			
	F0	F2	F4	F6	F8	F10	...	F30
Qi	Mult1					Mult2		

这里，由于 ADD.D 指令与 DIV.D 指令的 WAR 冲突已经消除，ADD.D 可以先于 DIV.D 完成并将结果写入 F6，不会出现错误。

3. 具体算法

下面给出了每条指令所需要经过的检测和动作。正如前面谈到的，Load 或 Store 指令在进入读写缓冲阶段之前，要经过一个功能单元进行有效地址计算。然后，Load 指令进入执行阶段的第二步即访问内存，接着，进入写结果阶段把数据从内存中读出来送到寄存器中或送到正等待数据的保留站中。Store 指令则在完成写结果阶段（把结果写进内存）后结束执行阶段。注意，所有的写操作，不管是写存储器还是寄存器，都是在写结果阶段中完成的。这种限制简化了 Tomasulo 算法，它对于在后面将要讨论的使用猜测法扩展 Tomasulo 算法来说非常重要。

先给出 Tomasulo 算法中指令进入各个阶段的条件以及在各阶段进行的操作和状态表内容修改。其中各符号的意义如下：

r：分配给当前指令的保留站或者缓冲器单元的编号。

rd：目标寄存器编号。

rs,rt：操作数寄存器编号。

imm：符号扩展后的立即数。

RS：保留站。

result：浮点部件或 load 缓冲器返回的结果。

Qi：寄存器状态表。

Reg[ ]：寄存器组。

对于 load 指令来说，rt 是保存所取数据的寄存器号；对于 store 指令来说，rt 是保存所要存储的数据的寄存器号。与 rs 对应的保留站字段是 Vj、Qj；与 rt 对应的保留站字段是 Vk、Qk。

注意：Qi、Qj 和 Qk 的内容或者为 0，或者是一个大于 0 的整数。Qi 为 0 表示相应寄存器中的数据就绪，Qj 及 Qk 为 0 表示保留站或缓冲器单元中的 Vj 或 Vk 字段中的数据就绪。当它们为正整数时，表示相应的寄存器、保留站或缓冲器单元正在等待结果。这个正整数就是将产生该结果的保留站或 load 缓冲器单元的编号。

1）流出

（1）进入条件。

①对于浮点操作：有空闲保留站 r。

② 对于取/存操作：有空闲缓冲 r。

（2）记录内容。

① 对于浮点操作：

```
if(RegisterStat[rs].Qi≠0)          //第一操作数
{RS[r].QJ←RegisterStat[rs].Qi}     //操作数寄存器 rs 未就绪，进行寄存器换名
else
{RS[r].VJ←Reg[rs];                 //把寄存器 rs 中的操作数取到保留站
RS[r].Qj←0};                       //数据 Vj 有效
if(RegisterStat[n].Qi≠0)           //第二操作数
{RS[r]. QJ←RegisterStat[n].Qi}     //操作数寄存器 n 未就绪
else
{ RS[r].Vk←Reg[n];                 //把寄存器 rs 中的操作数取到保留站
```

```
    RS[r].Qk←0};                           //数据 Qk 有效
RS[r].Busy←yes;                            //本保留站忙
RS[r].Op←Op;                               //设置本保留站的操作类型
RegisterStat[rd].Qi←r;                     //寄存器 rd 是本指令的目标寄存器
```
② 对于存/取操作：
```
if(RegisterStat[rs]Qi≠0)
{RS[r].Qj←RegisterStat[rs]                 //操作数寄存器 rs 未就绪，进行
                                             寄存器换名

else
RS[r].Vj←Reg[rs];                          //把寄存器 rs 中的操作数取到保留站
        RS[r].Qj←0};                       //数据 Vj 有效
RS[r].Busy←yes;                            //本保留站忙
RS[r].A←Imm;                               //设置本保留站的操作类型
```
③ 对于取操作：
```
RegisterStat[rd].Qi←r;                     //寄存器 rd 是本指令的目标寄存器
```
④ 对于存操作：
```
if(RegisterStat[rt].Qi≠0)
{RS[r].Qk←RegisterStat[n].Qi}              //操作数寄存器 n 未就绪
进行寄存器换名
else
{RS[r].Vk←Reg[n];                          //把寄存器 n 中的操作数取到存缓冲
RS[r].Qk←0);                               //数据 Vk 有效
```
2）执行

（1）进入条件。

① 对于浮点操作：
```
    (RS[r].Qj=0)and(RS[r].Qk=0);          //两个源操作数就绪
```
② 对于取/存操作第 1 步：
```
(RS[r].Qj=0)and(r 到达取/存缓冲队列的头部)
```
③ 对于取操作第 2 步：取操作第 1 步执行结束。

（2）记录内容。

① 对于浮点操作：产生计算结果。

② 对于取/存操作第 1 步：
```
RS[r].A←RS[r].VJ+RS[r].A;                  //计算有效地址
```
③ 对于取操作第 2 步：

读取数据 Mem[RS[r].Al]从存储器中读取数据。

3）写结果

（1）进入条件

① 对于浮点操作或取操作：保留站 r 执行结束，且公共数据总线（CDB）可用（空闲）

② 对于存操作：保留站 r 执行结束，且 RS[r].Rk=0（存的数据已经就绪）。

（2）记录内容

① 对于浮点操作或取操作：
```
∀x(if(RegisterStat[x].Qi=r)
{fx←result;                                //向浮点寄存器写结果(所有的 fx)
RegisterStat[x].i←0;                       //相应的目标寄存器中结果有效
∀x(if(Rs[x].Qj=r)
```

```
{RS[x].Vk←result;                    //使用本结果作为第二操作数的保留站
 RS[x].Qk←result
 RS[r].Busy←no;                      //释放保留站，置保留站空闲
```
② 对于存操作：

实际一条指令流出
```
Mem[RS[r].A]←RS[r].Vk               //数据送存储器
RS[r].Busy←no;                       //释放保留站，置保留站空闲
```

实际一条指令流出后，它的目的寄存器的 Qi 域置分配给该指令的保留站号（运算类指令）或缓冲号（存/取类指令）。如果所需的操作在寄存器中已就绪，将其存入相应的 V 域，否则将在 Q 域保存产生该操作数的保留站号。指令在保留站中一直等到两个操作数全都就绪，即 Q 域全为零。Q 域或者在指令流出段中置零（源操作数都在寄存器中已就绪），或者在与本指令相关的指令执行完毕并回写结果时被置零。指令执行完毕后且获得公共数据总线的使用权，这条指令就进入流水线的写结果段。所有缓冲、寄存器和保留站的 QJ 或 Qk 域中的值如果与执行完毕的保留站号相同，就从公共数据总线上读取数据并将相应的 Q 域置零，表示该操作数已经有效。这样，公共数据总线就将结果在一个时钟周期内广播到多个目的地。如果等待操作数的指令就绪，它们在下一个时钟周期可以全都开始执行。取操作在执行段分为两个步骤，等待存储器中数据到达进行数据读取。存操作在写结果段略有不同，它需要等待被存的数据就绪。注意，由于一旦指令进入流出段，原来指令在程序中的顺序就难以再保持，为了保持程序的例外特征不变，一旦有一条分支指令还没有执行完毕，其后的指令是不允许进入执行段的。后面将介绍前瞻技术解决这个问题。

4.3　转移预测技术

由条件转移或程序中断引起的相关被称为控制相关。在流水线中，控制相关对流水线的吞吐率和效率的影响非常大，必须采取措施来减少这种影响。其中的关键问题有两个，一是要确保流水线能够正常工作，二是减少因"断流"引起的吞吐率和效率的下降。本节将分别介绍静态转移预测和动态转移预测的原理，以及它们是如何减少控制相关对流水线的影响的。

4.3.1　静态转移预测

静态分支预测有时用于分支行为，在编译时就可以比较精确地预测分支，也可以用来协助动态分支预测器进行分支预测。

有一种支持静态分支预测的系统结构特性称为分支延迟，分支延迟会引起流水线冲突，而编译器可以在编译时减小由此冲突带来的损失。很容易想到，分支预测的效率取决于是否能够正确地猜测出分支的方向。在编译时对分支准确预测也有助于对数据冲突的调度。循环展开和条件分支就是这样的例子。

【例 4-8】　有下面的程序段：
```
LD        R1,O(R2)
DSUBU     R1,R1,R3
BEQZ      R1,L
OR        R4,R5,R6
DADDU     R10,R4,R3
L: DADDU R7,R8,R9
```

DSUBU 和 BEQZ 指令依赖于 LD 指令的执行结果，所以在 LD 指令后有一个停顿周期。如果分支总是被选中，而 R7 在这段序列中没有任何相关，那么可以把 DADDU R7,R8,R9 这条指令移到 LD 指令之后。而如果分支很少被选中，且 R4 的值在分支后的序列中不被读取，就可以把 OR 指令移到 LD 指令之后。此外，还可以利用这种信息来调度任何分支延迟，因为调度分支时依赖于对分支行为的了解。

为进行这些优化，需要在编译时静态地进行分支预测。静态预测有多种方法，最简单的方法是预测分支总是被选中。这种方法的平均预测错误率等于分支不选中的概率，在 SPEC 基准测试程序中预测错误率平均为 34%。但遗憾的是不同程序之间的错误率不均衡，有的只有 9%，有的则高达 59%。

另一种稍好的方法是根据分支的方向来预测分支是否命中，向后转移的分支预测为选中，向前转移的分支预测为不选中。对于某些程序和编译系统，向前分支被选中的概率远小于 50%，因此这种方法要比简单地将所有分支预测都选中好一些。但是，在 SPEC 基准测试程序中，超过一半的向前分支是被选中的，所以此时预测为全选中较好。即使对编译器采用其他的测试方法，这种基于方向的分支预测也不太可能使预测错误率低于 30%~40%。Ball 和 Larus[1993]讲到了对这种方法的改进，根据程序上下文来进行分支预测，改进后的方法比单纯基于分支方向的预测要精确。

一个更精确的技术是基于以前运行时得到的配置文件信息。采用这种方法的根据是分支指令的执行遵循双峰分布：一个具体的分支或者总被选中，或者总不被选中。图 4-9 所示为使用这种方法取得了成功的分支预测。当使用同样的输入数据进行配置文件收集和运行时，得到的配置文件信息和实际情况很接近。其他的研究也表明，由不同的输入数据得到的不同配置文件指示使预测结果和实际情况略有偏差。

可以推导出预测选中策略的预测准确率，也可以统计出配置文件方法的准确率，这些都体现在图 4-8 中，这些程序的条件分支比例差别很大（3%~24%），意味着预测错误率也很大。图 4-9 画出了这两种方法中预测出错的分支之间的指令数目。因为对于不同的测试程序，准确率和分支频率差别很大，所以指令数目差别也很大。预测选中策略平均每 20 条指令预测错一次，配置文件方法平均每 110 条指令预测错一次。定点程序和浮点程序的平均预测错误率也很不一样，如图 4-9 所示。

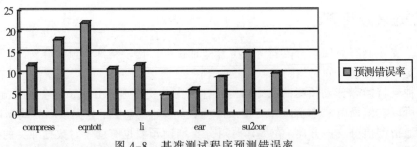

图 4-8　基准测试程序预测错误率

对分支进行静态预测有以下好处：当系统结构支持分支延迟或分支取消时，有利于进行指令调度；有利于协助动态预测进行分支预测；有利于确定路径的执行频率，这在进行代码调度时是非常关键的。

正如图 4-8 所示，采用基于配置文件信息的预测方法，预测错误率的差别比较大。浮点程序比定点程序的结果普遍要好：前者平均错误率为 9%，偏差为 4%；后者平均错误率为

15%，偏差为 5%。实际性能取决于预测准确率和分支的频率两方面，后者在 3%～24%之间波动，图 4-9 描述了这两者的综合效果。

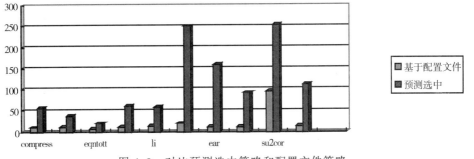

图 4-9　对比预测选中策略和配置文件策略

而图 4-9 以预测出错的分支之间的指令条数为目标，对比预测选中策略和配置文件策略。对于预测选中策略，平均间隔指令数为 20，而基于配置文件的是 110；预测选中策略标准差为 27，而基于配置文件的是 85。偏差这么大是因为像 su2cor 这样的程序中，条件分支的频率（3%）和可预测分支的比例（配置文件策略可以达到 85%）都很低，而 eqntott 程序的分支频率是 su2cor 程序的 8 倍，可预测分支数约是 su2cor 的 2/3。浮点程序组和整数程序组差别很大。预测选中策略中整数程序的平均预测错误间隔是 10 条指令，浮点的是 30 条。而配置文件策略中定点程序与浮点程序预测错误之间的指令数目的差别也很大，分别为 46 和 173。

4.3.2　动态转移预测

前面已经讨论了几种静态处理分支指令的机制,这些机制的操作几乎不依赖于分支的实际动态行为。本节着重于通过硬件技术，动态地进行分支处理，对程序运行时的分支行为进行预测，提前对分支操作做出反应，加快分支处理的速度。

动态分支预测技术能够根据近期转移是否成功的历史记录来预测下一次转移的方向。它能够随程序的执行过程动态地改变转移的预测方向。

动态转移预测技术的关键是要解决好两个问题，一是如何记录转移的历史信息，另一个是如何根据所记录的转移历史信息预测转移的方向。

记录转移的历史信息的方法通常有 3 种:第一种是把最近一次或几次转移是否成功的信息记录在转移指令表中;第二种是用一个小容量的高速缓冲栈保存条件转移指令的转移目标地址;第三种是用 Cache 保存转移目标地址之后的 n 条指令。下面根据 3 种不同的记录转移历史信息的方法介绍 3 类动态转移预测技术。

1. 转移预测缓存

在指令 Cache 中专门设置一个字段，称为"转移历史表"。在执行转移指令时，把转移成功或不成功的信息记录在这个"转移历史表"中。可以只用一个二进制位来记录最近一次转移是否成功的信息，也可以用多个二进制位来记录最近几次转移是否成功的信息。当下次再执行到这条指令时。转移预测逻辑根据"转移历史表"中记录的信息预测转移成功或不成功。

当采用只记录最近一次转移是否成功的历史信息时，每一条指令的"转移历史表"只需要一个二进制位，它的状态转换如图 4-10（a）所示。每个圆圈表示一种状态，圆圈中的 T 或 N 表示最近一次执行这条转移指令时，实际转移成功或不成功的信息，这个信息也就是"转移历史表"中所记录的内容。在执行条件转移指令时，如果"转移历史表"中记录的内容是 T，则转移预测逻辑预测转移成功，并按照转移成功的方向取指令并分析指令。如果记录的是 N，则按照转移不成功的方向继续取下一条指令并分析指令。在转移条件实际形成之后，如果与预测的转移方向相同，则预测正确，流水线没有任何"断流"损失；如果与预测的转移方向不同，则要作废已经预取和分析的指令，并从另一个方向取指令和分析指令。

无论预测的转移方向与指令实际执行结果的转移方向是否相同，都要用本条转移指令实际转移是否成功的信息来修改"转移历史表"。修改的方法可以按照图 4-10（a）所示状态转换图进行，图中带有箭头的线表示状态转换的方向，线旁边的 T 表示指令实际执行结果为转移成功，而 N 表示指令实际执行结果为转移不成功。当采用只记录最近一次转移是否成功的历史信息时，"转移历史表"的修改方法很简单。如果"转移历史表"中原来记录的是 T，本次转移成功，则"转移历史表"中的内容继续保持 T。如果原来记录的是 T，本次转移不成功，则"转移历史表"中的内容要修改为 N。同样，如果"转移历史表"中原来记录的是 N，本次转移不成功，则"转移历史表"中的内容继续保持 N；如果原来记录的是 N，本次转移成功，则"转移历史表"中的内容要修改为 T。

为了取得更好的转移预测效果，通常需要记录最近多次转移是否成功的历史信息。这时，"转移历史表"也需要有多个二进制位。转移历史信息记录得愈多，状态转换关系也就愈复杂。记录最近两次转移是否成功的历史信息的状态转换关系如图 4-10（b）所示。与图 4-10（a）类似，每个圆圈表示一种状态，圆圈中的上面一行表示最近两次执行这条转移指令时，实际转移成功或不成功的信息，这个信息也是"转移历史表"中所记录的内容。圆圈中的下面一行表示在当前这种状态下，本次执行这条转移指令时预测的转移方向。

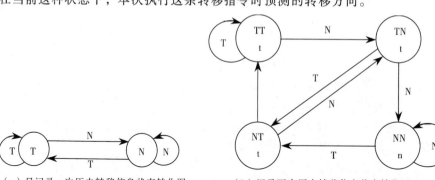

（a）只记录一次历史转移信息状态转化图　　　　（b）记录两次历史转移信息状态转化图
（T：转移成功；N：转移不成功）

图 4-10　状态转换

（TT：两次转移都成功；NT：最近一次转移成功，再前一次转移不成功；TN：最近一次转移不成功，再前一次转移成功；NN：最近两次转移都不成功；t：本次预测转移成功；n：本次预测转移不成功；T：本次实际转移成功；N：本次实际转移不成功）

在图 4-10（b）中，对于左上角的状态，圆圈中的 TT 表示历史上最近两次执行这条转移指令时转移都成功，本次又执行这条转移指令，预测转移成功。如果实际执行结果转移又成功，则"转移历史表"中所记录的内容仍保持 TT；如果实际执行结果转移不成功，则要转向右上角的状态 TN，把"转移历史表"中记录的内容修改为 TN。同样，对于右上角的状态，圆圈中的 TN 表示历史上最近一次执行这条转移指令时转移不成功，而再上一次执行这条指令时转移是成功的，本次又执行这条转移指令，预测转移成功。如果实际执行结果转移成功，则转向左下角的状态 NT，把"转移历史表"中记录的内容修改为 NT；如果实际执行结果转移不成功，则转向右下角的状态 NN，把"转移历史表"中记录的内容修改为 NN。对于另外两种状态，可以结合图 4-10（b）自己进行分析。

2．分支目标缓冲

要进一步减少类似 DLX 结构的流水线的分支延迟，就需要在新 PC 形成之前，即取指阶段（IF）后期，知道在什么地址取下一条指令。这意味着必须知道还没译码的指令是否是分支指令，如果是，还要知道可能的分支目标指令的地址是什么。如果下一条指令是分支指令而且已知它的目的地址，则分支的开销可以降为零。如何实现这个目标呢？通常的做法是将分支成功的分支指令的地址和它的分支目标地址都放到一个缓冲区中保存起来，缓冲区以分支指令的地址作为标识；取指令阶段，所有指令地址都与保存的标识作比较，一旦相同，则认为本指令是分支指令，且认为它转移成功，并且它的分支目标（下一条指令）地址就是保存在缓冲区中的分支目标地址。这个缓冲区就是分支目标缓冲区（Branch-TargetBuffer，BTB，或者 Branch-TargetCache，BTC）。

BTB 的结构如图 4-11 所示，可以把它看做用专门硬件实现的一张表格。表格中的每一项至少有两个字段：（1）执行过的成功分支指令；（2）预测的分支目标地址。第一个字段作为该表的匹配标识。在每次取指令的同时，把该指令的地址与 BTB 中

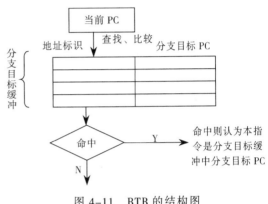

图 4-11　BTB 的结构图

的所有项目的第一个字段进行比较。如果能匹配，就可确定该指令时分支指令且上一次执行是分支成功，据此可以预测这次执行也将分支成功，其分支目标地址由匹配项的第二个字段给出。如果没有匹配的，就把当前指令当做普通的指令（即不是分支指令）来执行。

当采用 BTB 后，在流水线各个阶段所进行的相关操作如图 4-12 所示。

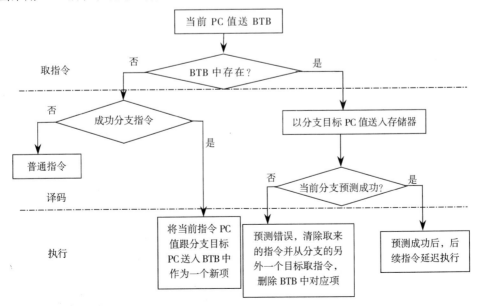

图 4-12　采用 BTB 时所进行的处理步骤

由于 BTB 中存储的是执行过的成功分支指令的地址，所以如果当前指令的地址与 BTB 中的第一个字段匹配，那么就将该匹配项中第二个字段中的地址送给 PC 寄存器，从分支目标处开始取指令。如果预测正确，则不会有任何分支延迟。如果预测错误或者在 BTB 中没有匹配的项，则会有至少两个时钟周期的开销。这是因为这时需要更新 BTB 中的项，这要花费一个时钟周期。而且一般来说，当对 BTB 中的项进行修改时，需要停止取指令，所以取新的指令又要花费另一个时钟周期。

表 4-16 列出了采用 BTB 技术后，在各种可能情况下的延迟。

表 4-16　采用 BTB 技术时指令在各种情况下的延迟

指令在 BTB 中？	预测结果	实际的动作	延迟周期
是	成功	成功	0
是	成功	不成功	2
不是		成功	2
不是		不成功	0

BTB 的另一种形式是在分支目标缓冲器中存储一条或多条分支目标处的指令。有的实现方案还保留了分支目标地址，有的则将之去掉。这种方案有 3 个潜在的优点：（1）更快地获得分支目标处的指令；（2）可以一次提供分支目标处的多条指令，这对于多流出处理机是很有必要的；（3）便于进行分支折叠优化。该优化可以用来实现零延迟无条件分支，甚至有时还可以做到零延迟条件分支。

3．基于硬件的前瞻执行

为了得到更高的并行性，设计者研究出了前瞻的技术方法，它允许在处理机还未判断指令是否能执行之前就提前执行，以克服控制相关。这种前瞻执行过程带有明显的猜测的性质，如果前瞻正确，它可以消除所有附加延迟；所以在大多数指令前瞻正确的前提下，前瞻就可以有效地加快分支处理的速度。

基于硬件的前瞻执行结合了以下 3 种思想：

（1）采用动态的分支预测技术来选择后续执行语句。

（2）在控制相关消除之前指令前瞻执行。

（3）对基本块采用动态调度。

基于硬件的前瞻是动态地根据数据相关性来选择指令和指令的执行时间。这种程序运行的方法实质上是数据流驱动运行（Data-Flowexecution），即只要操作数有效，指令就可以执行。

将 Tomasulo 算法加以扩展就可实现支持指令前瞻执行。要前瞻执行，不但要将前瞻执行的结果供给其他指令使用，还要明确这些结果不是实际完成的结果，使用这些结果的任何指令也是在前瞻执行。这些前瞻执行的指令产生的结果要一直到指令处于非前瞻执行状态时，才能确定为最终结果，才允许最终写到寄存器或存储器中。通常将指令由前瞻转化为非前瞻这一步骤加到执行阶段以后，称为指令的确认（Instructloncommit）。

实现前瞻的关键思想是：允许指令乱序执行，但必须顺序确认。只有确认以后的结果才是最终的结果，从而避免不可恢复的行为，如更新机器状态或执行过程发生异常。在简单的单流出 DLX 流水线中，将写结果阶段放在流水线的最后一段，保证在顺序地检测完指令可能引发的异常情况之后再确认指令结果。加入前瞻后，需要将指令的执行和指令的确认区分开，允许指令在确认之前就执行完毕。所以，加入指令确认阶段需要一套额外的硬件缓冲，来保存那些执行完毕但未经确认的指令及其结果。这种硬件的缓冲称为再定序缓冲（ReOrderBuffer，ROB），它同时还用来在前瞻执行的指令之间传送结果。

再定序缓冲和 Tomasulo 算法中的保留站一样，提供了额外的虚拟寄存器，扩充了寄存器的容量。再定序缓冲保存指令执行完毕到指令得到确认之间的所有指令及其结果，所以再定序缓冲像 Tomasulo 算法中的保留站一样是后续指令操作数的来源之一。它们之间主要的不同点是在 Tomasulo 算法中，一旦指令结果写到目的寄存器，下面的指令就会从寄存器文件中得到数据。而对于前瞻执行，直到指令确认后，即明确地知道指令应该执行以后，才最终更新寄存器文件，因此在指令执行完毕到确认的这段时间里，由再定序缓冲提供所有其他指令需要的作为操作数的数据。再定序缓冲和 Tomasulo 算法中的存操作缓冲不一样，为了简便，这里将存缓冲的功能集成到再定序缓冲。因为结果在写入寄存器之前由再定序缓冲保存，所以再定序缓冲区还可以取代缓冲区。

再定序缓冲的每个项包含 3 个域：

（1）指令的类型：包括是否是分支（尚无结果）、存操作（目的地址为存储器）或寄存器操作（ALU 操作或目的地址是寄存器的取操作）。

（2）目的地址：该域给出结果应写入的目的寄存器号（对于取操作和 ALU 指令）或存储器的地址（存操作）。

（3）值：该域用来保存指令前瞻执行的结果，直到指令得到确认。

图 4-13 给出使用再定序缓冲处理部件的硬件结构。再定序缓冲彻底代替了存储器取和存缓冲。尽管再定序缓冲也具有保留站的换名功能，但是在指令流出和指令开始执行之间，仍需要有地方保存指令代码并提供寄存器换名能力，这些功能仍由保留站提供。每条指令在指令确认之前在再定序缓冲中都占有一项，所以用再定序缓冲项的编号而非保留站号来标志结果，即换名的寄存器号。保留站登记的是相应的分配给该指令的再定序缓冲的编号。

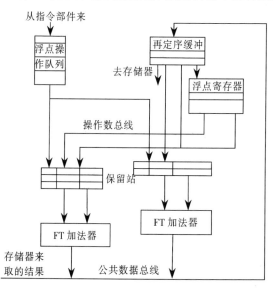

图 4-13　采用 Tomasulo 算法并支持前瞻执行的 DLX 浮点部件的结构

使用再定序技术，DLX 浮点指令的执行包含以下 4 步：

（1）流出：从浮点指令队列头取一条指令，如果有空的保留站和空的 ROB 项就流出指令，为这条指令分配一个保留站和一个 ROB 项。如果本指令需要的操作数在寄存器或在 ROB 中，则将它送入分配的保留站中，并更新 ROB 的控制域，表示它的结果正在被使用。分配给本指令的 ROB 编号也要送入保留站，当本指令执行的结果放到 CDB 上时用它来标示。如果保留站或 ROB 全满，则是结构阻塞，停止流出指令，直到两者均有空项。

（2）执行：如果有一个或多个操作数无效，就等待并不断检测 CDB。这一步检测先写后读相关。当保留站中的两个操作数全有效后就可以执行这个操作。一些动态调度的处理机称这步为流出，但这里使用的是 CDC 6600 的术语。

（3）写结果：结果有效后将其写到 CDB 上，结果附带有本指令流出时分配的 ROB 项号，然后从 CDB 写到 ROB 以及等待此结果的保留站。保留站也可以从 ROB 直接读到结果而不需要到 CDB，就像记分牌直接从寄存器读结果而不是进行总线竞争。这一段完成后，就可以释放保留站。

（4）确认：当一条指令不是预测错误的分支转移指令到达 ROB 的出口且结果有效时，将结果回写到目的寄存器。如果是存操作，则将结果写入存储器。指令的前瞻执行过程结束，然后将指令从 ROB 中清除。当预测错误的分支指令到达 ROB 的出口时，将指出前瞻执行错误；刷新 ROB 并从分支的正确入口重新开始执行。如果分支预测正确则此分支执行完毕。一些机器称这个过程为完成（Completion 或 Graduation）。

一旦指令得到确认，就释放它所占的 ROB 项。当 ROB 满时，就停止指令的流出，直到有空闲项被释放出来。

相对于浮点数而言，前瞻执行对于整数程序更有效，因为这些程序中的分支特征更不容易预测。基于硬件的前瞻和动态调度相结合，可以做到系统结构相同但不同的机器仍能够使用相同的编译器。而前瞻执行的主要缺点是，所需的硬件太复杂。与 Tomasulo 算法相比，在控制方面复杂多了，因而在控制逻辑硬件方面也会相应的有所增加。

总而言之，动态转移预测的方法有很多种，预测的准确性除了与程序本身的特性有关之外，还与记录的历史信息的复杂程度有关。一般来说，记录的历史信息越复杂，其预测的准确性也越高，当然，所需要的硬件代价也越大。

4.4 多发射技术

让一条指令从译码流动到执行的操作通常称为发射指令，具体可分为单发射技术和多发射技术。本节主要介绍多发射技术的原理、多发射的动态调度方法，以及超长指令字技术。

4.4.1 超标量技术

标量是相对于向量而言的，一个只有大小的量称为标量，而将既有大小又有方向的量称为向量。当然，向量中的某一个分量也是标量。如果处理机每条指令的处理对象是一个或一对（如两个标量相加）标量，这种处理机称为标量处理机。如果标量处理机内部存在多条指令流水线，则称为超标量处理机。

典型的标量流水线指的是把一条指令的执行过程分解为取指令（IF）、译码指令（ID）、执行运算（EX）和写回（WR）等 4 级流水线，每一级的执行时间为一个基本时钟周期。

图 4-14 所示为一个标准的单发射时空图。

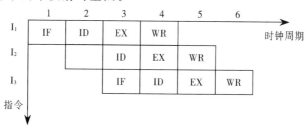

图 4-14　单发射时空图

在单发射处理机中，取指令部件和指令译码部件各只设置一套，而操作部件可以只设置一个多功能部件，也可以设置多个独立的操作部件。例如，定点算术逻辑部件 AL、取数存数部件 LS、浮点加法部件 FA、乘除法部件 MD 等。一个由 4 个操作部件组成的单发射处理机如图 4-15 所示。

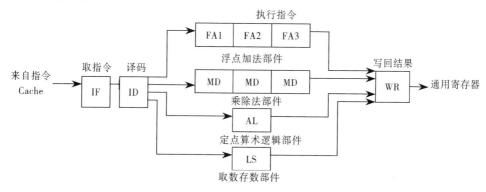

图 4-15　单发射指令流水线

单发射处理机在指令一级通常采用流水线结构；而在操作部件中，有的机器采用流水线结构，也有的机器不采用流水线结构。

单发射是指处理机在一个时钟周期内只从存储器取出一条指令流水线处理。它的设计目标是每个时钟周期平均执行一条指令，即它的指令并行度（ILP）期望值是 1。实际上由于数据相关、控制相关及资源冲突等原因，ILP 只能接近于 1。通过优化编译器对指令序列进行重组（Reorganizer），以及采用软件与硬件相结合的方法处理数据相关、条件转移和资源冲突等，可以使 ILP 接近于 1；但是，单发射处理机的 ILP 不可能大于等于 1。

在一个时钟周期内能够同时发射多条指令的技术称为超标量技术，支持这种技术的处理机称为超标量处理机。为了能够支持同时发射多条指令，超标量处理机必须有至少两条及以上能够同时工作的指令流水线。图 4-16 就是一个标准的多发射时空图。

具有多条能同时工作的流水线是所谓超标量的前提。而高性能超标量处理机通常还有一个先行指令窗口，这个先行指令窗口能够从指令 Cache 中预取多条指令，并且能够对这些指令进行数据相关性分析和功能部件冲突的检测。超标量处理机的基本要求是在一个时钟周期内能够同时发射两条或两条以上指令。这里应当特别强调同时发射，因为在一个时钟周期内分时发射多条指令的不属于超标量处理机，而是超流水线处理机。

超标量处理机的典型结构是有多个操作部件、较大的寄存器堆和高速缓冲存储器。一般拥有整数流水线、浮点数流水线、图形处理流水线、存储操作流水线等多条流水线。所有的指令首先要经过指令部件中的若干个流水段，比如先完成取指令和译码指令，然后依据指令具体执行内容而安排进入相应的操作部件。图 4-17 所示为一个同时发射两条指令的多发射处理机的指令流水线。两个指令部件同时从指令 Cache 中取出两条指令，两个指令译码部件同时对这两条指令进行译码，译码结果分别送往 4 个操作部件执行。

	2	3	4	5	6
I₁	IF	ID	EX	WR	时钟周期
I₂	IF	ID	EX	WR	
I₃	IF	ID	EX	WR	
I₄		IF	ID	EX	WR
I₅		IF	ID	EX	WR
I₆		IF	ID	EX	WR
I₇			IF	ID	EX	WR
I₈			IF	ID	EX	WR
I₉			IF	ID	EX	WR

指令

图 4-16　多发射时空图

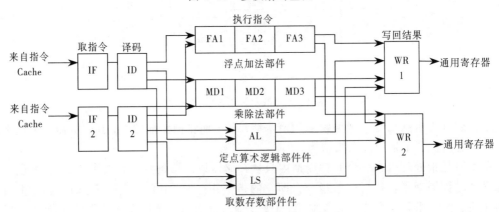

图 4-17　多发射指令流水线

在超标量处理机中同样面临着预测分析和处理指令之间的功能部件冲突、数据相关和控制相关问题。主要采用的技术有以下几种：

（1）寄存器重命名技术。这种技术可以对所有寄存器进行重命名及用虚拟寄存器以避免 WAW 和 WAR 冒险，即预测到要发射的指令中存在数据相关，就使用虚拟寄存器组消除寄存器访问中的名字相关。

（2）先行指令窗口技术。当出现数据相关、控制相关或功能部件冲突时，本次没有能够发射出去的指令必须保存下来，以便在下一个时钟周期再发射。为了提高功能部件的利用率，往往要设置先行指令窗口。在该窗口中保存暂时还没有送到操作部件中去执行的指令。先行指令窗口的作用与现行控制技术中的先行指令缓存栈相似。有了先行指令窗口，就可以从指令 Cache 中读入更多的指令，可以通过硬件来判断其中哪些指令可以先发射到操作部件中去执行，实现乱序完成；也可以把没有功能部件冲突、没有数据相关和控制相关的指令先行译码并执行，实现乱序发送。先行指令窗口的大小对超标量处理机的性能影响很大，窗口太大，调度会增加硬件负荷；窗口太小，调度效果不好。现代先进的处理机的先行指令窗口的大小达到 63～200 条指令。

（3）转移预测技术。一般普遍采用基于 Tournmant 算法的转移预测器，这种方法的预测缓存包含 8K 个入口，每个入口由一个相关 2 位预测器、不相关 2 位预测器和一个选择器组成。选择器同样由地址转移进行索引，它指明了当前情况下应当选择哪一个预测器，根据测试，它的错误率平均为 3%。

（4）通过 Tomasulo 算法实现动态存储器地址的二义性消除。

（5）设置多个交叉开关，通过控制开关通路，把几个指令译码器的输出分别送到多个操作部件中去执行。因此，超标量处理机的控制逻辑比较复杂。

（6）要是指令流水线在一个周期内同时发射更多的指令，存储器就需要在一个周期为指令流水线提供多条指令。为此，可采用多体并行访问存储器或者单体多字存储器。

如果一台超标量处理机每个时钟周期发射 m 条指令，则它的 ILP 期望值是 m，实际上 $1 < ILP < m$。

IBM Power5 是目前较为先进的超标量处理机，其每周期最多发射 4 条指令，启动执行至多 6 条指令；拥有大量的重命名寄存器，应用了乱序执行技术，依靠其强大的转移预测器，能够动态消除存储器二义性。

4.4.2 多发射的动态调度

在标量处理机中，有多条指令流水线在同时工作，设置有多个能独立工作的操作部件，因此，必须解决多流水线的调度问题和操作部件的资源冲突问题。下面详细介绍这两个问题。

1. 多流水线调度

多条流水线的调度问题非常复杂。已经证明，多流水线调度实际上是一个 NP 完全问题，实现优化调度所需的代价很大，包括硬件代价和软件代价，通常需要软件（主要是编译器）和硬件的共同结合才能获得比较好的调度效果。下面将介绍一些基本原理和基本的调度方法。

在有多条流水线同时工作时，指令的发射顺序和完成顺序对提高超标量处理机的性能非常重要。如果指令的发射顺序是按照程序中的指令排列顺序进行的，称为顺序发射（In-Order Issue），否则，称为乱序发射（Out-Order Issue）。同样，如果指令的完成顺序必须按照程序中的指令排列顺序进行，称为顺序完成（In-Order Completion），否则，称为乱序完成（Out-Order Completion）。

根据多流水线中指令发射顺序和完成顺序的不同组合，多流水线的调度主要有 3 种方法，即顺序发射顺序完成，顺序发射乱序完成和乱序发射乱序完成。下面，通过一个具体的程序例子来介绍这 3 种方法。程序如下所示：

```
I₁:LOAD  R1,A;
I₂:FADD  R2,R1;
I₃:FMUL  R3,R4;
I₄:FADD  R4,R5;
I₅:FDEC  R6;
I₆:FMUL  R6,R7;
```

在这个由 6 条指令组成的程序中，指令 I_1 和指令 I_2 之间有"先写后读"数据相关，指令 I_3 和指令 I_4 之间有"先读后写"数据相关，而指令 I_5 和指令 I_6 之间除了有"先写后读"数据相关之外,还有"写写"数据相关。另外,在指令 I_2 和指令 I_4 之间,指令 I_3 和指令 I_6 之间有功能部件冲突。因此,在这个由 6 条指令组成的短程序中已经包含了所有可能的数据相关和功能部件冲突,这是一个很有代表性的程序。

下面以这个典型程序的执行过程为例,分别介绍在超标量处理机中所采用的 3 种不同的指令调度方法。

1)顺序发射顺序完成

输入指令严格遵照编译后的机器指令次序排列,而且执行的次序也一点不作变动。由于每次取得两条指令,当前面的指令没有执行完毕前,后进入的两条指令必须等待,直到执行部件完成前面的执行,流入写回部件为止。所以,当有资源冲突或相关发生时,将以等待来保证按序完成。

图 4-18 所示为采用顺序发射顺序完成的指令调度方法时,上面短程序的指令执行时空图。6 条指令按照程序中的指令排列顺序从 I_1、I_2、$\cdots$、I_6 分别在流水线 1 和流水线 2 中分 3 个时钟周期发射。

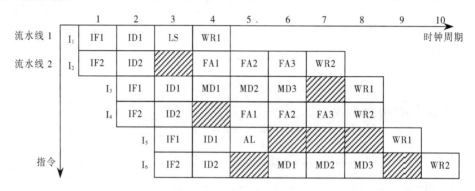

图 4-18　顺序发射顺序完成的指令流水线时空图

由于指令 I_1 与指令 I_2 之间有"先写后读"数据相关,指令 I_2 在流水线 2 中要等待一个时钟周期才能从流水线 1 中通过专用数据通路得到数据;因此,指令 I_2 在流水线 2 中译码(ID2)完成之后要等待一个时钟周期才能进入浮点加法部件中执行,在图中用阴影部分表示。同样,因为指令 I_5 与指令 I_6 之间也有"先写后读"数据相关,因此,指令 I_6 也要等待一个时钟周期才能进入乘/除法部件中执行。

指令 I_4 在译码完成之后要再等待一个时钟周期才能进入浮点加法部件中执行,这是因为在指令 I_2 和指令 I_4,都要使用浮点加法器,它们之间有功能部件冲突。

为了维持顺序完成的要求,后发射的指令必须后进入写结果功能段。因此,指令 I_3 在乘除法部件中执行完成之后要延迟一个时钟周期进入写结果功能段。指令 I_2 在定点算术逻辑部件中执行完成之后要延迟 3 个时钟周期进入写结果功能段。

由于指令 I_5 和指令 I_6 之间有"写写"数据相关,因此,指令 I_6 和的写结果功能段要延迟一个时钟周期。

另外,指令 I_3 与指令 I_4 之间虽然有"先读后写"数据相关,由于两条指令在同一个时钟周期中发射,这种数据相关自然得到满足。

从图 4-18 可以看到,采用顺序发射顺序完成的调度方法,6 条指令共用了 10 个时钟周期才完成。其中,除了流水线的装入和排空部分之外,还有 8 个空闲的时钟周期,在图中用阴影部分表示。在这 8 个空闲的时钟周期中,有 5 个时钟周期实际上是为了维持顺序完成才插入的。

2）顺序发射乱序完成

乱序完成方式在指令执行时间长短不一时往往特别有效。乱序完成调度方法可以最大限度地利用各个执行功能部件，只有当按序输入的指令中存在数据相关、过程相关或资源冲突时才不得不加入延迟。

采用顺序发射乱序完成的流水线执行时序如图 4-19（a）所示。与图 4-18 中的顺序发射顺序完成相比，相同的地方是 6 条指令按照程序中的指令排列顺序分别在流水线 1 和流水线 2 中分 3 个时钟周期发射，所不同的是，指令在流水线中完成的顺序是混乱的。指令的完成顺序与指令在程序中的排列顺序和在流水线中的发射顺序都无关，6 条指令的完成顺序在图 4-19（b）中给出。

（a） 顺序发射乱序完成指令流水线时空图

时钟周期	4	5	6	7	8	9
流水线 1	I_1		I_5	I_3		
流水线 2				I_2	I_4	I_6

（b） 顺序发射乱序完成指令完成次序

图 4-19 顺序发射乱序完成

从图 4-19（a）中可以看到，只有两个"先写后读"数据相关和一个功能部件冲突，需要流水线空闲等待各 1 个时钟周期。与顺序发射顺序完成调度方法相比，少了 5 个空闲时钟周期。6 条指令总的执行时间为 9 个时钟周期，与顺序发射顺序完成调度方法相比节省了一个时钟周期。因此，采用顺序发射乱序完成的指令调度方法，流水线的总的执行时间和功能部件的利用率都得到了改善。

为了进一步缩短程序的执行时间和提高功能部件的利用率，可以采用图 4-20 所示的先行指令窗口。

只要先行指令窗口的大小能够容纳下 6 条指令，就可以通过硬件在先行指令窗口中对这 6 条指令进行数据相关性分析和功能部件冲突的判断，根据分析和判断的结果，对指令进行重新排序，得到一种合理的指令发射顺序。根据这种指令发射顺序，执行程序所需要的总的时间最短，处理机中功能部件的利用率最高。

3）乱序发射乱序完成

在前面介绍的顺序发射顺序完成和顺序发射乱序完成这两种方法中都没有采用先行指令窗口。如果要采用乱序发射的指令调度方法，就必须要使用如图 4-20 所示的先行指令窗口。

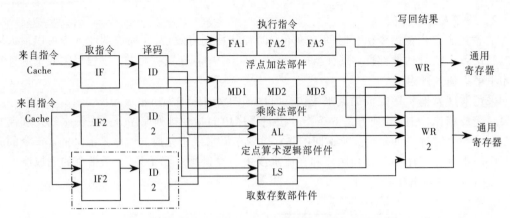

图 4-20　先行指令窗口的多发射流水线处理机结构

图 4-21（a）是采用乱序发射乱序完成指令调度方法时的指令执行时序，图 4-21（b）是所有 6 条指令在流水线中的发射次序。

由于指令 I_1 与指令 I_2 之间有"先写后读"数据相关，通常，指令 I_1 要早些发射；因此，指令 I_1 在第一个时钟周期在流水线 1 中发射，而指令 I_2 在第二个时钟周期也在流水线 1 中发射。指令 I_3 与指令 I_4 之间有"先读后写"数据相关，没有功能部件冲突，两条指令可以同时发射，这样，"先读后写"数据相关也就自然消除了。指令 I_3 在流水线 2 中发射，而指令 I_4 通过先行指令窗口发射。通常，先行指令窗口除了能够做数据相关性分析和功能部件冲突的检测之外，还应该至少有一套取指令部件和一套指令译码部件。

指令 I_5 必须在指令 I_6 之前先发射，这是因为指令 I_5 与指令 I_6 之间存在有"先写后读"数据相关。因此，在第二个时钟周期，指令 I_2 在流水线 1 中发射，而指令 I_5 在流水线 2 中发射。先行指令窗口不发射指令。

在第三个时钟周期，指令 I_6 在流水线 1 中发射。

在采用乱序发射时，指令的完成次序必然也是乱序的，6 条指令的完成次序如图 4-21（c）所示。

（a）乱序发射乱序完成的指令流水时空图

时钟周期	1	2	3
流水线 1	I_1	I_2	I_6
流水线 2	I_3	I_5	
先行窗口	I_4		

（b）乱序发射乱序完成的指令流水线发射次序

时钟周期	4	5	6	7
流水线 1	I_1		I_4	I_2
流水线 2		I_5	I_3	

（c）乱序发射乱序完成的指令流水线完成次序

图 4-21　乱序发射括序完成

从图 4-21（a）中可以看出，除了流水线的装入和排空之外，已经没有空闲的时钟周期，因此，功能部件得到了充分利用。6 条指令总的执行时间缩短为 8 个时钟周期，与顺序发射顺序完成调度方法相比节省了两个时钟周期，与顺序发射乱序完成调度方法相比节省了一个时钟周期。

从程序本身的数据相关性和对功能部件的要求看，采用图 4-20 所示的超标量处理机结构和图 4-21 所示的乱序发射乱序完成的指令调度方法，程序总的执行时间已经是最短的，功能部件的利用率也已经达到最高。

目前，在许多高性能超标量处理机中已经采用了乱序发射乱序完成的指令调度方法。通常设置有一个存储容量为几条指令到十几条指令的比较小的先行指令窗口，一个比较简单的数据相关性分析部件和一个功能部件冲突的检测机构，一般采用记分牌机制来表示数据相关性和功能部件的冲突。另外，通过优化编译器对指令序列进行重组来共同开发程序中指令级并行性。

2．资源冲突

在超标量处理机中，通常设置有多个独立的操作部件。常见的操作部件有定点算术逻辑部件 ALU、浮点加法部件 FADD、乘除法部件 MDU、图形处理部件 GPU、取数存数部件 LSU 等。由于操作部件的数目通常多于每个时钟周期发射的指令条数，因此，这些操作部件可以采用流水线结构，也可以不采用流水线结构。如果采用流水线结构，发生资源冲突（主要是操作部件的冲突）的可能性很小；相反，如果不采用流水线结构，发生资源冲突的可能性就大。

下面是一个由 4 条指令组成的程序：

```
FAD.D   R0;
FMUL    R2;
FAD.D   R4;
FMUL    R6;
```

如果在一台每个时钟周期发射两条指令的双流水线超标量处理机上执行，有一个独立的浮点加法部件 FADD 和一个独立的浮点乘法部件 FMUL。假设完成一次浮点加法需要 3 个时钟周期，完成一次浮点乘法需要 4 个时钟周期。若浮点加法器和浮点乘法器这两个操作部件都不采用流水线结构，则要发生资源冲突。流水线的时空图如图 4-22 所示。

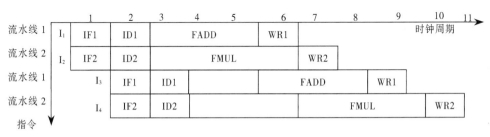

图 4-22　双流水线超标量处理机，操作部件不采用流水线的时空图

从图 4-22 中可以看到，由于浮点加法器没有采用流水线结构，指令 I_3 必须等到指令 I_1 的浮点加法操作完成之后才能发射到浮点加法部件中，因此，它在译码完成之后要等待两个时钟周期。同样，指令 I_4 也必须等待 3 个时钟周期，到指令 I_2 的浮点乘法操作完成之后才能发射到浮点乘法部件中。在图 4-22 中，共有 5 个空闲的时钟周期，做完 4 条指令总共用了 11 个时钟周期。

如果浮点加法器和浮点乘法器都采用流水线结构，每一个功能段的时间长度都相等。浮点加法器采用 3 段流水线，浮点乘法器需要 4 段流水线。在一台双流水线超标量处理机上，4 条指令执行的时空图如图 4-23 所示。

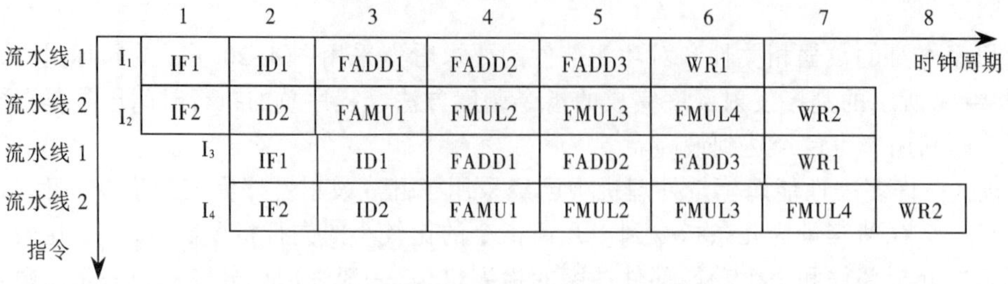

		1	2	3	4	5	6	7	8
流水线 1	I_1	IF1	ID1	FADD1	FADD2	FADD3	WR1		时钟周期
流水线 2	I_2	IF2	ID2	FAMU1	FMUL2	FMUL3	FMUL4	WR2	
流水线 1	I_3		IF1	ID1	FADD1	FADD2	FADD3	WR1	
流水线 2	I_4		IF2	ID2	FAMU1	FMUL2	FMUL3	FMUL4	WR2
指令									

图 4-23　双流水线超标量处理机，操作部件采用流水线时空图

从图 4-23 中可以看到，由于浮点加法部件和浮点乘法部件都采用了流水线结构，指令 I_3 和指令 I_4 可以同时发射。指令 I_3 在译码 ID1 完成之后可以直接发射到浮点加法部件中；同样，指令 I_4 在译码 ID2 完成之后也可以直接发射到浮点乘法部件中。在图 4-23 中，除了流水线的装入和排空部分之外，没有任何空闲的时钟周期。做完 4 条指令总共用了 8 个时钟周期，与图 4-21 中的浮点加法器和浮点乘法器没有采用流水线的方法相比，少用了 3 个时钟周期。

在超标量处理机中，为了表示资源使用情况和处理资源冲突，要为每一个操作部件设置一个"忙"标志触发器。例如，浮点加法部件 FADD 的"忙"标志触发器为 BA，浮点乘法部件 FMUL 的标志触发器为 BM。当一条指令译码完成之后，在要送到相应的操作部件中执行时，必须实现通过资源冲突检测部件检测这个操作部件的"忙"触发器状态。例如，如果 BA＝0，表示浮点加法部件是空闲的，浮点加法操作可以发射到这个部件中执行。发射完成后，要把 BA 置成"1"，表示浮点加法部件正在"忙"。当浮点加法操作完成之后，运算结果流出浮点加法部件时，再把 BA 清为"0"。

比较图 4-22 和图 4-23 可以发现，在一台每个时钟周期发射 m 条指令的超标量处理机中，对于一个延迟时间为 k 个时钟周期的操作部件，如果它不采用流水线结构，则使用同一个操作部件的两条指令的序号应该至少相差 $m \times k$，否则可能发生资源冲突。如果操作部件采用的是一个功能段的流水线结构，则使用同一个操作部件的两条指令的序号只需要相差 m 或 m 以上，就不会发生资源冲突。因为在超标量处理机中，指令流水线的段数是一般在 4～10 之间，每个时钟周期发射的指令条数 m 在 2～4 之间；取中间值，$k=7$，$m=3$；因此，为了不发生资源冲突，如果操作部件不采用流水线结构，两条使用同一个功能部件的指令序号必须相差 21 或 21 以上；如果操作部件采用流水线结构，两条使用同一个功能部件的指令序号只需要相差 3 或 3 以上。从这一分析结果中可以看出，在超标量处理机中，操作部件一般要采用流水线结构，如果由于某种原因，操作部件不能采用流水线结构，则必须设置多个相同种类的操作部件。在许多高性能超标量处理机中，即使操作部件采用了流水线结构，有些常用的操作部件也设置有多个。例如，图 4-24 中的 MC88110 超标量处理机，整数操作部件就设置有两个。

由于超标量处理机在一个时钟周期内能够发射多条指令，因此，它对指令序列的要求与上一节中介绍的单流水线的标量处理机不同。在单流水线的标量处理机中，只有连续出现相同操作的指令序列时，流水线才能不"断流"，功能部件的效率才能得到充分发挥。而在超标量处理机中正好相反，超标量处理机希望相同操作的指令不要连续出现，否则会发生资源冲突；它要求相同操作的指令能够相对均匀地分布在程序中。超标量处理机的这种要求正好符合一般标量程序的特点。因此，只要超标量处理机中指令流水线的条数和操作部件的个数等设计合理，一般的标量程序能够在超标量处理机上得到高效率的运行，这正是目前超标量处理机能够得到普及的一个重要原因。

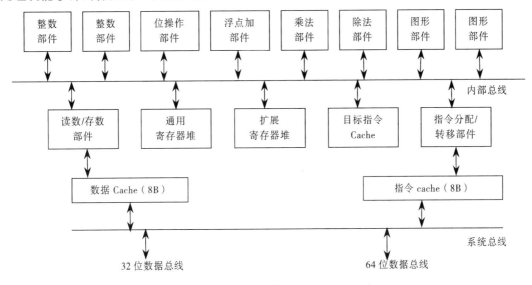

图 4-24　超标量处理机 MC88110 的结构

4.4.3　超长指令字技术

超字长指令字（Very Long Instruction Word，VLIW）结构是由水平微码和超标量处理两种技术结合而成，VLIW 处理机的机器指令字长度高达数百位。很多现代处理机都应用了 VLIW 方式，如 Intel 和 HP 的 IA-64 结构、IBM 的 Tree-VLIW 结构等。

VLIW 处理方式的基本工作原理如图 4-25 所示。VLIW 处理机的一个超长指令字包含多个操作字段、每个字段可与相应的功能部件对应。这些操作字段包括可并行执行的多个运算器控制指令字段、若干个存储器控制指令字段和其他操作控制字段。各运算部件和共享的大容量寄存器堆直接相连，以便提供运算所需要的操作数或存放运算结果，对数据的读/写操作也可以通过存储器指令字段对指定存储模块中的存储单元进行。结核网则提供了各种部件之间的数据链路。这种具有多个操作段的超字长指令，运行时不需要用软件或硬件来检测其并行性，而直接由超长字指令来控制机器中多个相互独立的功能部件并行操作。虽然这种字段控制方式的思路来自于微程序控制器的水平微指令方式,但微指令只对一个运算部件进行控制，而 VLIW 是对多个功能部件并行控制。

实际上，VLIW 的实现是由编译器将多条可以发送的标准指令捆绑在一条超长指令字中，并基于多个可以同时执行的功能部件的支持，所以处理机在一个时钟周期内可以发射超长指令字中的多条指令，实现多条指令的并行执行。由于 VLIW 指令中的字段数是固定的，因此要提高 VLIW 处理机同时发射指令的条数，就需要重新设计 VLIW 指令格式，增加有关功能部件，并重新设计编译系统。这与同样具有多发射指令的超标量处理机不同。超标量处理机具有多条指令执行流水线，指令的可并行性由处理模块硬件来检验，无须编译保证。增加处理模块的个数有可能提高超标量处理机同时发射指令的条数。

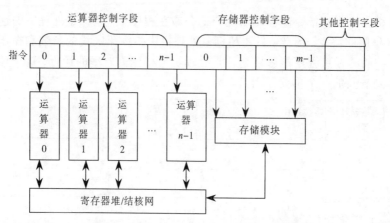

图 4-25 VLIW 处理方式的基本工作原理

VLIW 方式具有下述主要特征：

（1）依靠编译组装超长指令。VLIW 方式是在编译时发现和利用程序的并行运算可能性。编译从原程序中抽出可能的并行运算组装成一条超长指令，可以得到接近 VLIW 处理机中并行运算器数目的并行度。但要是程序并行度低，会造成 VLIW 指令中的运算器控制字段部分空闲，降低了指令字段的利用率。因此，VLIW 方式的并行度依赖于编译的并行化能力及程序本身的并行化程度。

（2）硬件结构简单。由于指令的并行调度由编译完成，运行时不需要检验，因此 VLIW 方式简化了控制电路，使得它的结构简单，芯片执照成本低，能耗小。

（3）需要较大的指令带宽和较大的存储空间，这是超长指令字整体传输的要求。

（4）虽然经过编译处理，但由于程序在动态执行时不可避免的转移等操作，超长指令字指令仍可能在并行执行时出现相关，导致代码空间和执行速度上的双重损失。

（5）适合于细粒度的并行处理。VLIW 方式可用指令字段直接控制运算部件在指令级进行细粒度并行处理，它有多条总线与运算器相连，指令字段可直接控制其数据链路，因此通信开销小，适合于面向低级运算的细粒度并行处理。

（6）指令系统的非兼容性。VLIW 方式的指令格式与硬件密切相关，一旦定型后很难改变，使其指令系统不仅与传统的通用处理机结构完全不兼容，就是和同类型而并行性不同的 VLIW 处理机也不兼容。因此，尽管 VLIW 思想提供了简化处理机设计的途径，但难以成为处理机的主流，只能辅助超标量、超流水线等处理方式的应用。

4.5 指令级并行的支持与限制

小知识

第一台利用指令级并行提高其性能的流水处理机出现于 20 世纪 60 年代。在 20 世纪 80 年代和 20 世纪 90 年代，为了使处理机的性能得到快速提高，开发利用指令级并行性的技术变得越来越重要。到底有多少指令级并行性可以利用，可否长时期内保持提高系统性能，且使提高性能的速率高于基本电路工艺技术的改善对系统性能的提高，所有这些问题都是很重要的。短期内一个重要的问题在于如何利用编译技术和计算机设计技术开发出更高的指令级并行度。

要讨论这个问题，先来看看理想的指令级并行处理机应具备什么条件，现有的先进技术能使处理机达到理想状态吗？

理想处理机是指消除了所有指令级并行约束的处理机。这些指令级并行的约束主要是结构相关、数据相关和控制相关。要消除这些约束，理想处理机应具备：

（1）可供寄存器重命名的虚拟寄存器数量没有限制，因此可以避免所有的 WAW 和 WAR 冒险，并且可以有无限的指令同时开始执行。

（2）准备预测所有的条件转移和跳转转移，为此应拥有无限容量的指令缓存。

（3）准确确定所有的存储器地址，因而完全消除了存储器二义性。

（4）有最优的 Cache，保证所有的访存只需 1 个时钟周期。

显然，具备上述条件的处理机具有无限发射指令的能力。当然，这种处理机是不会出现的，也是难以接近的。

首先，在转移预测、重命名和相关性分析上依靠静态的编译分析是不可能完美的，更多地需要动态分析，这就要求先行将被检测指令暂存起来进行分析。被检测指令的集合称为窗口。由于未完成指令必须在所有已完成指令中查找所需的操作数。因此，处理机每时钟周期需要进行的比较次数等于最大完成速率乘以窗口大小，再乘以每条指令的操作数量。所以整个窗口的大小受限于所需的存储容量能够承受的比较次数及有限的发射速率，反过来，窗口大小也直接限制了在给定时钟周期内开始执行的指令数量。窗口太大，效率低；窗口太小，就会降低指令的并行度。

其次，即使采用目前最先进的基于 Tournament 的转移预测器，使用总共 8K 个入口、采用两级预测、约 150 KB 的容量（约为目前预测器的 4 倍），检测表明，仅在循环并行度较高的情况下较接近理想处理机，而在其他情况下则相差较大。错误的预测限制了指令的并行度。

再次，寄存器的数目是有限的。开发并行度需要进行大量的路径分析和推测工作，而这些都需要寄存器来保存活性变量，尤其是浮点程序。

此外，每时钟周期发射指令数量、功能单元及单元延迟、寄存器文件端口、功能单元队列、对转移发射的限制、对存储器并行访问的限制及对指令提交的限制等都是影响指令级并行的因素。

本节将详细讨论窗口大小和最大发射数目、实际分支和分支预测、有限数目寄存器、非完美别名分析 4 个方面的限制性因素对上述理想处理机的影响，并适时介绍一些已经实现指令并行的处理机。

4.5.1 窗口大小和最大发射数目对理想处理机的限制

为了实现理想的分支预测和别名分析算法，处理机必须使用动态分析方法以弥补静态编译方法的缺陷。虽然大多数实际的动态方案并不符合理想情况，但是使用动态方法还是可以达到静态编译方法所不能达到的并行度。所以，相比之下动态处理机更容易获得理想处理机所要求达到的并行性能。

一个实际的动态调度、可猜测执行的处理机可以多大程度地接近理想处理机呢？为探讨这个问题，不妨先考虑一个理想处理机需要做到的几个方面：

（1）处理机必须可以往前搜索任意距离找到一组能够发射的指令，并正确地预测所有的分支。

（2）可以对所有寄存器做重命名操作以避免读写冲突和写写冲突。

（3）判断发射的一组指令间是否有数据相关，如果有，进行重命名。

（4）判断发射的一组指令间是否存在内存相关，并做出合适的处理。

（5）提供足够多的功能部件使得所有已经准备好的指令均可以发射。

显然，满足这些要求的算法将是很复杂的。比如，为了判断几条指令之间是否存在寄存器相关，假设所有指令均是寄存器—寄存器型，可用的寄存器数量也没有限制，那么将需要进行

$$2n-2+2n-4+\cdots+2=2\sum_{i-1}^{n-1}i=2\frac{(n-1)n}{2}=n^2-n$$

次比较。因此，为了检测 2 000 条指令的相关，需进行约 400 万次的比较。即使只有 50 条指令，也需要进行 2 450 次比较。这显然限制了一次可发射的指令数目。

在近期的实际处理机中，代价远没有这么高，因为只需检测成对的相关关系，而且有限的寄存器数量也使得采用其他解决方案成为可能。另外，在实际的处理机中，指令发射总是按顺序进行的，有些相关的指令可以用重命名操作来处理，一旦指令被发射，相关性检测就可以由保留站或记分牌分布式进行处理。

通常把为了同时执行而被检测的指令集合称做窗口。由于窗口中的每条指令都必须保存在处理机中，于是有每个时钟周期窗口中指令的比较次数=最大完成速度×窗口大小×每条指令的操作数个数（目前典型的大小是 6×80×2=960）。而因为未完成指令的每个操作数取决于已完成的指令，所以，整个窗口的大小受限于必需的存储容量、比较操作和有限的发射速度。这样，很大的窗口未必有更大的作用。到目前为止，窗口大小在 32～126 之间，大约需要做 2 000 次比较。HPPA8600 据称有多达 7 000 个比较单元。

窗口大小直接限制了特定周期内开始执行的指令数目。实际处理机中可用的功能部件是有限的，比如说，没有处理机能在一个时钟周期内执行超过两条内存访问指令，或者执行超过两条浮点操作指令；总线和接口的数量也是有限的；这两者决定了在同一个周期内能够执行的指令的最大数量。因此，在实际处理机中，可以同时发射、开始执行或提交的指令的最大条数多数远小于窗口的大小。

显然，在一个多发射处理机中可能的实现限制是很多的，包括每个时钟周期内发射的指令条数、功能部件的数量和部件的延迟时间、寄存器的端口数、功能部件的队列数（可能比功能部件的个数少）、对分支发射的限制，以及对指令提交的限制。所有这些都是对指令级并行度的限制。通常并不打算努力去理解这些限制的影响，而是把注意力集中在限制窗口的大小上。只要记住一点：所有这些限制都将减少可开发的并行性。

图 4-26 与图 4-27 所示说明了限制窗口大小所造成的影响，两幅图所用的数据是相同的，区别只在于表现形式不同。

对于图 4-26 需要说明的是，窗口是一组可执行的指令，窗口的"头"是最前面未完成的指令（指令在一个时钟周期内完成），"尾"由窗口大小决定。窗口中的指令通过完美分支预测取得，充满窗口。图 4-26 所示为并行度将随着窗口大小的减少而显著降低。在 2001 年，最先进的并行处理机的窗口大小在 64～128 之间，但是这些窗口并不能与图中所示窗口严格对应。首先，功能部件是流水的，当所有的部件都是单周期延迟时，有效的窗口大小会

减小。其次，在真实的处理机中，窗口必须为 Cache 缺失保存相应的内存索引数，但是这个模型中没有考虑这点，因为它假设有一个完美的、单周期的高速 Cache。

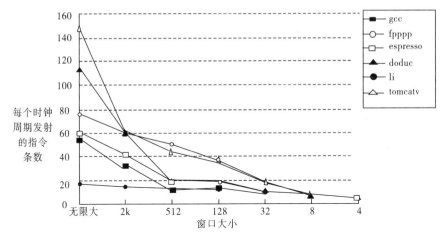

图 4-26　减少窗口大小的影响

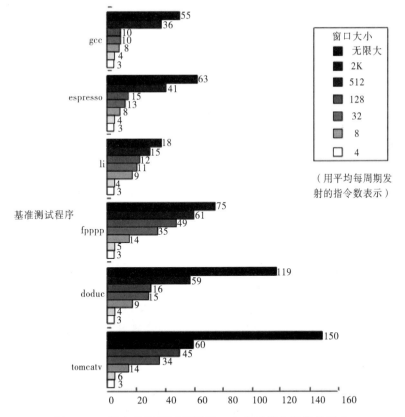

图 4-27　每个基准测试程序窗口大小对指令发射的影响

如图 4-27 所示，整数程序正如所预想比浮点程序的并行度低。只要观察图 4-27 所示的并行度是如何降低的，就可以明白在浮点程序中并行性来源于循环级并行。从图中还可以看到，在合适的窗口大小下，整数程序和浮点程序可达到的并行度很接近（比如在窗口较小的情况下，浮点程序和整数程序的并行度差距并不大）。这个事实说明循环体中存在相关，但是 tomcatv 这样的程序中的循环体之间却很少有相关。在窗口较小的情况下，处理机也无法判断下一个循环体中的指令可否与现在的循环体中的指令同时发射。这个例子也说明了在较小窗口的情况下，一个较好的编译器可以提高循环级并行度，进一步调度指令代码，从而提高代码的指令级并行度。

太大的窗口容量是不切实际的，从图 4-26 和图 4-27 所示的数据也可看出，在实际的窗口大小条件下发射速率将会明显降低。

4.5.2 实际分支和分支预测的影响对理想处理机的限制

在理想处理机中，假设分支总是可以正确地预测出来，即程序中的任何一个分支均可以在其执行前被预测出来。实际上，这种情况是不会出现的。

图 4-28 和图 4-29 所示为真实的预测方案的效果，两个图的差别只是表示形式不同而已。图中的测试数据包括使用不同的分支预测方案和不使用任何预测的几种情况，假设对于跳转指令有一个单独的预测器。跳转预测对于最精确的分支预测器来说很重要，因为对出现频率较高的分支而言，分支预测的精确性更为关键。

图 4-28 所示为从理想的预测模型（所有的分支都被正确的预测）到各种动态预测器，到编译时和基于静态文件的预测器，最后到没有使用预测器的效果。

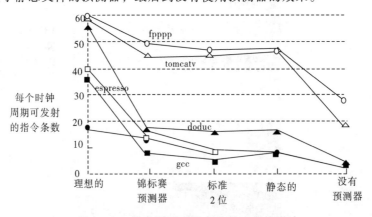

图 4-28　分支预测对指令发射速率的影响

对图 4-29 中所示的 5 种分支预测方法，说明如下：

（1）完美型：所有分支和跳转指令均可以在执行开始前被正确预测。

（2）锦标赛分支预测器：预测方案使用一个相关的两位预测器和一个不相关的两位预测器及一个选择器，选择器负责为每个分支选择合适的预测器。预测缓冲器包含 2^{13}（8 K）个入口，每一个入口均含有 3 个两位的字段，其中两个用于预测器，另一个用于选择器。相关预测器的下标由分支地址与全局分支历史记录做异或运算而得到。不相关预测器则是由分支地址下标组成的标准的两位预测器,选择表也是通过分支地址下标选择使用相关预测器或是不相关预测器。选择器与标准的两位预测器一样是递增或递减的。这种预测器总共使用 48 K 位，其性能超过了相关预测器和不相关预测器的单独性能，对这 6 个基准测试程序，该预测器可达到 97% 的预测精度。在策略上，它优于 2001 年最好的预测器。跳转预测可以通过一组有 2 K 个入口的预测器来实现，其中一个用于预测返回指令，采用循环缓冲器的组织形式，另一个采取标准预测形式用于预测其他的跳转（如 case 语句和 goto 语句）。这些跳转预测器的性能是很好的，几乎接近于完美。

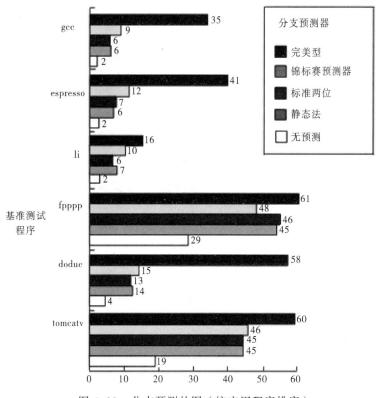

图 4-29 分支预测的图（按应用程序排序）

（3）带有 512 个两位入口的标准两位预测器：除此之外，还假设使用一个有 16 个入口的缓冲器负责对返回指令进行预测。

（4）静态法：静态预测器使用程序的历史来预测分支被执行或不被执行。

（5）无预测：对分支指令不作预测，这时，可利用的并行性几乎都被限制在一个基本块内。

由于没有考虑分支预测错误所需要增加的时钟周期数，因此改变分支预测方法只影响到基本块中可开发的指令级并行性。图 4-30 说明了对于基准测试程序一个子集中的条件分支，3 个真实预测器的精确度。

图 4-29 着重比较了有较多循环级并行的程序（tomcatv 和 fpppp）与较少循环级并行的程序（整数程序和 doduc）不同。其说明，对两个浮点程序的预测比对其他程序的预测显得更简单，主要原因是这两个程序的分支比较少，而且其中的分支又是高度可预测的，这也使得实际的预测方案可以达到更高的并行度。相比之下，对于所有的整数程序和有较少循环级并行性的浮点测试程序，不同的预测方法差异也是巨大的。与窗口大小造成的影响相似，这些情况说明要在整数程序中也能取得较高的并行度，处理机必须选择并执行大量不相关的指令。当分支预测精度不高时，预测错误率就会成为利用程序并行性的障碍。

如上所述，即使对于一个窗口大小为 2 K，发射速率为 64 的处理机，分支预测方案的选取对其并行度也还是很重要的。在下一节的研究中，除了考虑窗口大小和发射限制之外，还将假设增加使用一个有两层预测机制和总共 8 K 个入口的强大预测器。这种预测器要求有超过 150 K 位的存储能力，比起锦标赛预测器的性能会更好些（超出约 0.5%～1%），此外，还假设有一组 2 K 的预测跳转和返回的预测器。

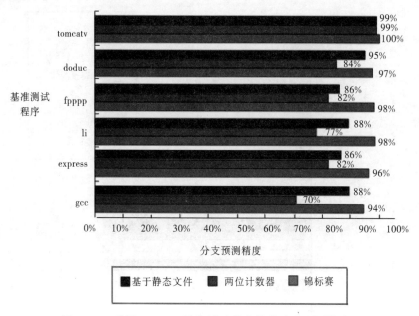

图 4-30 采用 SPEC92 子集测试的条件分支的预测精度

4.5.3 有限数目寄存器的影响

在理想处理机中,为了消除所有的寄存器名字相关,假设有一个数量无限的虚拟寄存器堆,但在实际情况中这是不可能的。比如, Alpha21264 能提供目前为止最多的扩展寄存器:除了 32 个定点寄存器和 32 个浮点系统寄存器之外,还提供了 41 个定点寄存器和 41 个浮点寄存器。图 4-31 和图 4-32 以相同数据的不同形式说明了减少重命名寄存器数目对性能的影响。

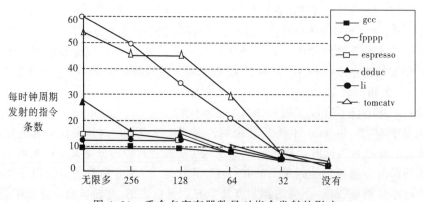

图 4-31 重命名寄存器数量对指令发射的影响

如图 4-31 所示,浮点寄存器和通用寄存器的数量都沿横坐标轴递减。从图中可以清楚地看到,尽管 32 个附加通用寄存器和 32 个附加浮点寄存器对所有的程序都有重大的影响,但是寄存器数量对浮点程序的影响最显著。正如前面所述,假定窗口的大小是 2K,且最大发射带宽是 64 条指令。"没有"意味着没有用于重命名的寄存器。

如图 4-32 所示,当可用寄存器减少时,可达到的指令并行度会大大降低。由于要使用多于 64 个寄存器,则需要有更多的并行性,对于整数程序,多于 64 个寄存器的影响没有列出,而这在整数程序中需要非常理想的分支预测。

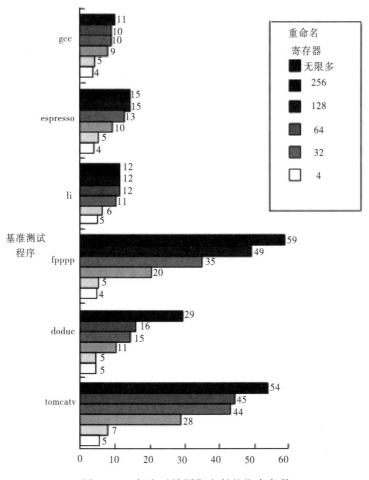

图 4-32　每个时钟周期发射的指令条数

　　一开始这些表中的结果或许会令人感到惊讶：一般人认为名相关应该只会轻微地减少可开发的并行性而已。但是应该记住的是，深入开发指令级并行性要求有许多互不相关的线程同时执行，因而需要很多寄存器以保存各种有用的变量。图 4-31 说明，如果在并行度很高的情况下，寄存器很少会对程序的并行性能有较大影响。从图中可以看出，寄存器的数量对浮点程序的影响较大，对整数程序的影响则相对较小，这主要是因为指令窗口大小及分支预测两个因素已经极大地限制了整数程序中可开发的指令级并行性，从而使得余下的效果不怎么明显。此外，还应该注意到，即使有 64 个附加的定点寄存器和 64 个附加的浮点寄存器用于重命名，可开发的并行性还是会显著降低。在 2001 年，实际的处理机中可用的寄存器大概也就是这个数目。

　　尽管寄存器重命名对于性能的影响是显著的，但使用无限多的寄存器显然也是不切实际的。

4.5.4　非完美别名分析造成的影响

　　这里的优化模型假设可以准确地分析出所有的内存相关，并消除所有的寄存器名字相关。然而，完美的别名分析在实际中是不可能的，别名分析在编译阶段不可能做得很完美。另外，还要求在动态执行时进行无数次的比较操作（因为同时发生的内存引用数目没有限制）。图 4-33 和图 4-34 分别给出了 3 种内存别名分析模型对指令级并行度的影响情况。这 3 种模型是：

（1）全局/堆栈完美分析法：这种模型对全局变量和堆栈的引用进行完美预测，并且假设所有的堆栈引用都是不冲突的。该模型也是对现有方法中基于编译器分析法的理想化。最近及当前进行的针对指针的别名分析研究可以进一步提高堆栈指针的处理能力。

（2）检测法：这种模型需要对操作进行检测，在编译阶段就判断出这些操作是否会相互干涉。比如，如果某一个访问内存的操作使用 R10 作为基址寄存器，加上 20 的位移量，于是一个也使用 R10 作为基址寄存器而偏移值为 100 的操作与前者就不会产生冲突。此外，对于使用寄存器指向不同地方（如全局区域和堆栈区域）的情况，假设它们的地址也是不会冲突的。这种分析方法与现有的许多商用编译器的方法极其相似，较新一些的编译器通过使用相关性分析，可以做得更好一些，至少对于循环程序是这样的。

（3）无分析：所有的内存引用均认为是冲突的。

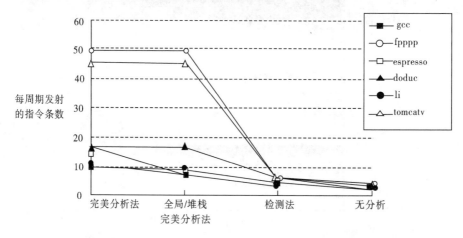

图 4-33　不同的别名分析对指令级并行度的影响

图 4-33 所示为不同别名分析技术对整数程序并行性的开发有巨大影响，且全局/堆栈分析法对 FORTRAN 程序来说是完美的，但是难以实现。

或许有人认为，对于不存在堆栈引用的 FORTRAN 程序，使用完美分析法或全局/分析法是没有区别的。全局/堆栈分析法是理想化了的，因为没有任何一个编译器能够精确地找出所有数组中的相关。全局和堆栈引用完美分析法比检测法好的事实说明不论是复杂的编译器分析法还是动态分析法均是为了获得更高的并行度。实际中动态调度的处理机依赖于动态内存二义性消去，并且受限于以下 3 个因素：

（1）对给定的读操作，要实现完美的内存二义性消去，必须知道所有在此之前尚未提交的写操作内存地址，因为读操作可能通过内存与写操作发生相关。要克服这种按次序进行地址计算的限制，可以采取地址猜测技术。通过地址猜测，处理机可假设这样的内存相关不存在，或者用硬件预测的办法来预测是否有相关存在。当然，处理机有可能误以为相关不存在，这种情况下，就需要一种能够发现相关真实存在的机制，它能保证存在相关的情况下可以恢复执行。为了确定相关性是否存在，对于给定读命令之前的每一个已经完成的写命令，处理机都要检查它的目标地址。如果一个应该被执行的相关出现，处理机采用推测重启机制来重新读操作数，并执行相关的指令。

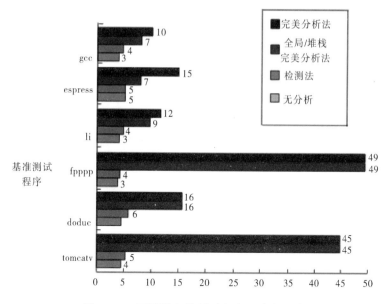

图 4-34 不同别名分析对各个程序的影响

（2）每个时钟周期内，只有少量的内存引用可以进行二义性消去。

（3）oad-store 缓存的数目决定了在一个指令流中，读或写命令可以被提前或推后多久。

4.6 Intel Pentium 4 实例分析

Intel Pentium 4 是 Intel 生产的第 7 代 x86 微处理机，并且是继 1995 年出品的 Pentium Pro 之后的第一款重新设计过的处理机，这一新的架构称做 NetBurst。不同于 Pentium Ⅱ、Pentium Ⅲ 和各种 Celeron 处理机，因为是全新设计的产品，所以与 Pentium Pro 的关联很小。值得注意的是，Pentium 4 有着非常快速可达 400 MHz 的前端总线，之后更是提升到 533 MHz、800 MHz。它其实是一个为 100 MHz 的 4 条并列总线（100 MHz ×4 并列），因此理论上它可以传送比一般总线多 4 倍的容量。本节主要在结构和性能上介绍 Pentium 4 与 Pentium Ⅲ 的区别，并重点对 Pentium 4 进行分析。

4.6.1 Pentium Ⅲ 和 Pentium 4 结构的简单比较

Pentium 4 的微系统结构被称为 NetBurst，它与 Pentium Ⅲ 的结构类似（Pentium Ⅲ 的结构被称为 P6 微系统结构）：都是每周期最多可以取 3 条 IA-32 指令，并将这些指令译码成相应的微操作，然后发送这些微操作到一个乱序执行引擎上，这个执行引擎每个周期最多能够执行 3 条微操作。Pentium Ⅲ 与 Pentium 4 微系统结构的区别也很多，主要的区别是 NetBurst 结构可以在更高的时钟频率上工作，并且能够以接近峰值的速度持续运行。以下是它们最重要的不同之处：

（1）NetBurst 有更深的流水线，流水线级数提高到 20 级。一条简单的加法指令，从读出指令到它的运算结果可以被引用，P6 使用 10 个时钟周期，而 NetBurst 使用 20 个时钟周期，其中包括 2 个专门用来传递运算结果的时钟周期。

（2）NetBurst 使用寄存器重命名技术（类似 MIPSR1000 和 Alpha21264），而不是 P6 中使用的排序缓冲器。采用寄存器重命名技术，可以保存更多的中间结果（可达到 128 个），而 P6 中只可以保存 40 个。

（3）NetBurst 中有 7 个定点执行部件，P6 中只有有 5 个。增加了专门的定点 ALU 和专门的地址计算部件。

（4）一种强大的 ALU（以时钟的两倍运行）和强大的数据 Cache 使 ALU 基本操作（P6 延迟 1 个周期，NetBurst 延迟 4 个）和载入操作（P6 延迟 3 个，NetBurst 延迟 2 个）的延迟时间更短。因此，高速功能部件对减少程序执行过程中的停顿是很关键的。

（5）NetBurst 使用复杂的 Cache 调度技术来缩短读取指令的时间，而 P6 使用一般的指令缓冲器和指令 Cache。

（6）NetBurst 有一个很大的分支目标缓存，比 P6 的大 8 倍，并且改进了预测算法。

（7）NetBurst 有一个 8 KB 的一级 Cache，P6 则是 16 KB。但 NetBurst 中容量更大和频带更宽的 2 级 Cache（256 KB）弥补了这一差距。

（8）NetBurst 中实现了新的 SSE2 浮点指令，它允许每周期启动两个浮点操作，两个操作被组织成 128 位的 SIMD 或者短向量结构，所以 Pentium 4 比 Pentium Ⅲ 的浮点运算能力有了很大提高。

4.6.2　Pentium Ⅲ 和 Pentium 4 性能的简单比较

有实验数据表明，在 SPECCINT 2000 测试中，1.7 GHz 的 Pentium 4 比 1 GHz 的 Pentium Ⅲ 的性能高出了 1.26 倍，而在 SPECCFP 2000 测试中高出了 1.8 倍。采用 SPEC95 和 SPEC2000 中的测试程序对 Pentium Ⅲ 和 Pentium4 进行测试，其中的浮点测试程序明显发挥了新的扩展指令集的作用，因此，浮点性能的提高超过时钟频率增幅 1.6 倍～1.7 倍。

对于 4 个 SPEC 2000 的基准测试程序（gcc 和 vortex 代表两个整数；applu 和 mgrid 代表两个浮点数），Pentium 4 的性能大概是 Pentium Ⅲ 性能的 1.2～2.9 倍。浮点程序的性能提高超过了单纯通过时钟频率获得的提高，但整数程序则没有超过。

对两个定点测试程序，情况又有所不同。在每种情形下，随着时钟频率的加快，Pentium 4 的性能没有线性增长。如果假定两个处理机的定点代码数量是一样的，那么这两个测试中 Pentium4 的 CPI 要高一些（对 gcc 是 Pentium Ⅲ 的 1.1 倍，对 vortex 是 Pentium Ⅲ 的 1.5 倍）。再看 PentiumPro 的数据，可以得出，其测试中二级 Cache 的缺失率相对较低，并通过动态调度和预测弥补了很多一级 Cache 缺失。这样，Pentium 4 的深度流水线和比较多的流水线停顿冲突导致了更高的 CPI，并使时钟频率带来的性能提高打了折扣。

一个有趣的问题是，为什么 Intel 的设计者选择了 Pentium 4 目前的设计策略?至少从表面上看，把 Pentium Ⅲ 发射速率提高两倍，要比把流水线的深度和时钟频率提高两倍更吸引人。当然，在这两种极端做法的中间又有很多的变化，使得对折中方案做出精确的分析非常困难。还有，因为浮点指令集的改变，这两种流水线的比较必须集中在定点性能方面。

如果把 Pentium 4 的较深流水线与 Pentium Ⅲ 的流水线进行比较就会发现两个性能降低的根源：第一个是时钟的漂移和抖动导致的时钟开销的增长，这源于理想时钟频率与真实时钟频率的差异。在可比较的技术参数中，Pentium 4 的时钟频率是 Pentium Ⅲ 的 1.7～1.8 倍；大约是理想时钟频率 85%～90%。

另一个性能降低的根源是深度流水线带来的 CPI 增长。可分别以时钟频率和所达到的整体性能进行比较。使用 SPEC 定点测试程序作为性能评价的标准，1 GHz 的 Pentium Ⅲ 和 1.7 GHz 的 Pentium 4 的性能比为 1.26，这说明了在 SPEC 测试中，Pentium 4 的 CPI 是 Pentium Ⅲ 的 1.7/1.26=1.34 倍，或 Pentium 4 的性能是 Pentium Ⅲ 的 1.26/1.7=74％。当然，存储系统中的性能损失也是一个原因，而不完全是流水线造成的。

这里关键问题是把发射带宽加倍能否得到超过 1.26 倍的性能提高。这是一个很难回答的问题。因为必须考虑到存储器停顿对流水线 CPI 的影响，以及加倍发射带宽对时钟频率的潜在影响。有实验数据表明，加倍发射带宽以达到 1.5 倍以上的理想指令吞吐量是不大可能的。结合对时钟频率和存储系统的潜在影响，Pentium 4 的设计者选择更深的流水线而不是更宽的发射带宽至少是有道理的。

最后，把 Pentium 4 的主要特点总结如下：

（1）增加了 144 条指令，进一步增强了对多媒体信息、三维信息、互联网操作的处理能力。

（2）主频 2 GHz 以上，提高了指令执行的吞吐率。

（3）系统总线的速率 400 MB。

（4）流水线级数提高到 20 级。

（5）高级动态执行（Advanced Dynamic Execution）。为支持乱序执行和提高分支预测精度，高级动态执行机制可以检查 126 条指令，并决定执行次序，配合 128 个重命名寄存器，具有更高的预测精度。与 P6 比，大约可减少 1/3 的预测估计。

（6）执行跟踪缓存（Execution Trace Cache）。用于存储已解码的微指令，加快运行速率。当下次再执行到相同指令时，不必再一次重复解码，只需要取相关数据直接执行即可。此外，当分支预测出错，需要回到分支处重新开始运行时，之前的译码阶段已经把另一分支指令缓冲进了 Trace Cache，可节约 1～2 个时钟周期。

（7）快速执行引擎（Rapid Execution Engine）。采用了称为 Double Pumped 的双重并发技术（即两组 ALU），每个时钟 ALU 能执行两次，效率相应提升一倍。P4 的双 ALU 在一个周期内可以执行 4 条指令。

（8）超长管道处理技术（超管线技术）（Hyper Pipelined Technology），使流水线深度达 20 级。

习　题

1. 简述指令动态调度和静态调度的区别。

2. 简述指令动态调度的优点。

3. 简述动态分支预测的目的。

4. 简述 Tomasulo 算法的基本思想。

5. 在 Tomasulo 算法中，进入"流出"段的条件是什么？对于浮点操作来说，要进行哪些动作和记录工作？

6. 为了支持乱序执行，可将教材第 3 章的 5 段流水线的译码（ID）段细分为哪两个段？

7. 思考一个多发射设计。假设有两条执行流水线，每条流水线每时钟周期可以开始执行一条指令，并且前端有足够的取指令/译码带宽，因此不会使执行产生停顿。假设结果可以从一个执行单元立即提交给另一个执行单元或这个执行单元自身,并进一步假设真数据相关是使流水线停顿的唯一原因。那么在这种情况下,该循环需要多少个时钟周期?

8. 分析下列指令的相关性,画出它们的相关图;假设在 CPU 中,每个功能部件只有一个副本可用,请问是否有资源冲突?

```
S1:load    R1,1024;
S2:load    R2,M(10);
S3:Add     R1,R2;
S4:Store   M(1024),R1;
S5:Store   M(R2),1024;
```

9. 在流水机器中,全局性相关指的是什么?处理全局性相关的方法有哪些?简要说明。

10. 为处理流水机器的全局性相关,可以加快或提前形成转移指令所需的条件码,那么可从哪两方面考虑?举例说明。

11. 根据需要展开下面的循环并进行指令调度,直到没有任何延迟。

```
LOOP: LD      F0,O(R1);
      MULD    F0,F0,F2;
      LD      F4,O(R2);
      ADD.D   F0,F0,F4;
      SD      F0,O(R2);
      DSUBI   R1,R1,#8;
      DSUBI   R2,R2,#8;
      BNEZ    R1,LOOP;
```

12. 在流水线中,如果在一个时钟周期内没有初始化一项操作,那么就等于浪费了一次机会,或者说硬件没有充分发挥它的潜能。

(1)按照习题 8 的要求将代码重排序后,把两条流水线都考虑在内,所有时钟周期中被浪费(没有新的操作被初始化)的周期所占的比例为多少?

(2)将习题 8 中重排序的代码展开为两个迭代,速度提升了多少?

13. 下列汇编代码在一台含有取指、取操作数(根据需求取一个或多个)和执行(包括写回操作)这 3 个功能段的流水线处理机上执行,每一功能段都有检测和分辨冒险的功能。试分析该程序在执行过程中在什么时间可能产生冒险。

```
Inc      R0;
Mul      Acc,R0;
Store    R1,Ac;
Add      Acc,R0W;
Store    M,Acc;
```

14. 超标量处理机与 VLIW 处理机相比有什么优点?

15. 循环展开和指令调度时要注意哪几个问题?

第5章

存 储 系 统

计算机系统以存储器为中心，在计算机运行过程中，存储器是各种信息存储和交换的中心。因而，存储器性能的高低对整个计算机的性能有直接的影响。本章首先引入了存储系统的层次结构及其性能参数，然后对高速缓冲存储器（Cache）和虚拟存储器这两种典型的存储系统进行了深入细致的分析，最后对主存储器进程保护和虚拟存储器实例 Alpha 21064 的相关知识进行了介绍。

5.1 存储系统简介

存储系统是指计算机中由存放程序和数据的各种存储设备、控制部件及管理信息调度的设备（硬件）和算法（软件）所组成的系统。

在计算机系统中，一般由多个工作速度、存储容量、单位价格等各不相同的存储器组成一个具有层次结构的存储系统。在这个存储系统中，主要可分为 3 个存储层面：高速缓冲存储器、主存储器和辅助存储器。高速缓冲存储器主要用于改善主存储器与中央处理机（CPU）的速度匹配问题，而辅助存储器则主要用于扩大计算机系统的存储空间。

值得注意的是，不同功能部件对存储器需求也不尽相同，一般采用多种存储器构成层次存储体系，以满足应用的需求。

5.1.1 存储系统的层次结构

层次存储系统是指把各种不同存储容量、存取速度、访问方式和单位存储价格的存储器，按照一定的层次结构组成多层存储器，并通过管理软件和辅助硬件有机组合成统一的存储体系，使计算机系统中使用到的各种程序和数据层次的分布到各个存储器中。例如，图 5-1 所示的主存-辅存存储体系，是一种由主存和辅存构成的两级存储体系，其主要目的是为了弥补主存储器容量的不足。它通过在主存储器外面增加一个容量更大、单位存储价格更低、但速度更慢的存储器（称为辅助存储器），依赖其他软硬件的辅助，构成一个统一的存储系统。

在计算机系统中，一个好的存储体系从整体上看应该具有以下特征：存储系统的速度接近于主存储器，存储容量接近于辅存储器，单位存储价格接近于廉价慢速的辅存储器。

图 5-1 中的二级存储体系结构可以进一步扩展到多级存储层次。在图 5-2 中，对 CPU

而言，存储系统是一个整体；而对存储系统而言，越靠近 CPU 的存储器存取速度越快，存储容量越小，也就是说整个存储系统中离 CPU "最近"的存储器 M1 的存取速度最接近于 CPU，而存储系统的总体容量和单位存储价格却接近于离 CPU "最远"的辅助存储器 Mn 的容量和价格。

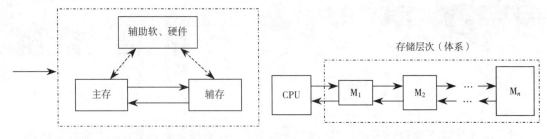

图 5-1　主存-辅存存储体系　　　　　　　图 5-2　多级存储体系

为了实现存储系统存取速度接近于存取速度最快的存储器，从而达到使存储系统与 CPU 匹配的目的，就要求计算机系统在运行时达到：越靠近 CPU 的存储器，CPU 对它的访问频率越高。这是通过程序的局部性原理来实现的。程序的局部性原理指出：一个程序 90% 的时间运行在 10% 的代码上。程序的局部性包括时间上的局部性和空间上的局部性，前者是指正在使用的信息很可能是最近要用到的信息，这主要是由于程序循环（即循环中的语句要被重复地执行）、堆栈等造成的，而后者是指与正在使用的信息在程序空间上相邻或相近的信息很可能是最近要用到的信息，这主要是由于指令通常是顺序执行的，而数据一般是以向量、阵列、表格等形式簇聚地存储在存储器中所致。

以图 5-2 所示存储体系为例，根据程序局部性原理，在存储系统中的存储器 M1 中就无须要求存储所有计算机程序以保障存储系统与 CPU 的访存需求匹配，只需存储近期使用的块或页面即可，从而在一定程度上降低了存储系统对高速存储器容量的要求，只需要将近期 CPU 会使用到的程序和数据存放在尽可能靠近 CPU 的存储器中，即在存储体系中存取速度较快的存储器中。在存储系统的体系结构中，任何上一层存储器中存储的数据一般都是其下一层（离 CPU 更远的一层）存储器中存储数据的子集。例如在图 5-2 中，CPU 首先是访问离它最近的存储器 M1，若在存储器 M1 中找不到所需要的数据，则访问存储器 M2，若在存储器 M2 找到包含所需数据的块或页面，则将这些数据调入到存储器 M1 中；若在存储器 M2 中仍然找不到所需的数据，则依次继续访问存储器 M3，依此类推。

在当前的计算机系统中，主要使用如图 5-2 中所示的多级存储系统。

5.1.2　存储系统的性能参数

一般而言，存储器有 3 个主要的性能指标：存储容量、存取速度、存储单位价格。对计算机系统的用户和设计者而言，总期望存储器能在尽可能低的价格下，提供尽可能高的存取速度和尽量大的存储容量。这是因为从系统的观点来看，要充分发挥计算机系统的性能，就要求存储器的存取速度可以与 CPU 相匹配，否则 CPU 的高速性能难以发挥；而在容量上又应该尽可能地放下所有系统和用户软件；从应用的观点来看，则又要求存储器的价格只能占整个计算机系统硬件价格的一小部分。

可是，以上 3 个方面在现实中却是相互矛盾的：存取速度越快，存储器的单位存储价格就越高；在一定的单位存储价格下，存储容量越大，存储器的总价就越高。

为便于阐述，以图 5-3 所示的主存储器 M_1 和辅助存储器 M_2 组成的二级存储层次结构 (M_1,M_2) 为例。假设存储器 M_1 和存储器 M_2 的存储容量、单位存储价格和存取速度分别为 (C_1,P_1,S_1) 和 (C_2,P_2,S_2)，而该存储系统的存储容量、单位存储价格和存取速度为 (C,P,S)。多级存储系统可依此类推。

1．存储容量

根据本节前面的描述可知，对计算机系统用户或程序设计者而言，图 5-3 所示的存储系统的容量应当接近于存储器 M_2 的存储容量。这要求计算机系统设计者在对存储系

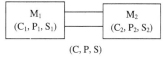

图 5-3　主辅二级存储体系

统进行编址时，为计算机系统的使用者提供尽可能大的地址空间，并能对这个地址空间进行随机访问。因而，在图 5-3 的例子中，对计算机系统的编址可以选择只对存储器 M2 进行编址，而不对存储器 M_1 编址，或者只是在系统的内部对存储器 M1 进行编址。另外，也可以采用其他的编址方式，来达到对存储系统的要求。

又如，对于面向系统程序员的 Cache-主存存储系统，可以选择对主存储器进行编址，对于 Cache 在内部采用相联访问方式进行管理。如此，系统程序员所对存储系统的访问被限定于主存储器的地址空间，而对应的存储系统的存储容量就是主存储器的存储容量。

对于一般的磁盘存储器而言，由于磁盘存储器难以进行高速的随机访问，在设计时它的地址空间一般不能直接被指令访问，但同时由于主存储器的地址空间对于计算机系统的使用者来说又太小，因而引入了虚拟存储系统作为一种补充方案。虚拟存储系统实质上是为计算机系统的使用者另外设计了一个额外的虚拟地址空间，它既不是主存储器的地址空间，也不是磁盘存储器的地址空间。它是将主存和辅存的地址空间统一编址，形成的一个庞大的存储空间。这个虚拟地址空间比主存储器的实际地址空间要大得多，而且采用与主存储器同样的随机访问方式，以此满足计算机系统对存储系统的需求。关于虚拟存储器的具体内容参见 5.5 节。

2．单位存储价格

对计算机系统的用户和设计者而言，总期望存储器能在尽可能低的价格下，提供尽可能高的存取速度和尽量大的存储容量。因而，对于图 5-3 所示的存储系统的单位存储价格应当与存储器 M2 的单位存储价格接近。

如果对图 5-3 中主辅二级存储系统的单位存储价格 P 求算术平均值，可得：

$$P = \frac{P_1 C_1 + P_2 C_2}{C_1 + C_2} \tag{5-1}$$

不难看出，如果能使得式 5-1 中的 C_1 和 C_2 满足关系：$C_1 << C_2$，则可导出 $P \approx P_2$。也就是说，该存储系统的单位存储价格 P 接近于较便宜的存储器 M_2 的单位存储价格。因而，在实际计算机系统的存储系统中，辅助存储器的存储容量往往远远大于主存储器的存储容量。

值得一提的是，在式 5-1 中，并未将实现存储体系所必需的辅助软、硬件的价格计算在内，为了使存储系统单位存储价格 P 接近于辅助存储器 M_2 的单位存储价格 P_2，还应使这部分辅助软、硬件价格只占存储系统总价的一小部分。

3．存取速度和访问命中率

存储系统常用的性能参数除了上述的存储容量和存储单位价格外，存取速度和访问命中率也是常用于反映存储系统性能的另一个重要指标。

访问命中率是指当 CPU 访问存储系统时，在主存储器中一次访问得到所需信息的概率，命中率可以通过实验或模拟的方法得到，即执行或模拟一组有代表性的程序。

仍以图 5-3 所示主辅二级存储系统为例，通过统计程序执行过程中对存储器 M_1 的访问次数 N_1 和对存储器 M_2 的访问次数 N_2，可计算出该存储系统的访问命中率为：

$$H = \frac{N_1}{N_1 + N_2}$$ （5-2）

从式 5-2 可以看出，访问命中率 H 与程序的地址流、系统采用的地址预判算法，以及存储器 M_1 的容量都有很大关系。通过访问命中率，可以计算出存储系统的平均访问时间。

假定在上例中存储器 M_1 和存储器 M_2 的平均访问时间分别为 T_1 和 T_2，则可计算机出该存储系统的的平均访问时间为：

$$T = HT_1 + (1-H)T_2$$ （5-3）

从式 5-3 不难得出如下结论：如果当命中率 $H \to 1$ 时，$T \to T_1$。即该存储系统的平均访问时间 T 趋近于速度比较快的存储器 M1 的平均访问时间 T_1。如果定义存储系统的访问效率为：

$$e = \frac{T_1}{T}$$ （5-4）

则可得如下结论：访问效率 e 越高，则存储系统的平均访问时间 T 越接近于存储器 M_1 的平均访问时间 T_1。

由以上分析可以看出，如果要使两级存储系统的速度接近于相对较快的那个存储器，有两种方法：一种是提高命中率 H，另一种则是确保构成存储系统的两级存储器的存取速度差异较小。

事实上，目前的两级存储器，如虚拟存储系统，两级存储器的存取速度相差达 10^5 倍以上；在 Cache-主存存储系统中，CPU 与主存储器的速度也相差达两个数量级以上，因而只能通过提高 CPU 对 Cache 的访问命中率来获得比较高的访问效率。但由于各种各样的原因，难以获得很高的访问命中率。

在实际应用中，虚拟存储系统只要主存储器有较大的存储容量，可以装得下较多的程序和数据，且以前装入的程序和数据可以比较长时间地保存，则虽然不命中时需要花费较长的时间来进行调度，但由于主存储器较高的访问的命中率，使得整个存储系统仍可以保持较高的访问效率。而对于 Cache-主存存储系统，一次访问不命中时只能从主存储器中取回几个字节（或几十字节），如果采用一级 Cache 存储结构，则需要达到很高的命中率（如 $H=0.9$）才能保障较高的访问效率，但这实际上是很难的。因而，Cache-主存存储系统通常采用两级或三级 Cache，并在 CPU 内部设置多种缓冲存储器来提高数据的重复利用率，以此达到较高的访问命中率。此外，通过合理的预取技术也可以在一定程度上提高访问命中率 H。例如，在一次访存不命中发生时，同时将从主存储器中取出的所需数据送往 CPU 的同时，把主存储器中相邻几个单元中的数据也取出来送入 Cache 中。根据程序的局部性原理，当 CPU 以后再访问 Cache 存储系统时，访问命中率便会得到一定的提高。

5.2 高速缓冲存储器（Cache）

在计算机系统中，为了改善 CPU 与主存储器之间的速度匹配问题，在 CPU 和主存储器之间加入一个高速、小容量的缓冲存储器（Cache），构成 Cache-主存储器的存储系统。从而使得存储系统对 CPU 而言，速度接近于 Cache，而存储容量则接近于主存储器。

5.2.1　Cache 的工作原理

使用 Cache 的主要目的是弥补 CPU 与主存储器速度之间的巨大差距。在高性能处理机中，通常设有两级 Cache，其中第一级设在 CPU 内部，其容量小、速度快；第二级设在主板上，其容量大、速度较第一级慢。此外，也有部分高性能处理机采用三级 Cache 结构，前两级都在 CPU 内部。由于 Cache 的地址变换和块替换算法全部是由硬件实现的，因此，它对应用程序员和系统程序员来说都是透明的，应用程序员和系统程序员都"看"不到存储系统中 Cache 的存在。

一般情况下，Cache 和主存储器均被分成相同大小的块，以块的方式进行管理。块的大小通常以 Cache 在主存储器的一个存储周期能读取访问的数据长度为参照。数据以块为单位在主存储器和 Cache 之间调入或调出。

在 Cache-主存存储系统中，主存储器地址由块号和块内地址两部分组成。相应的，Cache 地址也由块号和块内地址组成。块号用于查找对应的内存块，块内地址用于标识所需访问的数据在对应内存块中的偏移量。Cache 主要由三个部分组成，如图 5-4 所示。（1）Cache，用于存放由主存储器调入的指令与数据块；（2）地址转换部件，用于实现主存储器地址到 Cache 地址的转换；（3）替换部件，当缓存满时根据指定策略进行数据块替换，并对地址转换部件做对应修改。

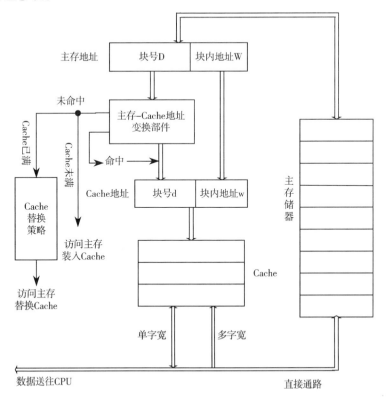

图 5-4　Cache 的结构和工作原理图

在系统工作时，地址转换部件维护一个映射表，用于确定 Cache 中是否有所要访问的块，以及确定其位置。该映射表中的每一项对应于 Cache 的一个分块，用于指出当前该块中存放的信息对应于主存储器的哪个分块。此外，为了标识 Cache 中的分块是否包含有效信息，一般在映射表中还会设置一个有效位，当设定该位为"1"时表示该映射表项有效，也即标识 Cache 中相应块所包含的信息有效，当设定该位为"0"时表示映射表项无效。

为了提高 CPU 对 Cache 的访问命中率，Cache 的工作原理是基于程序访问局部性原理的，它不断将与当前指令集相关联的一部分后继指令集从主存储器读取到 Cache，以供 CPU 访问，从而达到存储系统与 CPU 速度匹配的目的。其具体工作流程如下：

当 CPU 有访存需求时，通常先访问对应 Cache。当访问 Cache 时，首先将由 CPU 送来的主存储器地址放入到主存储器地址寄存器，然后通过主存-Cache 地址变换部件判断该次访问内容是否在 Cache 中。若在则命中，由地址变换部件将主存储器地址中的块号转换成 Cache 对应的块号，并加入到 Cache 地址寄存器中，把主存储器地址中的块内地址直接作为 Cache 的块内地址装入到对应的 Cache 地址寄存器中。地址转换完成后，根据该地址访问 Cache，并取出相应数据送往 CPU。反之若未命中，则需从主存储器中把 CPU 请求对应的分块取出并调入 Cache，同时送往 CPU。在请求数据调入 Cache 过程中，如果 Cache 已满，则需根据指定的替换算法将被请求的分块调入，而被替换出的分块则回写到主存储器中原来存放它的地方。

一般来说，Cache 的容量不会很大，因为过大的 Cache 将增加存储系统的成本，并且当 Cache 的容量超过一定值后，命中率随存储容量的增加并不会有明显的增长。当然，Cache 的容量也不能过小，过小的存储容量会显著降低访问命中率。但是，一般 Cache 的存储容量比主存储器的存储容量还是要小很多，那么 Cache 中的分块如何与主存储器中的分块建立对应关系，以及主存储器地址如何转换成 Cache 地址，是接下来要讨论的问题。

5.2.2　地址映像与变换方法

地址映像是将主存储器中的数据分块按某种规则装入 Cache 中，并建立主存储器地址与 Cache 地址之间的对应关系。地址变换则是指当主存储器中的分块按照地址映像方法装入 Cache 后，在实际运行过程中，主存储器地址转换成为相应的 Cache 地址的过程。

地址的映像和变换是紧密相关的，采用什么样的地址映像方法，就有与这种映像方法相对应的地址变换方法。根据所采用的地址映像和地址变换方法的不同，一般可分为以下几种不同类型：

1. 全相联映像及其变换方法

全相联映像是指主存储器中的任意分块可以被放置到 Cache 中的任意一个位置。其中，主存储器与 Cache 的分块大小相同。全相联映像规则如图 5-5 所示。假设 Cache 的分块数为 K，主存储器的分块数为 N，则主存储器与 Cache 之间的映像关系共有 $K \times N$ 种。如果将这种映像关系存放到目录表中，则目录表需 K 行，每行的字长为 Cache 地址中的块号长度与主存储器地址中的块号长度之和再加一个有效位。

在全相联映像方式中，主存储器地址与 Cache 地址的变换过程如图 5-6 所示。主存储器块号与 Cache 块号的映像关系存放在一个用高速缓存实现的目录表中，目录表中的存储单元由三部分组成：主存储器块号、Cache 块号以及有效位。

目录表中的有效位是用来标记各个存储单元的内容是否有效。如果有效位为"1"，表示主存储器分块 D 和 Cache 分块 d 的映像关系是有效的，即 Cache 块号 d 中存储的内容是主存储器块号 D 的正确副本；如果有效位为"0"，则表示映像关系是无效的。

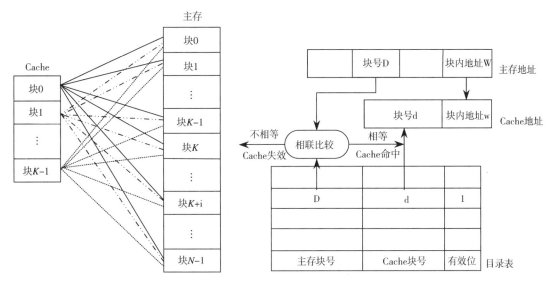

图 5-5 全相联映像规则 　　　　　　图 5-6 全相联映像地址变换

在计算机系统运行过程中，当 CPU 给出主存储器地址需要进行访存操作时，先用主存储器地址中的块号 D 与目录表中所有项的主存储器块号字段进行相联比较，如果发现有块号相等并且有效位为"1"的记录，则意味着要访问的数据已装入 Cache，即访问命中。此时，将对应行中的 Cache 块号取出，并与主存储器地址中的块内地址 W 拼接起来，得到 Cache 地址，并用这个地址去访问 Cache。反之，如果没有相等的则表示要访问的主存储器分块还未装入 Cache，需要从主存储器中把包含该数据在内的一整块信息读出并调入 Cache，同时将被访问数据直接送往 CPU，并修改目录表中的主存储器块号字段，将当前调入的主存储器块号写入目录表对应的存储单元，有效位置为"1"。值得一提的是，在计算机系统中，以上转换过程一般都是由硬件逻辑单元自动完成的。

采用全相联映像和变换方法主要优点是 Cache 的空间利用率较高，访问冲突率较低。但其不可忽视的缺点是，要构成一个相联访问速度较快、容量较大的相联存储器，其代价开销也相对较大。

2. 直接映像及其变换方法

直接映像是指主存储器中的某一分块在 Cache 中都有唯一对应的位置。其原理是将主存储器按 Cache 大小分成若干区，在区内进行分块，区内分块的大小与 Cache 中分块的大小相等，主存储器中每个区包含分块的个数与 Cache 中分块的个数相等。直接映像规则如图 5-7 所示。一般情况下，主存储器分块号 D 与 Cache 分块号 d 的映像关系可以表示为：

$$d = D \bmod K \tag{5-5}$$

其中，K 为 Cache 的块数。

直接映像方式下，主存储器地址与 Cache 的地址变换过程如图 5-8 所示。主存储器地址分为区号、块号和块内地址三个部分，Cache 地址分为块号和块内地址两个部分。整个 Cache 地址与主存储器地址的低位部分（即块号和块内地址）是完全相同的。主存储器块号到 Cache 块号的变换，是通过一个小容量存储器——目录表来实现的。目录表单元主要包括数据分块在主存储器中的区号和有效位两个部分的内容，其单元数与 Cache 的分块数相同。

在计算机系统运行过程中，当 CPU 需要访问主存储器并给出访存地址时，截取主存储器地址中与 Cache 地址对应的部分（块号和块内地址）作为 Cache 地址进行访问。如图 5-8 所示，先用主存储器地址中的块号 D 按地址访问区号存储器，然后将取出的区号与主存储器地址中的区号进行比较。如果相等且有效位为"1"（有效），则根据 Cache 地址取出数据送往 CPU。如果不等，则还需验证有效位信息，如果有效位为"1"，则先将该块写回到主存储器中对应的位置，然后将从主存储器中取出的新块写入到该地址对应的 Cache 中；如果有效位为"0"，直接将所需块从主存储器调入即可，并将有效位置为"1"。

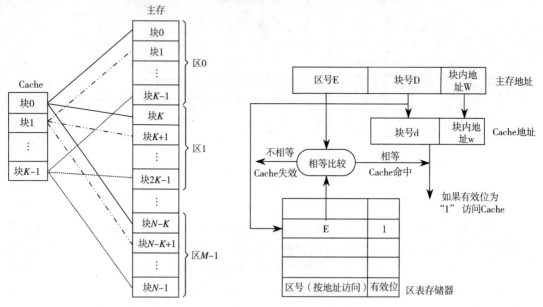

图 5-7　直接映像规则　　　　　　　图 5-8　直接映像地址变换

不难看出，采用直接映像和变换方法的主要优点是地址映像方式简单，因此对应的硬件实现也相对简单。进行存取访问时，只需检查区号是否相等，访问速度较快。其主要缺点是对存储块的访问冲突率较高，例如主存储器中的两个或两个以上被频繁使用的分块恰好映像到 Cache 的同一块中，会对 Cache 的访问命中率造成较大的影响。更坏的情况是，即使 Cache 中还有很多空闲的块，但只要上述情形产生，则仍然会发生块失效和块冲突，从而导致 Cache 的存储空间不能得到充分利用。

以上讨论了全相联映像和直接映像，它们的优点和缺点刚好相反，下面将介绍一种折中的方式——组相联映像，它将全相联映像和直接映像结合起来，既能减少块冲突率，提高 Cache 空间的利用率，又能使硬件实现较简单，且有较快的访问速度。

3. 组相联映像及其变换方法

组相联映像是指主存储器中的任一分块可以被放置到 Cache 对应组中的任何一个位置。组相连映像是直接映像和全相联映像的一种折中，是目前在 Cache 中用得比较多的一种地址映像和变换方式。

其中，把主存储器和 Cache 按同样大小划分成块；同时，将主存储器和 Cache 按同样大小划分成组，每一组由相同的块数组成；然后，将主存储器按 Cache 大小分成区，主存储器每个区的组数与 Cache 的组数相同。组相联映像在各组之间是直接映像，但组内各块之间是全相联映像。组相联映像规则如图 5-9 所示。例如，主存储器区 0 中的组 0 通过直接映像方式直接映像到 Cache 的组 0 位置；而组 0 中的块 0 则是通过全相联方式可以映像到 Cache 中组 0 的块 0、块 1、……、块 $Q-1$ 中的任意一块（Q 为 Cache 中每一组的块数）。

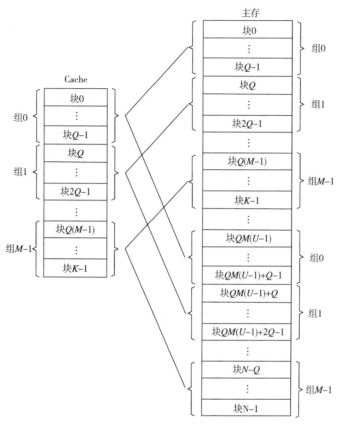

图 5-9　组相联映像规则

对于组相联映像方式，主存-Cache 的地址变换过程如图 5-10 所示。组相联映像的主存储器地址包含四部分：区号、区内组号、组内块号和块内地址。为实现主存储器块号到 Cache 块号的变换，设有一个块表。块表中包含：主存储器地址中的区号 E、组内块号 D、Cache 地址中的组内块号 d 和一个有效位及其他控制字段等。块表的容量与 Cache 的块数相等。

当需要访问 Cache 时，首先根据主存储器地址中的组号按地址访问块表存储器，从块表存储器中读出该组内 Q 块各块的目录；然后，将各块目录中的区号和组内块号与主存储器地址中相应的区号和块号进行相联比较。如果有比较结果相等的，且有效位为 "1"，表示要访问的数据已经装入到 Cache 中，这种情况称为 Cache 命中。此时，只要把这个存储单元中的 Cache 块号 d 读出，并与主存储器地址中的组号和块内地址 w 进行拼接，得到 Cache 地址，并用这个地址访问 Cache，把读出来的数据送往 CPU。如果相联比较结果没有相同的，这种情况称 Cache 块失效。

在程序执行过程中，可以让 Cache 的地址变换和访问 Cache 并行进行，并采用流水线工作方式，来提高 Cache 的访问速度。

组相联映像的优点是：比全相联映像在成本上要低得多，实现起来也容易得多；比直接映像在性能上得到了很大的提高，块的冲突率大大降低，块的利用率大幅度提高。所以，组相联映像得到了广泛的应用。

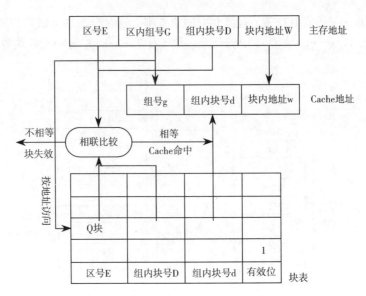

图 5-10　组相联映像地址变换

另外，在组相联映像中，当每组的块数为 1 时，就成为直接映像方式；而当每组的块数和 Cache 的块数相等时，就成为全相联映像方式。所以，在 Cache 容量和每块大小确定的情况下，对组数和每组的块数的选择，将会影响 Cache 的性能。可以从这里着手，选择合适的组数和每组的块数，来优化 Cache 的性能。

至此，几种主要类型的 Cache 已经介绍完毕，下面将讨论前文反复提到的当 Cache 发生块冲突时，所采用的块替换算法及其实现。

5.2.3　Cache 替换算法及实现

当 CPU 读 Cache 时，有两种可能：一是需要的数据已在 Cache 中，那么只需直接访问 Cache；二是需要的数据尚未装入 Cache，则 CPU 从主存储器中读取信息的同时，需按所需的映像规则将该地址所在的那块存储内容从主存储器复制到 Cache 中。对于第二种情况，若该块所映像的 Cache 块位置已全部被占满，则必须选择将 Cache 中的某一块替换出去。那么应该选择哪一块进行替换呢？这就是 Cache 替换算法所要解决的问题。

对于直接映像及其变换方式，由于主存储器中的块只能装入到 Cache 中唯一的块中，当需要进行替换时并无其他的选择，所以直接映像及其变换方式的替换很简单。而对于全相联映像，主存储器中的块可以装入 Cache 中的任意一块；组相联映像中，主存储器中的块可以装入 Cache 中同一组内的各个块中。当需要进行替换时，则有多个块供选择。当然，如果可能，则替换中应尽量避免替换掉立即就要用到的信息。

由于 Cache 的访问速度很高，替换算法必须全部用硬件实现，而且 Cache 中一般不采用全相联映像方式。下面介绍主要的几种 Cache 替换算法。

1. 随机法

随机法是 Cache 替换算法中最简单的一种。这种方法是随机地选择可以被替换的一块进行替换。有些系统设置一个随机数产生器，依据所产生的随机数选择替换块，进行替换。这对于调试硬件很有用。

这种方法的优点是简单，实现起来非常容易，因此，一般在小型微型计算中被采用。它的缺点是没有考虑到 Cache 块的使用历史情况，没有利用程序的局部性特点，从而命中率较低，失效率较高，效果往往不是很好。

2．先进先出法（First-In First-Out，FIFO）

这种策略总是把最先调入的 Cache 块作为被替换的块替换出去。优点是，由于它不需记录各个块的使用情况，实现起来也较容易。缺点是，虽然考虑到了各块进入 Cache 的先后顺序这一使用"历史"，但还不能正确地反映程序的局部性特点。因为经常使用的块（如一个包含循环程序的块），也可能因为它是最早进入的块而被替换出去。其替换过程与后面虚拟存储器中的先进先出替换策略相同，将在后面举例说明。

3．最近最少使用法（Least Recently Used，LRU）

LRU 法是依据各块的使用情况，总是选择最近久没被使用的块作为被替换的块进行替换。因为目前为止最久没有被访问的块，很可能也是将来最少访问的块。所以，LRU 算法较好地反映了程序的局部性特点，其失效率也是上述方法中最低的。不过，LRU 算法比较复杂，硬件实现较困难，特别是当组的大小增加时，LRU 的实现代价将越来越高。

LRU 算法在块表中为每一块设置一个计数器。计数器的操作规则是：

（1）被装入或被替换的块，其计数器清为"0"，同组的其他块的计数器都加"1"。

（2）当访问命中时，同组中其他所有块的计数器要与命中块的计数器进行比较，如果计数器的值小于命中块计数器的值，则该块计数器的值加"1"；如果块计数器的值大于命中块计数器的值，则该计数器值不变。最后，将命中块计数器的值清为"0"。

（3）需要替换时，在同组所有块中选择计数器值最大的块，作为被替换的块进行替换。

例如，IBM 370/165 机的 Cache 采用组相联映像方式，每组 4 块，每一块设置一个 2 位的计数器。其工作状态如表 5-1 所示。

表 5-1　LRU 替换算法的块分配操作

块地址流	主存块 1		主存块 3		主存块 2		主存块 4		主存块 5		主存块 4	
	块号	计数器	块号	计数器	块号	计数器	块号	计数器	块号	计数器	块号	计数器
Cache 块 0	1	00	1	01	1	10	1	11	5	00	5	01
Cache 块 1	—	01	3	00	3	01	3	10	3	11	3	11
Cache 块 2	—	01	—	10	2	00	2	01	2	10	2	10
Cache 块 3	—	01	—	10	—	11	4	00	4	01	4	00
操作状态	装入		装入		装入		装入		替换		命中	

由于 LRU 法最常用，下面介绍 LRU 两种全硬件实现方法：堆栈法和比较对法。

4．堆栈法

堆栈法中，由栈顶到栈底各项的先后次序来记录 Cache 中或 Cache 中同一组内各个块被访问的先后顺序。栈顶恒存放近期最近被访问过的块的块号，栈底恒存放近期最久没有被访问过的块的块号，即准备被替换掉的块的块号。其原理如图 5-11 所示。

管理规则为：把本次访问的 Cache 块号与堆栈中保存的已访问过的各个块号进行相联比较。如果有相符的，则 Cache 命中，把本次访问的块号压入堆栈，成为新的栈顶，并使堆栈内各项依次下移一行，直至与本次访问的块号相等的那个单元为止，再往下直至栈底的单元都不变。如果没有相符的，则 Cache 块失效，把此块号直接压入堆栈，使其成为栈顶项，并使堆栈中的各项都顺序下移一行，直至栈底。如此下去，当堆栈被全部装满时，继续压入并发生块失效时，需要进行替换，很显然栈底项存放的块号就是最久没有被访问过的块号，将其作为被替换的 Cache 块号。

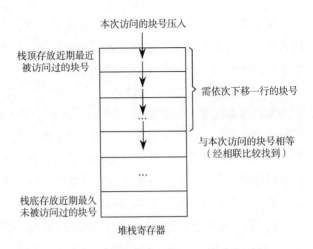

图 5-11　用堆栈法实现 LRU 算法的原理

这种硬件堆栈既要求具有相联比较的功能，又要求能全下移、部分下移等功能，成本较高，因此只适用于组相联且组内块数较少的 LRU 替换场合。如果采用组相联映像，则每一组都需要有一个反映该组内各块使用情况的堆栈。

5. 比较对法

上面介绍的堆栈法需要硬件有相联比较的功能，因此其速度比较低，也比较贵。而比较对法则是另一种 LRU 算法，它只用一般的门、触发器等硬联逻辑来实现。

LRU 算法用一组硬件的逻辑电路记录同一组中各个块使用的时间和次数。然后，按照各个块被访问过的时间顺序排序，从中找出最久没有被访问过的块。用一个两态的触发器的状态来表示两个块之间的先后顺序，再经过门电路就可以找到 LRU 块。

下面以四个块为例，假如有块 A、B、C 和 D，则它们之间两两组合有：AB、AC、AD、BC、BD 和 CD 这 6 对。每两块之间的访问顺序用一个两态触发器表示，则需要 6 个触发器（T_{AB}、T_{AC}、T_{AD}、T_{BC}、T_{BD}、T_{CD}）。设 $T_{AB}=1$，表示块 A 比块 B 更近被访问过；$T_{AB}=0$，表示块 B 比块 A 更近被访问过。对其他的触发器以类似的方法进行定义。则这 4 个块之间共有 12 种排列，如 A 和 B 之间的排列有：T_{AB} 和 $\overline{T_{AB}}$。

如果要表示 B 是最久没被访问过的块，则这 4 个块有 6 种可能的排列顺序。如果由近到远访问过的次序为：A、C、D、B，即 A 是最近访问过的块，则这 6 个触发器的状态为：$T_{AB}=1$，$T_{AC}=1$，$T_{AD}=1$，$T_{BC}=0$，$T_{BD}=0$，$T_{CD}=1$，用布尔代数表示为 $\overline{T_{BC}}\cdot\overline{T_{BD}}\cdot T_{CD}$ $T_{AB}\cdot T_{AC}\cdot T_{AD}$。如果访问过的次序为：C、A、D、B，即 C 是最近访问过的块，则这 6 个触发器的状态为：$T_{AB}=1$，$T_{AC}=0$，$T_{AD}=1$，$T_{BC}=0$，$T_{BD}=0$，$T_{CD}=1$，用布尔代数表示为 $T_{AB}\cdot\overline{T_{AC}}\cdot T_{AD}\cdot\overline{T_{BC}}\cdot\overline{T_{BD}}\cdot T_{CD}$。还有 4 种排列，这里不再列举。由此可以得出：块 B 被替换的条件是：$T_{AB}=1$，$T_{BC}=0$，$T_{BD}=0$，用布尔代数表示为：

$$B_{LRU}=T_{AB}\cdot\overline{T_{BC}}\cdot\overline{T_{BD}} \qquad (5\text{-}6)$$

同样，可以得到块 A、块 C 和块 D 最久没被访问过的布尔表达式分别为：

$$A_{LRU}=\overline{T_{AB}\cdot T_{AC}\cdot T_{AD}}$$

$$C_{LRU}=T_{AC}\cdot T_{BC}\cdot\overline{T_{CD}}$$

$$D_{LRU}=T_{AD}\cdot T_{BD}\cdot T_{CD} \qquad (5\text{-}7)$$

对于本例，用门、触发器等硬件组合实现的逻辑图如图 5-12 所示。

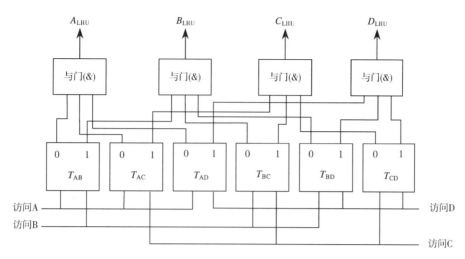

图 5-12　用比较对法实现 LRU 算法

在每次访问命中或调入新块时，与该块相关的触发器状态都要进行修改。如上述例子，在访问块 B 后，B 成为最近使用过的块，需修改触发器的状态，令 $T_{AB}=0$，$T_{BC}=1$，$T_{BD}=1$。同理，在访问过块 D 后，需修改与 D 相关的触发器，令 $T_{AD}=0$，$T_{BD}=0$，$T_{CD}=0$；当访问过块 A 时，需令 $T_{AB}=1$，$T_{AC}=1$，$T_{AD}=1$；当访问过块 C 时，需令 $T_{AC}=0$，$T_{BC}=0$，$T_{CD}=1$。

现在来分析比较对法的硬件量。从图中可以看出，在每组有 4 个块时，由于每块的信号需要一个与门产生，所以需 4 个与门；另外，两两组合，则比较触发器的个数为 6 个。现假设每组块数为 k，则需要 k 个与门；每个与门的输入端的个数为 $k-1$；所需触发器的个数为 $C_k^2 = \dfrac{k \cdot (k-1)}{2}$。表 5-2 中具体列出了每组块数不同时，所需要的触发器个数、与门个数和与门输入端的个数情况。

表 5-2　触发器个数、与门个数和与门输入端的个数与每组块数的关系

每组块数	3	4	8	16	64	256	…	k
触发器个数	3	6	28	120	64	2016	…	$k(k-1)/2$
与门个数	3	4	8	16	64	256	…	k
与门输入端个数	2	3	7	15	63	255	…	$k-1$

通过比较，可以得出：当每组的块数增加时，门的个数以相同的数量在增加，门的输入端的个数在线性增加，所需触发器的个数也会以极快的速度增加。当块数增加到 8 块及以上时，硬件实现的成本就很高了。所以，比较对法只适用于组内块数较少的组相联映像 Cache 中。另外，当组内块数较多时，也可以采用分级的办法来减少所用的比较对数。一般来说，所采用的分级数越多，能节省的器件也越多，但同时，器件的延迟时间也加长了。

比较对法在组内块数较少时，比前面的堆栈法易于实现。另外，由于它采用的是 LRU 算法，因此块失效率较低，并且其工作速度较高，只需简单的组合逻辑就可以找到最久没被访问过的块。它的主要缺点是当组内块数较多时，硬件实现比较复杂，需要较大的触发器。

综上所述，Cache 替换算法应解决好以下两个问题：

（1）如何记录并管理好每次访问的 Cache 块号。

（2）如何根据所记录的信息来判断近期内哪一块是最久没有被访问过的。

5.2.4 Cache 的一致性问题

由于 Cache 中保存的是主存储器的一部分副本，则有可能在一段时间内，主存储器中某单元的内容与 Cache 中对应单元的内容出现不一致。例如：

（1）CPU 在写入 Cache 时，修改了 Cache 中某单元的内容，而主存储器中对于单元的内容却可能没有改变，还是原来的。此时，如果 I/O 处理机或其他处理机要用到主存储器中的数据，则可能会出现主存储器内容跟不上 Cache 对应内容的变化而造成的数据不一致性错误。

（2）同样，I/O 处理机或其他处理机已修改了主存储器某个单元的内容，而 Cache 中对于单元的副本内容却可能没有改变。这时，如果 CPU 访问 Cache 并读取数据，也可能会出现 Cache 内容跟不上主存储器对于内容的变化而产生的不一致性错误。

对于 Cache 中的副本与主存储器中的内容能否保持一致，是 Cache 能否可靠工作的一个关键问题。要解决这个问题，首先要选择合适的 Cache 更新算法。对于上面提到的第一个不一致性问题，主要是更新主存储器内容。一般有两种更新主存储器内容的算法：写回法和写直达法。

1．写回法（Write Back）

写回法也称拷回法。它是指 CPU 在执行"写"操作时，只把信息写入 Cache，而不写入主存储器。仅当该块需被替换时，才把已经修该过的 Cache 块写回到主存储器。

为了减少替换时块的写回，常在 Cache 快表中为每一块设置一个"修改位"标示，用于指出该块在装入 Cache 后是否被修改过。当对某一块中的任何一个单元进行了修改时，这一块的"修改位"标示将被置为"1"；否则保持为"0"。在进行替换时，根据被替换块的"修改位"标示来决定替换时是否先将该块写回到主存储器原来的位置。如果该位为"1"，则必须先将该块写回到主存储器，再调入新的块进行替换；如果为"0"，则只需用新调入的块直接覆盖该块即可。

2．写直达法（Write Through）

写直达法也称存直达法。它是指 CPU 在执行"写"操作时，不仅把信息写入到 Cache，而且也写回主存储器。这样，当某一块需要被替换时，就不必写回到主存储器，只需要直接调入新块并覆盖该块即可。当然，也不需要再为每块设置"修改位"标示。

写回法与写直达法各有优缺点。

（1）写回法较写直达法速度要快，这是因为：一方面，Cache 的命中率一般很高，对于写回法，CPU 的绝大多数写操作只需写 Cache，而不必写主存储器，从而减少了写主存储器的时间；另一方面，当写 Cache 发生块失效时，可能要写一块到主存储器，而写直达法只写一个字到主存储器。另外，此时可能对同一个单元已进行了多次写而只需一次写回主存储器。

（2）但在可靠性上，写回法不如写值达法好。这是因为写值达法中，Cache 中的副本始终保持与主存储器中的一致，当出现错误时，可以通过主存储器来纠正。而写回法则可能有一段时间，Cache 中的副本与主存储器中的并不一致，此时，则需要在 Cache 中增加更多的冗余信息位来提高其内容的可靠性。

（3）写直达法的控制较写回法简单。写回法要在快表中为每一块设置一个"修改位"标示，并且要对这个标示位进行管理和判断。另外，前面提到的，对于写直达法在 Cache 出现错误时由主存储器来纠正，因此 Cache 中只需设置一位简单的奇偶检验位即可；而写回法则要采用相对比较复杂的纠错码。

（4）写直达法易于实现，而硬件实现代价相对较大。写直达法每次只需直接写入 Cache

和主存储器即可，而写回法要先对"修改位"进行判断，再决定是否写回主存储器。由于写直达法每次都要写回主存储器，此时，CPU 必须等待，直到"写"操作结束，为了减少写操作所花费的时间，通常采用写缓冲存储器，CPU 先把要写入主存储器的数据和地址写到这个缓冲存储器中，然后继续执行，从而使主存储器的更新和 CPU 的执行重叠起来。但此时，就增加了硬件实现代价，而写回法则相对比较低。

在进行"写"操作时，可能出现写不命中的情况。由于"写"操作并不需要访问该单元中的所有数据，所以，在出现 Cache 写不命中时，无论写回法还是写直达法，都有一个在写时是否取的问题。一般有两种选择：

（1）按写分配法：写失效时，除了完成把所写字写入主存储器外，还把该写地址单元所在的块由主存储器调入 Cache。

（2）不按写分配法：写失效时，只完成把所写字写入主存储器，而不把该写地址单元所在的块从主存储器调入 Cache。

这两种方法都可应用于写回法和写直达法，但写回法一般采用按写分配法，而写直达法一般采用不按写分配法，其效果虽然不同，但是命中率差别不大。

采用写回法还是写直达法，与系统使用场合也有关。目前，很多单处理机系统的 Cache 都采用写回法，以减少 Cache 与主存储器之间的通信量，节省成本。而对于共享主存储器的多处理机几乎都采用直达法，目的是为了保证各处理机经主存储器交换信息时不出错。例如，Amdahl 的所有机器、IBM3081 等机器采用写回法。而 IBM370/168、IBM 3033、VAX—11/780、Honeywell66/60、Honeywell66/80 等采用写直达法。

5.2.5　Cache 的性能分析

评价 Cache，主要是看 Cache 命中率的高低。命中率主要与下面几个因素有关：程序在执行过程中的地址流分布情况；当发生 Cache 块失效时，所采用的替换算法；Cache 的容量，块的大小、块的总数；采用组相联时组的大小等。其中，地址流的分布情况是由程序本身决定的，系统设计人员一般无能为力。块替换算法已经在前面介绍过，下面将对影响 Cache 命中率的其他几个因素进行简单的分析。

1. Cache 命中率与容量的关系

Cache 的容量越大，其命中率越高，它们的关系曲线如图 5-13 所示。

可以看出，Cache 容量比较小的时候，命中率随容量的增加提高得非常快；但当容量增加到一定值后，命中率提高的速度逐渐降低。当 Cache 容量增加到无穷大时，命中率可望达 100%。但是，这实际上是做不到的。

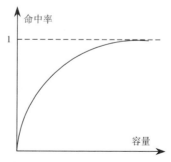

图 5-13　Cache 命中率与容量的关系

在增加 Cache 容量的同时，不仅成本在增加，电路结构也变得更复杂，所用的芯片面积、功耗也会加大，Cache 的访问时间也会变长。由图可以看出，当容量达到一定值后，再增加容量，命中率提高很少，所以 Cache 容量也不是越大越好。

2. Cache 命中率与块大小的关系

在采用组相联映像方式的 Cache 中，当 Cache 的容量一定时，块的大小也会影响命中率，它们之间的关系曲线如图 5-14 所示。

可以看出，当块很小时，如只有一个存储单元，这时的命中率很低。随着块大小的增大，Cache 的命中率在不断增加。当增加到一定的值后，再增加块的大小，命中率却开始减小。这是因为当块从初始的状态开始增加时，由于程序的空间局部性特点，同一块中数据的利用率提高，从而导致 Cache 命中率增加。但是，当块大小增加到最佳大小后，继续增加，则进入 Cache 中的许多数据可能根本用不上，使程序时间局部性的作用不断减弱。最后，当块的大小等于整个 Cache 容量时，命中率将趋近于零。

所以 Cache 块不能太小，太小命中率太低；也不能太大，太大不仅会使 CPU 调取块时空等的时间太长，块大到一定程度时也会降低命中率。

3. Cache 命中率与组数的关系

接下来讨论 Cache 命中率与组相联映像方式中分组的数目的关系。当 Cache 的容量一定时，分组的数目对于 Cache 命中率的影响也是很明显的。组数分得越多，命中率会下降，命中率会随着组数的增加而下降。当组数不太大时，命中率降低得相当少；当组数超过一定数量时，命中率下降非常快。

在组相联映像方式中，由于组间是采用直接映像方式，而只有组内采用全相联映像方式。在 Cache 容量一定且每块大小也是一定的情况下，当分组的数目增加时，则每组内的块数数目将会减少，从而主存储器中的某一块可以映像到 Cache 中的块数就会减少，从而导致命中率下降。

讨论完影响命中率的几个因素，接下来分析 Cache-主存储器存储层次的加速比。

假设 T_c 为 Cache 的访问周期，T_m 为主存储器的访问周期，H 为访问 Cache 的命中率，则整个存储层次等效的存储周期为：

$$T = H \cdot T_c + (1-H) \cdot T_m \tag{5-8}$$

从而 Cache 系统的加速比可定义为：

$$R_a = \frac{T_m}{T} = \frac{T_m}{H \cdot T_C + (1-H) \cdot T_m} = \frac{1}{H \cdot \dfrac{T_c}{T_m} + (1-H)} \tag{5-9}$$

可以看出，Cache 系统的加速比与 Cache 的命中率 H 和主存储器访问周期 T_m 及 Cache 访问周期 T_c 有关。而 Cache 系统中，主存储器的访问周期和 Cache 的访问周期一般是固定的。所以，只要提高 Cache 的命中率，就可以获得较高的 Cache 系统加速比，提高存储系统的速度。

Cache 的加速比 R_a 与命中率 H 的关系如图 5-15 所示。

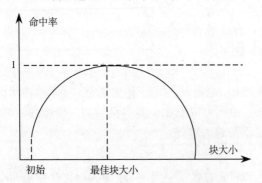

图 5-14　Cache 命中率与块大小的关系

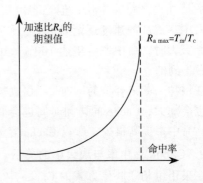

图 5-15　Cache 加速比 R_a 与命中率的关系

由于 Cache 的命中率一般都比 0.9 大，可以达到 0.99 以上，因此，由图可以看出，采用 Cache 能使其加速比接近于所期望的最大值 T_m/T_c。

通过以上分析，可以看出，Cache 命中率对提高 Cache 系统性能的重要性。下一节阐述如何对 Cache 性能进行优化。

5.3　Cache 性能的优化

由上面的内容，只要提高 Cache 的命中率，就能获得较高的 Cache 系统加速比。另外，Cache 的平均访问时间是测评存储系统性能的一种更好的指标，其定义如下：

$$平均访问时间＝命中时间＋失效率×失效开销 \qquad （5-10）$$

因此，可以从 3 个方面对 Cache 的性能进行优化：

（1）降低 Cache 失效率；

（2）减少失效开销；

（3）减少命中时间。

下面将介绍 13 种 Cache 优化技术，其中 5 种用于降低失效率，4 种用于减少失效开销，4 种用于减少命中时间。

5.3.1　降低 Cache 失效率的方法

Cache 失效即所要访问的块不在 Cache 中，失效率即为访问失效的次数和总访问次数的比值。按照产生失效的原因，将失效分为以下 3 类（即 3C 模型）。

（1）强制性失效：对块第一次访问，该块不在 Cache 中，需从主存储器中将该块调入 Cache 中。对于无限大的 Cache，强制性失效也会发生。

（2）容量失效：如果程序执行时，Cache 容纳不了所需的所有块，则会发生容量失效。当某些块被替换后，可能随后重新访问又被调入。

（3）冲突失效：在组相联映像或直接相联映像中，如果太多的冲突块映像到同一组中，产生冲突，则可能会出现某个块刚被替换出去，随后又重新访问而被再次调入。这就是冲突失效。

针对这些失效，下面将介绍几种降低失效率的方法。

1. 增加 Cache 块大小

降低 Cache 失效率最简单的方法是增加 Cache 块大小。前面讲过 Cache 命中率和块大小的关系：在 Cache 容量一定时，当块大小开始增加时，命中率也开始增加，但当增加到一定程度后，命中率反而开始下降。失效率和命中率是两个相关的概念，命中率增加时，失效率下降；命中率下降时，失效率反而增加。另外，Cache 容量越大，则使失效率达到最低的块大小就越大。

导致失效率先下降再上升的原因是：当增加块大小时会产生双重作用，一方面增加块大小利用了程序的空间局部性特点，减少了强制性失效；另一方面，增加块大小的同时减少了 Cache 中块的数目，所以可能会增加块冲突失效。当块大小开始增加时，由于块大小还不是很大，上述的第一种作用超过了第二种作用，所以失效率会下降；但当增加到一定大小时继续增加，由于块较大，第二种作用反而超过了第一种作用，导致失效率下降。

所以,在块较小时,可以通过增加 Cache 块大小来降低失效率。当然,不能一直增加下去,到一定大小,失效率开始上升。另外,增加块大小的同时也会增加失效开销,如果失效开销带来的负面效应超过了失效率下降所带来的好处,则得不偿失。

2．增加 Cache 容量

前面也分析过 Cache 命中率与 Cache 容量的关系。Cache 容量越大,命中率越高,失效率则越低。但增加 Cache 容量不仅会增加成本,而且也可能会因为复杂的电路结构等而增加 Cache 的访问时间。这种方法在片外 Cache 中用得比较多。

3．指令和数据硬件预取

指令和数据硬件预取是指在处理机访问指令和数据之前,就把它们预取到 Cache 中或预取到可以比存储器访问速度更快的外部缓冲区中。

指令预取通常是在 Cache 之外的硬件中完成的。一般有两种预取算法:

(1)恒预取:即当 CPU 访问存储器时,无论 Cache 命中与否,都把紧接着访问字所在块的下一块从主存储器读入到 Cache 中。

(2)不命中预取:即当 CPU 访问存储器时,仅在 Cache 不命中时,才把访问字所在的块及紧接着的下一块从主存储器读入到 Cache 中。

一般情况下,预取技术可以大幅度提高 Cache 的命中率,但也不是所有情况都有效。预取技术还与很多因素有关,如块的大小。如果块很小,则预取效果不明显;如果块过大,一方面可能预取进了很多不会用到的数据,另一方面,减少了 Cache 块的数目,从而可能把正在使用或近期内要用的信息块替换出去,降低了命中率,提高了失效率。

4．编译器控制预取

硬件预取的一种替代方法是在编译时加入预取指令,在数据被使用之前发出预取请求。有以下两种方式:

(1)寄存器预取:将数据预取到寄存器中。

(2)Cache 预取:只将数据预取到 Cache 中,并不放入寄存器。

这两种方式既可以是故障性的,也可以是非故障性的。区别在于故障性预取会引起虚地址错误异常和保护冲突异常,而非故障性预取则不会,它会放弃此次预取,转为空操作。

目前,大多数处理机采用非故障性 Cache 预取技术。然而生成预取指令会带来指令的开销,因此,应谨慎地使用以保证这些开销在可接受的范围内,不超过预期所带来的收益。可以通过分析有可能发生 Cache 失效的存储器访问操作,使程序避免不必要的预取,在较大程度上缩短存储器的平均访问时间。

5．编译器优化以降低 Cache 失效率

这种方法是采用软件方法来优化 Cache 性能的。试图通过优化编译时间来改善 Cache 性能。有以下几种优化技术:

1)程序代码和数据重组

这种方法是设法在不影响程序正确性的前提下将程序代码和数据重组,以改善空间局部性,减少失效次数。

2)循环交换

有些程序中含有嵌套循环,它们不是按顺序来访问存储器中的数据。在这种情况下,通过简单地交换循环的嵌套关系,就可以使程序按数据在存储器中的顺序来进行访问。这种方

法也是通过增加空间局部性来减少缺失，通过代码重排使得一个 Cache 块在被替换出去之前，可以最大限度地利用 Cache 块中的数据。

3）分块

这种优化是通过改进时间局部性来减少缺失的。例如，对多个数组进行访问时，有些是按行访问，有些是按列访问。由于在每次循环中行和列都会被用到，因此，按行优先还是按列优先来存储数组，都不能解决问题。分块算法并不是对数组中的整行或整列进行操作，而是对它的子矩阵或块进行操作的。其目的仍然是在一个 Cache 块被替换出去之前，最大限度地利用它。

上面简单介绍了降低 Cache 失效率的几种方法。由于许多方法在降低失效率的同时会增加命中时间或失效开销。因此，在具体使用中，应综合考虑，保证降低失效率确实能提高整个系统的速度。

5.3.2 减少 Cache 失效开销

以往对 Cache 的研究一直将重点放在减少缺失次数上，即降低 Cache 失效率。不过从式 5-10 中可以看出，与降低失效率一样，减少 Cache 失效开销同样可以缩短 Cache 的平均访问时间并提高 Cache 的性能。而且，随着技术的发展，处理机性能的增长速度要快于存储器性能的增长，使得 Cache 失效开销的相对成本不断增加。下面介绍几种减少 Cache 失效开销的优化 Cache 性能措施。

1. 采用两级 Cache

为了克服处理机和存储器之间越来越大的性能差距，是应该让 Cache 更快，还是应该让 Cache 容量更大呢？实际上可以两种兼顾，优化 Cache 性能的同时增大容量。具体作法是在原来 Cache 和存储器之间增加一级 Cache，构成两级 Cache。其中第一级 Cache 可以让它小到足以与快速的处理机运行时钟周期相匹配，而第二级 Cache 则让它大到足以捕获到对内存进行的大多数访问，从而有效地降低了失效开销。

虽然在存储层次中增加另一级 Cache 的概念是直观简单的，但它的性能分析却变得复杂了。首先对两级 Cache 的平均访问时间进行定义，用下标 $C1$ 和 $C2$ 分别表示第一级 Cache 和第二级 Cache，则原来的公式变为：

$$平均访问时间_{C1} = 命中时间_{C1} + 失效率_{C1} \times 失效开销_{C1}$$

其中，

$$失效开销_{C1} = 命中时间_{C2} + 失效率_{C2} \times 失效开销_{C2}$$

从而，

$$平均访问时间 = 命中时间_{C1} + 失效率_{C1} \times 命中时间_{C2} + 失效率_{C2} \times 失效开销_{C2}$$

在这个公式中，$C2$ 的失效率是在第一级不命中而到达第二级的剩余部分开始测得的。通过实际的应用，通过减少二级 Cache 的失效率，可以降低失效开销。

2. 让读失效优先于写

提高写直达 Cache 性能最重要的方法是设置一个容量适中的写缓存。然而，写缓存中可能包含读失效时所需单元的最新值，这个值尚未写入存储器，导致了存储器访问的复杂化。

解决这个问题最简单的方法是让读失效等待，直至写缓存为空。然而，在写直达 Cache 发生读失效时，写缓存几乎总有数据，这就增加了读失效的开销。另一种方法是在发生读失效时检查写缓存的内容，如果没有冲突且存储器系统可以访问，就继续处理读失效，让读失效优先于写。

在写回法的 Cache 中，也可以减少处理机的写开销。假定发生读失效，一个修改过的存储块将被替换。可以先把修改过的块复制到一个缓存器中，然后读存储器，最后把等待写的块写入存储器。这样 CPU 的读访问就会很快结束。

3. 合并写缓冲区

该技术可提高写缓冲器效率。采用写直达法的 Cache 要有一个写缓冲区，如果写缓冲区为空，就把被替换的数据和相应地址写入缓冲区。从 CPU 的角度来看，写操作结束，CPU 可以继续执行后面的指令，而写缓冲区则负责将数据写回到存储器。如果写缓冲区中还有已修改过的数据，则检查新数据的写入地址是否与缓冲区中已有的地址相匹配。如果有地址匹配且对应的位置是空闲的，则将新数据合并到该项中，这就是写缓冲合并。这种技术不仅可以提高写缓冲区的空间利用率，而且也可以减少因写缓冲区满而等待的时间。

4. 请求字处理技术

这种技术工作原理：处理机在同一时刻只需要调入块中的一个字（即请求字），因此，不必等到全部的块调入 Cache，就可以将该字送往处理机并重新启动处理机进行访问。具体有以下两种策略：

（1）请求字优先：调块时，先向存储器请求处理机所要的请求字。一旦该请求字到达即送往处理机，让处理机继续执行，同时可以从存储器中调入该块的其他字。

（2）提前重启动：在请求字没到达处理机时，处理机处于等待状态。一旦请求字到达即送往处理机，让等待的处理机提前启动执行，同时从存储器中调入该块中的其他字。

一般这些技术只适用于 Cache 块很大的情况。因为 Cache 块较小时，用不用这些技术，失效开销差别不大。

5.3.3 减少命中时间

除了通过降低失效率和减少失效开销来优化 Cache 性能的方法以外，一般还可以从另一个方面，通过减少命中时间来优化 Cache 的性能。命中时间也是平均访问时间的一个组成部分，其重要性在于它会影响处理机的时钟频率。有以下几种方法可以减少 Cache 的命中时间。

1. 小而简单的 Cache 可减少命中时间

在计算机中，采用容量小、结构简单的 Cache，这样快表较小，查表的速度较快，从而有效地提高了 Cache 的访问速度。应使 Cache 容量尽可能小，使之可以与处理机处于同一个芯片内，避免片外访问而增加的时间开销。另外，硬件越简单，速度就越快，应使 Cache 结构保持简单，如采用直接映像 Cache。所以，为了得到高速的系统时钟频率，第一级 Cache 应选用小而简单的 Cache。

2. 路预测减少命中时间

路预测要求 Cache 中预留特殊的比较位，用来预测下一次访问 Cache 时可能会用到的路或块。这种预测是提前使用多路选择器来选择所需的块，如果预测器预测正确，则有最快的命中时间；如果错误，则选择其他的块。模拟表明：对于 2 路组相联来说，组预测的精度有 85%，从而节省了 85%的流水线时间。

3．踪迹 Cache（Trace Cache）减少命中时间

在指令级并行性中，当要求每个时钟周期流出的指令数超过 4 条时，要提供足够多条彼此互不相关的指令是很困难的。踪迹 Cache 就是解决这个问题的一个方法。踪迹 Cache 中存储的是处理机所执行的动态指令序列，而不是用于存储主存储器中给出的静态指令序列。在 Pentium 4 处理机的踪迹 Cache 中由于使用了译码微操作，从而节省了译码时间，这是另一种优化 Cache 性能的思路。

踪迹 Cache 也有其不足之处，它的成本较高，硬件复杂，其他处理机几乎没有用到它。

4．流水线 Cache 访问

流水线 Cache 访问方法是将流水线、Cache 访问以及使一级 Cache 命中时的有效时延分散到几个时钟周期。它实际上并不能真正减少 Cache 命中时间，但可以提供较短的周期时间和高宽带。如果流水线产生了阻塞，则可能会产生更多的时钟周期代价。

还有其他的方法可以优化 Cache 的性能，这里不再予以介绍，有兴趣的读者可以参考其他相关资料。

5.4 主存储器及性能优化

主存储器也称主存，是存储层次中紧接着 Cache 下面的一个层次。它是计算机硬件的一个重要部件，其作用是存放指令和数据，并能由中央处理机直接随机存取。它既被用来满足 Cache 的请求，也被用作 I/O 接口。主存的性能指标主要是存储容量、存取时间、存储周期和存储器带宽。存储容量是指在一个存储器中可以容纳的存储单元总数；存取时间是指从启动到完成一次存储器操作所经历的时间；存储周期是指连续启动两次操作所需间隔的最小时间；存储器带宽是指单位时间里存储器所存取的信息量。

5.4.1 主存储器

目前就主存的速度来看，仍不能满足 CPU 的要求，这是因为主存速度的改进跟不上 CPU 速度的提高。Cache 的引入，在很大程度上弥补了主存和 CPU 速度上的巨大差距。然而，主存的延迟因影响 Cache 的失效开销而成为 Cache 主要关心的问题。另外，随着第二级 Cache 的广泛应用，主存带宽对于 Cache 来说也越来越重要了。所以，在有 Cache 的存储层次中，主存的性能主要是用主存的延迟和带宽来衡量的。下面讨论几种主要的能提高主存性能的方法。

5.4.2 性能优化

前面讲过，主存的性能主要是用主存的延迟和带宽来衡量的，可以从这两个方面对主存储器的性能进行优化。下面介绍增加存储器数据带宽的两种方法。

1．增加存储器的宽度

增加数据带宽可以增加同时访问的数据量，从而提高数据的吞吐量。最简单的方法是增加存储器的宽度。

第一级 Cache 的宽度通常为一个字，因为 CPU 大部分的访存都是一个字的宽度。在不具有第二级 Cache 的计算机系统中，主存的宽度一般与 Cache 的宽度相同。因此，可以将 Cache 和主存的宽度同时增加为原来宽度的两倍或以上，从而增加了主存的宽度。在有些系统中，由于主存与处理机通过总线相连，这种方法会增加总线的宽度，提高实现代价，从而

主存的宽度也不能作得太宽。另外，当主存宽度增加后，用户扩充主存时的最小增量也增加了相应的倍数。为提高数据传输的速度，这些系统中广泛采用突发方式进行数据传输，即在一个总线周期中以数据块传送的方式将数据块从主存调入 Cache。

Alpha 21064 是采用宽主存的一个例子。其第二级 Cache、存储器总线及存储器都是 256 位宽的。

2. 多体交叉存储器

存储器的多体交叉存储器是提高数据带宽的另一个有效的方法。它是采用模 m 多体交叉编址，利用多体潜在的并行性进行并行存取。其中，每个存储体的宽度一般为一个字的宽度，通过同时向多个个体发送地址对它们同时进行访问，从而一次可以读或者写多个字。

有两种基本的多体交叉方法：高位多体交叉方法和低位多体交叉方法。高位交叉方法的使用较普遍，这种方法可以很方便地扩展常规主存的容量。下面分别进行介绍。

1) 高位交叉存储器

高位交叉存储器的地址高位部分用于区分不同的存储体，低位部分用于选择一个存储体体内不同的存储单元，结构如图 5-16 所示。

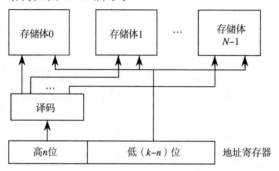

图 5-16　高位交叉存储器结构

假设一个高位交叉存储器的地址由 k 位组成，其中高 n 位用于表示存储体体号，低 $(k-n)$ 位用于表示体内地址；则存储器的主存空间为 $M=2^k$，存储体的个数最多为 $N=2^n$，每个存储体的容量最大为 $m=2^{k-n}$。

如果存储体个数为 N，每个存储体容量为 m，并且存储体体号为 $i=0,1,2,\cdots,N-1$，体内地址为 $j=0,1,2,\cdots,m-1$，则存储单元的地址为 $A=m\times i+j$。若已知存储器的地址为 A，则可以计算出这个地址的存储体体号和体内地址，方法如下：

存储体体号：$A_i = \left\lfloor \dfrac{A}{m} \right\rfloor$

存储体体内地址：$A_j = A \bmod m$。

在高位交叉存储器中，相邻地址的存储单元是分布在同一个存储体中的。可能要访问的两个存储单元由于地址相邻或相近而分别在同一个存储体中，导致这两个存储单元的访问操作不能并行。这种现象称为存储器的分体冲突。在高位交叉存储器中，每个存储模块均可以独立地工作，因此，可以并行工作。然而，由于程序的连续性和局部性，在程序执行过程中被访问的指令序列和数据大多数都是分布在同一个存储体中，出现分体冲突。此时，只有一个存储体在不停地忙碌，其他的存储体处于空闲，不能并行访问；除非当指令序列跨越两个存储体时，这两个存储体才是并行工作的。一个由 m 个存储体构造的高位交叉存储器在不发生分体冲突时，其带宽可以达到单体带宽的 m 倍。

高位交叉存储器一般适合于共享存储器的多机系统。在这种系统中，各处理机通常访问各自需要的数据，当这些数据存放在不同的存储体中时，存取操作就可以并行进行。另外，高位存储器可以按任务或用户分配存储体，以提高访问的速度。

2）低位交叉存储器

低位交叉存储器的地址位使用方法与高位交叉存储器刚好相反：低位部分用于区分不同的存储体，高位部分用于选择一个存储体体内不同的存储单元，结构如图 5-17 所示。

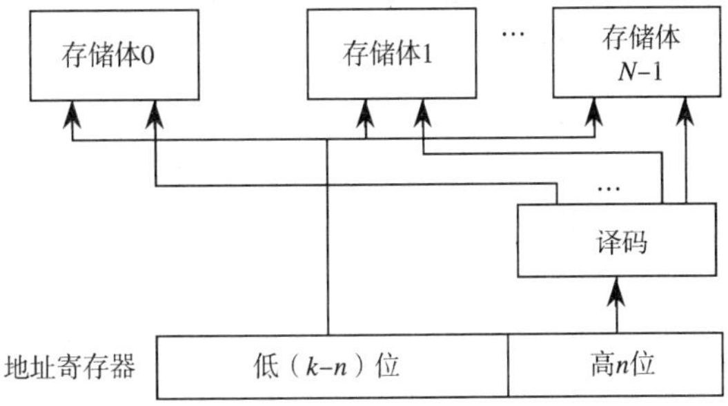

假设一个低位交叉存储器的地址由 k 位组成，其中高 n 位用于表示体内地址，低 $(k-n)$ 位用于表示存储体体号；则存储器的主存空间为 $M=2^k$，存储体的个数最多为 $N=2^{k-n}$，每个存储体的容量最大为 $m=2^n$。

另外，与上面高位交叉存储器相似，

图 5-17　低位交叉存储器结构

当给定存储体容量 m、存储体个数 N、存储体体号 i 和体内地址 j 时，则存储单元地址为 $A=m\times i+j$；相反，给出存储器地址 A 时，存储体体号为 $A_i=\left\lfloor\dfrac{A}{m}\right\rfloor$，存储体体内地址为 $A_j=A\bmod m$。

在低位交叉存储器中，相邻地址的存储单元分布在不同的存储体中。当访问地址相邻或相近的数据对象时，低位交叉存储器相关的存储体可以并行进行存取操作。对于进行顺序访存的地址流，由 m 个存储体组成的地位交叉存储器的带宽可以达到单体带宽的 m 倍。

低位交叉存储器大幅度提高了存储器的访问速度，同时，由于增加了存储器中存储体的数量，也增加了存储器的容量。低位交叉存储器一般比较适合于单处理机内的高速数据存取以及带 Cache 的主存。另外，主存储器的速度不会随着存储体个数的增加而线性提高，其根本原因是访问冲突的存在。

5.5　虚拟存储器

早在 1961 年，为了克服实际主存容量满足不了要求，英国曼彻斯特大学的 Kilburn 等人提出了虚拟存储器这个概念。虚拟存储器是主存—辅存存储层次的进一步发展和完善。到了 20 世纪 70 年代，其已经广泛地应用到大中型计算机系统中。目前，几乎所有的计算机都采用虚拟存储器。

5.5.1　工作原理

虚拟存储器是由主存和联机的外存共同组成的，在主存的容量不能满足要求时，数据可存放在外存中，但在程序中仍按地址进行访问外存空间。在虚拟存储器中，应用程序员是直接用机器指令的地址码对整个程序统一编址的，虚拟存储器的空间大小取决于它能产生的地址位数。从程序员的角度看，存储空间扩大了，并可以放得下整个程序。程序不必作任何修改就可以以接近于实际主存的速度在这个虚拟存储器上运行。

在程序的执行过程中，为了提高主存空间的利用率，需及时释放出主存中现在已不用的那部分空间，以装入有用的程序块。这样，程序的各个部分就在主存和辅存之间不断地调进调出。当把辅存中的程序调入主存时，必须进行程序在主存中的定位。虚拟存储器通过增设地址映像机构来实现程序在主存中的定位。这种定位技术是把程序分割成若干较小的段或页，并用相应的映像表机构来完成必要的工作。

根据采用的存储映像算法，可以将虚拟存储器的管理方式分为段式、页式和段页式 3 种。

1. 段式管理

将主存按段分配的存储管理方式称为段式管理。对于一个复杂的程序可以分解为多个逻辑上相当独立的模块。这些模块可以是主程序、各种子程序，也可以是表格、向量、数组等。每个模块都是一个单独的程序段，都从 0 地址开始相对编址，段的长度可长可短，甚至可以事先无法确定。在段式管理的系统中，当某程序段由辅存调入主存时，系统在主存中给该段分配一块空间，并给出基址（即该段在主存中的起始地址），由基址和每个单元在段内的相对位移量就可以形成这些单元在主存中各自的实际地址进行访问。

在段式管理中，每一道程序都有一个段表，用以指明各段在主存中的状态信息。段表中包括段号（或段名）、段长和起始位置等信息。段号字段用于存放程序段的段号或名称，如果段号是连续的，则段号这一字段信息可以去掉，直接根据起始位置和段长来实现程序段到主存储器的映像。段长是该段的长度，可用于访问地址的越界检查。起始地址用于存放该程序段装入主存中的起始（绝对）地址。此外，还可能会设置一个装入位来指示该段是否已装入主存，如装入位为"1"，表示已装入；为"0"，表示尚未装入。还有其他一些信息，如访问方式字段（只读、可写和只能执行等）及是否被修改过的标志位等。

段式管理的地址映像方法如图 5-18 所示。此程序由 4 个程序段组成，通过段表，将这 4 个程序段分别映像到主存储器的各个不同的区域中。如第 i 个程序段对应段表中段号为 i 的一行，由起始地址和段长可以找到主存中对应的段。每个程序段在主存储器中的存放位置由操作系统安排，可以连续也可以不连续存放，可以顺序也可以不按顺序存放。段表本身也作为一个段，一般常驻在主存储器中。

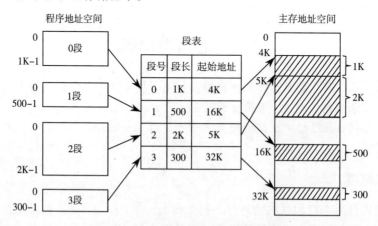

图 5-18　段式管理的地址映像方法

通过地址映像方法，可以将虚拟存储器中的程序装入主存储器。在程序实际执行时，还要把用户的虚地址变换成主存实地址，来访问已经装在主存储器中的用户程序和数据。虚地址是由：程序号（或用户号）U、段号 S 和段内偏移 D 组成的。其地址变换过程如图 5-19 所示。

在 CPU 内通常设置一个段表基址寄存器堆，每道程序占用其中的一个基址寄存器。根据程序号 U 可以在段表基址寄存器堆中找到其对应的基址寄存器，从中读出该程序的段表在主存储器中的起始地址，然后将这个起始地址和虚地址中的段号 S 相加得到了这个程序段的段表地址。从这个段表地址中可以得到有关该程序段的起始地址、段长、装入位等其他的相关信息。至此，完成了虚地址到主存实地址的变换。

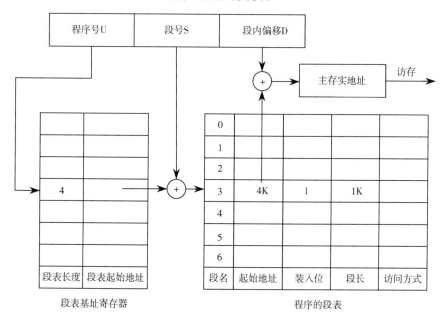

图 5-19　段式管理的地址变换

段式虚存的主要优点如下：

（1）程序的模块性能较好。由于一个大程序可以划分成多个程序段，各个程序段有不同的名字或段号，功能上相互独立。因此，多个程序员可以并行编程，分别编译和调试；各个程序段的修改和增删并不会影响其他段的编写，从而大大缩短了编制时间。

（2）分段还便于程序和数据的共享。如各种子程序段、数据段、表格段等只需把它们按段存储，如果要共享，只需要调用这个程序段所在程序的段表中的主存起始地址和段长等信息即可。

（3）容易以段为单位实现存储保护。由于各段在功能上是相互独立的，只要在段表中设置一个访问方式字段，就可以根据需要实现对各段的访问保护。例如，可以实现数据段能读能写；常数段只能读不能写；操作数段只能读或写，不能执行；子程序段只能执行，不能修改等。

（4）程序的动态链接和调度比较容易。

段式虚存的主要缺点如下：

（1）地址变换费时。由图 5-19 可以看出，把虚地址变换到主存实地址时，要查两次表，作两次加法运算。

（2）主存储器利用率低。对于每个程序段的长度是不同的，并要占用一片连续的主存空间，有些程序段在执行过程中还有动态增加长度，从而使主存储器中存在很多空隙。当然，可以设法回收或减少空隙的数量和大小，但同时又增加了系统开销。

（3）对辅存管理较困难。因为磁盘存储器是按固定大小的块进行访问的，如何把不定长度的程序段映像到磁盘上，需要进行地址变换。

2．页式管理

页式存储是将虚拟存储空间和实际的存储空间都等分成固定大小的页，各虚拟页可以装入主存中不同的页面位置。页是一种逻辑上的划分，页面的大小随机器而异。目前，一般计算机系统中，页的大小通常指定为磁盘存储器物理块大小（0.5 KB）的整数倍，一般为 1～16 KB。

在虚拟存储器中，虚拟地址空间中划分的页称为虚页，主存地址空间中划分的页称为实页。页式管理的地址映像就是完成虚拟地址空间中的虚页到主存地址空间中的实页的变换。页式管理用一个页表，其中包括页号、主存页号等。页号一般用于存放该页在页表中的页号（或行号），因此可以省略；页的长度是固定的，因此也省略了。页表中也可以设置一些标志位，如装入位、修改位等。

页式管理的地址映像方法如图 5-20 所示。在虚拟地址空间中编写的此程序共占用 4 页，其中最后一页可能会占不满而浪费。通过页表，用户程序中第 i 页对于页表中页号为 i 的一行，找到主存页号，就能把用户程序中的这一页 i 唯一地映像到主存中确定的一页。前面讲过，页号一般是连续的，所以页表中页号这一字段可以省略。

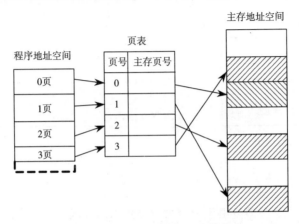

图 5-20　页式管理的地址映像方法

跟段式管理一样，在程序实际执行时，页式管理也需要进行地址变换，将用户虚地址转换为主存实地址，其变换过程如图 5-21 所示。

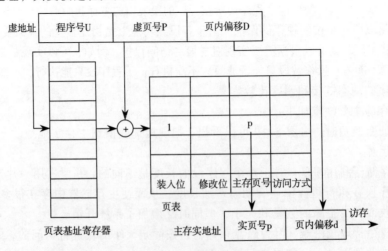

图 5-21　页式管理的地址变换

在 CPU 内通常设置一个存放页表基地址的基址寄存器堆，每道程序占用其中的一个基址寄存器。根据程序号 U 可以在基址寄存器堆中找到其对应的基址寄存器，从中读出该程序的页表在主存储器中的起始地址，然后从这个起始地址和虚页号 P 就可以得到要访问页的所有信息。将读出的主存页号 P 和页内偏移 D 直接拼接起来得到主存实地址。至此，完成了虚地址到主存实地址的变换。

页式虚存的主要优点如下：

（1）主存的利用率高。每个程序只有平均半页的浪费，比段式虚存的浪费要节省得多。

（2）页表相对简单。

（3）地址映像与变换速度较快。只需虚页号和实页号之间的对应关系即可。

（4）对辅存的管理比较容易。这是因为页的大小一般为磁盘存储器物理块大小的整数倍。

页式虚存的主要缺点如下：

（1）程序的模块化性能不好。由于用户程序被强制按固定大小的页来划分，因此一页可能是程序段的某一部分，也可能包含了两个或两个以上的程序段。

（2）页表很长，从而要占用很大的存储空间。

3．段页式管理

段式管理和页式管理各有其优缺点，段页式管理则是将两者结合起来，同时利用段式管理在程序模块化方面的优点和页式管理在管理主存和辅存方面的优点。它将主存储器的物理空间等分成固定大小的页，将虚拟存储空间中的程序按模块分段，每个段又分成与主存页面大小相同的页。

段页式管理的地址映像如图 5-22 所示。用户程序的各个程序段通过一张段表来控制，每个程序段在段表中占一行。程序段通过段表可以查到与该程序段唯一对应的页表的长度和起始地址，继而查找该段的页表得到该段每一页的主存实页号。其中，页表的长度就是这个程序段的页数，页表中给出了改程序段中的每一页在主存中的实页号。

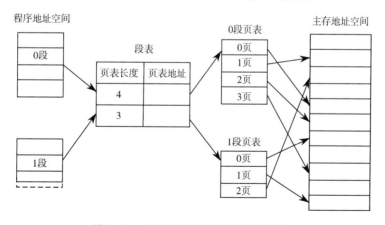

图 5-22　段页式管理的地址映像方法

段页式管理的地址变换如图 5-23 所示。虚地址由四部分组成：用户号（或程序号）U、段号 S、虚页号 P 和页内偏移 D。在程序运行过程中，将虚地址转换为实地址的过程为：首先根据 U 值在段表基址寄存器堆中找到该程序的段表首地址；然后根据段号 S 查段表，得到该程序段对应的页表起始地址和页表长度；再通过 P 查页表找到要访问的主存实页号；最后，将实页号和页内偏移量直接拼接起来即可。

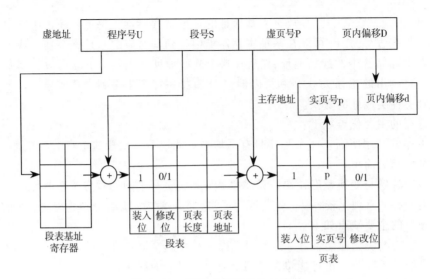

图 5-23 段页式管理的地址变换

从图 5-23 中可以看出，段式管理存储器要从主存中存取指令或数据一次，需查两次表，一次为段表，一次为页表。如果这两个表都在主存中，则须访存两次，再访主存实地址，共访主存三次。因此，要使段页式管理虚拟存储器的速度接近主存储器的速度，必须加快查表的速度；另外，这也是段式和页式虚拟存储器中有待改进的地方，因为段式和页式虚拟存储器也要访存两次。

5.5.2 地址映像与变换

正如前面所讲，虚拟存储器的主存容量是有限的，只能存放一定数目的程序，其他的都是放在外存中。从而，虚拟存储器工作过程中总是要设法把大的多用户虚拟存储空间中的程序装入小的主存存储空间中，并且在程序的运行过程中还要考虑如何将多用户虚地址变换成主存实地址，以便 CPU 根据变换后的实地址去访问主存中的单元。

地址映像就是完成把虚拟地址空间映像到主存地址空间，即把多用户在虚拟地址空间中编写的程序按某种规则装入主存地址空间中，并建立虚地址与主存实地址之间的对应关系。而地址变换则是在程序按照映像关系装入主存储器后，在程序实际执行时，完成了多用户虚地址到主存实地址的变换。

对于上面讲到的 3 种虚拟存储器管理方式，其对应的地址映像方法和变换已分别进行了介绍，这里不在累述。下面讲一下映像规则。

当把大的虚存空间中的内容压缩到小的主存空间中时，主存中的每一个页或段必须与多个虚拟存储空间中的页或段相对应。这里主要以页式管理进行讲解。主存中的一个实页要对应多少个实页与采用的映像方式有关。此时，就不可避免地发生两个以上的虚页想要进入主存中同一个页面位置的现象，这种现象称为页面争用或实页冲突。一旦发生实页冲突，只能首先装入其中的一个虚页，等到不再需要这个虚页时才可装入其他的，从而导致了执行效率的下降。因此，映像方式的选择主要应考虑能否尽量减小实页冲突概率。

操作系统一般都允许将每道程序的任何虚页映像到任何实页位置，即全相联映像。仅当一个任务要求同时调入主存的页面超出主存页数时，两个虚页才会争用同一个实页位置。因此，全相联映像的实页冲突率最低。

全相联映像的定位机构及其地址的变化过程在高速缓冲存储器中已经介绍过，在虚拟存储器中其原理基本相同，这里不在重复。

5.5.3　内部地址变换优化

在虚拟存储系统中，如果不采取有效的措施，则访问主存储器的速度要降低很多。造成这个速度降低的主要原因是：每次进行访存时，都必须进行内部地址变换，其概率为 100%。所以，如何加快用户虚地址到主存实地址的变换，是缩短访存时间的关键。只要内部地址的变换速度高到使整个系统的访存速度非常接近于不采用虚拟存储器时的访存速度，虚拟存储器的性能才能真正实现。

在虚拟存储器进行地址变换时，首先必须查段表或页表，或既查段表也查页表，来完成虚地址到实地址相应的转换。由于页表容量较大，是存放在主存中的，因此每访存一次，还需因查表而加一次访存；如果采用的是段页式虚拟存储器，则需因两次查表而加两次访存。结果是主存储器的访问速度比不采用虚拟存储器的访存速度要慢 2~3 倍。现在解决问提的关键在于：如何提高页表的访问速度。

根据程序的局部性特点，对页表内各项的访问并不完全是随机的。在一段时间内，实际可能只用到表中很少的几项。因此，应该重点提高使用概率较高的这部分页表的访问速度。可以使用快速硬件来构成比全表小得多的表，表中存放的是近期经常要使用的页表项，这个表称为"快表"。相应地，原先存放全部虚地址和实地址之间映像关系的表还是存放在主存中，将其称为"慢表"。"快表"只是"慢表"中很小一部分的副本。在引进快表和慢表后，虚地址到实地址的变化方法如图 5-24 所示。

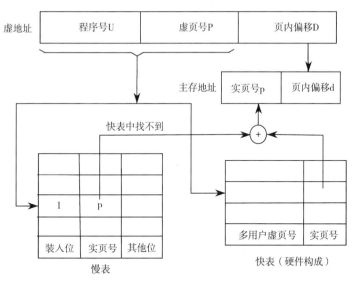

图 5-24　用快表和慢表实现的地址变换

在进行地址变换时，根据虚页号同时在快表和慢表中进行查找。如果在快表中查到了此虚页号，就能很快地找到对应的实页号，将其送入主存实地址寄存器，同时使慢表的查找作废，此时访存速度并没有降低多少；如果在快表中查不到，则经一个访主存时间后，从慢表中查找到相应的实页号送入主存实地址寄存器，同时将此虚页号和对应的实页号送入快表。此处，也可能需要替换算法从快表中替换出一行，一般可采用 LRU 替换算法。

快表的存在对所有的程序员都是透明的。实际上，快表与慢表也构成了一个两级存储层次，其访问速度接近于快表的速度，存储容量却是慢表的容量。当然，快表的命中率如果不高，则系统的效率就会大大降低。要提高快表的命中率，最直接的办法是增加快表的容量。快表的容量越大，其命中率就越高；但容量越大时，其相联查找的速度就越慢。所以，快表的命中率和查表速度是矛盾的。

为了提高查找速度，可以减少相联比较的位数。在同样容量的情况下，相联比较的位数越少，则相联查找所花费的时间就会越少。例如，可以将虚地址中参与相联比较位中的用户字段 u 去掉，这是因为快表在一段时间内总是对应于同一个任务或用户，它们的 u 值是不变的。这样，相联比较的位数就减少了一位，查找速度也相应地提高了。但是，这种方法会降低快表的命中率，降低虚、实地址的变化速度。例如，在执行中，当某个任务 A 需要切换另一个很简单的任务时，可能被调用的任务只需快表中的一行，执行完后 CPU 又很快切换到原来的任务 A。但是，A 任务的快表内容在进行第一次切换时，已全部作废，不得不在相当长的一段时间内，只能通过查慢表来完成虚、实地址变换并逐步重建快表的内容。显然，这种快表内容被不恰当地全部作废将会导致虚、实地址变换速度显著下降，尤其当快表的容量越大时，其引起的损失将越大。

如果设置专用指令，只清除快表中指定行的使用位，从而让其他行的内容始终保持有效。但是，却会使快表对系统程序员不再透明，增加了操作系统的负担，并不是很理想的方法。

上面提到的快表是按相联方式进行查找的，那么，如果采用普通的按地址来访问又会怎样呢？

按地址访问并进行查找，可以使用顺序查找法、对分查找法和散列查找法等。其中，散列查找法的速度是最快的。对于快表，散列方法的基本思想是让多用户虚页号 W_v 与存放该内容的快表地址之间有某种散列函数的关系，即让快表的地址 $A=H(W_v)$。这种方法比快慢表法速度要快，但是关键要选择好散列函数和快速处理好发生的散列冲突。

散列函数的种类很多，在快表中的散列函数必须用硬件来实现，因此，通常采用一些简单的函数关系，如折叠按位加散列函数等。

经散列变换实现快表的虚拟存储器如图 5-25 所示。

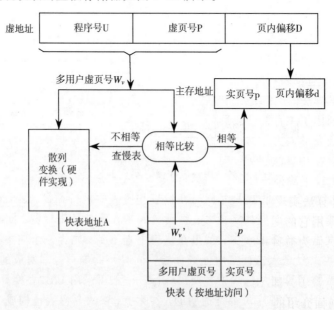

图 5-25　用散列变换实现快表

存入快表时，只需将 Pv 对应的内容存入快表存储器的 $A=H(Wv)$ 单元中即可。查找时，首先将虚地址中的多用户虚页号 Wv 送入硬件实现的散列变换部件，经同样的散列函数变换后得到快表地址 A，按地址 A 访问快表存储器，就可以得到主存页号 p 和多用户虚页号地址 Wv'。将主存实页号 p 送入主存储器的地址寄存器，与页面偏移 d 直接拼接得到主存地址，并用这个地址访问主存储器。同时，将读出的多用户虚页号 Wv' 与给出的多用户虚地址中的 Wv 进行比较。如果比较结果相等，就继续刚才的访问主存储器的操作；如果不相等，即发生了散列冲突，则立即终止刚才的访问主存储器的操作，需要查找慢表。

目前，计算机系统都采用相联寄存器组、硬件的散列压缩、快慢表结构和多个相等比较器等方法，来提高系统的性能。

5.5.4　页面替换算法及实现

同高速缓冲存储器一样，在虚拟存储器中，当访问的指令和数据不在主存时，发生页面失效，需要从辅存中将包含该指令或数据的一页（或一段）调入主存储器中。同样，虚存空间比主存空间大得多，必然也会出现主存中所有页面都已经被占用，或者所有主存空间都已经被占用的情况，这时，如果继续把辅存中一页调入主存，就会发生实页冲突。此时，只有从主存空间中选出一页替换出去，让出空间来接纳新调入的页。那么，应该选择哪一页进行替换呢？这就是页面替换算法要解决的问题。

本文主要介绍页式和段页式虚拟存储器中的页面替换算法及其实现方法，段式虚拟存储器的替换算法及其实现方法都是相同的。只是调度的单位不同而已，前者是以页为单位进行调度，而后者是以段为单位进行调度的。

替换算法的选择主要是是看两点，首先是看这种替换算法是否有高的命中率，其次是看这种算法是否易于实现，及其辅助软、硬件的成本是否低。一个有较高命中率的页面替换算法，就要能够正确反映程序的局部性，并能够充分利用主存中页面使用情况的"历史"信息，或者能够预测主存中将要发生的页面使用情况。到目前为止，已研究过多种替换算法，下面将简单介绍几种常用于虚拟存储器中的页面替换算法。

（1）随机算法。随机算法是将软或硬的随机数产生器产生的随机数作为主存储器中被替换的页的页号。这种算法最简单，且易于实现。但是，没有利用主存储器中页面使用情况的"历史"信息，也没有反映程序的局部性特点，从而命中率较低，较少被使用。

（2）先进先出算法。这种算法选择最早被调入主存储器的页作为被替换的页。它的优点是实现容易，并利用了主存储器中页面使用情况的"历史"信息，但是，不能正确反映程序的局部性。因为最先进入主存的页很可能也是现在经常要使用的页。

（3）近期最少使用算法，即 LFU 算法。这种算法选择近期最少被访问的页作为被替换的页。该算法能比较正确地反映程序的局部性。因为当前最少使用的页面，一般未来也很好使用。但是，这种算法实现起来比较困难，它需要为每个实页设置一个字长很长的计数器字段。因此，一般采用它的变形，最近最久没有使用算法（即 LRU 算法），选择近期最久没有被访问过的实页作为被替换的页面。这样，它把 LFU 中要记录数量上的"多"和"少"简化为"有"和"无"，实现起来比较容易。

（4）最优替换算法，即 OPT 算法。这种算法选择将来一段时间内最久不被访问的页作为被替换的页。前面介绍的几种页面替换算法要么没使用主存储器中页面使用的"历史"情况，要么根据页面使用的"历史"情况来预估未来页面可能的使用情况。然而，根据这种"历史"情况来预测不总是正确的，如果能根据未来的实际使用情况，将未来的近期内不用的页替换出去，命中率将一定是最高的，最优替换算法就是这种算法。不过，显然，OPT 算法只能是理想的算法，只有让程序运行一遍才能确切知道程序访存的全部虚页号序列和将来一段时间内哪一页是近期内最久不被访问的，其命中率自然也是最高的。这种算法通常作为评价其他算法的比较基准，在其他条件相同的情况下，命中率越接近替换算法的算法就是一种比较好的页面替换算法。

通过以上分析，下面将通过一个具体的实例来评价 FIFO、LRU 和 OPT 的性能，主要的参数是命中率。

设一个程序共有 5 个页面组成，页号分别为 1～5。程序执行的页地址流，即程序依此用到的页面号为 3、2、3、1、4、5、3、5、1、2。若分配给该程序的主存共有 3 个页面，图 5-26 所示为 FIFO、LRU 和 OPT 三种页面替换算法对这 3 页的使用和替换过程。其中，*号表示根据所用的算法选择作为下一次应该被替换的页的页号，阴影表示空页。

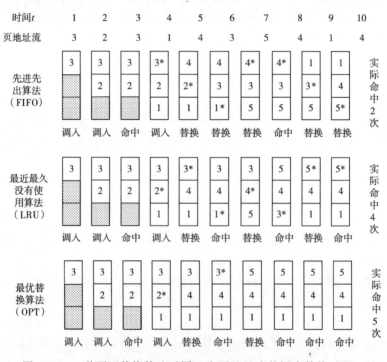

图 5-26　3 种页面替换算法对同一个页地址流的调度替换过程

从图 5-26 中可以看出，FIFO 算法的命中率最低，而 LRU 算法的命中率更接近于 OPT 算法，表明 LRU 算法优于 FIFO 算法。目前，许多机器在虚拟存储器中都采用 LRU 算法。

不过，命中率还与很多因素有关，替换算法只是其中的一种。命中率与页地址流也有一定的关系。例如一个循环程序，当分配给它的主存页面数小于程序所需要的页面数时，不管是 LRU 还是 FIFO，其命中率都会明显低于 OPT 算法。下面举例进行说明，图 5-27 描述了 FIFO、LRU 和 OPT 三种页面替换算法的命中率与页地址流的关系。

可以看出，FIFO 和 LRU 算法一次也没命中，而 OPT 算法命中了 3 次。在 FIFO 和 LRU 中出现下次要用到的页面总是在本次就被替换出去了，从而导致了很低的命中率。这种现象称为"颠簸"现象。

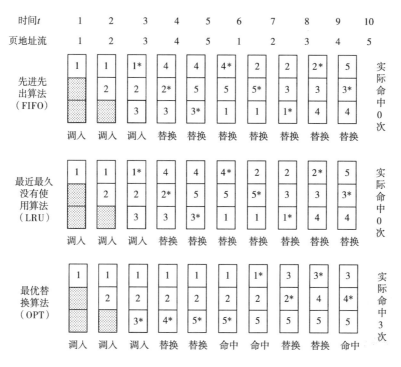

图 5-27 命中率与页地址流的关系

如果给上面的程序再多分配一个页面，三种算法的命中率将会到达 4 次，即最大值。所以，命中率与分配给程序的主存页数也有关。一般情况下，给程序分配的主存页数越多，虚页装入主存的机会就会越大，从而命中率也可能会相应地提高，至少不应该下降，通常把满足这种关系的页面替换算法称为堆栈型替换算法。

什么是堆栈型替换算法？下面对其进行定义。

对任意一个页面地址流，设 t 为已经处理过 $t-1$ 个页面的时间点，m 为分配给该地址流的主存页面数，$B_t(m)$ 为在 t 时间点，在 m 页的主存中的页面集合。如果对此页地址流作两次主存页面数分配，分别分配 m 个和 n 个主存页面，并且当 $m<n$ 时，如果替换算法满足：在任何时刻 t，Bt 有以下关系：

$$B_t(m) \subseteq B_t(n)$$ （5-11）

则此替换算法属堆栈型的替换算法。

对于 LRU 算法，如果某个地址流分配的主存页面数为 m，则主存中保留的是这个地址流的 m 个最近使用过的页面；如果再多分配一个主存页面，即 $m+1$ 个页面，则主存中保留的是 $m+1$ 个最近使用过的页面，那么，前面 m 个最近使用过的主存页面必然包含在这 $m+1$ 个页面中，满足上述关系。所以，LRU 算法属于堆栈型替换算法。显然，OPT 算法也属于堆栈型替换算法。而 FIFO 算法则不是。如图 5-28 所示，当给该程序分配的主存页数从 3 页增加到 4 页时，命中次数却由原来的 3 次降为 2 次，命中率下降了。所以，FIFO 算法不属于堆栈型替换算法。

堆栈型替换算法的命中率随着分配给该程序的主存页面数增加而提高，至少不会下降。对堆栈型替换算法，只需采用堆栈处理技术对地址流模拟处理一次，即可同时获得对此地址流在不同主存页数时的命中率，从而大大节省了存储体系设计的工作量。另外，在多道程序的系统中，可以采用一种动态算法——页面失效频率法，来提高系统的性能。具体实现方法是：根据各道程序实际运行中主存页面失效率的高低情况，由操作系统动态地调节分配给各道程序的实页数。当一道程序的主存页面命中率低于某个限定值时就自动地增加分配给该程序的主存实页数，以提高命中率；相反地，当主存页面命中率高于某个限定值时就自动地减少分配给该程序的主存实页数，以节省出来一部分主存页面给其他的程序使用。这样，整个系统总的主存命中率和主存利用率都得到了一定的提高。

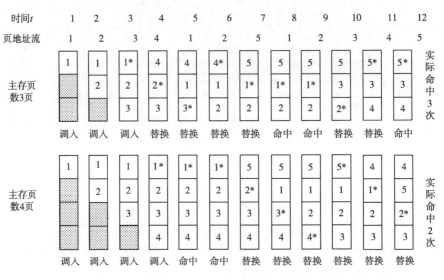

图 5-28　FIFO 算法的主存页数增加时，命中率反而下降

5.5.5　提高主存命中率的方法

如前面讲过的 Cache-主存存储层次，一个虚拟存储系统的等效访问周期也可以表示为：

$$T = H \cdot T_1 + (1-H) \cdot T_2 \tag{5-12}$$

其中，T_1 是主存储器的访问周期，T_2 是外存的访问周期，H 是命中率。T_1 和 T_2 是跟系统有关的，要提高 T，关键在于提高 H。

通常，影响主存命中率的主要因素有：程序在执行过程中的页地址流分布情况，由程序本身决定；所采用的替换算法；页面大小；主存容量；所采用的页面调度方法。下面对影响主存命中率的后三个因素进行简单的分析。

1. 页面大小的选择

与 Cache 命中率与页面大小的关系一样，主存命中率与页面大小的关系也不是线性的。页面大小还与主存容量、程序的页地址流分布情况等因素有关。页面大小 S_p、主存容量 S 和命中率 H 的关系曲线如图 5-29 所示。

从图中可以看出，当分配给程序的主存容量 S 一定时，随着页面大小的增加，主存命中率在提高；当增加到一定值后，页面大小再增加，则主存命中率开始下降。另外，比较两条曲线，可以看出，当分配给程序的主存容量增大时，命中率会普遍提高。

图中的曲线关系可以这样定性分析：设 A_i 和 A_i+1 是两次相邻访问主存的逻辑地址，

$L=|A_i-A_{i+1}|$ 为两个逻辑地址的距离。当 $L<S_p$ 时，随着 S_p 的增大，则 A_i 和 $A+1$ 在同一个页面的可能性会增加，从而命中率 H 会提高。当 $L>S_p$ 时，A_i 和 A_{i+1} 一定不在同一个页面。随着 S_p 的增大，在分配给该程序的容量一定的情况下，主存的页数就会减少，页面的替换将会变得频繁。此时，A_i 和 A_{i+1} 同时都在主存中的可能性就会减少，从而命中率 H 也会随之降低。

另外，在选择页面大小时，还应该考虑主存的利用率问题。如果页面太大可能会因页装不满而造成空间浪费；相反，页面太小会使页表过长而占用过多的主存储器空间。所以，在设计一个虚拟存储器时，页面大小的选择虽然一般是通过对典型程序的模拟实验来确定的，但是，也要综合考虑其他方面的因素，来尽可能选出最佳的页面大小。

2．主存容量

前面讲过，主存容量增加时，命中率也会相应地提高。其相应的曲线关系如图 5-30 所示。

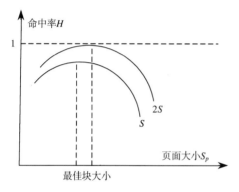

图 5-29　页面大小、主存容量和命中率的关系

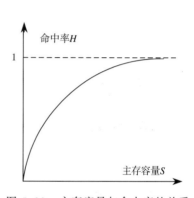

图 5-30　主存容量与命中率的关系

可以看出，当容量 S 增加到一定程度后，再增加时，命中率提高的速率在降低。另外，当容量增加到一定值后继续增加时，会使主存中不活跃部分所占的比例大大增加，主存的资源利用率也会相应地降得很低。

所以，主存容量的提高应根据系统的成本、分配的主存空间和主存的资源利用率等因素进行综合考虑，选取适当的值。

3．页面调度方法

页面调度就是系统给用户分配主存页面数的过程。一般有三种方式：分页方式、请求页式和预取式。

分页方式就是将整个程序先链接装配，将整个程序装入主存后才运行。其命中率为 100%，但是主存的利用率较低；请求页式是在发生页面失效时，才将所需要的页装入主存。其主存的利用率很高，但命中率将受到频繁的页面替换的影响；预取式是根据程序的局部性特点，在程序被挂起之后又重新开始运行之前，预先调入相关的页面。这种方法可能会因为预先调入的页面用不上而造成时间和空间上的浪费。

目前，大多数机器中采用请求页式调度方法为主，预取式为辅的综合页面调度方法。

5.6　进程保护和虚拟存储器实例

在多道程序中，计算机资源可以被多道同时运行的用户程序所共享。为使系统能够正常工作，应防止由于一个用户程序出错而破坏主存中其他用户的程序和数据，还要防止一个用户不合法地访问主存中不是分配给它的存储区域而造成对系统的破坏,即使这种访问不会引起破坏也是不允许的。因此,操作系统和系统结构需要为存储系统的安全提供保护手段。在当今的计算机中,这是与虚拟存储器紧密联系在一起的。

5.6.1　进程保护

多道程序的并发引出了进程的概念。进程的分时共享引出了进程切换或上下文切换的概念。不管进程是不间断地从开始执行到结束,还是在执行过程中不断地被中断并与其他进程进行切换,它都必须正确运行而不受影响。保证进程的正确和安全运行既是系统设计者也是操作系统设计者的责任。保护的手段主要是:将主存区域分为几个区域,使得主存中可以同时存放多个不同进程的状态;并对每个存储区域进行保护,使一个进程的信息不被另一个进程所修改。

存储系统的保护分为存储区域的保护和访问方式的保护。对于存储区域的保护,最简单的保护机制是用一对寄存器(即界限寄存器)来检查每一个地址,以确保地址在两个界限之间。由系统软件设置用户进程访存的地址上下界,当给出的地址在下界和上界之间,则这个地址有效,这样,禁止了访问越界。由于用户不能修改上下界的值,从而保证其他用户及系统程序的存储空间不被当前用户所破坏。另外,操作系统必须能改变这两个寄存器值,这样才能够进行进程的切换。

上述这种保护模式是用在不是虚拟存储器的主存系统中。对于虚拟存储系统,由于用户程序的访问空间映射到主存后将不是一个连续的地址空间,而将分布在主存中的各个页面,因此不适合上述保护方式。在虚拟存储系统中,将采用更细微的方法。下面将简单介绍几种保护方式:映射表保护法、键保护法和环式保护法等。

映射表保护法是段式或段页式管理利用映射表的映射关系来限制用户程序的访问地址空间,用户程序不能访问映射表上找不到的主存页面,从而起到保护作用。例如,一个程序的虚页与主存中分配给它的实页是相对应的,若给出某个错误的虚页号,则肯定不可能在该程序的页表中找到,也就访问不了主存。这是虚拟存储器系统本身固有的保护机能,也是它的一大优点。另外,还可在段表中为每一行都设一个段长项,若访问地址超出段的地址范围,则产生越界中断等。上述方法不支持存储区的共享。为了提供受保护的共享,将进程的地址空间分为系统区域和用户区域,系统区域为所有进程共享,用户区域为每一个进程所独占。两个区域的地址分别对应于不同的页表:各个进程的系统区域对应同一个页表,各个进程的用户区域分别对应于不同的页表。还可为每个段或页设置许可标志。例如,几乎没有程序有意改变它们自己的程序,所以通过给页面提供只读保护,操作系统就能检测到对程序的意外修改。

键保护是由操作系统根据当时主存使用分配的情况,给主存中的每一页分配一个键,称为存储键,它相当于一把锁。所有页的存储键在主存相应的快速寄存器内,给每个用户或任务分配的各实页都有一个相同的存储键。当用户访问这些页面时,需要一个访问键,相当于钥匙,来打开这把锁。每个用户的访问键都是由操作系统给定的,存放在处理机的程序状态字或控制寄存器中。程序每次访问主存时,需要将主存地址所在页的存储键与该程序的访问键进行核对,只有核对相符了,才准许访问。如 IBM 370 中就采用这种方法,它的保护键有4 位,能表示已调入主存的 16 个活跃的程序。

上面讲的保护是在保护别的程序区域不被侵犯，那么，如何实现保护正在执行的程序本身不被破坏呢？下面讲到的环式保护法就是一种方法。环式保护法是把系统程序和用户程序按其重要性及其访问权限进行分层，如图 5–31 所示。

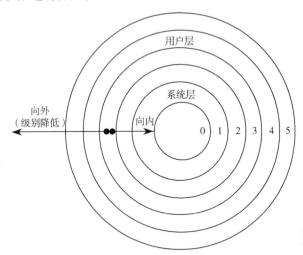

图 5–31 环式保护的分层

其中，最内的几层是系统程序的分层，之外的几层是同一用户程序的分层，保护级别由里向外逐层降低。保护级别由环号的大小来表示，环号越大，级别则越低。在程序运行之前，先由操作系统定好程序各页的环号，并置入页表。然后，把该程序的开始环号送入处理机内的现行环号寄存器，并且把上限环号（操作系统规定的该程序可访问的最内层环号）也置入相应的寄存器。

上面介绍的方法都是由硬件支持的，因此有较高的可靠性和速度。另外，系统结构的设计至少应完成以下 3 项任务：

（1）至少提供两种模式，用于区分当前运行的进程是用户进程还是操作系统进程，后者又称为内核进程、超级用户进程或管理进程。

（2）提供一部分处理机状态信息，供用户进程读取但不可以写入。这包括上下界寄存器、用户/管理模式位、中断许可位等。用户进程无权对这些状态进行写操作，否则操作系统就无法控制用户进程了，如用户进程可能改变地址范围检查、赋给自己管理特权等。

（3）提供一种机制，使处理机能在用户模式和管理模式之间进行切换。从用户模式到管理模式的切换一般是由系统调用完成的，即通过一条特殊的指令将控制权转向管理程序空间中的一个特定位置。系统调用时保持现场并使处理机置为管理模式状态。调用结束后，以类似于子程序返回的方式，恢复到先前的用户/管理模式。

介绍完了进程保护相关的知识，下一节介绍页式虚拟存储器的实例：Alpha 21064 存储管理。

5.6.2 Alpha 21064 存储管理

Alpha 处理机的系统结构采用段页相结合的方式，既提供了存储保护，又将页表减少到最小。Alpha 根据 64 位地址的最高两位将地址空间分为 3 个段：seg0、（最高位 63 位为 0）。seg1（最高两位 63 和 62 位都为 1）和 kseg（最高位 63 位为 1，次高位 62 位为 0）。其中，

seg0 用于存储用户代码和堆，seg1 用作用户栈，kseg 是操作系统内核段。kseg 是留给操作系统内核使用的，并且整个空间具有相同的保护权限，不需要存储管理。seg0 和 seg1 是用户进程使用的，它们所映射到的各个页面具有不同的保护权限。seg0 和 seg1 的布局如图 5-32 所示，seg0 是从 0 地址开始向上生长，seg1 则是从最高地址开始向下生长。现在许多系统都采用这种存储空间预分段与页式管理相结合的方法。

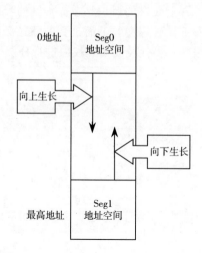

图 5-32　seg0 段和 seg1 段的布局结构

为了使页表的大小更合理，Alpha 采用三级分层页表结构，如图 5-33 所示。64 位地址除了高位用于段选择的两位，其余的位则用于表示虚地址。虚地址中有 3 个域：V_1、V_2、V_3，分别是：一级页表项偏移，二级页表项偏移、三级页表项偏移，这三个域分别用于查找这三级页表。另外，还有一个页内偏移量字段。

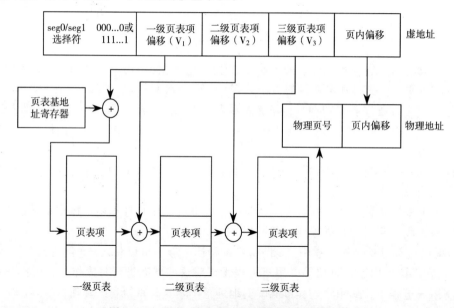

图 5-33　Alpha 虚地址向物理地址的变化过程

由图 5-33 中可以看出，其地址转换过程为：

（1）从页表基地址寄存器中得到一级页表的起始地址，然后将 V_1 字段中的一级页表项偏移量与这个起始地址相加，得到二级页表的起始地址。

（2）将 V_2 字段中的二级页表项偏移量与上一步得到的二级页表的起始地址相加，得到三级页表的起始地址。

（3）将 V_3 字段中的三级页表项偏移量与上一步得到的三级页表的起始地址相加，得到所有访问的物理页的页号。

（4）将页内偏移量字段的值与上一步得到的地址拼接，得到虚拟地址对应的物理地址，进行访存。

Alpha 中每级页表的页表项（Page Table Entry，PTE）都是 64 位，其前 32 位表示物理页号，后 32 位则包含以下 5 个保护字段：

（1）有效字段：用于指示该页号对硬件变换是否有效，为"1"表示有效。

（2）用户可读字段：用于指示用户程序是否可以读取该页内的数据，为"1"表示允许。

（3）内核可读字段：用于指示内核是否可以读取该页内的数据，为"1"表示允许。

（4）用户可写字段：用于指示用户程序是否可以向该页内写入数据，为"1"表示允许。

（5）内核可写字段：用于指示内核是否可以向该页内写入数据，为"1"表示允许。

此外，PTE 中还有些字段是留给操作系统使用的。由于 Alpha 是通过三级页表来实现虚地址到实地址的转换，所以可以在这三级页表中设置保护机制。实际的应用中，Alpha 只在访问第三级页表项时才进行保护检查，而访问前两级页表项时只检查有效位是否为"1"。

Alpha 的 PTE 的长度为 8 B，页表大小正好为一个页面，而在 Alpha 21064 中，页面的大小为 8 KB，所以每个页表有 1 024 个 PTE。在 64 位虚地址中，V_1、V_2、V_3 都是 10 位，页内偏移量需 13 位，还剩 21 位。Alpha 要求 V1 前面的所有位的值都相同；另外，前面讲过 seg0 地址的最高位为"0"，seg1 地址的最高两位为"1"，所以，将 seg0 地址的前 21 位都置为"0"，将 seg1 地址的前 21 位都置为"1"。对于 Alpha 21064 的虚地址实际上只有 $3\times10+13=43$ 位有效。物理地址本应为 $32+13=45$ 位，但 Alpha 系统结构要求物理地址位数要小于虚拟地址位数，Alpha 21064 将物理地址限制为了 34 位。

另外，为了减少地址变换时间，Alpha 21064 采用了两个 TLB，一个用于指令访存，另一个用于数据访问。

Alpha 21064 的存储管理是很典型的，基于页存储机制实现地址转换以及操作系统的合理管理，为多个进程共享计算机提供了有效的安全保护机制。

5.7 Alpha 21264 存储层次结构

在本章的最后，对 Alhpa 21264 存储层次的整体结构和工作过程进行简单阐述。图 5-34 所示为 Alpha 21264 存储层次的整体结构。

Alpha 21264 片上和片外高速缓存提供了特别低的数据延迟访问能力，允许很高的数据访问带宽。Alpha 21264 中设有两级 Cache：一级 Cache 和二级 Cache。由于带宽的原因，三级 Cache 在 Alpha 21264 中没有被采用。其中，一级 Cache 被分割成独立的 Caches 来存储指令和数据，分别为 I-Cache（指令缓存）和 D-Cache（数据缓存），这两个 Caches 都有 64 KB 的容量；二级 Cache 是一个外部 Cache，有 1 到 16 MB 容量。

Alpha 21264 是乱序执行的，它允许执行指令的顺序和取指令的顺序不同，实际上做到了指令只要有可能就执行。每个周期最多可以取四个指令和执行 6 条指令，通过对这些指令进行处理来加速执行速度。另外，Alpha 21264 还采用推理执行方法，即使在不能立即知道哪一条指令将处于最后的执行路径的情况下，Alpha 21264 仍然可以用推理的方法取指令和执行指令。例如，当 Alpha 21264 动态预测出分支方向并且沿着这条预测路径进行推理执行时，这种方法将特别有用。Alpha 21264 可以使用 48 位虚地址和 44 位物理地址，或者使用 43 位虚地址和 41 位物理地址。其中，物理地址空间被分为相等的两个部分，低地址部分用于内存地址，高地址部分用于 I/O 地址。在本节的讨论中，假设它使用 43 位虚地址和 41 位物理地址。

下面从 Alpha 启动开始讨论。当 Alpha 启动时，芯片上的硬件从一个外部 PROM 加载指令 Cache，同时串行接口也会加载其他一些配置信息，这样初始化可以使指令 Cache 省去有效位，因为这时 Cache 中的指令都是有效的。预装载的指令在优先级结构库（Privileged Architecture Library，PAL）模式下运行。PAL 代码实际上是一些特殊的机器语言例程，并带有一些专用实现扩展以允许对低层硬件的访问，如 TLB。PLA 代码执行时，禁止异常发生，因此回避了 TLB，所以由于不受存储管理的限制，取指令时不进行对存储访问的权限检查。

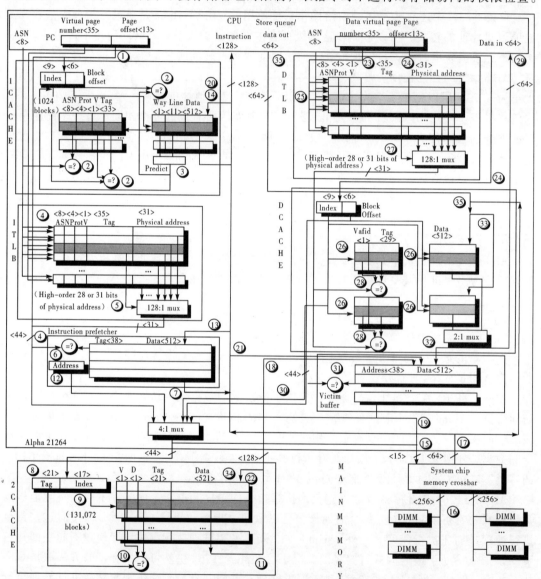

图 5-34　Alpha21264 存储层次的整体结构图

一旦操作系统准备好执行一个用户程序，它将 PC 置为指向 seg0 段的相应地址。

图 5-34 中标出了一次读指令并执行指令时存储层次的所有步骤，下面将根据这些步骤来进行介绍。在取指令时，首先将一个 12 位地址和一个页号地址（虚地址的高 35 位）送入到指令 Cache。同时将一个 8 位的地址空间号（ASN，作用同 TLB 中的 ASN）送入（图 5-34

中的①）。指令 Cache 被虚拟索引并标记，只有 Cache 缺失时才需要进行指令 TLB 的转换。另外，在索引中还要加一位作为路径预测位，因为指令 Cache 使用路径预测技术。

下一步是将 PC 中的索引字段和预测的块地址、PC 中的标记字段和 Cache 中的标记字段，及进程 ASN 和标记 ASN 分别进行比较（图 5-34 中的②）。如果每个字段的比较结果相同，则命中并选取正确的块，开始下一块的预测（图 5-34 中的③）。如果上面任何一个字段比较结果不同，则发生缺失，此时需对指令 TLB 和指令预取器进行检查（图 5-34 中的④）。全相联的 TLB 同时搜索其中的全部 128 个项，以判断是否有某个有效的 PTE 和指令地址匹配（图 5-34 中的⑤）。除了进行地址变换外，TLB 还要检查 PTE 中的保护信息来判断本次访问是否会导致异常发生，以及处理机的 ASN 和匹配项的 ASN 是否相同。如果没有异常发生，需要的指令地址在指令预取器中找到了（图 5-34 中的⑥），则本次访问命中，由指令预取器直接提供指令（图 5-34 中的⑦）。如果访问指令 Cache 失效，则要开始访问二级 cache（图 5-34 中的⑧）。

二级 Cache 的 35 位块地址（41 位物理地址-6 位块偏移）被分为 18 位标识和 17 位索引（图 5-34 中的⑨）。Cache 控制器根据该索引读取标识，如果它有效并与地址中的标识匹配（图 5-34 中的⑩），则返回所需要的 16 B（图 5-34 中的⑪）。与此同时，下一个 64 B 的请求也会被发送出去（图 5-34 中的⑫），它将在下 6 个时钟周期里被装入到指令预取器里（图 5-34 中的⑬）。为了节省时间，预取的指令在 CPU 执行其他指令时分发给 CPU 并写入指令 Cache（图 5-34 中的⑭）。

如果在二级 Cache 中也找不到所需的指令，就将物理地址通过一条 15 位外部地址总线发送到系统芯片组中（图 5-34 中的⑮）。系统芯片上的交叉开关连接处理机和存储器，并相应请求（图 5-34 中的⑯）。系统以每 2 个时钟周期 8 B 的速度填充 Cache 块中的剩余部分（图 5-34 中的⑰）。

因为二级 Cache 采用写回法，所以任何一次缺失都会导致要把过时的块写回主存，过时的块被称为"牺牲"块。为了不影响新数据的装入，Alpha 21264 把过时的块存入一个牺牲文件夹里（图 5-34 中的⑱），以便当新的 Cache 引用决定了要读二级 Cache 时和新的数据区分开，即如果最初的取指令缺失了（图 5-34 中的⑧）。Alpha 21264 把牺牲块的地址加在新请求的地址之后，通过系统地址总线送出（图 5-34 中的⑲），然后系统芯片取出牺牲块再写入 DIMM。

新的数据一旦到达，就立即被载入指令 Cache 中（图 5-34 中的⑳）。同时，它也被送入一级牺牲缓存中（图 5-34 中的㉑），并在之后被写入二级 Cache（图 5-34 中的㉒）。和指令 Cache 不一样，数据 Cache 使用虚拟索引和物理标识。所以，在指令的数据地址页被送入数据 TLB（图 5-34 中的㉓）的同时，虚拟地址中的 9 位索引（附加 3 位用于选择正确的 8 字节）被送入数据 Cache 中（图 5-34 中的㉔）。数据 TLB 是一个包含 128 个 PTE 的全相联结构（图 5-34 中的㉕），每个 PTE 所对应的页面大小为 8 KB～4 MB 不等的页。TLB 的缺少将导致自陷，会被 PAL 代码捕获处理，并以这个地址加载有效的 PTE。在最坏的情况下，所访问的页面不在主存中，这时操作系统要从磁盘上得到该页。

地址的索引地段也要被送入数据 Cache 中（图 5-34 中的㉖）。假设在数据 TLB 中有一个有效的 PTE（图 5-34 中的㉗），则将两个标识和有效位与物理页帧号进行比较（图 5-34 中的㉘），若比较结果为匹配，则从数据块中读出所需的 8 字节送往 CPU（图 5-34 中的㉙）。若为缺失，则访问第二级 Cache，具体步骤和指令缺失的处理是相似的（图 5-34 中的㉚），只不过它必须首先检查牺牲缓存以保证块不在里面（图 5-34 中的㉛）。

数据 Cache 缺失的时候会产生一个写回牺牲块。牺牲数据从数据 Cache 里被取出并送到牺牲缓存中，同时二级缓存里的数据填充到数据 Cache 中（图 5-34 中的㉜）。

如果二级缓存缺失时，来自系统的填充数据直接被写入（一级）数据 Cache（图 5-34 中的㉝）。二级缓存里面只会被写入一级的牺牲数据（图 5-34 中的㉞）。

当指令为存时，同样要先查找数据 Cache。当发生存缺失时，也会导致一个块被填入数据 Cache 中。存操作的数据直到确定时才在 Cache 里更新，这段时间里数据驻留在存操作队列里。在 Cache 空闲周期，数据从存操作队列写入数据 Cache（图 5-34 中的㉟）。

习　题

1. 计算机为什么要采用多级存储体系？

2. 简述主存储器的主要技术参数及其工作原理。

3. 什么是存储命中率？

4. 方式分别解释随机页面替换算法、先进先出替换算法、最近最少使用替换算法、最优替换算法。

5. 在对虚拟存储器的管理中，什么是分页管理、分段管理和段页式管理？

6. 方式阐述什么是存储器访问的时间局部性和空间局部性。

7. 方式阐述什么是直接映射高速缓存、全相连高速缓存、组相连高速缓存，以及它们分别采用的映射策略对命中率的影响。

8. 在计算机系统中，为了提高 Cache 命中率，可以采用什么样的技术方法？在保持 Cache 与主存一致性时，写回法和直写法，哪一个更好？简述其原因。

9. Cache 存储系统与虚拟存储系统都是两级存储系统，简述它们在地址映像、地址变换和替换算法的工作原理。

10. 一个主存-辅存（M1-M2）存储系统中，假设 M1 的单位字节成本为 c_1，M2 的单位字节成本为 c_2，s_1 和 s_2 分别为对应的存储容量，试问，如何使得整个存储系统的单位字节成本接近于 c_2？

11. A、B、C 三个访问速度、存储容量、单位价格均不相同的存储器组成的一个三级存储系统：A（T_a, S_a, C_a）、B（T_b, S_b, C_b）、C（T_c, S_c, C_c），其中存储器 A 的平均访问速度最快，B 次之，C 最慢。试计算这个三级存储系统的等效访问时间 T，等效存储容量 S 和等效单位价格 C。

12. 设计算机的主存储器按 32 块组织，块大小为 16 B，高速缓存有 8 个存储块，试用全相连影响和组相连影响策略，分别画出高速缓存块与主存储器块之间的关系图。

13. 某计算机的 Cache-主存层次采用组相联映像方式，块大小为 128 B，Cache 容量为 64 块，按 4 块分组，主存容量为 4 096 块。试计算主存地址共需几位？

14. 主存和辅存的平均存取访问时间分别为 10^{-7} s 和 10^{-2} s，在这种情况下，如何才能使得虚拟存储器的主存-辅存平均存取访问时间达到 10^{-4}？（提示：主存访问命中率）

15. 甲、乙两台计算机，甲计算机的 Cache 存取时间为 50 ns，主存储器为 2 μs；乙计算机的 Cache 存储时间为 100 ns，主存储器为 1.2 μs。设 Cache 的命中率均为 95%，（1）试分别求解甲、乙计算机的平均存取时间；（2）在 Cache 中，经常采用直接映像或组相联映像两种方式，在 Cache 容量相等的情况下，试分别计算前者与后者的命中率。

16. 一个计算机系统有 128 字节的高速缓存。它采用每块有 8 B 的 4 路组相联映射。物理地址大小是 32 位，最小可寻址单位是 1 B。（1）画图说明高速缓存的组织并指明物理地址与高速缓存地址的关系；（2）可以将地址（000010AF）$_{16}$ 分配给高速缓存的什么块框？（3）假如地址（000010AF）$_{16}$ 和（FFFF7Axy）$_{16}$ 可以同时分配给同一个高速缓存组，地址中的 x 与 y 的值为多少？

17. 一个 Cache 存储系统中，主存储器的访问周期、存储容量和单位价格分别为 60ns、64 MB 和 10 元/MB，Cache 的访问周期、存储容量和单位价格分别为 10 ns、512 KB 和 100 元/MB，Cache 的命中率为 0.98。计算这个 Cache 存储系统的等效访问周期、存储容量和单位价格。

18. 几种高速缓存组织如下：

（1）直接映射高速缓存；　　（2）全相联高速缓存；

（3）组相联高速缓存；　　　（4）区段映射高速缓存。

分析回答下列问题：

① 根据硬件复杂性和实现的成本排出四种高速缓存组织的次序并说明理由。

② 试解释每种高速缓存组织的块映射策略对命中率问题的影响。

试解释组相联高速缓存组织的块大小、组数、相联特性和高速缓存的大小对性能的影响。

第 **6** 章

输入/输出系统

输入/输出设备是计算机系统的重要组成部分，计算机通过它们与外围设备进行数据交换。计算机系统进行信息处理时需要和外界交换信息，即从外界获得输入信息，并将处理后的结果输出。这些功能是由输入/输出系统来完成的。输入/输出系统（I/O 系统）包括输入/输出总线、外围设备（I/O 设备）、设备控制器与输入/输出操作有关的软、硬件，它是计算机系统结构中不可或缺的部分，如果不提高 I/O 性能，仅仅提高 CPU 性能，系统的性能也不能得到有效提高。

本章首先概述输入/输出系统和总线的有关知识，然后介绍通道和外围处理机，以及输入/输出系统性能的测试与分析，最后阐述了磁盘冗余阵列 RAID 的基本结构与工作机制。

6.1　输入/输出系统概述

输入/输出系统是计算机系统中的主机与外部进行通信的系统。它由外围设备和输入/输出控制系统两部分组成，是计算机系统的重要组成部分。外围设备包括输入设备、输出设备、磁盘存储器、磁带存储器、光盘存储器等。从某种意义上也可以把磁盘、磁带和光盘等设备看成一种输入/输出设备，所以输入/输出设备与外围设备这两个名词经常可以通用。在计算机系统中，通常把处理机和主存储器之外的部分称为输入/输出系统。

6.1.1　输入/输出系统的特点

输入/输出设备种类繁多，各种设备的性能各式各样，各有自己独立的控制和数据处理方式，是计算机系统中最具多样性和复杂性的部分。对于用户而言，输入/输出系统的复杂性一般隐藏在操作系统之中，如将软件接口统一为文件操作，将硬件接口与驱动程序相结合，有层次地与系统总线连接。用户无须了解各种外围设备的具体工作细节，只要通过简单的命令或程序调用就能使用有关设备。I/O 系统的复杂性还表现在处理机本身和操作系统所产生的一系列随机事件的处理上，如实时响应问题、数据传输出错问题、网络安全问题、系统保护问题、中断和自陷问题等。输入/输出系统的特点集中反映在异步性、实时性和与设备无关性上。

1. 异步性

各个设备按照自己的时钟工作，相对于主机通常是异步工作的，但在某些时刻又必须接受处理机的控制。为此，必须考虑以下因素：

（1）数据缓冲。在外围设备接口中设置数据寄存器或缓冲器以缓冲数据。

（2）数据传输匹配。外围设备与处理机之间的速度差异非常大，信息格式也各不相同，一般情况下无法进行直接传输。

2. 实时性

处理机必须实时地按照不同设备所要求的传送方式和传送速率为输入/输出设备服务，包括从外围设备接收数据，向外围设备发送数据和有关控制信息，及时处理数据传送中的错误，以及处理机本身的硬件和软件错误，如电源故障、数据校验错误、页面失效等。在 I/O 设备提出中断、DMA 等请求时，CPU 要及时响应，完成必要的 I/O 操作或控制。

3. 与设备无关性

为了能够适应各种外围设备的要求，需要制定统一的、独立于具体设备的接口标准，包括物理接口和软件接口，使得应用程序可以依据这一接口访问或支持各种 I/O 设备。

计算机系统中使用的即插即用（PNP）技术使得各种 I/O 设备都可以通过统一的接口与计算机系统连接，接口提供了有关设备配置信息，如中断、I/O 端口地址、DMA 通道号等，由系统自动识别并赋值，无须应用人员进行配置。例如，对于由 Windows 操作系统已经认定的标准设备，其驱动程序无须由操作人员安装，而直接由 Windows 操作系统自动安装。对于新安装的设备，即使 Windows 无法识别，也会主动提示系统管理员进行配置和安装。

解决 I/O 系统的异步性、实时性及与设备无关性的问题的基本方法是采用层次结构组织 I/O 设备，有层次地实现 I/O 设备自治控制和对 I/O 设备进行分类处理，并针对不同的设备采用不同的输入/输出方式。

在外围设备很多的情况下，通常 I/O 系统具有 4 级层次结构。靠近处理机和主存储器的最高层采用标准的控制功能，如 I/O 处理机或 I/O 通道；中间层是标准接口。外围设备通过设备控制器与标准接口相连接。

所谓自治控制，是指由 I/O 系统自身管理大部分工作，包括数据传输、数据缓冲、信息格式转换等，CPU 只对 I/O 设备进行启动（初始化）、关闭、暂停等控制操作。CPU 事先在 I/O 处理机或 I/O 通道上组织好输入/输出程序，当需要对某一台外围设备进行 I/O 操作时，CPU 只需启动相关的 I/O 处理机或通道即可，具体的 I/O 处理则由 I/O 处理机或通道执行 CPU 为它组织好的程序，通过 I/O 指令控制标准接口，标准接口在指令控制下发出一系列标准的控制信号，送往设备控制器。设备控制器在自己的硬件和软件控制下，可产生所连接设备需要的各种非标准信号，最终完成相关的 I/O 操作。整个过程无须或很少需要 CPU 干预。

I/O 设备一般要按工作方式、工作速度和使用场合进行分类。如按工作速度可分为字符型设备（Character-Oriented Device）和数据块型设备（Block-Oriented Device）。前者速度较慢，如键盘、打印机、串行通信口等，常以字符或字作为传送的基本单位；后者速度较快，如磁盘机、扫描仪等，常以一定长度的字符组或字块作为传送的基本单位。对数据块型设备进行 I/O 控制一般要求在传送过程中能自行管理。

I/O 设备分类有利于让不同类型的设备连接到不同的 I/O 通道或处理机上，也便于对不同设备采用不同的数据传输方式，如对实时控制设备采用中断方式，并按照中断的优先级采取不同的相应策略；对块设备采用 DMA 方式等。

6.1.2 基本的输入/输出方式

基本的 I/O 方式有程序直接控制 I/O 方式、中断方式和 DMA 方式 3 种，在"计算机组成原理"和"微机接口"课程中对此有详细的介绍，本节仅对这些方式的特点进行概述。

1. 程序直接控制的输入/输出方式

输入和输出操作的执行（包括外围设备和主存储器之间的数据传送）全部由 CPU 通过指令直接控制。CPU 直接控制外围设备的启动、停止、运行方式和数据传送长度。

该方式具有如下特点：

（1）何时对何设备进行输入/输出操作完全受 CPU 控制。

（2）I/O 设备和 CPU 处于异步工作关系，CPU 必须先测试外围设备的工作状态，才能决定是否进行数据传输，对 CPU 资源的浪费最为严重。

（3）数据的输入/输出都要经过 CPU，其过程为：I/O 设备 ↔ I/O 接口寄存器 ↔ CPU ↔ 主存，并要占用与 CPU 相连的总线资源。

（4）灵活性较好，程序员可任意安排外围设备的优先级和数据传送的检查、变换。

（5）一般用于连接低速字符设备。

2. 中断方式

当外围设备需要 CPU 服务时，它会以中断的方式向 CPU 发出请求，CPU 则执行相应中断处理程序为外围设备提供服务。

该方式具有如下特点：

（1）CPU 和 I/O 设备能够并行运行。

（2）具有及时响应意外事件或异常的能力。

（3）与程序控制的输入/输出方式一样，数据的输入/输出都要经过 CPU，要在程序的控制下完成整个过程，且要占用与 CPU 相连的总线资源。此种方式同样具有灵活性较好的特点，一般用于连接低速字符设备。

3. DMA 方式

在专门的硬件（DMA 控制器）控制下，DMA 方式可实现高速外围设备和主存储器之间自动成批交换数据以尽量减少 CPU 干预。

该方式具有如下特点：

（1）主存可被 CPU 访问，也可被外围设备访问，有存储管理部件为各种访存申请排队，一般外围设备访存申请安排在最高级，如 PC 中的 DMA 请求高于一般中断请求。

（2）需要有专用部件（如 DMA 控制器）。该部件除具有数据缓冲、状态和控制寄存器外，还要有主存地址寄存器、设备地址寄存器、数据交换计数器等控制传送过程的寄存器，以及把字节装配成字和把字拆分成字节的硬件。

（3）外围设备与主存之间的数据传送不需要执行程序，由 DMA 控制器独立管理，CPU 仅仅对 DMA 控制器事先进行初始化，做好传送地址和数据个数的安排，并启动 DMA 控制器。DMA 传送结束后，DMA 控制器可以中断方式要求 CPU 对主存数据缓冲区进行处理，并可根据需要再次对 DMA 控制器初始化。

（4）DMA 数据传送过程完全在硬件控制下由 DMA 控制器完成，CPU 可与外围设备并行工作。如果主存带宽足够，那么外围设备的工作完全不影响 CPU 自身的运行。

（5）一般用于连接较高速的块设备，也可用于连接字符设备。

6.2　总　线

I/O 系统的总线为设备间的数据传送提供通路，并对其进行管理，其设计的好坏对 I/O 系统的性能会有较大影响。下面分别从总线类型、通信技术、连接方式等方面进行介绍。

6.2.1　总线概述

所谓总线，就是指能为多个功能部件服务的一组信息传输线，它是计算机中系统与系统之间或者各部件之间进行信息传送的公共通路。总线和与其相配合的附属控制电路统称为总线系统。

按照总线在系统中的位置可分为芯片级（芯片内部的所谓片内总线）、板级（连接插件板内的各个组件，也称局部总线）、系统级（主板上连接各插件板的总线，即系统总线）、系统外部（连接主机和外围设备的信息通路，即输入/输出总线或 I/O 总线）4 级总线。

总线就允许信息传送的方向来分类，有单向传输和双向传输两种。双向传输又有半双工和全双工的不同。半双工可沿相反方向传送，但同时只能向一个方向传送。全双工允许同时向两个方向传送。全双工的速度快，造价高且结构复杂。

1. 专用总线和非专用总线

总线按其用法可以分成专用总线和非专用总线，如图 6-1 所示。只连接一对物理部件的总线称为专用总线，优点是：

（1）多个部件可以同时收/发信息，不争用总线，系统流量大；

（2）通信时不用指明源和目的，控制简单；

（3）任何总线的失效只影响连于该总线的两个部件不能直接通信，但它们仍可通过其他部件间接通信，因而系统可靠。

缺点是线数多。如果 N 个部件用双向专用总线在所有可能路径都互连，则需 $N \times (N-1)/2$ 组总线。N 较大时，总线数将与部件数 N 成平方倍关系增加，不仅增多了转接头，难以小型化、集成电路化，而且当总线较长时，成本相当高。此外，专用总线的时间利用率低。

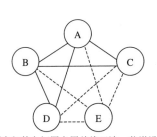
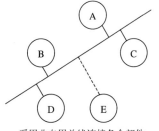

所有部件之间用专用总线互连，若增设部件 E，则需增设多条连接通路

采用非专用总线连接各个部件，增设部件很方便

图 6-1　专用总线和非专用总线

非专用总线可以被多种功能或多个部件分时共享，同一时间只有一对部件可使用总线进行通信。例如，低性能微、小型机中使用的单总线，既是主存总线又是 I/O 总线；高速中、大型系统为解决 I/O 设备和 CPU、主存间传送速率的差距，使用的是主存、I/O 分开的双总线或多总线；多个远程终端共享主机的系统使用的远距离通信总线，多处理机系统互连用的纵横交叉开关等，都是非专用总线。

非专用总线的优点是总线数目少、成本低，总线接口可标准化，可扩充能力强，在不影响总线负载的情况下，可增加连接的部件。例如，微机主板上连接各个外围设备接口的插槽是标准化的，可通过扩展卡与外围设备或部件连接。非专用总线的缺点是系统流量小，常出现总线争用情况，致使未取得总线使用权的部件处于等待状态而降低效率。共享总线若出现故障可能会造成系统瘫痪。当采用非专用总线时，由于可能发生多个设备或部件同时申请使用总线，就得有总线控制机构进行总线仲裁，即按照某种优先次序进行判断，保证在同一时间内只能有一个高优先级的申请者取得对总线的使用权。

一般芯片级、板级和系统级总线采用非专用总线，而 I/O 系统中的外部总线（外围设备与主机连接的信号线）使用专用总线。通常 CPU 通过一个接口芯片与存储器或外围设备连接，这个接口芯片称为主桥。图 6-2 所示为一种基于 PCI 总线的输入/输出系统结构，常为 PC 所采用。其中 PCI 桥作为主桥，PCI 总线成为系统的骨干。图 6-3 所示为一种基于通道总线的输入/输出系统结构，图中通道通过接口或设备控制器连接外围设备，并担负起控制外围设备与内存及外围设备与 CPU 通信的任务。

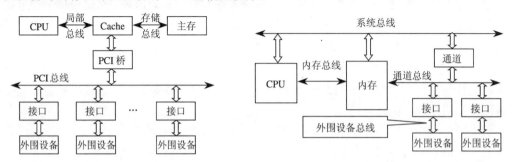

图 6-2　一种基于 PCI 总线的 I/O 系统　　　图 6-3　一种基于通道总线的 I/O 系统结构

与连接 CPU 和存储器的总线不同，外部总线较长，有不同的物理外形，能连接各种外围设备，能适应范围广泛的不同传输速率。通常外部总线是标准化的，以便主机设计和外围设备的设计相互独立进行，使不同厂商的产品能够相互兼容，从而使系统的成本降低。

2．同步通信和异步通信

I/O 总线的定时方式有同步方式和异步方式两种。

采用同步方式通信时，通信的两个部件之间必须先建立同步，即双方的时钟要调整到同一个频率。两个部件之间的信息传送是通过统一的定宽、定距的系统时标进行同步的。在同步串行方式中，通常把数据与时钟信息编码在一起，无须专门的时钟线。同步并行方式采用时钟线，使两个部件同步，控制较简单。同步方式的信息传输速率高，受总线的长度影响小。但会因时钟在总线上的时滞而造成同步误差，且时钟线上的干扰信号易引起误差同步。

异步方式不传送时钟信号，可降低成本。在异步串行方式中，通常以数据帧为单位进行。数据帧传输是异步的，可随时进行，而数据帧中每一个数据位则是同步的，具有固定的时间间隔。异步并行方式则采用握手信号，分别表示发送方和接收方是否准备好。由于 I/O 总线一般是为具有不同速度的许多 I/O 设备所共享的，因此多采用异步通信。

6.2.2　总线的连接方式

在计算机系统中，根据使用目的和系统设计的不同，总线的连接方式可以分为 3 种，即单总线结构、双总线结构和三总线结构。

单总线结构是在单处理机的计算机中，使用一条单一的系统总线来连接 CPU、主存和 I/O 设备。构成计算机系统的 CPU、内存、I/O 设备之间进行数据交换时，全部要通过系统总线进行。这种结构的计算机的系统总线简单，但是工作时总线的负担较重，对总线带宽的要求较高。

双总线结构保持了单总线系统简单、易于扩充的优点，但又在 CPU 和主存之间专门设置了一组高速的存储总线，使 CPU 可通过专用总线与存储器交换信息，从而减轻了系统总线的负担，同时主存仍可通过系统总线与外围设备之间实现 DMA 操作，而不必经过 CPU。当然，这种双总线系统是以增加硬件成本为代价来换取性能的提高。

双总线的结构如图 6-4 所示。在 CPU 和内存之间增加了一组内存总线，专门解决 CPU 和内存之间的数据交换。CPU 和内存之间可以通过高速内存总线交换信息，减轻了系统总线的负担。而主存和外围设备之间还可以通过系统总线进行 DMA 传输，不必经过 CPU，从而提高了系统的整体性能。

三总线结构是在双总线结构的基础上增加 I/O 总线而形成的，其结构如图 6-5 所示。

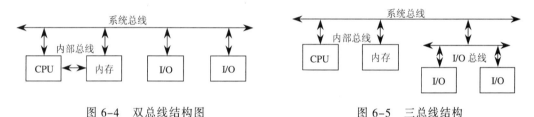

图 6-4　双总线结构图　　　　　　　图 6-5　三总线结构

系统总线是 CPU、内存、IOP 之间传输数据的通路，内存总线的功能和双总线结构相同，I/O 总线是多个外围设备与通道之间进行数据传输的通道。双总线结构使得在进行 DMA 传输时，外围设备和存储器间直接交换数据而不经过 CPU，从而减轻了 CPU 对数据输入/输出的控制，而三总线结构使用"通道"方式进一步提高了 CPU 的效率。通道实际上是一台具有特殊功能的处理机，又称为 IOP（I/O 处理机），它分担了一部分 CPU 的功能，以实现对外围设备的统一管理及外围设备与主存之间的数据传送。显然，由于增加了 IOP，使整个系统的效率大大提高，然而这是用增加更多硬件的代价换来的。

6.3　通道处理机

通道处理机是一个独立于 CPU 的 I/O 控制处理机，用于控制设备与内存直接进行数据交换。它有自己的通道命令，可由 CPU 执行相应指令来启动通道，并在操作结束时向 CPU 发出中断信号。从 IBM 360 系列机开始，普遍采用通道处理机技术。

6.3.1　通道的功能

1. 3 种基本输入/输出方式存在的问题

（1）CPU 的输入/输出负担很重，不能专心于用户程序的计算工作。低速外围设备传送每个字符都由 CPU 执行一段程序来完成。高速外围设备的初始化、前处理和后处理等工作需要 CPU 来完成。

（2）大型机中的外围设备台数很多，但一般不同时工作。让 DMA 控制器能被多台设备共享，以提高硬件的利用率。

2．通道的主要功能

（1）接受 CPU 的指令，按指令要求与指定的外围设备进行通信；

（2）从内存读取属于该通道的指令，执行通道程序，向设备控制器和设备发送各种命令；

（3）检查外围设备的工作状态，是正常还是故障；

（4）组织外围设备和内存之间进行数据传送，并根据需要提供数据缓存的空间，以及提供数据存入内存的地址和传送的数据量；

（5）在数据传输过程中完成必要的格式转换；

（6）从外围设备得到设备的状态信息，形成并保存为通道本身的状态信息，根据要求将这些状态信息送到内存的指定单元，供 CPU 使用；

（7）指定传送工作结束时要进行的操作；

（8）将外围设备的中断请求和通道本身的中断请求，按序及时报告 CPU；

CPU 通过执行 I/O 指令以及处理来自通道的中断，来实现对通道的管理。来自通道的中断有两种，一种是数据传送结束中断，另一种是故障中断。大中型计算机的 I/O 指令都是管态指令，只有当 CPU 处于管态时，才能运行 I/O 指令，处于目态时不能运行 I/O 指令。

6.3.2　通道的工作过程

通道完成一次数据输入/输出的过程分为三步，如图 6-6 所示。

（1）在用户程序中使用访管指令进入管理程序，由 CPU 通过管理程序组织一个通道程序，并启动通道。

（2）通道处理机执行 CPU 为它组织的通道程序，完成指定的数据输入/输出工作。

（3）通道程序结束后，向 CPU 发送中断请求。第二次调用管理程序对输入/输出请求进行处理。

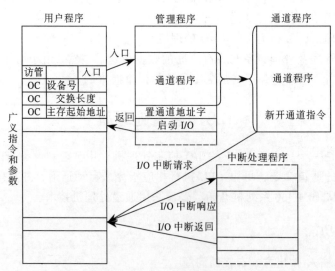

图 6-6　通道完成一次数据输入/输出的过程

完成一次输入/输出工作，CPU 只需要调用两次管理程序，大大减少了对用户程序的干扰。通道程序、管理程序和用户程序执行时间的关系如图 6-7 所示。启动输入/输出设备的工作过程如图 6-8 所示。

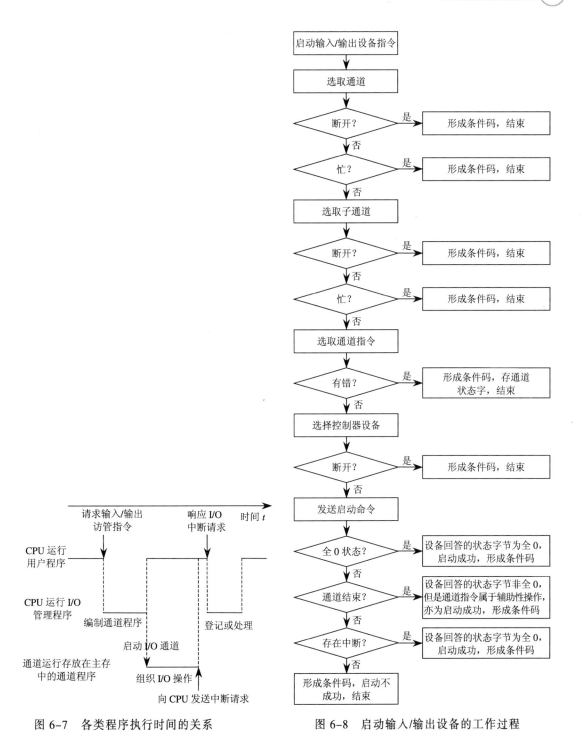

图 6-7 各类程序执行时间的关系

图 6-8 启动输入/输出设备的工作过程

6.3.3 通道的种类

通道的出现进一步提高了 CPU 的效率。因为通道是一个特殊功能的处理机，使用自己的指令和程序，专门负责数据输入/输出的传输控制。这时，CPU 只负责自己的数据处理功能，相当于 CPU 内部运算与 I/O 设备并行工作。

根据工作方式的不同,将通道分为3种类型:字节多路通道、选择通道和数组多路通道,如图6-9所示。

1. 字节多路通道

字节多路通道是一种简单的共享通道,在时间分割的基础上为多台低速和中速设备服务,如键盘、打印机等。这些设备的数据传输率非常低,因此通道在传送两个字节之间有很多空闲时间,字节多路通道正是利用这个空闲时间为其他设备服务的。其特点是各设备与通道之间的数据传送是以字节为单位交替进行的,各设备轮流占用一个很短的时间片。

字节多路通道包含有多个子通道,每个子通道连接一个设备控制器,如图6-10所示。

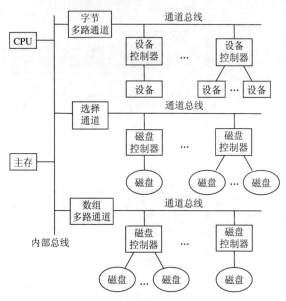

图 6-9　3 种类型通道连接示意图

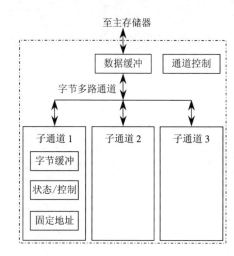

图 6-10　字节多路通道的结构

2. 选择通道

选择通道又称高速通道,在物理上它可以连接多个设备,但是这些设备不能同时工作,在某一段时间内通道只能选择一个设备进行工作。选择通道很像一个单道程序的处理机,在一段时间内只允许执行一个设备的通道程序,只有当这个设备的通道程序全部执行完毕后,才能执行其他设备的通道程序。选择通道主要用于连接高速外围设备,如磁盘、磁带等,信息以成组方式高速传输。其优点是以数据块为单位进行传输,传输率高;缺点是通道利用率低。

每个选择通道只有一个以成组方式工作的子通道,逐个为物理上连接的多台高速外围设备服务,如图6-11所示。

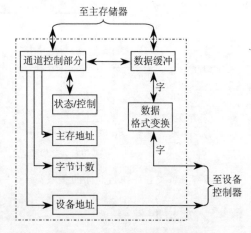

图 6-11　选择通道的结构

3. 数组多路通道

数组多路通道是对选择通道的一种改进,它的基本思想是当某设备进行数据传送时,通道只为该设备服务；当设备在执行寻址等控制性操作时，通道暂时断开与这个设备的连接，挂起该设备的通道程序，去为其他设备服务，即执行其他设备的通道程序。数组多路通道可以看做是以成组方式工作的高速多路通道。

例如，从磁盘存储器读出一个文件的过程分为三步：定位、找扇区、读出数据。数组多路通道的实际工作方式是：为一台高速设备传送数据时，有多台高速设备可以在定位或者在找扇区。

与选择通道相比，数组多路通道的数据传输率和通道的硬件利用率都很高，控制硬件的复杂度也比较高。

在 IBM 系统中常常用到子通道的概念。子通道是指实现每个通道程序所对应的硬件设备。选择通道在物理上可以连接多个设备，但在一段时间内只能执行一个设备的通道程序，也就是说在逻辑上只能连接一个设备，所以它只包含一个子通道。数组多路通道和字节多路通道不仅在物理上可以连接多个设备，而且在一段时间内能交替执行多个设备的通道程序，换句话说在逻辑上可以连接多个设备，所以它们包含有若干个子通道。

6.3.4　通道中的数据传送过程

3 种不同类型的通道，字节多路通道、选择通道和数组多路通道，由于其工作方式的不同，其数据传送的时间花费是不同的，下面针对上述 3 种通道分别连接 P 台设备，每台设备都传送 n 个字节的情况下，计算各自的时间开销。

（1）字节多路通道连接 P 台设备，每台设备都传送 n 个字节：

T_S：设备选择时间。T_D：传送一个字节的时间。

T_i：第 i 个数据的传输，$i=1,2,\cdots,n$。

$$\text{总共所需要的时间：} T_{\text{BYTE}} =(T_S+T_D)\cdot P\cdot n \qquad (6-1)$$

（2）选择通道连接 P 台设备，每台设备都传送 n 个字节：

设备 1	设备 2		设备 p
T_S+nT_D	T_S+nT_D		T_S+nT_D

T_S：设备选择时间。

T_D：通道传送一个字节的时间。

$$\text{总共所需要的时间：} T_{\text{SELETE}} =p(T_S+ nT_D) = \left(\frac{T_S}{n}+T_D\right)\cdot P\cdot n \qquad (6-2)$$

（3）数组多路通道连接 P 台设备，每台设备都传送 n 个字节：

设备 1 | 设备 2 | 设备 p | 设备 1 | 设备 p
T_S+kT_D T_S+kT_D T_S+kT_D T_S+kT_D T_S+kT_D
T_1 T_2 … $T_{\lceil n/k \rceil}$

T_S：设备选择时间。k：一个数据块中的字节个数。

T_D：通道传送一个字节的时间。

k：数据库的大小。

t_i：通道传送第 i 次数据块所用的时间，其中 $i=1,2,\cdots,n/k$。

总共所需要的时间：

$$T_{\text{BLOCK}} = p(T_{\text{S}} + kT_{\text{D}}) \cdot n/k = \left(\frac{T_{\text{S}}}{k} + T_{\text{D}}\right) \cdot P \cdot n \qquad (6\text{-}3)$$

通过上面的计算，可以看出，在连接同样数量的设备并传送相同字节数据的情况下，选择通道和数组多路通道的时间开销要小于字节多路通道。特别的，当 n 趋近于无穷大时，字节多路通道传送单个字节数据的开销是 $T_{\text{S}}+T_{\text{D}}$，选择通道和数组多路通道的开销是 T_{S}。

6.3.5 通道流量分析

通道流量是指通道在单位时间内能够传送的最大数据量，又称为通道吞吐率、通道数据传输率等。通道在满负荷工作状态下的流量称为通道最大流量。3 种通道的最大流量计算公式如下：

$$f_{\text{MAX.BYTE}} = \frac{P \cdot n}{T_{\text{S}} + T_{\text{D}} \cdot P \cdot n} = \frac{1}{T_{\text{S}} + T_{\text{D}}} \qquad (6\text{-}4)$$

$$f_{\text{MAX.SELETE}} = \frac{P \cdot n}{(T_{\text{S}}/n + T_{\text{D}}) \cdot P \cdot n} = \frac{1}{T_{\text{S}}/n + T_{\text{D}}} \qquad (6\text{-}5)$$

$$f_{\text{MAX.BLOCK}} = \frac{P \cdot n}{(T_{\text{S}}/k + T_{\text{D}}) \cdot P \cdot n} = \frac{1}{T_{\text{S}}/k + T_{\text{D}}} \qquad (6\text{-}6)$$

根据字节多路通道、选择通道和数组多路通道的工作原理可知，通道流量与连接在这个通道上的所有设备的数据传输率的关系如下：

$$f_{\text{BYTE}} = \sum_{i=1}^{P} fi \qquad (6\text{-}7)$$

$$f_{\text{SELETE}} = \underset{i=1}{\overset{P}{\text{Max}}} fi \qquad (6\text{-}8)$$

$$f_{\text{BLOCK}} = \underset{i=1}{\overset{P}{\text{Max}}} fi \qquad (6\text{-}9)$$

为了保证通道能够正常工作，不丢失数据，各种通道的实际流量应该不大于通道的最大流量，即满足下列不等式关系：

$$f_{\text{BYTE}} \leqslant f_{\text{MAX.BYTE}} \qquad f_{\text{SELETE}} \leqslant f_{\text{MAX.SELETE}} \qquad f_{\text{BLOCK}} \leqslant f_{\text{MAX.BLOCK}}$$

【例 6-1】 一个字节多路通道，连接有 5 台外围设备：0 号外围设备和 1 号外围设备每隔 25μs 发出一次数据请求，2 号和 3 号外围设备每隔 150μs 发出一次数据请求，5 号外围设备每隔 800μs 发出一次请求，计算这个字节多路通道的实际流量和工作周期。

解：实际通道流量为：

$f_{\text{BYTE}} = \Sigma f_{\text{BYTE}(i)} = 1/25 + 1/25 + 1/150 + 1/150 + 1/800 = 0.095 \text{ MB/s}$

因为 $f_{\text{MAX.BYTE}} \geqslant f_{\text{BYTE}}$

所以 $f_{\text{MAX.BYTE}} \geqslant 0.095 \text{ MB/s} \approx 0.1 \text{ MB/s}$

通道的工作周期：$T_{\text{S}}+T_{\text{D}}=1/f_{\text{MAX.BYTE}}=10 \text{ μs}$

例 6-1 中，我们通过通道所连接的多个设备的流量计算出通道流量，为了能够同时支持多个设备的通信，通道设计的极限流量不能小于通道的实际流量，但这样的流量基本条件只能保证在宏观上不丢失设备信息，并不能保证在微观上的每一个局部时刻都不丢失信息。特别是当设备要求通道的实际最大流量非常接近于通道设计所能达到的极限流量时,由于速率高的设备频繁发出请求并总是优先得到响应和处理,速度很低的那些设备就可能会长期得不到通道而丢失信息,详见例 6-2。

【例 6-2】 一个字节多路通道连接 D_1、D_2、D_3、D_4、D_5 共 5 台设备,这些设备分别每 10 μs、30 μs、30 μs、50 μs 和 75 μs 向通道发出一次数据传送的服务请求,请回答下列问题:

(1)计算这个字节多路通道的实际流量和工作周期。

(2)如果设计字节多路通道的最大流量正好等于通道的实际流量,并假设对于数据传输率高的设备,通道响应的数据传送请求的优先级也高。5 台设备在 0 时刻同时向通道发出第一次传送数据的请求,并在以后的时间里按照各自的数据传输率连续工作。试画出通道分时为各台设备服务的时间关系图,并计算这个字节多路通道处理完各台设备的第一次数据传送请求的时刻。

(3)从时间关系图上发现什么问题?如何解决这个问题?

解:通道的实际流量为:

$$f_{BYTE} = \frac{1}{10} + \frac{1}{30} + \frac{1}{30} + \frac{1}{50} + \frac{1}{75} \ (MB/s) = 0.2 \ MB/s$$

通道的工作周期为:

$$t = \frac{1}{f_{BYTE}} = 5 \ \mu s$$

时间关系图如图 6-12 所示。

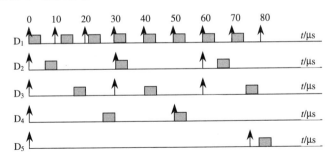

图 6-12 字节多路通道响应设备请求和为设备服务的时间关系图

通道处理完各设备第一次请求的时间如下:

处理完设备 D_1 的第一次请求的时刻为第 5 μs;

处理完设备 D_2 的第一次请求的时刻为第 10 μs;

处理完设备 D_3 的第一次请求的时刻为第 20 μs;

处理完设备 D_4 的第一次请求的时刻为第 30 μs;

设备 D_5 的第一次请求没有得到响应,数据丢失。

对所有设备的请求时间间隔取最小公倍数,在这一段时间内通道的流量是平衡的,但是,在任意设备的任意两次传送请求之间并不能保证设备都能得到通道的响应。

为了保证字节多路通道能够正常工作,可以采取下列几种方法:

(1)增加通道的最大流量,保证连接在通道上的所有设备的数据传送请求都能够及时得到通道的响应。

(2)动态改变设备的优先级。例如,在 30~70 μs 之间临时提高设备 D_5 的优先级。

（3）增加缓冲存储器，特别是对优先级比较低的设备。例如，只要为设备 D_5 增加一个数据缓冲寄存器，它的第一次请求就可以在第 85 μs 处得到响应，第二次请求可以在第 145 μs 处得到响应。

6.4　外围处理机

输入/输出处理机是能够独立承担输入/输出工作的处理机。

输入/输出处理机又称为外围处理机、I/O 处理机、IOP、PPU 等。

6.4.1　输入/输出处理机的作用

通道处理机实际上并不能看成是独立的处理机，因为它的指令（通道指令）系统很简单，只有面向外围设备的控制和数据传送的基本指令，而且没有大容量的存储器。在数据的输入/输出过程中，通道处理机还需要由 CPU 来承担许多工作。在高性能的巨型和大型计算机系统中，如果仍然采用通道处理机方式，就会存在以下几种问题：

（1）每完成一次输入/输出操作要两次中断 CPU 的现行程序。

（2）通道处理机不能处理自身及输入/输出设备的故障。

（3）数据格式转换、码制转换、数据块检验等工作要由 CPU 来完成。

（4）对于文件管理、设备管理等工作，通道处理机本身无能为力。

输入/输出处理机除了能够完成通道处理机的全部功能之外，还具有如下功能：

（1）码制转换。

（2）数据校验和校正。

（3）故障处理。

（4）文件管理。

（5）诊断和显示系统状态。

（6）处理人机对话。

（7）连接网络或远程终端。

输入/输出处理机还可以根据需要完成分配给它的其他任务，如数据库管理等。

输入/输出处理机除了具有数据的输入/输出功能之外，还具有运算功能和程序控制等功能。不仅能够执行输入/输出指令，还能够执行算术逻辑指令和程序控制指令等，就像一般的处理机那样。图 6-13 所示为一种典型的输入/输出处理机的结构。

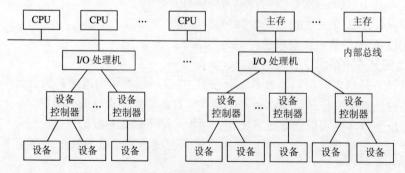

图 6-13　一种典型的输入/输出处理机的结构

6.4.2　输入/输出处理机的种类和组织形式

根据是否共享主存储器，把输入/输出处理机分为两类：

（1）共享主存储器的输入/输出处理机。许多早期的巨型和大型计算机系统一般采用这种方式，例如 CDC 公司的 CYBER，Texas 公司的巨型计算机 ASC，Burroughs 公司的6700 等。

（2）不共享主存储器的输入/输出处理机，例如 STAT-100 巨型计算机等。这种方式可以最大限度地减少对主存储器的压力。

根据运算部件和指令控制部件是否共享，把输入/输出处理机分为两类：

（1）合用同一个运算部件和指令控制部件的输入/输出处理机，如 CDC-CYBER 和 ASC等巨型计算机。这种输入/输出处理机造价低，但控制比较复杂。

（2）独立运算部件和指令控制部件的输入/输出处理机，例如 B-6700 大型计算机和STAT-100 等巨型计算机。采用独立运算部件和指令控制部件已经成为主流。

根据各种计算机系统的具体情况和不同要求，输入/输出处理机的结构有多种组织方式：

（1）多个输入/输出处理机从功能分工。

在有些计算机系统中，有多个输入/输出处理机，而且从功能上进行分工，有的专门管理外围设备，有的专门管理文件系统，有的专门管理用户的人机会话工作，有的专门管理网络和远程终端，有的专门管理数据库或知识库等。

（2）以输入/输出处理机作为主处理机。

在许多并行计算机和超级并行计算机系统中，以输入/输出处理机作为主处理机，它除了担负全部的输入/输出任务之外，还运行操作系统，而由多个处理机或多个运算部件组成的并行处理系统仅作为运算的加速部件。

（3）采用与主处理机相同型号的处理机作为输入/输出处理机。

在有些计算机系统中，用一台与中央处理机相同型号的处理机作为输入/输出处理机，例如，在一种由两台 CRAY 大型计算机组成的系统中，其中的一台计算机系统专门负责输入/输出工作。

（4）采用廉价的微处理机来专门承担输入/输出任务。

随着集成电路技术的迅速发展，目前，许多计算机系统往往采用廉价的微处理机来专门承担输入/输出任务。

6.4.3　输入/输出处理机实例

CYBER 1700 计算机系统的结构如图 6-14 所示。

外围处理机子系统包括 10 台 PPU，即 PPU0～PPU9，它们通过主存—输入/输出处理机总线分时共享主存储器，并通过交叉开关网络共享 12 个输入/输出通道。

每个 PPU 有一个容量为 4K × 13 位（其中一位为奇偶位）的局部存储器。系统监督程序常驻在 PPU0 的局部存储器中，控制台显示程序常驻在 PPU1 的局部存储器中，其余 PPU 均装有各自的常驻程序。

每个 PPU 都能独立执行有关 PPU 的程序，都有相同的指令系统，共有 66 种指令，包括算术逻辑指令、访问存储器指令，输入/输出指令及程序控制指令等。指令格式有 12 位的短指令和 24 位的长指令两种。用这些指令编制的 PPU 程序存放于系统主存的程序库中，可以为管理外围设备随时调用。所有 10 个 PPU 分时循环使用同一个算术/逻辑部件，每台 PPU 一次占用一个时间片，隔 10 个时间片之后又可再次占用一个时间片。因此，一条 PPU 指令要经过多个大循环周期才能完成。

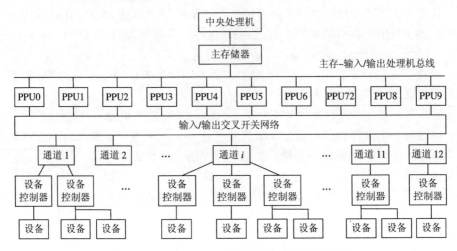

图 6-14　CYBER 1700 计算机系统的结构框图

当用户程序需要进行输入/输出操作时，由中央处理机发出请求调用输入/输出处理机，由输入/输出处理机管理外围设备，完成全部输入/输出工作。

6.5　I/O 系统性能评测

输入/输出系统对整机系统的性能影响是巨大的，因此我们希望能够找到一些通用的指标和方法来对其进行评测。本节将对可靠性、可用性、可信性、I/O 吞吐率和响应时间等指标参数的性质和计算方法进行介绍；对并行 I/O 的基本设计方法进行总结；最后介绍目前最新的排队论的基础知识。

6.5.1　I/O 系统的可靠性、可用性和可信性

除了容量、速度和价格外，人们有时更关心外围设备的可靠性。跟计算机系统中其他的组成部分相比，人们往往对 I/O 系统的可靠性有更高的要求。

反映外围设备可靠性能的参数有可靠性（Reliability）、可用性（Availability）和可信性（Dependability）。

系统的可靠性是指系统从某个初始参考点开始一直连续提供服务的能力，它通常用平均无故障时间（Mean Time To Failure，MTTF）来衡量。MTTF 的倒数就是系统的失效率。如果系统中每个模块的生存期服从指数分布，则系统整体的失效率是各部件的失效率之和。系统中断服务的时间用平均修复时间（Mean Time To Repair，MTTR）来衡量。

系统的可用性是指系统正常工作的时间在连续两次正常服务间隔时间中所占的比例。

$$可用性 = \frac{MTTF}{MTTF + MTTR}　　　　　（6-10）$$

其中，MTTF+MTTR 通常可以用平均失效隔间时间（Mean Time Between Failure，MTBF）来代替。

系统的可信性是指服务的质量，即在多大程度上可以合理地认为服务是可靠的。可信性与可靠性和可用性不同，它是不可以度量的。

【例 6-3】　假设磁盘子系统的组成部件及相应的 MTTF 如下：

（1）磁盘子系统由 20 个磁盘构成，每个磁盘的 MTTF 为 2 000 000h。

（2）1 个 SCSI 控制器，其 MTTF 为 500 000h。

（3）1 个不间断电源，其 MTTF 为 200 000h。

（4）1 个风扇，其 MTTF 为 200 000h。

（5）1 根 SCSI 连线，其 MTTF 为 1 000 000h。

假定每个部件的生存周期服从指数分布，同时假定各部件的故障是相互独立的，求整个系统的 MTTF。

解：整个系统的失效率为：

$$系统失效率 = 20 \times \frac{1}{2\,000\,000} + \frac{1}{500\,000} + \frac{1}{200\,000} + \frac{1}{200\,000} + \frac{1}{1\,000\,000} = \frac{23}{1\,000\,000}$$

系统的 MTTF 为系统失效率的倒数 $MTTF = \dfrac{1\,000\,000}{23} = 43\,500\,h$，约 5 年。

提高系统组成部件的可靠性的方法包括有效构建方法（Valid Construction）以及纠错方法（Error Correction）。有效构建是指在构建系统的过程中消除故障隐患，这样建立起来的系统就不会出现故障。纠错方法是指在系统构建中采用容错的方法。这样即使出现故障，也可以通过容错信息保证系统正常工作。

为保证冗余信息在出现错误时不失效，通常要将其存放在与错误部件不同的部件中。这种方法的典型应用就是磁盘冗余阵列。

6.5.2　I/O 子系统性能衡量

衡量 I/O 处理性能的方法和衡量 CPU 性能的方法有所不同。衡量的标准包括：计算机能连接什么样的 I/O 设备，能连接多少 I/O 设备。此外，衡量输入/输出设备特性的指标还有访问时间、数据传送时间和出错率。

访问时间是指外围设备的响应时间，即从发出 I/O 处理命令到处理完成之间的时间间隔。例如，针对读磁盘操作，访问时间即是从发出读某一个扇区的命令到磁头移动到该扇区的时间。I/O 设备的访问时间一般比内存的访问时间大得多，而且变化范围大，即使对同一设备也是如此。I/O 设备在读/写数据时，有时不是读/写一个数据，而是一个数据块，从而使得一次访问能够传输大量的数据。根据这个特点，可将 I/O 设备分成字符型设备和块设备。例如，终端属于字符型设备，磁盘和磁带属于块设备等。

数据传输时间是指从开始传送到传送结束的时间间隔，它取决于传送的数据量（块的大小）和传送的速率。传输速率也称吞吐率或带宽，它表示单位时间内平均能完成的处理量。数据块的大小一般根据设备以及这些设备的访问时间决定。数据块大时，需要的缓存也大。

传统性能衡量指标也可以应用到 I/O 上，如响应时间和吞吐率（I/O 吞吐率也称为 I/O 带宽，响应时间也称为时延）。图 6-15 以简单的生产者—服务器模型来描述 I/O。生产者创建要执行的任务，并将其放到缓冲区；服务器从先进先出（队列）缓冲区中取出任务并开始执行。

图 6-15　响应时间和吞吐率的传统生产者-服务器模型

响应时间定义为从一个任务被放入缓冲区到被处理完成之间的时间间隔。吞吐率是指单位时间内平均能完成的任务数。为达到尽可能高的吞吐率，服务器不应闲置，因此缓冲区不应为空。但从另一方面来看，响应时间也包括任务在缓冲器中的等待时间，因此缓冲器内的任务数越少，响应时间就会越短。

增加 I/O 处理吞吐率的方法包括提高 I/O 设备的并行度，即增加外围设备，但这并不能有效提高 I/O 处理的响应速度。

在一些事务处理应用中，对 I/O 子系统的要求是它的处理速率，即每秒钟能进行 I/O 操作的次数，而不是吞吐率。

图 6-16 是一个典型的 I/O 系统响应时间与吞吐率（或时延）的关系图。图中曲线表明，吞吐率少量提高会引起响应时间快速增长；相反，响应时间少量缩短会引起吞吐率快速降低。

时延通常表示为响应时间。在图 6-16 中可发现最小的响应时间只能使吞吐率提高 11%，若要使吞吐率达到 100%，则对应的响应时间是最小响应时间的 7 倍。

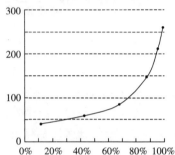

图 6-16　吞吐率与响应时间关系图

设计者如何在这些相互冲突的需求中寻求折中方案呢？答案是人机交互。同计算机的一次交互分为三部分：

（1）进入时间：即用户输入命令所需的时间。

（2）系统响应时间：即从用户输入命令到显示响应结果所需的时间。

（3）用户反应时间：即从接收响应结果到用户开始输入下一条命令的时间。

这三部分的时间之和称为交互时间。研究表明，用户工作效率与交互时间成反比。快速的响应可以减少人的反应时间。尽管当今处理机的速度已经提高 1 000 倍，但响应时间通常长于 1 s，例如启动桌面计算机的应用程序，这是由于大量磁盘 I/O 或单击 Web 链接的网络延迟造成了长时间延迟。

衡量系统的 I/O 处理性能的方法有基准程序法，即用进行大量 I/O 处理的程序对系统的 I/O 实际能力进行测量。例如，针对事务处理的基准测试程序 TP-1，它可测试系统访问磁盘的响应时间，计算每秒处理的 I/O 事件数 TPS，并计算系统每个 TPS 的成本。这种测试标准适用于飞机订票系统和银行系统。

6.5.3　I/O 子系统的设计

在设计 I/O 子系统时，必须综合考虑各种设计目标：性能、成本、可扩展性等。性能和成本是考虑的主要因素。测量性能的指标是每秒传送的兆字节数或每秒 I/O 操作数，取决于应用的要求。对于高性能的系统，主要是设法提高 I/O 设备的速度、数据传送的速度等。对于低成本系统，则着重考虑成本。

I/O 子系统的设计步骤如下：

（1）列出计算机将连接的各种 I/O 设备，或者计算机支持的各种标准总线。

（2）列出各 I/O 设备的物理要求，例如体积、功率、接插件、总线槽、扩展机箱等。

（3）列出各种 I/O 设备的成本，包括控制这些 I/O 设备的成本。

（4）列出各种 I/O 设备对 CPU 资源的需求，包括启动、支持到终止一个 I/O 设备的时间，CPU 等待 I/O 操作所需的时间和从 I/O 操作中恢复过来所需的时间。

（5）列出 I/O 设备对存储器和总线资源的需求。即使在 CPU 不使用存储器时，存储器和总线的带宽也是有限的。

（6）最后，对各种组织 I/O 设备的方法进行综合分析和评测，选择一种合理的方案。

6.5.4　并行 I/O 基本原理

在串行 I/O 无法满足性能需求时，通过多个 I/O 通道并行访问多个磁盘的方法就浮出水面，即并行 I/O 技术。

为了支持并行 I/O，系统中必须具备相应的物理设备，即多模块存储器、I/O 互连设备和 I/O 设备。例如，对高性能视频显示设备的显示存储器可通过多个端口进行访问，数据在多个存储模块和多个 I/O 设备间并行传输，可以分时使用多个设备间的一条高速 I/O 连接线路或通道实现并发操作。但对于性能要求很高的系统，I/O 互连设备则需要提供多个物理通道支持并行操作。又如，多个处理机可同时对共享文件或者不同磁盘上的不同数据文件进行并行 I/O 访问，即用一组存储设备来存储海量数据，并提供相应的接口来一致性地访问它们。通常的方法是按照一定的策略将一个或者多个数据文件分布到若干结点的磁盘上进行存储，并提供合适的数据访问算法来使用这些数据。

在此主要讨论对存储设备的并行 I/O，存储设备的并行性是多样的，包括磁盘设备级并行、磁盘控制器级并行、I/O 通道并行等。例如，RAID 系统就是通过多个磁盘等并行操作实现了较大的 I/O 带宽。在并行 I/O 的硬件基础之上，在软件上采用并行文件系统技术将硬件系统提供的高带宽转化为用户的实际带宽，最终呈现在用户面前。

图 6-17　一种并行 I/O 计算机系统结构

一个典型的实现并行 I/O 的计算机体系结构如图 6-17 所示。数据文件以分块方式散布在并行 I/O 子系统的各个 I/O 结点上，系统通过并行文件系统管理这些散布的数据块，以较好的性能完成应用程序的 I/O 请求。

并行文件系统不仅要完成普通文件系统的文件存储功能，提供交换空间和其他临时存储空间，更重要的是要提供高性能可扩展的输入/输出。并行文件系统需要解决应用进程如何高效并发地访问同一文件、并行文件系统中文件指针的使用、文件块缓存等问题。

1．并行文件系统的组织方式

一维分段的方法将一个文件划分成若干文件段，存放在以文件名命名的目录下。也有些文件按二维乃至多维的方式组织：一个文件首先划分成若干个子文件，每个子文件是变长的，包括多个定长的文件分支。数据文件在多个存储介质的分布可以采用循环、Hash 等方式。选择合适的文件散布方式对 I/O 结点的负载平衡，获得较好的 I/O 性能有着较大的影响。

2. 数据位置信息

用户在访问数据前必须事先访问元数据服务器来获得访问数据的位置信息,元数据服务器是限制系统可扩展性的一个瓶颈。元数据服务器分集中式和分布式两种结构。在集中式元数据服务器结构中,用户访问数据前都必须先请求元数据服务器,由元数据服务器查询访问对象的位置,然后再将请求转发至访问数据所在的 I/O 结点;在分布式元数据服务器结构中,元数据服务器的功能分散到各个计算结点和 I/O 结点上,首先确定数据信息存放的 I/O 结点,然后访问并获得数据位置信息,根据获得的数据位置信息访问相应的磁盘物理地址。

3. 数据 Cache 及预取

尽管并行 I/O 子系统可以为用户提供较大的 I/O 带宽,但访问的延迟仍无法消除。Cache和预取可以利用数据访问的时间、空间局部性来减少访问的延迟,提高系统性能。Cache 和预取缓冲区的位置对性能和复杂性有重要的影响。Cache 可以设在计算结点或 I/O 结点上,或在两者上都有。如果在计算结点上设了缓存,就会存在 Cache 一致性问题,有的文件系统采用了 Cache 一致性协议,有的直接放松了对一致性的要求。由于各个结点 Cache 的利用率大不相同,忙结点可利用某些结点的空闲 Cache,这就产生如何高效协作 Cache 的问题。由于应用的 I/O 访问模式多种多样,需要针对不同的访问模式自动调整 Cache 和预取策略以及缓冲区的大小。

除此之外,在并行 I/O 和并行文件系统中,还需要考虑 I/O 访问特性、文件指针和文件接口等因素。

6.5.5 排队论简介

在处理机设计中,可对与 CPI 公式有关的性能参数进行简单的计算,如果想得到更精确的数据,可以采用更全面的系统仿真,但这将花费更大的代价。在 I/O 系统中,也可用一个理想化的案例来做简单的计算。

在 I/O 系统中,也需要一个数学工具来指导 I/O 设计。基于 I/O 事件的可能性特征以及 I/O 资源的共享性,可以给出一系列的简单法则来计算整个 I/O 系统的响应时间和吞吐率。这部分的研究称为排队论(Queuing Theory)。下面对这个理论进行简要介绍。

把 I/O 系统视为一个黑盒,如图 6-18 所示。在该例中,处理机发出到达 I/O 设备的命令,当 I/O 设备完成时发出"离开"命令。

通过这种方法发现一个简单却很重要的现象:如果系统处于稳定状态,那么进入系统的任务数量一定等于离开系统的任务数量。这种流平衡状态是稳定状态的必要条件,而非充分条件。系统只有经过足够长时间的测量或观察,而且平均等待时间稳定,才能认为达到了稳定状态。

图 6-18 把 I/O 系统视为黑盒

比起初始阶段的启动情况,人们更关心系统的长期或稳定状态。假设不关心这些,虽然有数学模型(如 Markov 链)的帮助,但是除了少数一些情况外,获得结果的唯一方法是仿真。本节的目的在于介绍比简单计算更复杂、比仿真更简单的方法。

本节假设所评价的系统中多个独立 I/O 服务请求是均衡的,即输入速率等于输出速率。还假设不管每个任务等待服务的时间是多少,提供任务的速度都是固定的。在现实系统中任务执行速度实际取决于容量等系统特性,TPC-C 就是一个例子。

由此得到关于系统平均任务数、新任务的平均到达速率和任务平均执行时间的 Little 定律:

系统平均任务数=到达速率×平均响应时间

只要黑盒内不产生新任务和撤销任务，Little 定律可以应用于任何均衡系统，这里到达速率和响应时间要使用同一时间单位。

Little 定律也可以通过推导得到。假设观察一个系统 Time$_{观察}$分钟，在观察中，记录系统为每个任务服务的时间，然后汇总。在 Time$_{观察}$中完成的任务数为 Number$_{任务}$，整个系统汇总的时间总和为 Time$_{总和}$。注意任务在必要时会重叠，故 Time$_{总和}$≥Time$_{观察}$。那么有：

$$系统平均任务数 = \frac{Time_{总和}}{Time_{观察}} \tag{6-11}$$

$$平均响应时间 = \frac{Time_{总和}}{Number_{任务}} \tag{6-12}$$

$$到达速率 = \frac{Number_{任务}}{Time_{观察}} \tag{6-13}$$

第一个公式又可以写成：

$$\frac{Time_{总和}}{Time_{观察}} = \frac{Time_{总和}}{Number_{任务}} \times \frac{Number_{任务}}{Time_{观察}} \tag{6-14}$$

如果将这 3 个定义代入上面的公式中，在右边交换结果，就能得到 Little 定律：

系统平均任务数=到达速率×平均响应时间

如果打开黑盒，将看到如图 6-19 所示内容。图中任务聚集并等待服务的区域称为队列或等待队列。执行所请求服务的设备称为服务器。这种情况下一个 I/O 请求在被服务器处理完毕之后就离开。

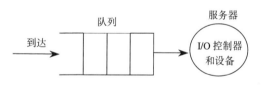

图 6-19　单服务器模型

由 Little 定律和一组定义可以推导出多个有用的等式：
- Time$_{server}$：每个任务的平均服务时间，平均服务速率μ为 1/Time$_{server}$。
- Time$_{queue}$：每个任务在队列中的平均等待时间。
- Time$_{system}$：每个任务在系统中的平均时间或称响应时间为 Time$_{server}$ 与 Time$_{queue}$ 之和。
- 到达速率：每秒平均到达的任务数。用 λ 来表示。
- Length$_{server}$：服务中的平均任务数。
- Length$_{queue}$：平均队列长度。
- Length$_{system}$：系统中的平均任务数为 Length$_{server}$ 与 Length$_{queue}$ 之和。

在服务开始之前，一个任务要在队列中的等待时间（Time$_{queue}$）与一个任务在完成前需要等待的时间（Time$_{system}$）是两个使人易产生误解的概念。后者就是所谓的响应时间，二者之间的关系是 Time$_{system}$=Time$_{queue}$+Time$_{server}$。

Little 定律也可以表示为：平均服务中的任务数（Length$_{server}$）=到达速率×Time$_{server}$。服务器利用率=平均服务中的任务数/服务率，对于单个服务器，服务率为 1/Time$_{server}$。服务器利用率（在这种情况下为单一服务器的平均任务数）可以简单地表示为：

服务器利用率=到达速率×Time$_{server}$

其值一定在 0 和 1 之间，否则就是发生了到达的任务数多于服务器所能提供服务的任务数的情况，这不符合系统均衡性假设。注意，上述公式只是 Little 定律的另一种表示形式。利用率也称为流量强度（Traffic Intensity），一般用符号 ρ 表示。

【例 6-4】 假设一个 I/O 系统只有 1 个磁盘，每秒可接收 50 个 I/O 请求，磁盘对每个 I/O 请求的平均服务时间是 10 ms，求 I/O 系统的利用率。

解：利用上面的等式，10 ms 表示为 0.01 s，可得

$$服务器利用率=到达速率\times Time_{server}=50\times0.01=0.50$$

因此，该 I/O 系统服务器的利用率为 0.5。

6.6 磁盘冗余阵列

独立磁盘冗余阵列（Redundant Array of Independent Disk，RAID）简称磁盘冗余阵列。磁盘冗余阵列技术诞生于 1987 年，由美国加州大学伯克利分校提出。通过 RAID Controller，将 N 块硬盘结合成虚拟单块大容量的硬盘使用。RAID 的采用为存储系统带来巨大利益，其中提高传输速率和提供容错功能是最大的优点。

6.6.1 RAID 概述

在服务器中为了提高磁盘存储器的容量和机器可靠性，通常采用冗余磁盘阵列。RAID 于 1987 年由加州大学伯克利分校的 David.A.Patterson 提出，初衷是为了将较廉价的多个小磁盘进行组合来替代价格昂贵的大容量磁盘，希望单个磁盘损坏后不会影响到其他磁盘的继续使用，使数据更加安全。RAID 系统采用多个低成本硬盘，以阵列形式排列，能够提供一个独立的大型存储设备解决方案，它将数据分散展开在多台磁盘上进行并行的读/写操作，类似于存储器中的宽字存储器和多体交叉技术，提高了数据传输的带宽和磁盘操作的处理能力。这种数据拆分称为分条（Stripping），可以按位进行，也可以按数据块进行。因此，RAID 系统具有容量大、数据传输速率高、可靠性高、数据安全、易于磁盘管理等优点。

RAID 的关键技术是对多台磁盘机进行数据的同步控制，包括使用缓冲器使数据同步，采用冗余技术提高可靠性。冗余纠错与容错能力对提高磁盘系统的平均无故障时间非常重要。RAID 的一个主要措施是建立起热备份（Hot Spare）的冗余磁盘。所谓热备份是指在磁盘阵列工作中进行的备份。热备份要求动态跟踪记录数据处理过程中的变化情况，以备出现意外，常见的有磁盘镜像冗余。磁盘热切换或者热插拔，就是允许用户在不关闭系统、不切断电源的情况下取出和更换损害的硬盘。如果没有热切换功能，即使磁盘损坏不会造成数据的丢失，用户仍然需要暂时关闭系统，以便能够对硬盘进行更换。有了热备份和热切换功能，就能使系统在工作中尽快恢复容错能力，从而提高系统的可靠性。

RAID 技术经过不断的发展，现在已拥有了从 RAID 0 到 RAID 6 这 7 种基本的 RAID 级别。不同 RAID 级别代表不同的存储性能、数据安全性和存储成本。

6.6.2 RAID 系统分级

1. RAID 0：非冗余的磁盘阵列

RAID 0 是组建磁盘阵列中最简单的一种形式，就是把 N 块同样的硬盘用硬件的形式通过磁盘控制器或用操作系统中的磁盘驱动程序以软件的方式串联在一起创建一个大的卷集。

在使用中计算机数据依次写入到各块硬盘中，其最大优点就是可以整倍地提高硬盘的容量。例如，使用三块 120 GB 的硬盘组建成 RAID 0 模式，那么磁盘容量就会是 360 GB。其速度方面，与单独一块硬盘的速度完全相同。此方式成本低、效率高。RAID 0 没有提供冗余或错误修复能力，其最大的缺点在于任何一块硬盘出现故障，整个系统将会受到破坏，可靠性仅为单独一块硬盘的 1/N。

RAID 0 的另一种模式是在 N 块硬盘上选择合理的带区来创建带区集。其原理就是将原先顺序写入的数据分散到所有的 N 块硬盘中同时进行读/写。N 块硬盘的并行操作使同一时间内磁盘读/写的速度提升了 N 倍。在创建带区集时，合理地选择带区的大小非常重要。如果带区过大，可能一块磁盘上的带区空间就可以满足大部分的 I/O 操作，使数据的读/写仍然只局限在少数的一、两块硬盘上，不能充分发挥出并行操作的优势。另一方面，如果带区过小，任何 I/O 指令都可能引发大量的读/写操作，占用过多的控制器总线带宽。带区集虽然可以把数据均匀地分配到所有的磁盘上进行读/写，但如果把所有的硬盘都连接到一个控制器上，可能会带来潜在的危害。这是因为频繁进行读/写操作时，很容易使控制器或总线的负荷超载。为了避免出现上述问题，可增加磁盘控制器。最好每一块硬盘都配备一个专门的磁盘控制器。

RAID 0 并不是一个真正的 RAID 架构，因为它没有实现数据奇偶校验。RAID 0 把数据经过条带化均布在多个磁盘上，允许并发读/写操作。所有 RAID 0 都将数据和工作负荷均布到阵列中的所有磁盘上，从而提供了比没有采取条带化的磁盘更高的传输性能。但同时，RAID 0 不能提供冗余性。如图 6-20 所示，当发生单个磁盘失效时，其上数据无法从其他磁盘重建。而且由于数据被条带化，阵列中所有数据随之不可用。

RAID 0 一般用于要求容量大但对数据安全性要求不高的情况。

2. RAID1：镜像磁盘冗余阵列

磁盘镜像的原理是把一个磁盘的数据镜像到另一个磁盘上，也就是说数据在写入一块磁盘的同时，会在另一块配对的磁盘上生成镜像文件。这种磁盘配对有主从式结构，数据优先读/写主盘，再读/写备份盘；也有对等式结构。这两种方式都能使在一个盘上进行读/写时，可在另一个盘上进行校验工作。当一块硬盘失效时，系统会转而使用配对的镜像盘读/写数据，只要系统中任何一对镜像盘中至少有一块磁盘可以使用，甚至可以在一半数量的硬盘出现问题时系统都可以正常运行。这就在不影响性能情况下，最大限度地保证系统的可靠性和可修复性。当然，成本也会明显增加，磁盘利用率仅为 50%。另外，出现硬盘故障的 RAID系统不再可靠，应当及时更换损坏的硬盘，否则剩余的镜像盘也出现问题，那么整个系统就会崩溃。更换新盘后原有数据会需要很长时间同步镜像，外界对数据的访问不会受到影响，只是这时整个系统的性能有所下降。因此，RAID 1 多用在保存关键性的重要数据的场合。

如图 6-21 所示，RAID 1 使用数据镜像实现数据冗余。数据分别在 2 个磁盘上作一份备份。RAID 1 可提供较高的读性能，因为当主备份忙时，读请求会指向镜像的备份。

由于数据完全重复，RAID 1 是所有阵列架构中最昂贵的方案。然而，由于 RAID 1 阵列中包含的磁盘数量最少，它也提供了最佳的数据可用性。一个阵列中的磁盘越少，多磁盘失效的可能性也就越低。当磁盘失效时 RAID 1 也可提供最高的性能，因为系统将直接自动切换到镜像的磁盘，无性能影响，也无须重建丢失的数据。

3. RAID 2：采用汉明码纠错冗余的磁盘阵列

它将数据按位交叉，分别写入不同的磁盘中，成倍地提高了数据传输速率。阵列中专门设置了几个磁盘存放汉明码纠错信息，访问时进行按位的出错校验。它比镜像磁盘阵列的冗余度小，但增加了汉明码的编码和解码开销，一般适合大量顺序数据访问。

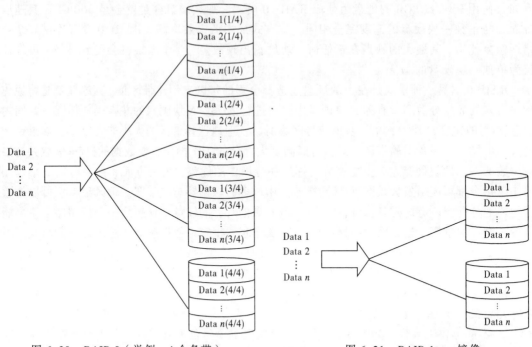

图 6-20　RAID 0（举例：4 个条带）　　　　图 6-21　RAID 1——镜像

RAID 2 使用均衡纠错编码技术来进行错误诊断和纠正。这种编码技术需要多块磁盘来保存错误诊断和纠错信息，从而使 RAID 2 奇偶校验的实现比 RAID 3 更加复杂和昂贵。因此，在商业应用环境中很少采用 RAID 2 架构。

4. RAID 3：采用奇偶校验冗余的磁盘阵列

它也采用了数据的按位交叉，使用一个专门的磁盘用于存储其他 n 个磁盘上对应字节的异或（XOR），这个第 n+1 个磁盘被称为奇偶盘。如果任何一个磁盘发生了故障，可以通过对其他磁盘上的对应位执行异或来重构故障磁盘的每一位。写操作可能成为 RAID 3 级的一个瓶颈，因为不仅新字节要被写入 n 个磁盘中的一个，而且还必须计算新的奇偶值并把它写回奇偶盘。这种阵列冗余度小，特别是磁盘较多时。

RAID 3 存在的最大一个不足是校验盘很容易成为整个系统的瓶颈。对于那些经常需要执行大量写入操作的应用来说，校验盘的负载将会很大，无法满足程序的运行速度，从而导致整个 RAID 系统性能的下降。因此，RAID 3 更适合于那些写操作较少、读操作较多的应用环境，例如数据库和 Web 服务器等。

图 6-22 显示了一个包含 4 个磁盘的阵列。3 个磁盘用来存储数据，第 4 块磁盘用来存储前 3 块磁盘的校验信息。如果其中一块磁盘的数据失效，校验磁盘将用来和存有冗余数据的磁盘一起重建数据。如果校验盘失效，对数据的访问仍然不受影响。

由于一个 I/O 并发地移动所有磁头，所以在任何一个瞬间只允许一个 I/O 操作，由于数据是连续地条带化，并跨越多个磁盘，并发磁头移动提供了传输大数据块连续数据时的卓越性能。但同时，对于高吞吐量的随机访问数据的应用来说，RAID 3 是不适用的。当随机处理占主要地位时，磁盘校验即成为写操作的瓶颈。

注意：当应用主要处理大数据块或需要访问大量连续数据文件时可使用 RAID 3。

5．RAID 4：独立传送磁盘阵列

与 RAID 3 不同之处是它将数据按块而不是按位交叉存储在多个磁盘上，且校验数据以块为单位存放在一个校验盘上。在数据不冲突时，多个磁盘可并行独立读/写。和 RAID 3 一样，校验盘为整个系统的瓶颈。而且对于只写一个磁盘的少量数据访问操作，校验数据的计算需要根据原数据计算出差值，这需要对磁盘上的原数据进行读操作，再读取校验盘上数据，然后将数据写入数据盘，并计算出新的校验数据，最后写入校验盘，需要 4 次访问磁盘的操作。因此，虽然 RAID 4 适合于小块数据的读/写，但用得较少。

RAID 4 支持独立的数据访问和数据条带化，并指定校验盘。和 RAID 2、 RAID 3 一样，RAID 4 和 RAID 5 都将数据跨越多块磁盘条带化，但是条带的增量是一个数据块或一个记录。在 RAID 4 设计中只有一个校验盘，在所有其他方面，RAID 4 和 RAID 5 相同。

由于在每个写操作时需要有校验盘参与，它可能成为交易吞吐量的瓶颈，因此 RAID 4 不在商务应用中使用。

6．RAID 5：另一种独立传送磁盘阵列

它与 RAID 4 一样采用数据按块交叉存储,这种拆分方式对某些应用来说可能更加高效。例如，如果有很多并发执行的事务，每个事务需要读取数据的一段，则可以并行地满足这些数据读取请求。但与 RAID 4 不同的是，奇偶校验信息本身被拆分并依次存储在每个盘上，避免了把所有奇偶信息存储在一个独立的奇偶盘上而导致的瓶颈。RAID 5 的冗余度小，这种方式也适合于小块数据的读/写，但对控制器要求较高。

RAID 5 支持独立的访问和数据条带化，并且实现分布式奇偶校验。它不需指定校验盘，而是把数据和校验插入到所有磁盘中。在 RAID 5 中，磁头可以相互独立地移动，如图 6-23 所示。这样允许多个并发的阵列设备访问，它满足了多并发 I/O 请求，并且提供了更高的交易吞吐量。RAID 5 最适合于使用小数据块的随机数据访问。

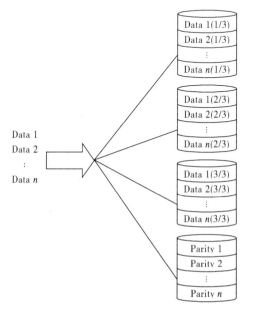

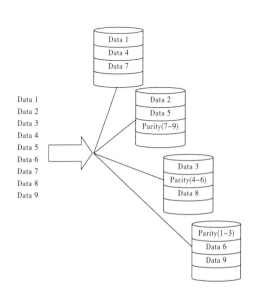

图 6-22　RAID 3——指定校验盘的条带化　　　　图 6-23　RAID 5——分布式校验的条带化

RAID 3 和 RAID 5 的最主要的区别是：在 RAID 3 中，一个数据段大小等于一个扇区，对于每块硬盘来说传送单位是一个扇区，每个传送需要所有磁盘参与。在 RAID 5 中，数据段更大，大多数传送只需要一块磁盘参与，允许并行操作，和更高的交易处理的吞吐量。

请在以下环境中考虑使用 RAID-5 方案：

① 要高数据可用性，并且应用数据存取类型为小数据记录。

② 大连续记录和小随机数据块的混合存取。

7．RAID 6：高效容错的磁盘阵列

该阵列采用两级数据冗余和新的数据编码以解决数据恢复问题，其最大特点是能实现两个磁盘容错，即有两个磁盘出故障时仍能正常工作。在进行写操作时，RAID 6 分别进行两个独立的校验核算，形成两个独立的冗余数据，写入两个磁盘。比如，在 Intel 的 80333IOP 芯片中，有一种称为 P+Q 的冗余技术，采用两种不同分组大小的 Reed-Solomon 循环码编码，可以在两个磁盘同时出故障时恢复数据。校验数据还可以采用二维的算法，将数据组织成矩阵格式后，分别按行按列计算，生成冗余数据。

RAID 6 相当于在原有 RAID 5 基础上增加了第二份独立的奇偶校验块。图 6-24 显示了一个包含 6 块硬盘的 RAID 6 阵列，4 块磁盘用来存放数据，2 块硬盘用于奇偶校验，数据和校验在阵列中交叉和轮换。2 个独立校验，每个使用不同的运算法则，使数据可用性达到极高的程度。这个阵列中任意 2 块磁盘的同时失效都不会导致数据访问中断。同时，奇偶校验也需要更多的磁盘空间。而比起 RAID 5，会引起更多的写仲裁负载，因此，RAID 6 的写性能非常低。低性能和实施上的复杂性使 RAID 6 对于多数应用来说都是不切实际的。

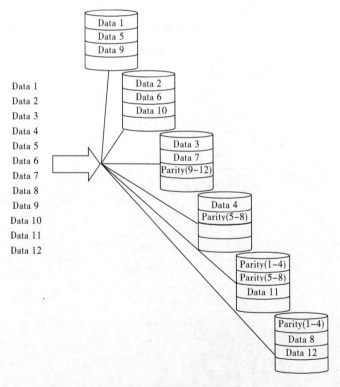

图 6-24　RAID 6　双份分布式校验的条带化

另外，还有一些基本 RAID 级别的组合形式，如 RAID 10、RAID 01、RAID 50 等。RAID

10是先组织成镜像备份的 RAID1，再将两个 RAID1 组织成扩展容量的 RAID 0。RAID 01 则先组织成 RAID 0，再组成 RAID 1。

RAID 10 阵列由一组镜像的磁盘存储用户数据，没有校验盘用来重建失效磁盘上的数据。如果一块硬盘失效，则继续访问镜像的拷贝，并可用其建立另一份冗余拷贝。因为它是 RAID 0（条带化）和 RAID 1（镜像）的结合物，RAID 10 又被称为 RAID 0+1。由于条带卷跨越了多块磁盘，因此条带化优化了性能。图 6-25 显示了一个例子，由于 RAID 10 结合了 RAID 0 和 RAID 1 技术，即可保护数据，又提高了 I/O 性能。

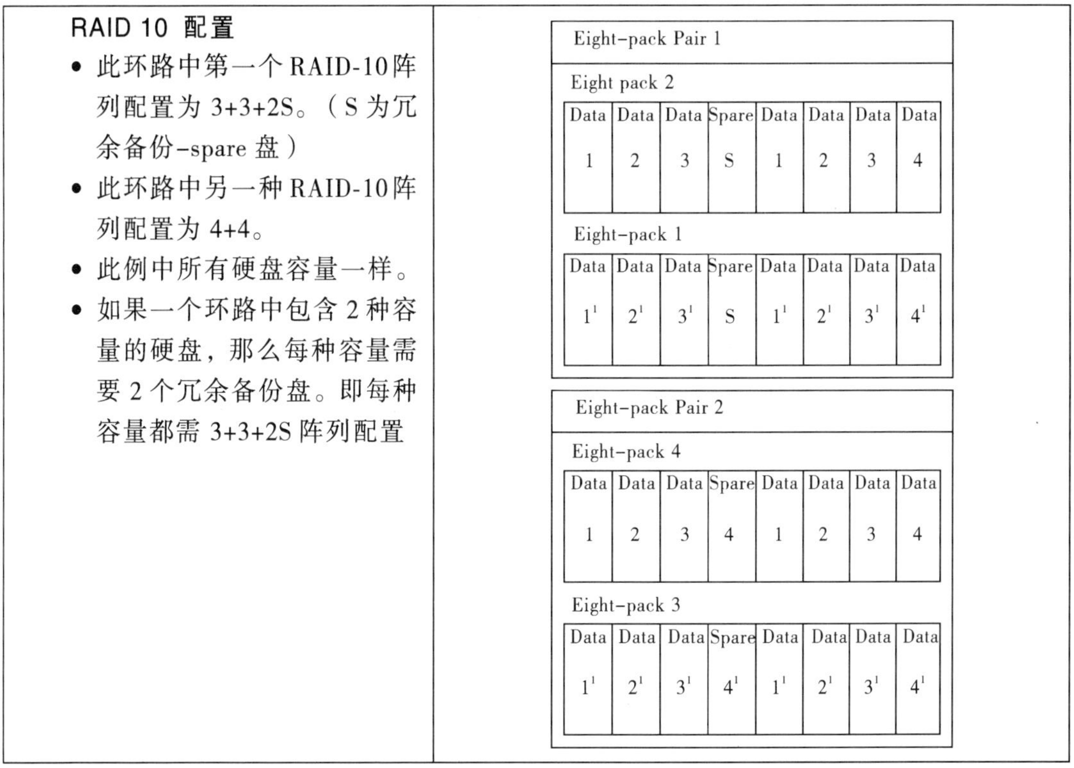

RAID 10 配置

- 此环路中第一个 RAID-10 阵列配置为 3+3+2S。（S 为冗余备份-spare 盘）
- 此环路中另一种 RAID-10 阵列配置为 4+4。
- 此例中所有硬盘容量一样。
- 如果一个环路中包含 2 种容量的硬盘，那么每种容量需要 2 个冗余备份盘。即每种容量都需 3+3+2S 阵列配置

图 6-25　RAID 10

8. RAID 各级别的比较（见表 6-1）

表 6-1　RAID 级别的比较

	RAID 0	RAID 1	RAID 3	RAID 5	RAID 10
使用的方法	磁盘条带化	磁盘级镜像	带校验的并发磁盘调度	独立磁盘访问	镜像
磁盘需求	n	$2n$	$n+1$	$n+1$	$2n$
数据保护	无	很高	高	高	很高
数据速度	很高	对于读：2 倍于单磁盘。对于写，和单个磁盘相似	和单个磁盘相似	和单个磁盘相似	对于读，2 倍于单磁盘。对于写，和单个磁盘相似
性能	高	对于读，高。对于写，中等	中等	中等（在对写敏感的时候，可使用写仲裁）	高
成本	低	高（最多 2 倍于 RAID 0）	中等	中等	高

RAID 系统中的关键部件是 RAID 控制器，它根据主机的访问要求将数据读/写操作分解成多个磁盘的操作。目前，RAID 控制器只对数据进行拆分、磁盘容错管理和校验，并不对数据请求事务进行合并、调度和优化处理。这些工作由操作系统完成，RAID 只进行先来先服务的操作方式。RAID 通常采用嵌入式固件方式实现。

RAID 系统实现了将多个物理磁盘构成一个逻辑上统一的虚拟磁盘存储系统。其原理是将磁盘的扇区地址映射为一个与物理位置无关的线性逻辑块地址，这个工作由 RAID 控制器担任。这样，软件上就可以以"卷"为单位对磁盘空间进行管理。在磁盘阵列中，一个卷可以跨越多个磁盘，可以由多个磁盘分区构成。卷管理能隐藏数据存储物理地址的不连续性，可以跳过损坏的物理扇区。卷管理还会提供逻辑地址可扩展的功能，弥补了固定物理分区大小对应用支持的不足之处。

RAID 技术早期被用于高级服务器内应用 SCSI 接口的硬盘系统中。随着 PC 的 CPU 速度进入 GHz 时代，IDE 接口的硬盘也相继推出了 ATA 100 和 ATA 133 硬盘。这就使得 RAID 技术被应用于中低档甚至 PC 上成为可能。RAID 通常是由在硬盘阵列中的 RAID 控制器或计算机中的 RAID 卡来实现的。

习　题

1. 判断以下观点的正确性。

（1）多数 I/O 系统的结构应面向操作系统设计。考虑如何在操作系统与 I/O 系统之间进行合理的软硬件功能分配。

（2）I/O 系统所带外设种类、数量多，且速度差异大时，宜采用专用总线作为 I/O 总线。

（3）数据通路宽度指的是二次分配总线期间所传送的数据总量。

（4）在大型机中为追求总线分配快，宜采用独立请求方式。

（5）多用户系统。用户程序不能执行 I/O 指令，而用"进管"指令请求输入/输出。"进管"指令属于管态指令。

（6）低速打印机，在总线上传送数据时，其"数据宽度"宜用可变长块。

（7）如果通道极限流量满足不了设备对通道要求的流量，只需设置一定容量的缓冲器进行缓冲，就不会丢失信息。

（8）磁盘设备在数据传送时，数据宽度宜采用单字或单字节。

2. 名词解释：

异步性、实时性、程序控制 I/O、DMA、通道、I/O 处理机、失效率、响应时间、吞吐率、并行 I/O 系统、排队论。

3. 在现代计算机系统中，中断系统的软硬件功能是怎样分配的？为什么这样分配？

4. 请说明同步通信和异步通信的区别。

5. 通道分为哪 3 种类型？各适合连接什么类型的设备？满负荷时，设备对通道要求的实际流量与所连的设备有什么关系？

6. 输入/输出处理机的主要功能是什么？

7. 请解释磁盘冗余阵列 RAID 的含义。

8. 列表说明 RAID 0～RAID 6 的区别。

9. 在采用程序控制、I/O 通道和 I/O 处理机的系统中，外设的工作速度对计算机的性能分别有什么样的影响？

10．设通道在数据传送期中，选择设备需 4.9 μs，传送一个字节数据需要 0.1 μs。

（1）某低速设备每隔 200 μs 发出一个字节数据传送请求，问最多可以连接多少台这种设备。

（2）若有 A～F 共 6 种高速设备，要求字节传送的间隔时间如表 6-2 所示。若一次通信传送的字节数不少于 1 024 B，问哪些设备可挂在此通道上？哪些设备不能？

表 6-2　设备传输速率表 1

设备	A	B	C	D	E	F
间隔时间（μs）	0.12	0.09	0.1	0.11	0.3	0.2

11．有 8 台外设，各设备要求传送信息的工作速率分别如表 6-3 所示。设通道数据传送期内，选择一次设备需 1 μs，每传送一次字节数据也需要 1 μs。现采用数组多路通道，定长块大小为 512 B。

表 6-3　设备传输速率表 2

设备号	1	2	3	4	5	6	7	8
工作速率（KB/s）	1 000	80	200	150	100	80	28	20

（1）通道工作时的极限流量是多少？

（2）哪些设备可挂在此通道上？为什么？

12．有 8 台外设，各设备要求传送信息的工作速率分别如表 6-4 所示。

现设计的通道，在数据传送期，每选择一次设备需 2 μs，每传送一个字节数据也需要 2 μs。

表 6-4　设备传输速率表 3

设备	A	B	C	D	E	F	G	H
工作速率（KB/s）	500	240	100	75	50	40	14	10

（1）若用作字节多路通道，通道工作的最高流量是多少？

（2）用作字节多路通道时，希望同时不少于 4 台设备挂在此通道上，最好多挂一些，且高速设备尽量多一些，请问应怎样选择设备？

（3）若用作数组多路通道，通道工作的最高流量是多少？设定长块大小为 512 B。

（4）用作数组多路通道时，应选哪些设备挂在此通道上？

13．某字节交叉多路通道连接 6 台设备，其数据传输速率如表 6-5 所示。

表 6-5　设备传输速率表 4

设备	A	B	C	D	E	F
传送速率（B/ms）	50	50	40	25	25	10

（1）当所有设备同时要求传送数据时，其对通道要求的总流量 f_{byte} 是多少？

（2）让通道以极限流量 $f_{max.byte}=f_{byte}$ 的工作周期工作，通道的工作周期（T_S+T_D）是多少？

（3）让通道中所挂设备速率越高的响应优先级越高。画出 6 台设备同时发出请求到下次同时发出请求期间里，通道响应和处理完各设备请求时刻的示意图。其中哪个设备丢失了信息？提出不丢失信息的解决方法。

14. 假设磁盘子系统的组成部件及相应的 MTTF 如下：

（1）磁盘子系统由 10 个磁盘构成，每个磁盘的 MTTF 为 1 000 000 h。

（2）1 个 SCSI 控制器，其 MTTF 为 300 000 h。

（3）1 个不间断电源，其 MTTF 为 100 000 h。

（4）1 个风扇，其 MTTF 为 100 000 h。

（5）1 根 SCSI 连线，其 MTTF 为 1 000 000 h。

假定每个部件的生存周期服从指数分布，同时假定各部件的故障是相互独立的，求整个系统的 MTTF。

15. 假设一个 I/O 系统只有 1 个磁盘，每秒可接收 40 个 I/O 请求，磁盘对每个 I/O 请求的平均服务时间是 15 ms，求 I/O 系统的利用率。

第 **7** 章

多处理机系统

在微处理机技术的推动下，单处理机的性能增长一直保持着较快的速度。但是，一方面随着开发指令级并行（ILP）空间的减少，以及对电源功耗关注度的增加，单处理机速度的发展逐步减缓；另一方面，随着对服务器性能要求的日益提高、以数据为中心的应用逐渐增多，以及工业生产中大批量制造的成本优势，研究人员开始对多处理机系统结构进行重点研究。利用多台处理机来进行多任务处理协同求解一个大而复杂的问题可以提高速度，另外，依靠多余的处理机及其重组还可以提高系统的可靠性、适应性和可用性。本章将对多处理机系统进行全面的介绍，通过分析多处理机系统的硬件结构、存储器组织形式、操作系统以及多处理机间互连形式，着重讨论多处理机系统的系统结构、互联网络、系统控制、系统性能方面的问题，并对多处理机中的关键技术如并行程序设计、并行算法等进行分析和探讨。

7.1　多处理机系统结构

多处理机系统由多台独立的处理机组成，每台处理机都能够独立执行自己的程序和指令流，相互之间通过专门的网络连接，实现数据的交换和通信，共同完成某项大的计算或处理任务。系统中的各台处理机由统一的操作系统进行管理，实现指令级以上并行，这种并行性一般是建立在程序段的基础上，也就是说，多处理机的并行是作业或任务级的并行。从硬件结构、存储器组织方式等区分，多处理机系统有多种分类方法。

7.1.1　多处理机系统的硬件结构

当两个 CPU 或者处理元件紧密连在一起时，它们之间具有高带宽和低时延的特点，此时称它们为紧密耦合。相反，当它们间隔较远，具有低带宽高时延的特点，而且是远程计算时，称它们为松散耦合。据此，可以将多处理机系统区分为两种类型：

第一种类型称为紧密耦合多处理机系统。也就是说，这种系统中各处理机相互之间的联系是比较紧密的，通过系统中的共享主存储器实现彼此间的数据传送和通信。如图 7-1 所示，在这种结构中，各处理机间共享主存，通过互联网络与外部 I/O 通道连接。

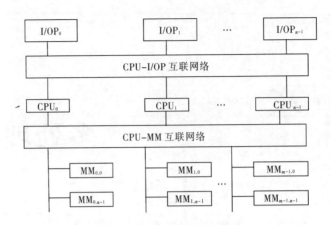

图 7-1　紧密耦合多处理机

　　紧密耦合多处理机系统中，主存储器有多个独立的存储模块。每个 CPU 能够访问任意一个存储模块，这种存储器共享是实现信息交换和同步最简单的方法，任何两台处理机可以通过共享存储器的存储单元实现通信。当某个处理机要访问主存储器时，只需要通过它的存储映像部件（MAP）把全局逻辑地址变换成局部物理地址，再通过互联网络寻找合适的路径，并分解访问存储器的冲突。多个输入/输出处理机（IOP）也连接在互联网络上，输入/输出设备也与 CPU 共享主存储器。

　　通过共享存储器实现处理机间的通信和数据传输，具有速度快、效率高的优点，但是系统中处理机的台数因而会受限于互联网络带宽及多台处理机同时访问主存发生冲突的概率。因此，紧密耦合多处理机的处理机数量，不能过多，一般为几个到十几个。通常，采用高速的互联网络、多存储模块交叉访问的方法和使用高速缓存，可以减少访存冲突和对主存的访问次数。如图 7-2 所示，在紧密耦合多处理机中为每个 CPU 都配备自己的局部存储器（LM），每个 CPU 设置一个 Cache 来提高性能。

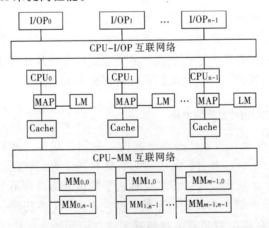

图 7-2　具有独立 Cache 模块的紧密耦合多处理机

　　第二种类型称为松散耦合多处理机系统。这种系统多由一些功能较强、相对独立的模块组成。每个模块至少包括一个功能较强的处理机、一个局部存储器和一个 I/O 设备，模块间以消息的方式通信。如图 7-3 所示，每台处理机都有处理单元、各自的存储器和 I/O 设备子系统。处理机之间的连接频带比较低，一般通过输入/输出接口相连。处理机间通过互联网络交换数据和实现同步。

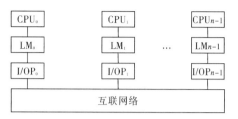

图 7-3　独立 I/O 模块的松散耦合多处理机

当通信速度要求很高时，可以通过一个通道仲裁开关（Channel and Arbiter Switch，CAS）直接在存储器总线之间建立连接，如图 7-4 所示。

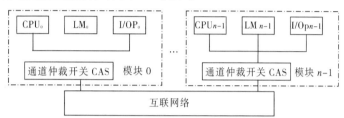

图 7-4　独立 CAS 模块的松散耦合多处理机

7.1.2　多处理机系统的存储器组织形式

处理机的构成方式会随时间变化，而存储器组织方式却相对稳定，因此，在区分处理机的种类时，主要以存储器组织方式为依据，对多处理机系统进行分类。

第一种类型的多处理机称为集中式共享存储器系统机构。对于处理机数目较少的多处理机系统，各个处理机可以共享单个集中式存储器。在使用大容量 Cache 的情况下，单一存储器（可能是多组）能够确保小数目处理机的存储访问及时得到响应。通过使用多个点对点的连接，或者通过交换机，再加上额外的存储器组，集中共享存储器设计可以扩展到几十个处理机。不过，即使设计更大规模的集中共享存储器的多处理机系统在技术上可行，但是随着处理机数目的增多，共享存储器要处理所有处理机的请求，存储器带宽就成了共享存储器的多处理机系统的瓶颈。

若只有单一存储器，则它对每个处理机而言都是对等的，并且每个处理机的访问时间相同，这种多处理机系统也称对称式共享存储器多处理机系统（SMPS），这种系统结构称为均匀存储器访问（UMA），这是因为所有的处理机访问存储器都有相同的时延，即使存储器是按多组方式组织的。集中式共享存储器系统结构的组成如图 7-5 所示。它是目前最流行的系统结构。

集中式共享存储器结构中，处理机数量不多，多个处理机共享同一个物理存储器，典型方式是通过一个或更多的总线（或交换机）连接。大容量、多层次的 Cache 能够大量减少单个处理机对存储器带宽的要求，如果单个处理机对存储器带宽的要求减少了，多个处理机就能共享同一个存储器。从 20 世纪 80 年代开始，随着微处理机逐步成为市场主流，这一观点促使设计者制造出许多小规模多处理机系统。在存储器带宽充足的情况下，这种机器极为划算。IBM 公司在 2000 年首先将第一个片内多处理机推向通用计算机市场。AMD 和 Intel 公司紧随其后于 2005 年在服务器市场各自推出了双处理机版本。目前，最新的高性能处理机对存储器需求已经超过合理的总线能力，所以在最新的设计中，已经开始使用小规模交换机和受限的点对点网络。

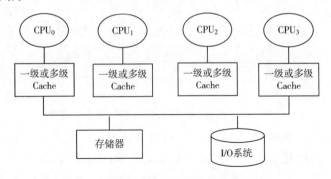

图 7-5　集中式共享存储器的基本结构

集中式共享存储器系统支持对共享数据和私有数据的 Cache 缓存，私有数据供一个单独的处理机使用，而共享数据供多个处理机使用。当共享数据装载到 Cache 中时，会在多个Cache 中形成副本。这样做除了会减少访问时延和降低对存储器带宽的要求外，还能减少多个处理机同时读取共享数据时的竞争现象。

第二种类型多处理机的存储器在物理上是分布式的。图 7-6 给出了这种类型多处理机的组成结构。为了支持更多的处理机，存储器不能按照集中共享方式组织，而必须分布于各个处理机。否则，存储器在为多个处理机提供所需要的带宽时将无法避免较长的时延。随着处理机性能的迅速提高及处理机对存储器带宽需求的增加，使用分布式存储器系统结构的多处理机系统的处理机数目正在减少。当然，大量的处理机要求互联网络必须有足够的带宽。

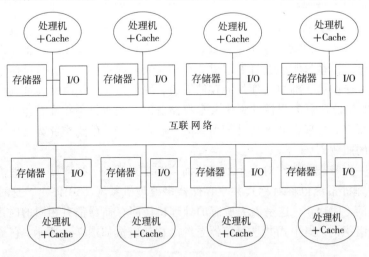

图 7-6　分布式存储器的基本结构

分布式存储器多处理机的基本结构由多个独立结点构成，其中每个结点包括处理机、存储器、输入/输出系统和互联网络的接口，各个结点通过互联网络连接在一起。每个结点可能含有少量处理机，这些处理机使用小总线和其他互联技术连接在一起。结点内采用的互连技术的可扩展性低于全局互联网络。将存储器分布到各个结点上有两个好处。第一，大部分访问是在结点内的本地存储器中进行的，这是增大存储器带宽比较经济的方法。第二，缩短了本地存储器访问的时延。在处理机变得越来越快并要求存储器带宽更高以及存储器时延更低的情况下,这两个优点使得这种方法在构建较少处理机的系统时颇具吸引力。分布式存储器系统结构的主要缺点是由于处理机不再共享单一集中存储器,处理机间的数据通信在某种程度上变得更加复杂,且时延也更大。

大规模多处理机系统结构使用与各个处理机分布在一起的多个存储器,根据处理机间传递数据所用的方法,有两种不同的系统结构。

第一种方法通过共享的地址空间进行通信,即把物理上分开的存储器作为逻辑上共享的地址空间进行统一寻址。只要有正确的访问权限,任何一个处理机都能通过引用地址的方式访问任意结点上的存储器,并通过 load 和 store 操作隐形地传递数据。具有这种系统结构的机器称为分布式共享存储器系统。所谓共享存储器指的是共享寻址空间,也就是说,两个处理机中相同的物理地址指向存储器中的同一个位置。共享存储器并不是说有一个单一的、集中式的存储器。与集中式共享存储器多处理机,也称均匀存储器访问(UMA)相比,分布式共享存储器多处理机由于访问时间取决于数据字在存储器中的位置,因而也称为非均匀存储器访问(NUMA)。

另外一种地址空间由多个私有的地址空间组成,这些私有地址空间在逻辑上是分散的,并且不能被远程处理机寻址。在这种机器中,两个不同处理机中相同的物理地址分别指向两个不同存储器的不同位置,数据通信通过显式地在处理机间传送消息来完成。每个处理机—存储器模块本质上是一台独立的计算机。最初,这种计算机由不同的处理结点和专用的互联网络组成。目前,这种类型的大多数设计实际上就是集群。集群通常使用标准组件和标准网络技术,可以尽可能多地支持通用技术。关于集群的知识,将在第 8 章中进行详细介绍。

7.1.3 多处理机系统的操作系统

高效的多处理机操作系统是多处理机系统的核心。多处理机上各处理机要实现并行独立运行,需要有相应的控制机构,即操作系统来实现处理机的分配和进程调度、同步、通信、存储系统的管理、文件系统的管理及异常进程的终结和处理当处理机或某设备故障时系统的重新配置。

多处理机操作系统按照结构来划分,目前有 3 种类型:主从式、独立监督式和浮动监督式。

1. 主从式

目前多数多处理机系统都采用主从式(Master-Slave)操作系统,因为它简单,易实现,把单处理机的分时操作系统进行适当扩充,就可以设计出主从式操作系统。

主从式操作系统由一台主处理机进行系统的集中控制,负责记录、控制其他从处理机的状态,并分配任务给从处理机。例如,DEC System 10 就是主从式多处理机操作系统,它有两台处理机,一台为主,另一台为从。操作系统在主处理机上运行,从处理机的请求通过陷入传送给主处理机,然后主处理机回答并执行相应的服务操作。主从式操作系统的监控程序及其提供服务的过程不必迁移,因为只有主处理机利用它们。

主从式操作系统硬件和软件结构相对简单,但对主处理机可靠性要求很高,系统灵活性较差,在控制使用系统资源方面效率也不高。当发生不可恢复错误时,系统容易崩溃,此时必须重新启动主处理机。由于主处理机的责任重大,当它来不及处理进程请求时,其他从属处理机的利用率就会随之降低。

2. 独立监督式

独立监督式（Separate Supervisor）操作系统将控制功能分散给多台处理机，共同完成整个系统的控制工作，这类操作系统适合于松散耦合多处理机体系。采用独立监督式操作系统的多处理机系统有 IBM 370/158 等。

独立监督式操作系统中，每个处理机均有各自的管理程序（操作系统的内核），并按自身的需要及被分配任务的需要来执行各种管理功能，具有独立性；由于处理机间可交互作用，因此管理程序的某些代码必须是可重入的；因为每个处理机都有其专用的管理程序，故访问公用表格的冲突较少，阻塞情况自然也就较少，系统的效率较高。每个处理相对独立，因此一台处理机出现故障不会引起整个系统崩溃。

独立监督式操作系统减少了对控制专用处理机的需求，适应分布处理模块化结构的特点，有较高的可靠性和系统利用率，但是实现复杂。每个管理程序都有一套自用表格，但仍有一些共享表格，从而会发生表格访问冲突问题，导致进程调度复杂性和开销的加大。每个处理机都有专用的 I/O 设备和文件等，一旦某台处理机发生故障，修复故障造成的损害或重新执行故障机未完成的工作非常困难。同时，各处理机负荷的平衡比较困难。

3. 浮动监督式

浮动监督式（Floating Supervisor）操作系统属于上述两种方式的折中，使用灵活，易于均衡负载，但是，它的设计最为困难，结构最为复杂，多适用于紧密耦合多处理机体系。采用这种操作系统的多处理机系统有 IBM 3081 上运行的 MVS、VM 等。

浮动监督式操作系统中每次只有一台处理机作为执行全面管理功能的"主处理机"，但容许数台处理机同时执行同一个管理服务子程序。因此，多数管理程序代码必须是可重入的；"主处理机"可以根据需要浮动，即从一台切换到另一台处理机。这样，即使执行管理功能的主处理机故障，系统也能正常运行；一些非专门的操作（如 I/O 中断）可送给那些在特定时段内最不忙的处理机去执行，使系统的负载达到较好的平衡；服务请求冲突可通过优先权办法解决，对共享资源的访问冲突用互斥方法解决；系统内的处理机采用处理机集合概念进行管理，其中每一台处理机都可用于控制任一台 I/O 设备和访问任意存储块。这种管理方式对处理机是透明的，并且有很高的可靠性和相当大的灵活性。

从资源管理观点来看，虽然多处理机操作系统也具有单机操作系统所具有的各种功能，如进程管理、线程管理、存储管理文件与设备管理功能，但在以下方面存在不同之处：

1）共享资源

在多处理机环境下，由于多个处理机上运行的进程并行执行，因而可能有若干个进程需要同时访问某共享资源，这种情况比起单机环境下并发进程交替访问共享资源要难以处理，多处理机操作系统应具有新的进程同步与互斥算法。

2）多处理机调度

多处理机调度要考虑到负载平衡才能发挥多处理机体系的最大效能。因此，在任务分配时，一方面必须了解每台处理机的能力以便把适合的任务分配给它，另一方面也要确切地了解作业中诸任务之间的关系，即哪些任务必须顺序执行，哪些任务可以并行执行。

3）存储器访问

在多处理机环境下，存储器体系既有局部的又有全局的，其地址变换机构比单机环境复杂。当多个进程竞争访问某存储块时，访问冲突仲裁机构决定哪一个处理机上的进程可立即访问，哪个或哪些处理机上的进程应等待。当共享主存中的数据在多个局部存储器出现时，操作系统应保证这些数据的一致性。

4）提高可靠性

为了提高多处理机系统的可靠性，应使操作系统具有重构能力：当系统中某个处理机或存储块等资源发生故障时，系统自动切除故障资源并换上备份资源，使之能继续工作。如果没有备份资源，则重构系统使之降级运行。如果在故障的处理机上有进程亟待执行，操作系统应能安全地把它迁移到其他处理机上继续运行，处于故障处的其他可利用资源同样也予以安全转移。

7.1.4　多核处理机

CPU 性能提高是通过提高 CPU 主频和前端总线频率，以及扩大缓存来实现的。提高主频对散热的设计是很大的挑战，同时会增加成本，在这种情况下，单核心处理机的发展受到严重制约。为了解决这些问题，人们提出了多核技术的概念。单片多核处理机（Chip Multiprocessor）是指在单个芯片上的多个处理机所构成的处理机系统，即多核处理机。它允许线程在多个处理内核上并行执行，通过线程级并行性达到提高系统性能的目的。多核处理机的优点是处理机内核可以简化，易于获得较高的主频，同时也缩短了设计和验证时间。

多核处理机的思想是将大规模并行处理机的处理机集成到同一个芯片内，由各个处理机并行执行不同的进程。片上多个微处理机内核可以在不同的存储层次上互连，有共享存储的多核处理机和共享二级 Cache 的多核处理机。早期的多核处理机通常采用共享二级 Cache 存储体系结构，即每个处理机内核都有自己的一级 Cache，所有处理机核共享二级 Cache，如图 7-7 所示。但是由于二级 Cache 会引入不同核之间的资源竞争，因此逐步发展为不同内核具备独立的二级 Cache。

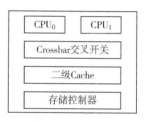

图 7-7　共享二级 Cache 的多核处理机系统结构

时至今日，多核处理机逐步得到应用，商用产品中比较成功的有 IBM Power4、SUN 公司的 T1、Intel 的 Itanium 和 Dempsey 以及 AMD 公司的 Opteron。接下来将逐一简单介绍。

1. IBM Power4

IBM 的 Power4 处理机采用 $0.18\mu s$ 工艺制造，一个芯片内部集成了 1 亿 7 000 万以上的晶体管。处理机包含了两个 CPU 内核，频率为 1.3 GHz，每个处理机内核有 1 个 64 KB 的一级指令 Cache 和 1 个 32 KB 一级数据 Cache。双核共享 3 个 512 KB 的二级 Cache。Power4 处理机采用了铜芯片技术和绝缘硅技术，减小了晶体管的静电电容，加快了晶体管的状态切换速度，降低了误差，提高了晶体管的工作效率以及微处理机的速度。同时，采用了多芯片模块封装，每一模块连接的多达 128 MB 外部级（三级，L3）高速缓存使性能进一步得到了提高。

2. SUN T1

SUN T1 是 SUN 公司作为服务器引入市场的多核处理机，其特点是关注线程级并行。每个 T1 处理机包含 8 个处理机内核，每个内核支持 4 个线程。处理机为 90 nm 制程，最大时钟频率为 1.2 GHz。每个处理机核有 1 个 16 KB 的一级指令 Cache 和 1 个 8 KB 的一级数据 Cache。处理机共享 4 个 750 KB 的二级 Cache。一级 Cache 与二级 Cache 间通过目录连接。

3. Intel 处理机

Intel 公司已经推出多款双核微处理机。如 Smithfield 处理机、Pentium 系列处理机、Presler

处理机、双核 Itanium 处理机和 Dempsey 处理机，以及基于酷睿（Core）微体系架构的双核处理机。除 Smithfield 处理机外，都采用了 65 nm 工艺，目前市面上最为普遍的是酷睿 2 架构的双核处理机。酷睿架构是 Intel 的以色列设计团队在 Yonah 微架构基础之上改进而来的新一代英特尔架构，它对各个关键部分都进行了强化：双核共享 4 MB 的二级缓存，采用较短的 14 级有效流水线设计，每个内核都内建 32 KB 一级指令缓存与 32 KB 一级数据缓存，两核的一级数据缓存之间可以直接传输数据。每个核内建 4 组指令解码单元，支持微指令融合与宏指令融合技术，每个时钟周期最多可以解码 5 条 X86 指令，并拥有改进的分支预测功能。在酷睿 2 架构中，共享二级高速缓存为 6 MB 和前端总线达到 1333 MHz。

4. AMD Opeteron

AMD 的双核 Opeteron 处理机采用 90 nm 制程和 SOI 及 Dual Stress Liner 应变硅技术，包含有两个 k8 核，每个内核都分别有独立的二级 Cache（二级 Cache 达到 2MB，每个核心独享 1MB），但这两个核共享一个公共的系统请求队列，同时共享一个双通道的 DDR 存储控制器和 HyperTransport 连接。支持 10 条新 SSE3 指令，拥有 4 路联合缓冲区。

7.2 多处理机的互联网络

在多处理机系统中，包含多个处理机以及完成处理机间通信、协调所需的多个功能部件，势必涉及处理机间、处理机和功能部件间的相互连接问题。从上节的多处理机系统结构图中，可以看到多处理机系统通过互联网络来实现机间连接。机间互连必须遵循一定的拓扑结构，通过开关元件来完成，以一定的控制方式实现机间通信。可以说，互联网络是多处理机系统的重要组成部分，它对系统的性能指标有决定性的影响。基于此，接下来就对多处理机的互联网络做进一步介绍。

7.2.1 互联网络的基本概念

多处理机互联网络是指由开关元件按照一定的拓扑结构和控制方式构成的网络，用以实现多处理机系统内部多个处理机或多个功能部件之间的相互连接。

互联网络具有三大要素，即结点间互连拓扑（包含连接通路）、开关元件和控制方式。在不同的系统中，开关元件所处的物理位置可能是不同的。在采用集中式结构的系统中，互联网络可以是一个独立的部件，由一组开关元件构成，位于被连接的处理机或功能部件结点之间，在一定的控制方式作用下，按照互连拓扑的要求建立结点间的各条连接通路，以实现各个结点对的相互通信。但是，在许多采用分布式结构的系统中，开关元件可能分散地隐含在各个结点内部，从外面只能看到由结点间连接通路所代表的互连拓扑，因而互联网络并不是以一个独立部件的形式出现的，而是一种对互联网络的广义理解，是随着分布式系统结构的日益流行而确立起来的。

互联网络用来实现多处理机或多个功能部件之间的相互转换，其直接作用就是建立机间连接通路。它具有同时实现多个端口对的互连和多种并行端口对的互连的特性。通常，用互联函数来表示互联网络的互连特性。

如果将互联网络看做一个黑盒子，盒子的输出端口与输入端口间就存在一定的位置变换关系，这就是互联函数。它是端口地址的一对一映射，出端编码是入端编码的排列、组合、移位、取反等操作的结果，可以表示所有入端与出端的连接关系。通常，有 3 种表示方法：

1．函数表示法

在函数表示法中，通常用 x 表示输入端变量（即端口编号）。其中，x 常用端口编号的二进制值表示，$x = x_{n-1} x_{n-2} \cdots x_1 x_0$，则相应的互联函数就可以写成：$f(x_{n-1} x_{n-2} \cdots x_1 x_0)$。一个完整的函数应在其等式的右边写出该函数的值，即变换的结果。例如：$f(x_{n-1} x_{n-2} \cdots x_1 x_0) = x_0 x_{n-2} \cdots x_1 x_{n-1}$，自变量和函数可以用二进制表示，也可以用十进制表示。

2．表格表示法

通过输入/输出对应表示，用表格的形式列出对应端口间的对应关系表。其表示形式为：

$$\begin{bmatrix} 0 & 1 & \ldots & n-1 \\ f(0) & f(1) & \ldots & f(n-1) \end{bmatrix}$$

在符号框内，上一个元素与下一个元素分别对应输入与输出的连接关系。

3．图形表示法

用连线表示映射关系，通过图形将对应的端口连接起来表示。图 7-8 将各输入端口与输出端端口连接情况直观地表示了出来。

常用的几种互连函数有交换函数、全混洗函数（均匀洗牌函数）、蝶式函数、反位序函数、移位函数等。在此，就不再详细介绍了。

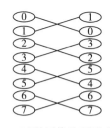

图 7-8　互联网络的图形表示法

7.2.2　互联网络的特性

如果用图形表示，一个互联网络可以表示为用若干有相互连线的结点组成的图。在拓扑上，互联网络为输入和输出两组结点之间提供了一组互连或映像。其特性如下：

（1）网络规模：也就是网络中所连接的结点的个数。该特性可以用于衡量网络可扩展性的一个方面，例如，有没有结点数量限制，如果有，最大能够容纳多少结点。

单纯从拓扑结构上讲，一般的网络结构都能够容纳无限多的结点，如果要评估不同网络结构的相对性能优劣，必须给它们指定相同的规模，即网络规模也可以用作建立一致性评估的基础。

（2）结点度：与结点相连接的边的数目称为结点度。结点度分入度和出度。入度指进入结点的边数。出度指从结点中出来的边数。

结点度和结点成本是成正比的，因为度越大，结点上需要构造的接口也越多，因此成本也越高。一般使用平均结点度或最大结点度来衡量一个网络结构中的结点成本。

（3）距离：任意两个结点间相连的最少边数。距离与两结点间最快的信息传输速度是成正比的。

（4）网络直径：网络中任意两个结点间距离的最大值，即最长距离，它和网络结构中最慢的传输速度成正比，可以在一定程度上衡量网络结构的速度指标。

（5）等分宽度：在将某一网络切成相等两半的各种切法中，沿切口的最小通道边数。由于等分切割面可能不止一个，得到的等分宽度也可能不止一个。一般来说，网络的等分宽度是指最小的等分宽度。等分宽度与网络结构的最大通信带宽成正比，可以从宏观上分析网络结构中的固定瓶颈，衡量网络结构的速度指标。

（6）对称性：从网络中的任何一个结点看，拓扑结构都是一样的。具有对称性的网络称为对称网络。一般而言，在对称网络中添加结点比非对称网络更容易，即硬件扩展性也相对较高，但这并不是绝对的。一定程度上，可以用对称性来衡量网络可扩展性的一个方面。

7.2.3 互联网络的类型

互联网络的种类很多，分类方法也很多，以互连特性为特征，可以把互联网络分为静态互联网络和动态互联网络两类。

静态互联网络的每一个开关元件固定地与一个结点相连，以建立该结点与邻近结点之间的被动连接通路。这种连接方式由点和点直接相连而成，在程序执行过程中不会改变。它的连接通路是固定的，一般静态互联网络不能实现任意结点到结点之间的互连。

动态互联网络的结点只与互联网络边界上的开关元件连接，所有开关元件共同参与，建立结点间主动可控的通信路径。这种连接方式可以动态地改变结构，使其与用户程序中的通信要求匹配。

1. 静态互联网络

静态互联网络如用结点和边组成的图来表示，需满足下列要求：（1）网络每个结点的相连边数，即结点度要小，且在各结点处最好都相等，同时与网络的大小无关；（2）在任意两个结点间沿着最短路径通信所经过边数的最大值要小，也就是网络直径要小，且随结点数目增多而缓慢增大；（3）对称性要好，以达到信息流量分布均匀；（4）各结点编址合理，从而实现高效路径算法；（5）有较高的路径冗余度，以满足坚固性要求；（6）增量扩展性要好，即每次只扩展一个或少数几个结点，仍能保持原有互连拓扑特性。

静态互联网络有多种形式，一维的有线性阵列结构；二维的有环形、星形、树形、网格形等；三维的有立方体等；三维以上的有超立方体等。

（1）线性网：一种一维的线性网络，其中 N 个结点用 $N-1$ 个链路连成一行，如图 7-9（a）所示。在这种结构中，内部结点度为 2，端结点度为 1，网络直径为 $N-1$。

（2）环形网：用一条附加链路将线性阵列的两个端点连接起来而构成。可以单向工作，也可以双向工作，如图 7-9（b）所示。在这种结构中，结点度为 2，单向环的网络直径为 N，双向环的直径为 $N/2$。

（3）树形网：一般来说，一棵 k 层完全平衡的二叉树有 $N=2k-1$ 个结点。最大结点度是 3，直径是 $2(k-1)$，结构如图 7-9（c）所示。特例之一是星形，一种结点度为 $N-1$，直径为常数 2 的 2 层树，结构如图 7-9（d）所示；另一种是二叉胖树，如图 7-9（e）所示，其特点是结点度从叶子结点往根结点逐渐增加，从而缓解一般二叉树根结点通信速度高的矛盾。

（4）网格形网：这是一种比较流行的网络结构，有各种变体形式。一般网格网，$N=n^k$ 个结点的 k 维网络的内部结点度为 $2k$，网络直径为 $k(n-1)$。边结点和角结点的结点度分别为 3 或 2，如图 7-9（f）所示。

（5）立方体网：n 维立方体由 $N=2^n$ 个结点，分布在 n 维上，每维度有两个结点，每个结点的度为 n，网络直径为 n。如 8 个结点的 2^3 立方体，其结点的度为 3，直径为 3，如图 7-9（g）所示。超立方体网采用交换函数，结点度为 n，直径也为 n。

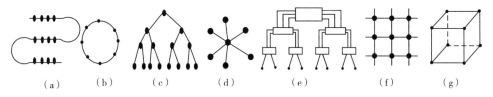

图 7-9 静态互联网络

其他各种复杂的静态互连拓扑可用下列方法产生：（1）直接对基本图形进行改进，例如合理地增加图中边的数目，成带弦形（见图 7-10（a））等；（2）不同基本图形相结合，形成例如立方体连接环和多树结构（见图 7-10（b））；（3）基本图形多次递归，产生新的复杂图形；（4）用地址映像函数确定网络拓扑，即先对结点号进行编码，然后规定边的末端结点号为始端结点号的某一（组）映像函数；（5）用启发式方法对网络拓扑进行寻优。

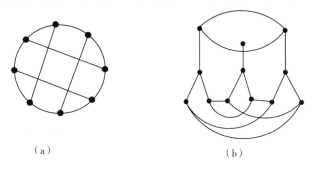

图 7-10 典型的静态互联网络

2．动态互联网络

静态互联网络一旦设计成功，就不能改变。为了达到多用或者通用的目的，就要采用动态互联网络。这种网络使用开关提供动态连接特性，在运行过程中由程序来确定具体的连接方式。这就要求其连接特性好，能实现的互连函数多，网络延迟短，开关设备量少，控制方法简单，便于用集成电路实现。动态互联网络的分类方法很多：按照网络对输入/输出的可连通程度，分为阻塞网络和非阻塞网络；按照级间连接方式，可以分为单级互联网络和多级互联网络。典型的动态网络包括总线、交叉开关和多级互联网络等。

1）基于总线的互联网络

总线互连方式是多处理机实现互连的一种最简单的方式。在总线互联网络中，多个处理机、存储器模块以及 I/O 部件通过各自的接口部件连接在一条公共总线上，采用分时或多路转接技术传送，如图 7-11 所示。两个或更多的 CPU 以及一个或者更多的内存模块都使用同一条总线通信。当某个 CPU 想读取内存时，它首先检查总线是否被使用。如果总线是空闲的，CPU 就把字地址放在总线上，当然还需要一些控制信号，然后等待内存把它需要的内存字放在总线上。

使用单总线方式结构简单、成本低，系统上增减模块方便，但其吞吐率是固定有限的，且对总线的失效敏感。而且，随着处理机个数增加，访问总线冲突的概率也会随之增大，从而导致系统效率急剧下降。通过为每个处理机增加 Cache，或者同时为处理机增加 Cache 和私有内存的方法可以达到减少总线流量，降低总线访问冲突的概率，但是这种单总线形式也只适用于处理机数较少的场合。IBM Stretch 和 UNIVAC Larg 多处理机采用的就是单总线方式。

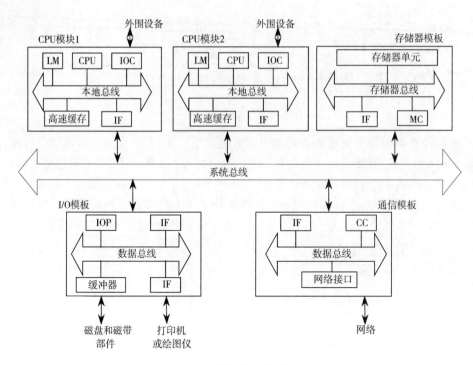

图 7-11 总线结构多处理机系统

将多条总线连接到多个处理机是对单总线的自然扩展。多总线多处理机系统使用多条并行总线将多个处理机和多个存储模块互连起来。一般来说，多总线多处理机系统具有高可靠性和易扩展性。单条总线发生故障时，在处理机和模块间仍有无故障的通路，然而，当总线总数少于存储器模块数时，总线的竞争将会增加。这时需要由系统仲线总裁器进行裁决，以确定哪个请求源可以使用系统总线。

2）基于交叉开关的互联网络

受总线带宽的限制，基于总线的多处理机系统规模有限。为了使一个主存能被更多的处理机共享，需要另一种形式的互联网络：将主存分为多个模块并在 CPU 和主存模块间提供更多的通路，这样不但可以增加带宽，也可并行处理多个请求。连接 n 个 CPU 和 i 个内存模块的最简单的电路就是交叉开关，如图 7-12 所示。

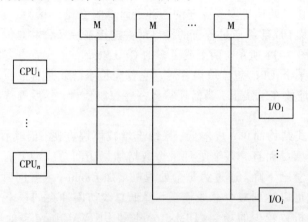

图 7-12 交叉开关形式的多处理机系统

交叉开关可以按照任意的次序把输入线路和输出线路连接起来。每条水平线（输入线）和垂直线（输出线）的交点都是一个交叉点。一个交叉点就是一个小的交换结点，它的电路状态可以是打开或者关闭的，具体状态取决于垂直线和水平线是否处于连接状态。交叉开关网络是一种无阻塞的网络，这是它最好的特性，意味着 CPU 不会因为某些交叉点或者线路被占用而无法与内存模块建立连接（假设内存模块是可用的）。而且，建立连接时不需要事先规划。即使已经建立了多个任意的连接，仍然有可能在剩下的 CPU 和剩下的内存之间建立连接。这样，影响多处理机系统性能的瓶颈就不再是互联网络，而是共享的存储器了。

交叉开关的不足在于交叉点的数量达到了 n^2 个。对于中等规模的系统，交叉开关的设计是可行的。然而如果需要使用 1 000 个 CPU 和 1 000 个内存模块，那么就需要 100 万个交叉点。这么多的交叉点是不可能实现的。采用交叉开关形式互连的多处理机有美国的 C.mmp 和 S−1，它们都有 16 台处理机。

3）多级互联网络

为了实现任意处理机间的互连，引入了多级互联网络的概念。所谓多级互联网络，就是指由多级开关按照一定的方式进行互连，组合而成的一个复杂的网络系统。与单级网络相比较，多级网络可以通过改变开关的控制方式，灵活地变换所实现的连接，从而更适应系统的需要。图 7-13 所示为一个通用的多级互联网络。

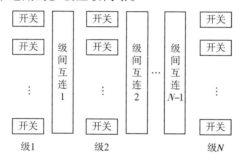

图 7-13　多级互联网络

决定多级互联网络特性的主要因素有 3 个方面：交换开关、拓扑结构和控制方式。

交换开关是组成互联网络的基本单元。通常一个 $a \times b$ 交换开关代表有 a 个输入和 b 个输出。每个输入可与一个或多个输出相连。最常用的是二元开关，具有直通和交换功能。四元开关则在此基础上，增加了上播和下播功能。

拓扑结构指前一级交换开关的输出端与后一级交换开关的输入端之间的连接模式。通常可以采用互联函数实现拓扑结构。

控制方式是对各个交换开关进行控制，通常分如下 3 种控制方式：级控制，即同一级交换开关通过同一个控制信号控制；单元控制，即对每个交换开关进行单独控制；部分级控制，对不同的级采用不同数量的控制信号。例如，第 i 级使用 $i+1$ 个控制信号控制（$0 \leq i \leq n-1$）。显然，部分级控制是前两种方式的折中。

同一个多级网络分别采用不用的控制方式，可以构成 3 种不同的互联网络。来看下面的例子。

多级立方体网络通常是由 3 种互联函数的 3 个单级立方体网串接起来形成的，它的开关全部采用二功能开关。对一个 $N \times N$ 的 n 级立方体网络，其级数 $n = \log_2 N$，每级有 $N/2$ 个开关，全部开关数为 $nN/2$。采用交换函数构成拓扑结构，各级分别采用 E_0、E_1、…、E_n 交换函数。当所有开关都直通时，实现恒等变换。

采用 3 种不同的控制方式,可以构成 3 种不同的互联网络:采用级控制可以构成 STARAN 交换网;采用部分级控制,可以构成 STARAN 移数网;采用单元控制可以构成间接二进制 n 方体网。

以 $N=8$ 为例,$n=\log_2 N=3$,即分三级,开关总数为 $3 \times 8/2=12$ 个,如图 7-14 所示。当采用级控方式时,具有交换功能。例如,当 0~2 三级级控信号为 101 时,即第 0 级和第 2 级中所有开关状态处于交换状态,第 1 级中开关处于直通状态,输入和输出的对应关系为 0-5、1-4、2-7、3-6、4-1、5-0、6-3、7-2。对于其他几种级控信号,也将会形成不同的输入和输出的交换连接。当采用部分级控时,网络实现移位功能。比如,第 0 级用级控信号"0",第 1 级中的开关均使用部分级控信号"1",第 2 级中的开关 I、J 信号用信号"1",开关 K、L 用信号"0",则实现移 2(mod 8)的功能。当采用单元控制时,对各个开关进行单独控制,可以实现包括交换置换、移数置换在内的常用函数置换。

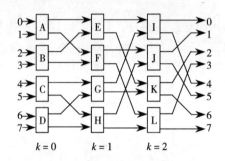

图 7-14　三级立方体互联网络

7.3　多处理机系统的系统控制

多处理机系统中,每台处理机都能够独立执行自己的程序和指令流,但是,一个进程应该分配到哪个处理机上运行是由什么决定的呢?运行不同进程的处理机间又是怎样进行通信的呢?这些问题是决定多处理机系统性能的关键,同时也是多处理机系统控制的重要内容,接下来将进行逐一探讨。

7.3.1　多处理机系统的调度

多处理机调度是指将作业或任务分配给指定的处理机,并要求在指定的时间内完成。调度算法的一般目标是:使用最少的处理机、在最短的时间内完成并行程序的执行任务。在处理机器数目固定时,要改进处理机分配和进程调度算法,尽量减少并行程序的执行时间。

为了说明多处理机的任务调度过程,常用任务时空图来表述,接下来将结合图来介绍评价多处理机调度性能的参数。图 7-15 是 3 个处理机 P_1、P_2、P_3 上执行 5 个任务 T_1~T_5 的任务时空图,各个任务执行时间分别为 7、6.5、2、2、2。

1. 任务流时间

完成任务所需要的时间定义为任务流时间,例如完成任务 T_1 共需要 5+2 = 7 时间单位。

2. 调度流时间

一个调度流时间是调度中所有任务流的时间。图中的调度流时间 = T_1 流+T_2 流+T_3 流+T_4 流+T_5 流时间 = 7+6.5+2+2+2 = 19.5(时间单位)。

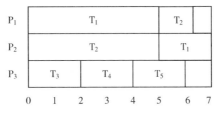

图 7-15　任务调度时空图

3．平均流

平均流等于调度流时间除以任务数。最小平均流时间表示任务占用处理机与存储器等资源的时间很短，不但使任务的机时费用降低，还使系统有更充裕的时间处理其他任务。这样，最少平均流时间就是系统吞吐率的一个间接度量参数。

4．处理机的利用率

处理机的利用率等于该处理机上任务流之和除以最大有效时间单位（本例为 7.0）。P_1、P_2、P_3 的利用率分别为 0.93、1.00 和 0.86，空闲的时间分别为 0.5、0.0 和 1.0，忙的时间分别为 6.5、7.0、6.0，且均为各处理机上的任务流之和。处理机平均利用率=(0.93+1.00+0.86)/3 = 0.93。

处理机调度实质上就是要寻找一种调度算法，其调度目的是使用最少量的处理机在最短的时间内执行全部任务。调度算法通常要依据一个模型进行，常见的调度模型有两种：静态的确定性模型和动态的随机性模型。

静态的确定性调度模型要求在求解问题前就已知每个任务执行所需的时间以及系统中各任务间的关系。这种调度算法的设计比较简单，但如果事先不能准确估计每个任务的执行时间及任务间的关系，该调度算法的效率就不高。在确定性调度模型中，可以根据不同的调度环境采用不同的算法。

动态的随机调度模型需在运行过程中对资源进行动态分配，一般用随机分配方式或巡回方式，将当前任务分配给空闲的处理机执行。动态调度可以比较充分地利用处理机资源，使每个处理机经常处于忙碌状态，但系统开销较大，算法也较复杂，通常要用随机模型来研究系统的动态调度技术。常见的调度策略有：

1）轮转法

轮转调度是每次从有序队列头部选出一任务，并给它分配定长运行时间片。若任务在分配的时间片结束之前执行完毕，它就从处理机撤离；若分配的时间片到期，任务还未执行完毕（还需另外的时间片），则它被重新送入队列尾部以等待下次调度。凡新到达的任务被排到队列尾部。

2）多级轮转法

多级轮转调度是轮转调度与抢占技术的结合。这种调度方法可使优先权高的任务比优先权低的任务占用更多的处理机时间。优先权的分配可以是静态的，也可以是动态的。

3）组调法

组调度是将一组有关的任务分配到一组处理机上同时运行。组调度程序有下面一些优点。首先，如果并行运行的是一组密切相关的任务，就可以减少因同步而引起的阻塞和频繁的上下文切换，从而能提高系统的性能。其次，如果对一组已知基准模式的目标作出置换决定，则可以使各个任务和它们的基准目标之间的"距离"最小。此外，把对存储器的共享时间周期局限在系统中任务出现的短暂时间之内,因而实现对一组相关任务的存储器管理就比较容易。组分配并不能有效地减少上下文的切换,除非该组中的任务是"齐步"的。

4)随机函数法

随机函数法有两种常见模型:一种是排队模型,另一种是累积分布函数(Cumulative Distribution Function)模型,限于篇幅,不做介绍。

7.3.2 多处理机系统的进程通信

在多处理机系统中,处理同一个作业不同部分的 CPU 必须要互相通信来交换信息,运行在多处理机上的所有进程都能够共享映射到公共内存的单一虚拟地址空间。任何进程都能够通过执行 LOAD 或者 STORE 指令来读或者写一个内存字,不再需要其他的处理,由硬件来完成剩下的工作。通过一个进程先把数据写入内存然后另一个进程再读出的方式,两个进程间就可以进行通信。

当在共享内存的多处理机系统上运行一个具有多个进程的程序时,通常希望不管这些进程是否运行在同一个处理机上,程序的运行结果都是相同的。然而,当两个运行在不同物理处理机上的进程通过不同的高速缓存层次来看共享内存时,其中一个进程可能会看到在它的高速缓存中的新值,另外一个则可能看到旧值。这是因为两个不同的处理机所保存的存储器视图是通过各自的 Cache 得到的,如果没有其他的防范措施,则会导致两个不同的处理机对存储器相同位置进行操作会得到不同的数值。这个问题常常称为多处理机 Cache 一致性问题。

对于多处理机 Cache 不一致性问题,小规模多处理机系统主要通过在硬件上引入一个协议来解决。这个用于维护多个处理机一致性的协议称为 Cache 一致性协议。实现 Cache 一致性协议的关键在于跟踪所有共享数据块的状态。目前,广泛采用的有两种协议,它们采用不同的技术跟踪共享数据。

1. 监听协议

每个含有物理存储器中数据块副本的 Cache 还要保留该数据块共享状态的副本,但是不集中地保存状态。Cache 通常可以通过广播媒介(总线或交换机访问)、所有的 Cache 控制器对总线进行监听,来确定它们是否含有总线或交换机上请求的数据块副本。任何可以向所有处理机广播 Cache 缺失的通信媒介都可以用来实现基于监听的一致性。

有两种方法可以保证上面说的一致性。一种是在处理机写数据项之前保证该处理机能独占地访问数据项,这种协议称为写无效协议,因为它在执行写操作时要使其他副本无效。独占访问确保写操作执行后不存在其他可读或可写的数据项副本;Cache 中该数据项的其他副本都是无效的。

表 7-1 给出了一个基于监听总线写无效协议的例子,其中使用了写回式 Cache。假设两个 Cache 最初都没有 X,并且存储器中 X 的值为 0。处理机和存储器中的内容都是处理机和总线活动全部完成后的数值。空格表示没有动作或没有存放副本。由于写操作要求独占访问,执行读操作的处理机所保留的任何副本都被置为无效。因此,执行读操作时,可能会发生 Cache 缺失。当 B 发生第二次缺失时,处理机 A 会应答,同时取消来自存储器的响应。然后,B 的 Cache 和存储器 X 的内容都得到更新。这种当块共享时对存储器进行更新的做法简化了协议实现,但也可能只有当块被替换时才能跟踪所有权并强制写回。

表 7-1　监听总线方式写无效协议实例

处 理 机 活 动	总 线 活 动	处理机 A 的 Cache 内容	处理机 B 的 Cache 内容	存储器 X 位置 Cache 的内容
				0
处理机 A 读 X	Cache　缺失于 X	0		0
处理机 B 读 X	Cache　缺失于 X	0	0	0
处理机 A 向 X 写 1	对 X 无效	1		0
处理机 B 读 X	Cache　缺失于 X	1	1	1

另一种方法是写更新协议，就是在写入数据项时更新该数据项的所有副本。因为写更新协议必须将所有的写操作广播给共享 Cache，从而需要更大的带宽。因此，目前绝大多数的对称式共享存储器多处理机都选择执行写无效协议。

监听协议中，对于每个 Cache 缺失，都需要和所有的 Cache 进行通信，监听协议中没有踪迹 Cache 状态的集中式数据结构，这一点从价格上说是优点，但在需要扩展时就成了致命弱点，为此，引入了下面所讲的替代选择——目录协议。

2．目录协议

把共享物理存储器的共享状态存放在一个地方，称为目录。目录协议保存每个 Cache 数据块的状态。目录中的信息包括哪个 Cache 拥有该块的副本，是否处于无效状态等。假设目录协议是在分布式存储器中实现的，但是相同设计也适用于按组进行组织的集中式存储器。

最简单的目录协议实现机制是在目录块中给每个存储器数据块分配一个条目。在这样的设计中，信息个数和存储器中块的个数与处理机个数的乘积成正比。这对于处理机数目小于 200 的处理机系统来说不成问题，因为目录的开销可以接受，但是对于更大型的处理机来说，就要想办法有效地扩展目录结构。

按照目录的存放形式，分为集中式和分散式两种。根据目录的结构，目录协议分为如下三类：

（1）全映像目录：存放全局存储器中每个块的有关数据。目录项中有 N 个处理机位和一个重写位。处理机位表示相应处理机对应的 Cache 块的状态。重写位为 "1"，且只有一个处理机位为 "1"，则该处理机可以对该块进行写操作。系统中全部 Cache 均可同时存有同一个信息块的副本。不过，采用该方法后目录表会很庞大，硬件及控制均较复杂。

（2）有限目录：每个目录项的指针数固定。表中每项的标志位少于 N 个。因此，限制了一个数据块在各 Cache 中能存放的副本数目。全映像目录表和有限目录表都是集中地存入在共享的主存之中，因此需要由主存向各处理机广播。

（3）链式目录：把目录分散存放在各个 Cache 中，主存只存有一个指针，指向一台处理机。通过维护各目录指针链要查找所有放有同一个信息块的 Cache 时，先找到一台处理机的 Cache，然后顺链逐台查找，直到找到目录表中的指针为空时为止。它不限制共享数据块的备份数目，又保持了可扩展性。指针的长度以处理机数目的对数关系增长，Cache 的每个数据块的指针数目与处理机数目无关。

目录使用规则：当一个 CPU 对 Cache 进行写操作时，要根据 Cache 目录中的内容将所有其他存有相同内容的 Cache 备份置为 "无效"，并置重写位。当 CPU 对 Cache 进行读操作时，如果读命中，直接读 Cache 即可。如果重写位为 "0"，则从主存或其他 Cache 中读入该块，并修改目录。

7.4 并行处理语言及算法

在多处理机系统中，并行性存在于不同的层次上，充分开发其并行性有较大难度，为此，必须从系统结构、操作系统、算法、语言、编译各方面来统筹协调地开发。也就是说，在多处理机设计成功之后，还必须进行并行开发。本节将简要介绍多处理机系统设计在并行性处理中遇到的挑战以及所采用的并行性处理技术。

7.4.1 并行处理遇到的挑战

多处理机的应用非常广泛，不论是运行相互之间没有通信的独立任务，还是必须通过线程通信才能完成的并行程序，都可以应用多处理机。然而，程序可获得的并行度有限以及相对较高的通信开销，成为并行处理应用的障碍。这可以用 Amdahl 定律解释，通过下面的例题进行详细说明。

【例 7-1】 假设要用 100 个处理机获得 80 倍的加速比，那么原来的计算中串行部分该占多大比例呢？

Amdahl 定律是：

$$加速比=\cfrac{1}{\cfrac{改进部分所占比例}{改进部分的加速比}+(1-改进部分所占比例)}$$

在本例中假设程序仅有两种执行模式：一种是使用所有处理机的并行模式，另一种是仅利用一个处理机的串行模式。在这种简化下，改进部分的加速比就简化为处理机个数，而改进模式所占的比例就是在并行模式中花费的时间。代入上面的公式简化后得到并行部分所占比例=0.9975。

也就是说要用 100 台处理机得到 80 的加速比，原程序中只能有 0.25%的部分是串行的。当然，要得到先行加速比（即用 N 个处理机得到加速比为 N），整个程序必须没有串行部分全部是并行的。实际上，程序并不只是在完全并行或串行的模式下运行的，通常并行模式中并没有使用全部的处理机，而仅仅使用了一部分处理机。

系统通信开销相对较高，与并行处理机中远程访问的时延较长有关。通信时间的长短由通信机制、互联网络的类型和多处理机的规模决定，现有共享存储器多处理机中，处理机间的数据通信少则花 50 个时钟周期（多核），多则超过 1 000 个时钟周期（大规模多处理机）。长通信时延的影响很大，让我们继续看下面的例子。

【例 7-2】 假设一个应用程序在一个 32 个处理机的多处理机系统上运行，该处理机访问一个远程存储器需要 200 ns。对于这个应用，假设除了涉及通信的存储器访问外，所有访问都命中本地存储系统。执行远程访问时处理机会阻塞，处理机的时钟频率为 2 GHz。如果基本 CPI 是 0.5，那么多处理机在没有远程访问时只有 0.2%的指令涉及远程访问时能快多少？

首先计算 CPI，有 0.2%远程访问的多处理机的 CPI 是：

$$CPI=基本\ CPI+远程请求率 \times 远程请求开销$$

而远程开销是：

$$\frac{远程请求开销}{周期时间}=\frac{200\ ns}{0.5\ ns}=400周期$$

经过计算可以得到 CPI=0.5+0.8=1.3。

全部为本地调用的多处理机将会快 1.3/0.5=2.6 倍。实际的性能分析会更加复杂，因为有些非远程访问可能会在本地存储器系统层次中缺失，并且远程访问的时间也不一定会是固定值。

并行度低和远程通信时延太长，是使用多处理机的两个最大挑战。只有在软件中采用更好的并行算法才能克服并行度低的问题。要减少长时间远程访问的时延，可以通过系统结构实现，也可以通过程序员实现。例如，在硬件上缓存共享数据，或者在软件上重新构造数据就能增加本地访问，也就减少了远程访问的频率。还可以使用多线程或者预取来减少时延的影响。下面主要讨论通过算法提高并行度的问题。

7.4.2　并行编程模型

程序设计模型是一种程序抽象的集合，它为程序员提供了一幅透明的计算机硬件/软件系统简图。在顺序程序设计中，常用的程序设计模型是针对单处理机计算机的，其主要是结构化程序设计与面向对象程序设计。并行程序设计模型则是专门针对多处理机、向量机、大规模并行计算机以及机群系统而设计的。

并行程序的基本计算单位是进程，它与有关代码段执行的操作相对应。进程的粒度在不同的程序设计模型和应用程序中是不一样的。程序是进程的集合。并行程序设计的基本问题主要集中在相同或不同处理机并行进程的规范说明、创建、挂起、再生、迁移、终止、同步以及数据交换等方面。因此，并行程序设计具有多种模型。

（1）蕴含式并行编程模型：程序员不显示地说明并行性，而是让编译器和运行支持系统自动加以开发的编程模型。其最常用的方法是对顺序程序实行自动并行化，由编译器对顺序程序的源代码进行相关性分析，然后使用一组程序变换技术将顺序代码转换成自然并行 Fortran 代码。

（2）数据并行模型：将数据分布于不同的处理单元，这些处理单元对分布数据执行相同的操作。数据并行程序使用预先分布好的数据集。运算操作之间进行数据交换操作。数据并行操作的同步是在编译而不是在运行时完成的。从本质上讲，数据并行编程具有单控制线程，且能在数据集一级开发大规模并行性。

（3）消息传递模型：程序中不同进程之间通过显式方法（如函数调用、运算符等）传递消息来相互通信，实现进程之间的数据交换、同步控制等。消息包括指令、数据、同步信号等。因此，程序员不仅要关心程序中可并行成分的划分，而且还需关心进程间的数据交换。消息的发送、接收处理将增加并行程序开发的复杂度。该模型适用于多种并行系统，如多处理机、可扩展机群系统等，且具有灵活、高效的特点。

（4）共享变量模型：限定作用范围和访问权限的办法，对进程寻址空间实行共享或限制，即利用共享变量实现并行进程间的通信。为了保证能有序地进行 IPC，可利用互斥特性保证数据一致性与同步。共享变量模型与传统的顺序程序设计间有许多相似之处。程序员只需关心程序中的可并行进程，而无须关心进程间的数据交换问题。共享变量的数据一致性、临界区的保护性访问由编译器与并行系统来维护。共享变量模型具有编程简单、易于控制的特点，但在实现时则会导致系统开销增大。

目前，两种最重要的并行编程模型是数据并行和消息传递。数据并行编程模型的编程级别比较高，编程相对简单，但它仅适用于数据并行问题；消息传递编程模型的编程级别相对较低，但消息传递编程模型可以有更广泛的应用范围。

7.4.3 并行语言

并行程序是通过并行语言来表达的，并行语言的产生主要有 3 种方式：第一种是根据多处理机的系统结构设计全新的并行语言，第二种是扩展原来的串行语言的语法成分，使它支持并行特征，第三种方法是不改变串行语言，仅为串行语言提供可调用的并行库。

设计一种全新的并行语言的优点是可以完全摆脱串行语言的束缚，从语言成分上直接支持并行，这样就可以使并行程序的书写更方便、更自然，相应的并行程序也更容易在并行机上实现。但是，由于并行计算至今还没有像串行计算那样统一的冯·诺伊曼模型可供遵循，因此，并行机、并行模型、并行算法和并行语言的设计和开发千差万别，没有一个统一的标准。虽然有多种多样全新的并行语言出现，但至今还没有任何一种新出现的并行语言成为普遍接受的标准。设计全新的并行语言实现起来难度和工作量都很大，但各种各样并行语言的出现实践和研究，无疑都为并行语言和并行计算的发展做出了贡献。

另一种重要的对串行语言的扩充方式就是标注，即将对串行语言的并行扩充作为原来串行语言的注释，简单地说，就是在现有的程序设计语言的基础上扩展出能表示并行进程的语句。这种也称为扩展性并行程序设计语言，如并行 FORTRAN、并行 C 等。对于这样的并行程序，若用原来的串行编译器来编译，标注的并行扩充部分将不起作用，仍将该程序作为一般的串行程序处理。若使用扩充后的并行编译器来编译，则该并行编译器就会根据标注的要求，将原来串行执行的部分转化为并行执行，对串行语言的并行扩充，相对于设计全新的并行语言显然难度有所降低，但需要重新开发编译器，使它能够支持扩充的并行部分，一般的，这种新的编译器往往和运行时支持的并行库相结合。

仅仅提供并行库，是一种对原来的串行程序设计改动最小的并行化方法，这样，原来的串行编译器也能够使用，不需要任何修改。编程者只需要在原来的串行程序中加入对并行库的调用，就可以实现并行程序设计。如现在流行的 MPI（消息传递接口）并行程序设计就属于这种方式。

针对这 3 种不同方法开发的并行程序设计语言，一般相应地采用下述几种编译器实现方法来完成并行程序设计语言的编译处理：设计新语言的编译器；利用通用编译器，加入预编译后使用通用编译器，链接并行函数（类）库；针对传统顺序程序，设计并行化编译系统。

1. 新语言编译器

新的并行程序设计语言是针对并行程序设计特点而开发的语言，比较著名的有 Occam 与 Ada 语言。它们都提出了一套崭新的语言文法，不仅包括并行任务、通信同步等的文法描述，还包括串行成分的文法描述，如类型、过程、函数等。对于新设计的语言，人们要设计相应的新语言编译器。由于新语言的编译器实现难度大，又常常针对一些专用系统，而通用平台往往没有这些语言的编译器，导致了采用这些语言开发的应用系统的可移植性较差。另外，应用单位的新语言培训费用和过去开发的应用系统的重开发费用都较高。

2. 预编译处理

扩展传统语言实现并行程序设计是并行系统开发人员常用的方法。通常采用的编译实现方法是在传统语言的编译器上设计预编译器。通过预编译，将扩展语言的并行成分用传统语言加以实现，再通过传统语言编译器编译生成可执行代码。在机群系统上利用结点计算机原有的编译器，采用预编译技术实现并行程序设计语言，既提供较强的并行性描述能力，又比较实用，有利于推广。作为扩展语言的基础语言常常是 FORTRAN、C、C++，如 Concurrent C 语言与 Thread C 语言。Concurrent C 是 AT&T 贝尔试验室的 Gehani 和 Roome 提出来的。他们在不改动原有 C 语言的基础上增加了对并行进程的说明及各个进程之间交互的说明。Concurrent C 语言编译系统由预编译器 ccpp、标准 C 编译器、Concurrent C 运行时的系统库等组成。预编译器 ccpp 将 Concurrent C 语言程序转换为 C 语言程序，其中一些关键字转换为 Concurrent C 运行时的系统库函数，另一些转换为复杂的嵌入式代码。然后，通过标准 C 编译器将预编译器输出的 C 语言程序编译、链接成可执行代码。Thread C 是清华大学在机群系统上实现的、在 C 语言基础上扩展而成的并行程序设计语言。它提供了用于描述线程的代码与上下文的模板。此外，它还提供用于线程间通信、线程迁移及线程管理的预定义的宏操作。在 Thread C 的编译系统中，预编译的工作是将用户的 Thread C 语言程序转换成高级语言程序（C 语言）。它由线程结构分析、前端编译、代码生成三部分组成。在线程结构分析阶段，获得程序的结构信息；前端编译则进行程序变换，将宏操作转换为内部操作；代码生成阶段则生成一个线程管理框架。根据各线程的结构信息将转换后的高级语言代码填入线程管理框架的相应位置。

3. 并行函数与类库

不改变传统语言，不改动编译器，而为程序员提供并行程序开发所需的函数库或类库，在编译生成可执行代码时，再将其链接进来。这是并行程序设计中出现的一种新动向，比较著名的有 PVM 系统。PVM 为用户提供了在机群系统上开发并行程序的 C 语言和 FORTRAN 语言的并行函数库。用户设计开发的每一个并行任务程序都是完整的 C 语言或 FORTRAN 语言程序，只是在需要描述并行特性的时候，加入并行函数。这样用户只要对用 C 语言或 FORTRAN 语言开发完成的系统稍加修改，嵌入并行函数，就能使之在机群系统上并行运行。在 PVM 中，因为其编程模型是消息传递模型，所以 PVM 提供了许多并行任务管理、消息传递函数。与 PVM 类似的还有 MPI、Express 等。

4. 并行化编译系统

将用传统顺序语言编写的应用程序自动并行化是并行程序设计领域的一个重要问题。它不开发新的程序设计语言，而是设计新的编译系统，使传统的用顺序语言编写的应用程序经过编译处理就能并行执行。这种方法使用户能方便地将过去的串行应用系统移植到并行系统上，培训费用和重开发费大大降低。因此，它具有良好的应用前景。由于科学计算领域中的应用系统一般都是用 FORTRAN 语言开发的，所以并行化编译系统一般都是针对 FORTRAN 语言的。由于并行程序设计语言往往与某一特有并行系统密切相关，因此要开发简单、易用、功能强大、旧有程序重新开发成本低、可移植性好的并行程序设计语言，还有很长的路要走。

7.4.4 并行算法

1. 定义和分类

提高并行处理效率的关键之一是并行算法。并行算法是指适合在各种并行计算机上求解问题的算法，它是一些可以同时执行的进程集合，这些进程之间相互作用、协调处理，从而实现对给定问题的求解。算法须适应计算机的结构，如果一种算法所表达出来的并行度与计算机的并行度基本一致，便能提高计算机的解题效率。

根据运算的基本对象，并行算法可以分为数值并行算法和非数值并行算法。数值并行算法是指基于代数预算（加、减、乘、除）的问题求解算法，如矩阵运算、多项式求值、解线性方程组等。非数值并行算法是指基于关系运算（如比较、选择、映射等）的问题求解算法，如排序、查找、遍历等。

根据进程之间的依赖关系，并行算法可以分为同步并行算法、异步并行算法和分布式并行算法。同步并行算法是指某些进程必须等待其他进程的并行算法，全部进程均同步在一个给定的时钟上，以等待最慢的进程结束。异步并行算法是指各进程之间不必相互等待的并行算法，其进程之间的通信通常由软件（程序）实现。分布式并行算法是指通过通信链路连接起来的多个结点协同完成某个计算任务的一类并行算法。

对于相同的并行计算模型，可以有多种不同的并行算法来描述和刻画。由于并行算法设计的不同，可能对程序的执行效率有很大的影响，不同的算法有几倍几十倍甚至上百倍的性能差异是完全正常的。

并行算法基本上是随着并行机的发展而发展的，从本质上说，不同的并行算法是根据问题类别的不同和并行机体系结构的特点产生出来的，一个好的并行算法要既能很好地匹配并行计算机硬件体系结构的特点，又能反映问题内在并行性。

2. 设计方法

并行算法设计的关键是充分发掘问题求解计算中的并行性。研究并行算法的一个思路就是将大的程序分解成可以由足够多的并行处理的过程，然而其过程却比较复杂，很难将其归结为一个统一的框架从而"一步到位"地设计出一个高效的并行算法。但是，并行算法设计过程也是有一定规律可循的。下面就介绍一种常用的 PCAM 设计方法。

从一个具体给定问题的描述出发，通过一系列分解和综合的过程，最终需要设计出一个具有较高并行性、可扩展性、局部性和独立性的并行算法。PCAM 设计方法的基本思想是，先考虑算法的并行性和可扩展性，然后着手优化算法的通信开销和执行时间，同时通过对整个过程的反复回溯，以达到一个满意的设计。整个设计过程分为 4 个步骤：

（1）任务分解（Partition）：将整个计算问题分解成一些小的子任务，其目的是尽量创造并行执行的机会。

（2）通信设计（Communication）：确定各子任务执行中需要交换的数据和协调子任务的执行所需要传递的消息，并由此检测上面分解方式的合理性。

（3）任务组合（Agglomeration）：按算法在实际机器上执行的性能要求和实现算法的代价来考察前两个阶段的结果，将一些小的任务组合成较大的任务以减少通信开销和提高性能。

（4）处理机映射（Mapping）：将每个子任务分配给一个处理机去完成，目标是最小化全局执行时间和通信开销，最大化处理机的利用率。

3. 效率分析

由于对不同的问题，有不同的侧重点。比如，视频压缩处理系统，我们关注的是系统每秒能处理的帧数，也就是吞吐量；而在视频监控系统中，更在意的是系统处理完每一帧图像所需要的时间，也就是响应时间。这也就说明，在评估并行算法的效率不只是要考虑算法的执行时间，还包括存储空间、吞吐量、实现开销和维护代价、可移植性和可扩展性等指标。在大多数情况下，执行时间和可扩展性是最主要的两个性能指标。

并行算法的执行时间通常包含两个部分：第一部分是通信时间（t_t），即数据从一个处理机经由互联网络或共享存储器到达另一个处理机所需的时间；第二部分是计算时间（t_c），即数据在处理机内进行算术运算，逻辑运算等所需的时间。系统用于进程管理和任务调度的时间也包含在执行时间里面。

并行算法的可扩展性主要是指处理机数目对算法效率和算法执行时间的影响。把处理机数目增长速度看成是问题规模增长速度的函数，并把这个函数称为并行算法的等效率函数（Iso-Efficiency，简单记为 IsoE(p)）。利用这个等效率函数，可以通过简单的表达式来判断并行算法的可扩展性。

记问题规模为 n，处理机个数为 $P(n)$，则加速比为 $S_p(n) = t_c / ((t_c + t_r) / p)$

而算法的效率可以表示为 $E_p(n) = S_p(n) / P(n) = 1 / (1 + t_r / t_c)$

为了保持算法的效率不变，必须使得 $t_c = (E / (1 - E)) t_r$。这样，在得到 t_c 和 t_r 后，通过简单的变换就可以获得等效率曲线，并由此判断算法的可扩展性。

4．程序并行性分析

研究并行算法及程序设计，一直是多处理机系统的一个重要研究课题。这里着重对程序并行性做一些粗略的分析。

1）程序中数据相关性的分析

在多处理机系统中，能否将顺序执行的程序转化成语义等价、可并行执行的程序，主要取决于程序结构形式，特别是其中的各种数据相关性。虽然在多处理机上并行运行的程序段是异步执行的，但是由于它们是由某一顺序程序转化而来的，因此相互之间存在着一定的联系。这里所指的联系主要是数据相关。下面仅用赋值语句表示程序段 P，来说明 3 种常见的数据相关（假设程序段都是一条语句，且按脚边先后顺序执行）：

（1）数据相关：若程序段 P_1 赋值号左边的变量出现在程序段 P_2 赋值号右边的变量集中，称 P_2 数据相关于 P_1。如：

P_1：A=B+C

P_2：D=A*E

其中，变量 A 是导致程序段数据相关的原因，为了保证程序执行的语义正确性，程序段 P_2 必须在 P_1 中求出 A 的值才能执行。显然，P_1 和 P_2 不能并行执行。

（2）数据反相关：若程序段 P_2 赋值号左边的变量出现在程序段 P_1 赋值号右边的变量集中，称 P_1 数据反相关于 P_2。例如：

P_1：A=B+C

P_2：C=D*E

其中，P_1 通过变量 C 反相关于 P_2，程序段 P_1 必须读出变量 C 后程序段 P_2 才能执行。显然，P_1 和 P_2 不能并行执行。

（3）数据输出相关：若程序段 P_1 和 P_2 赋值号左边的变量相同，则称 P_2 数据输出相关于 P_1。例如：

P_1：A=B+C

P_2：A=D*E

其中，由于两个程序段赋值号左边有相同变量 A，且程序段有先后之分，为了保证语义的正确性，必须保证程序段 P_1 先写入 A，然后才能允许 P_2 写入 A。

除了上述 3 种数据相关外，还存在一种特殊情况，即两个程序段的输入变量互为输出变量。在这种情况下，要保证语义的正确性，两个程序段必须并行执行。这就要硬件机构来确保同步读/写的进行。

2）程序并行性检测

程序并行性检测主要是检测程序中是否存在上述相关，常用的方法是伯恩斯坦（Bernstein）准则。在每一个程序的执行过程中，通常需要使用输入和输出两个变量集。若用 I_i 来表示程序段 P_i 所要读取主存的变量集，Q_i 表示所要写入主存的变量集，那么，程序段 P_1 和程序 P_2 能够并行执行的伯恩斯坦准则为：

① $I_1 \cap Q_2 = \varnothing$，即程序段 P_1 的输入变量集和程序段 P_2 的输出变量集不相交；

② $I_2 \cap Q_1 = \varnothing$，即程序段 P_2 的输入变量集和程序段 P_1 的输出变量集不相交；

③ $Q_1 \cap Q_2 = \varnothing$，即程序段 P_1 的输出变量集和程序段 P_2 的输出变量集不相交。

7.5　多处理机的性能

多处理机的性能取决于多处理机系统硬件和软件的性能之外，在很大程度上取决于程序的并行度。本节从程序设计的角度讨论影响多处理机性能的因素。

7.5.1　任务粒度

使用多处理机的主要目的是利用多个处理机并发执行多个任务来提高系统效率。可以想象，如果系统中多台处理机始终都在执行有用的操作，那么系统的速度性能会随着处理机数目的增加和提高。但是，实际的算法总有不可并行的部分，在计算过程中总是存在并行性检测、并行任务的派生和汇合、处理机间的通信传输、同步、系统控制和调度等辅助开销，实际上多处理机系统性能比期望的要低得多。任务粒度大小，会显著应吸纳高多处理机系统的性能和效率。任务粒度是衡量软件进程所含计算量的尺度。最简单的表示粒度的方法是一个（程序段）中含有的指令数目。颗粒规模一般用细、中、粗粒度来描述。

一个计算作业可以分解成多个任务分配到多个处理机上并行执行，R 表示任务用于计算的时间开销，C 表示任务用于通信等的额外时间开销。R/C 是衡量任务粒度大小的尺度。在粗任务粒度并行情况下，R/C 比值较大，即每个单位计算平均只需少量的通信。在细任务粒度并行情况下，R/C 比值较小，即每个单位计量平均有很大的通信量和其他开销。因此，并行处理的性能在很大程度上依赖于 R/C 比值。如果 R/C 比值很小，那么开发并行性不会得到什么好处。如果 R/C 比值很大，那么开发并行性会得到很多好处。通常，细任务粒度并行性需要许多台处理机，粗任务粒度只需要较少台数的处理机。

程序员为了获得作业运行时间最短，总是设法把程序尽可能地分解成能并行执行的小粒度的任务，试图获得最大的并行性。如果最大并行度会带来最大的通信和辅助开销，倒不如增大任务粒度，降低并行度来减少辅助开销。因此，为获得最佳的性能，必须对并行性和额外开销进行权衡。接下来通过模型来进一步分析。

7.5.2　基本模型

假设每个任务的计算时间开销为 R；不在同一台处理机上运行的，两个任务之间用于通信的额外时间开销为 C；忽略在同一台处理机上运行的两个任务之间的通信开销。在上述条件下我们讨论不同的模型情况。

先来讨论一种最简单的情况。若应用程序被分解成 M 个任务，在两台处理机上并行。M 个任务对两台处理机有多种分配方法。如果把全部任务都分配给一台处理机而另一台空闲，那么通信开销最小，但没有并行性。若把 K 个任务分配给一台处理机，把 $(M-K)$ 个任务分配给另一台处理机，那么，程序并行处理所需时间为：

$$T(2)=R_{\max}(M-K,K)+C(M-K)K$$

上式中第一项为程序用于计算的时间，它为两台处理机中分配任务较多的那台处理机的计算时间开销；第二项为程序用于任务间通信的时间开销。K 称为任务分配参数。

由上式可知，总处理时间是 K 的函数，第一项是 K 的线性函数，第二项是 K 的二次函数。任务分配应使总处理时间最小。

现在，讨论 M 个任务分配到 n 台处理机上并行处理的情况。若分配到第 i 台处理机上的任务数目为 K_i，那么，程序并行处理所需时间为：

$$T(n)=R_{\max}(K_i)+\sum_{i=1}^{n}(K_i)(M-K)$$

$$=R_{\max}(K_i)+C/2(M^2-\sum_{i=1}^{n}K_i^2)\qquad（7-1）$$

上式中第一项为 n 台处理机中最大的计算时间，第二项为不同处理机上的任务之间两两通信的时间开销的总和。这里，假设了处理机的计算功能和通信功能不能在时间上重叠起来，而且所有的任务间的通信是串行执行的。

类似的，可以得出 R/C 比值对最佳任务分配的影响：细粒度任务的 R/C 比值很小，最小总处理时间仍对应某种极端分配情况，将所有任务分配在一台处理机上执行。粗粒度任务对应的 R/C 比值较大，将任务平均分配给所有处理机使总处理时间最小。

显然，需要确定一个 R/C 比值的临界值，由此临界值确定任务分配是采取集中分配策略还是采取平均分配策略使总处理时间最小。

平均分配策略将 M 个任务平均分配给 n 台处理机，即 $K_i=M/n$，$i=1,2,\cdots,n$。由（7-1）式，得总处理时间 $T(n)=RM/n+C/2(M^2-M^2/n)$。集中分配策略将 M 个任务分配给一台处理机，总处理时间 $T(1)=RM$。可由 $T(2)-T(1)=0$ 得出，R/C 比值的临界值为 $M/2$。由此说明：若任务的 R/C 比临界值 $M/2$ 大，则将任务平均分配给尽可能多的处理机进行处理，提高并行性会缩短总处理时间。若任务的 R/C 比临界值 $M/2$ 小，即使有很多台处理机可供使用，也不如用一台处理机处理全部任务的总处理时间短。

对加速比进行分析，可得出任务的 R/C 比值对性能的影响。在上述假设条件下，加速比 S_n 为：

$$S_n=\frac{T(1)}{T(n)}=\frac{RM}{\dfrac{RM}{n}+\dfrac{CM^2}{2}-\dfrac{CM^2}{2n}}=\frac{\dfrac{Rn}{C}}{\dfrac{R}{C}+\dfrac{M(n-1)}{2}}$$

由上式可见，若 R/C 较大，M、n 较小，那么加速比 S_n 与 n 成正比，增加使用的处理机数量 n 能提高加速比。若已经使用的处理机数目 n 较大，而任务的 R/C 相对较小，式中的分母主要由第二项决定，那么，加速比 S_n 与 R/CM 成正比，而不依赖处理机台数 n。也就是说，提高并行性使 n 增大到一定程度时，加速比将不再随 n 的增大而增大。这时继续提高并行性只会增加运行时的成本。

基本模型虽然是在一些假设条件成立的情况下得出的，但是它说明了任务粒度和额外开销如何影响多处理机的性能，指出程序开发中降低额外开销与合理选择粒度的重要性。

7.5.3　通信开销线性增加的模型

在基本模型中，假设每个任务都与其他任务之间有通信，使通信开销随处理机数目的增加以二次函数增加。实际上，一个任务要同另一台处理机上的所有任务通信，可将通信的内容向这台处理机发送一次信息就可以了，当该信息到达该处理机后，在这一台处理机上的任务之间的信息传递就不必花费通信开销了。这样，通信开销与处理机数量 n 成正比，而不是分配任务数的二次函数。程序并行处理所需时间为：

$$T(n)=R_{max}(K_i)+Cn$$

对于一个确定的 n 值，上式中的第一项与任务的分配有关，第二项与任务的分配无关。如果把 M 个任务平均分配给 n 台处理机，那么 $T(n)=RM/n+Cn$。如果把 M 个任务平均分配给 $(n+1)$ 台处理机，那么 $T(n+1)=RM/(n+1)+C(n+1)$。对 M 个任务多分配一台处理机是希望总处理时间减少，即 $T(n+1)<T(n)$，由此可得出进一步提高并行性的条件为 $R/C>n(n+1)/M$。

这表明，分解为 M 个任务的程序使用 n 台处理机并行处理，若任务的 R/C 比值已达到临界值 $n(n+1)/M$，那么，使用更多的处理机反而会增加总处理时间，这是因为通信开销的增加超过了提高并行性带来的好处。

7.5.4　完全重叠通信的模型

完全重叠通信是指任务间的通信过程完全可以与任务的计算过程时间重叠地进行。重叠通信模型的总处理时间为：

$$T(n)=\max\left\{R_{max}(K_i),\frac{C}{2}\sum_{i=1}^{n}K_i(M-K_i)\right\}$$

把 M 个任务平均分配给 n 台处理机，即 $K_i=M/n, i=1,2,\cdots,n$。我们希望完全重叠通信能完全屏蔽掉通信的时间开销，即能满足下式：

$$\frac{RM}{n}\geqslant\frac{CM^2}{2}(1-\frac{1}{n})$$

当 n 较大时，近似为：

$$R/C\geqslant nM/2 \tag{7-2}$$

（7-2）式表明，分解为 M 个任务的程序使用 n 台处理机并行处理，若任务间的通信过程能与任务的计算过程重叠进行，那么，只有当任务的 R/C 比值大于 $nM/2$，才能将通信的开销完全屏蔽，从而使总处理时间最小。

7.5.5　具有多条通信链的模型

前面讨论的模型都假设程序的各任务的计算工作由多台处理机并行执行，所有任务间的通信是串行执行的。这种模型只适用于处理机共用单个通信通道的系统。例如，所有处理机通过一条单总线或一条环路相连，或者所有处理机以非并行存取方式访问一个共享存储单元就属于这种情况。

如果每台处理机与其他任何一台处理机之间都有一条专门的通信链路，一台处理机在某一时刻只能与一台处理机通信，那么，通信进程的并发度为 n，将使得总的通信开销缩短为原来的 $1/n$。有多条通信链路支持通信并行的系统的程序并行处理所需时间为：

$$T(n) = R_{\max}(K_i) + \frac{C}{2n} \sum_{i=1}^{n} (M - K_i)$$

若把 M 个任务平均分配给 n 台处理机，那么，上式可为

$$T(n) = \frac{RM}{n} + \frac{CM^2}{2}(1 - \frac{1}{n})$$

由 $T(n) - T(n+1) \geqslant 0$，得出该模型进一步提高并行性的条件为

$$R + \frac{CM}{2}(1 - \frac{2n+1}{n(n+1)}) \geqslant 0$$

当 $n>2$ 时，该条件恒成立。也就是说，对通信频宽能随便使用处理机数量 n 的增加而增加的多处理机系统，提高并行性将缩短程序的运行时间。

本节讨论的一些模型说明：多处理机个数的增加，并不能带来性能的线性提高；并不是有多少台可用的处理机就使用多少台处理机，最高的并行度并不意味能获得最快的处理速度。多处理机给计算机系统机构设计者和算法设计者带来的是不同的问题。就设计者而言，计算机系统结构设计者要设计一个尽可能高的 R/C 比值，且价格合理，能高效使用的系统，该系统能提供许多使用效率很高的处理机。算法设计者必须为应用问题选择任务粒度，并考虑任务的分配，使有效的并行计算和通信等额外开销达到某种平衡，以实现高效利用系统资源的目的。

7.6　多处理机系统实例

通过前面章节内容的介绍，我们对多处理机系统的系统结构、互联网络、系统控制，以及其所采用的并行处理技术有了一定的了解，对其性能和特点也有了一定认识。下面将通过两个典型的多处理机系统实例的介绍，以更好地理解多处理机系统的结构及特点。

7.6.1　CRAY T3E 系统

CRAY T3E 系统是 Cray 公司 1995 年发布的第二代大规模并行超级计算机系统。如同它的上一代产品 CRAY T3D 一样，它是使用了 3D torus 互联网络的一种分布式内存架构的多处理机系统。与 T3D 不同，T3E 是一个自主系统，它运行 CRAY64 位 UNIX 系统（UNICOS）的一个变体，称为 UNICOS/mk。这是一个分布式操作系统，在核心层提供单一系统映像。T3E 提供一个集成环境，支持共享变量、消息传递和数据并行编程。

T3E 系统具有 8 到 2 176 个处理单元（PE）。每个处理单元具有 64 MB～2 GB 的 DRAM 和一个具有 6 个方向的、每个方向的有效带宽为 480 MB/s 的路由单元。每个处理单元间由一个三维双向环网互联以提供快速通信，并由一些千兆环通道提供 I/O 设备的连接。其系统结构如图 7-16 所示。

T3E 系统的每个处理单元中有一个 DEC Alpha21164（EV5）微处理机。其外部是一个 Shell 电路，包括一个本地主存、一个控制芯片和一个路由芯片。系统（Shell）逻辑时钟为 75 MHz，而 Alpha21164 处理机时钟为 300 MHz，其峰值速度可达 600 Mflop/s。本地主存提供 64 MB～2 GB 的容量以及 1.2 GB/s 的峰值带宽。路由芯片有 7 个双向端口，1 个连向 PE，

其余 6 个是连到三维环网的 6 个链接上。T3E 的处理单元没有主板级高速缓存，而是使用 Alpha 21164 处理机中的高速缓存。这是因为这样可以提高主存储器的带宽。

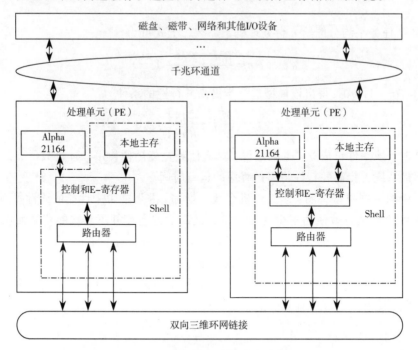

图 7-16　CRAY T3E 体系结构

T3E 系统采用三维环网支持低时延高带宽的通信，该网络每个系统时钟（13.3 ns）能向所有 6 个方向传递一个 64 位字，一个 512PE 系统的对剖带宽超过 122 GB/s。网络采用了一个自适应的最短路径选路算法，可允许消息绕过繁忙地段。

T3E I/O 子系统的核心是千兆环通道，它连向环网和处理单元。每个千兆环通道是一对循环计数的 32 位环，两个环中的数据流向相反，以提高带宽和可靠性。

7.6.2　SGI Origin 2000 系列服务器

SGI 公司把 CRAY 公司的开关网络技术应用到新一代的共享存储器并行多处理机结构中，推出了 Origin 2000 系列可扩展服务器。目前主要包括 Origin 2000、Origin 2000 Deskside、Origin 2000 Rack 和 CRAY Origin 2000 等 4 种机型。接下来将进行详细介绍。

作为分布式共享存储器系统的大规模并行处理多处理机系统，Origin 2000 系统具有易编程、可扩展、可用性的优点，它采用超标量 MIPS R10000 处理机，运行基于 UNIX 的 64 位 IRIX 操作系统，可以从一个处理机扩展到 128 个处理机而维持系统的性能价格比不变，能很好地满足当前网络计算环境的要求。

Origin 2000 系统采用了 CRAY Link 多重交叉开关互连技术，用于连接处理机、存储器和 I/O 设备，图 7-17 为其系统结构示意图。

该系统结构由结点、I/O 子系统、路由器和互联网络构成，每个结点可安装一个或两个 MIPS R10000 微处理机（内含第一级高速缓存，即 L1 Cache）、第二级高速缓存（L2 Cache）、主存储器、目录存储器及 Hub 等。Hub 用于连接微处理机、存储器、I/O 和路由器等。Origin 存储器系统中，每个结点的主存储器容量为 4 GB。结点的 Hub 内含 4 个接口和交叉开关。

存储器接口能双向传送数据，最大传输率为 780 Mbit/s，I/O 和路由器接口各有两个半双工传送端口，最大传输率为 2×780 Mbit/s，即 1.56Gbit/s。

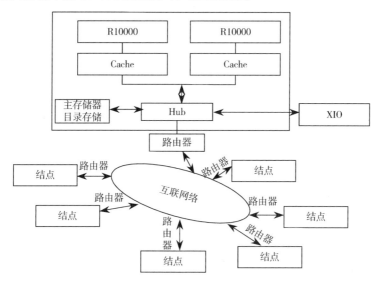

图 7-17 Origin 系统结构

Origin 2000 系统的路由器有 6 个端口，用于连接结点或其他路由器。Origin 的路由器和互联网络是 ASIC 芯片，通过芯片内部的交叉开关选择数据传送路径。

Origin 2000 系统可由 1～128 个处理机组成，Origin 2000、Origin 2000 Deskside、Origin 2000 Rack 和 CRAY Origin 2000 等 4 种机型所支持的最大处理机数目分为 4、8、16、128。两个结点板通过 Hub 直接连接，可以得到 4 个处理机的机器，如图 7-18 所示（其中，R 表示路由器，P 表示处理机）。相当于将 2 台 Origin 2000 连接使用。由于路由器提供两条连接结点板的链路，因此，由一个路由器和 2 个结点板可以构成一个模块。在该模块上充分利用路由器的其他 4 个接口，就可以把系统扩展为不同的规模。如，使用其中的两条链路，可以得到最多 16 个处理机的配置。

从上述的系统结构可以看到，在结点内部实现的是 SMP（对称多处理机）结构，由于只有两个处理机，所以不存在 SMP 结构的总线瓶颈问题。在结点之间实现的是大规模并行处理结构，但又解决了共享存储器问题。因此在 Origin 2000 系统中，无论是访问存储器的时间还是结点间传送数据的频带宽度都很理想。

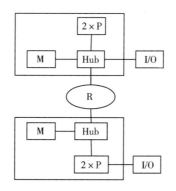

图 7-18 4 处理机系统

Origin 2000 系统的存储系统分为 4 个层次：第一层为寄存器，访问延迟时间最短；第二层为 Cache，主 Cache 在 R10000 芯片上，二级 Cache 在结点卡上；第三层为本地存储器，在结点板上，包括主存储器和目录存储器；第四层为远程 Cache，用来存放指定的存储块，以减少访问共享存储空间所需的时间。Origin 2000 系统的主存储器地址是统一编址的，每个处理机通过互联网络可以访问系统中任一存储单元。

存储器被划分为存储器块（每个存储器块对应于一个 Cache 行）。每行对应一个目录项，每个目录项包含其对应存储器块的状态信息和系统中各 Cache 共享该存储块情况的位向量，根据位向量可以知道哪些 Cache 中有其副本，当执行写存储器操作时，根据目录项的位向量可将有关结点中的 Cache 数据作废，从而实现 Cache 的一致性。

当一个处理机初次读取某一个存储单元数据时，该数据在提供给 CPU 的同时也复制到本结点的 Cache 中。其他处理机也可能读取该数据，因此同一数据可能存放在几个结点的 Cache 中，同一数据在各个 Cache 中的副本将保持一致。这是通过基于目录的协议来实现的，Origin 2000 系统的 Cache 采用写作废协议。

习　题

1. 共享存储器的多处理机系统有哪两种基本的结构形式？

2. 多处理机操作系统有哪几种形式？试比较它们的优缺点。

3. 多处理机系统互联网络指的什么？它有什么作用？它包括哪些基本要素？

4. 多处理机调度是指什么？调度算法的一般目标是什么？调度模型有哪几种？

5. 多处理机系统为什么会出现 Cache 不一致问题？解决多处理机系统中的 Cache 一致性问题有哪些方法？

6. 计算机系统中有 3 个部件可以改进，这 3 个部件的部件加速比如下：

部件加速比 1=30，部件加速比 2=20，部件加速比 3=10，则：

（1）如果部件 1 和部件 2 的可改进比例均为 30%，那么当部件 3 的可改进比例为多少时，系统加速比才可以达到 10？

（2）如果 3 个部件的可改进比例分别为 30%、30% 和 20%，3 个部件同时改进，那么系统中不可加速部分的执行时间在总执行时间中占的比例是多少？

（3）如果相对某个测试程序 3 个部件的可改进比例分别为 20%，20% 和 70%，要达到最好改进效果，仅对一个部件改进时，要选择哪个部件？如果允许改进两个部件，又如何选择？

7. 程序设计模型是什么意思？多处理机系统中并行程序设计模型包含哪几种？

8. 多处理机的任务粒度是指什么？它与任务完成时间有什么关系？

第8章
多计算机系统

多计算机系统是指将多个相对独立的计算单位互连起来,使之能够相互协作形成一个具有大型计算能力的整体。当前成熟的多计算机系统主要有集群(Cluster)系统,大规模并行计算(MPP)系统。集群系统是使用互联网络连接在一起的独立计算机集合。其概念最早由IBM公司提出,当时是指将大型计算机连接在一起,以提供性价比良好的并行处理能力。随着高性能微处理机芯片的迅速发展,商品化标准高速网络的快速发展以及性能逐渐提高的分布式计算工具的不断涌现,集群技术的发展有了极大的进步。MPP系统是指使用高带宽,低时延的专有网络将大量的计算单元连接起来,形成具有大规模并行处理能力的超级计算机系统。对高性能计算能力需求的不断增长使得多计算机系统技术得到了快速的发展。相对于以提高单个处理机的计算能力,多计算机系统能够以其规模的可扩充性进而形成具有超级计算能力的计算系统。其中,集群系统凭借其低廉的价格、极强的灵活性和可扩缩性,成为近年来发展势头最为强劲的系统结构。本章除了从组成结构、特点、通信技术以及并行程序设计等方面对集群系统进行详细介绍外,还会以典型的集群系统为例进行介绍。MPP系统也是当前超级计算机系统的主要发展方向,本章将对其在结构以及性能方面的优缺点做简单介绍。同时,本章还将对一种随着计算机网络技术和分布式计算技术的迅猛发展而诞生的全新技术——网格技术进行介绍,从网格基础开始,对网格体系结构、网格技术进行深入分析。

8.1　集群计算机系统

集群系统就是多个独立计算机的集合。那么,这些计算机在集群中是以什么样的方式进行连接?计算机之间如何进行通信?这就是需要探讨解决的问题。接下来将从集群系统的基本概念开始,对集群系统的结构、集群系统的特点、集群间通信、集群间资源管理和任务调度以及集群间并行程序设计环境等问题分别进行介绍。

8.1.1　集群系统的基本概念和结构

集群系统由多个高性能的工作站或高档微型计算机,使用高性能网络互连在一起,协同完成特定的并行任务。它是一种造价低廉、易于构建且具有较好可扩放性的体系结构。集群系统中的主机和网络可以是同构的,也可以是异构的。图8-1给出了一个简单PC集群的逻辑结构，4 台 P 机通过交换机连接在一起。其中 NIC 表示网络接口，PCI 表示 I/O 总线。这是一种无共享的结构，大多数集群都采用这种结构。如果将图中的交换机换为共享磁盘，则可以得到共享磁盘的集群计算机系统机构。

构成集群的每台计算机都被称为一个结点。每个结点都是一个完整的系统，拥有本地磁盘和自己的完整的操作系统，可以作为一个单一的计算资源供交互式用户使用，还可以协同工作，表现为一个单一的、集中的计算资源，供并行计算任务使用。除了 PC 外，集群的结点还可以是工作站，甚至是规模较大的对称多处理机。

集群的每个结点一般通过商品化网络连接在一起，如以太网、FDDI、Myrinet 等，部分商用集群也采用专用网络连接，如 SP Switch、Crossbar 等。网络接口与结点 I/O 总线以松散耦合的方式相连，如图 8-1 所示的 NIC 与 PCI 连接方式。

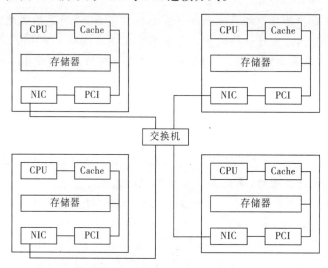

图 8-1 包含 4 个结点的简单集群

从结构上看，集群系统属于分布存储系统，由建立在通用操作系统之上的并行编程环境完成系统的资源管理及相互协作，同时也屏蔽工作站和网络的异构性。对程序员和用户来说，集群系统是一个整体的并行系统。集群系统中的结点机间采用消息传递方式通信。

8.1.2 集群系统的特点

与传统并行计算机系统相比，集群系统具有许多优点：

（1）系统开发周期短。由于集群系统大多采用商品户的 PC、工作站为结点，并通过商用网络连接在一起，系统开发的重点在于通信子系统和并行编程环境，这大大缩短了研制时间。

（2）可靠性高。集群中的每个结点都是独立的 PC 或工作站，某个结点的失效并不会影响其他结点的正常工作，而且它的任务还可以传递给其他结点完成，从而有效地避免由于单结点失效引起的系统可靠性降低的问题。

（3）可扩缩性强。集群的计算能力随着结点数量的增加而增大，这主要是得益于集群系统的灵活性。由于结点之间以松散耦合方式连接，集群的结点个数可以增加到成百上千。另外，由于集群系统的硬件容易扩充和替换，可以将不同体系结构、不同性能的工作站连接起来在一起组成一个集群系统，从而可以充分利用现有设备，节约系统资源。

（4）性价比高。由于生产批量小，传统并行计算机系统的价格均比较昂贵，往往需要几百到上千万美元。而集群的结点和网络都是商品化的计算机产品，能够大批量生产，成品价格相对较低。

（5）用户编程方便。集群系统中，程序的并行化只是在原有的 C、C++或 FORTRAN 串行程序中插入相应的通信原语，对原有串行程序的改动有限。用户仍然使用熟悉的编程环境，无须适应新的环境。

集群的迅猛发展主要得益于微处理机技术、网络技术和并行程序设计技术的进步。首先，微处理机技术的进步使得微处理机的性能不断提高，价格不断下降，作为集群结点的工作站系统的处理性能越来越强大。其次，与传统超级计算机相比，集群系统更容易融合到已有的网络系统中，而且随着网络技术的进步和新的高性能通信协议的引入，集群结点间的通信带宽进一步提高，通信延迟进一步缩短，逐步缓解了由结点松散耦合引起的集群通信系统通信瓶颈问题。第三，随着并行编程模型的成熟与应用，在集群系统上开发并行应用更加方便，无论是编写新的应用程序还是改写已有的串行程序都更加容易，而传统超级计算机却一直缺乏一个统一的标准。

但是集群也有不足之处。由于集群由多台完整的计算机组成，它的维护相当于要同时管理多个计算机系统，因此维护工作量较大，维护费用也较高。对称多处理机则相对较好，因为管理员只要维护一个计算机系统即可。正因为如此，现在很多集群采用对称多处理机作为结点，这样可以减少结点数量，从而减少维护工作量和降低开支。

8.1.3 集群系统的通信技术

集群系统是一个由若干 PC 或工作站通过普通局域网互连而成的松散耦合并行计算机系统，同大规模并行计算机（MPP）有较大差别。MPP 通常是采用专用网络以紧耦合方式进行结点间的互连。与 MPP 相比，集群系统具有可扩展性好、性能价格比高的特点，但网络通信频宽较低。局域网使用的通信协议通常是 TCP/ICP，协议处理开销比较多，而 MPP 采用专门的通信协议，协议开销比较小。在集群系统中，性能过低的网络通信系统会影响整个系统并行计算效率的提高。因此，大力发展并行集群系统的一个关键问题是要大幅度提高网络通信性能。

1. 影响通信系统性能的因素

集群系统的通信子系统通常是由使用 TCP/ICP 的局域网组成，由于下述原因使通信子系统成为集群系统的薄弱环节：

1）网络通信频宽低

局域网的通信频宽都比较低，这是因为局域网是为较长距离的数据通信而设计的。通信距离较长，信号的频率就不能太高，从而限制了通信频率的提高。另一个原因是出于价格上的考虑，为了降低较长距离的网络布线所需的成本，大多数局域网共享一条信号总线进行数据传输，这也在很大程度上影响了网络系统的性能，特别是在网络负载较重的时候，由于各结点都要抢占信号总线，容易造成通信阻塞，使得实际通信频宽比其最大通信频宽要小得多。

2）多层结构的 TCP/ICP 处理开销大

TCP/ICP 是面向低速率、高差错和大数据包传输而设计的。由于协议层次多，在进行数据传输时，需要进行多次复制，而这带来了较大的网络时延。

3）协议复杂的缓冲管理增加了网络延迟

缓冲管理的作用是完成数据的分组和组装。因为缓冲管理与网络协议多项功能的实现都密切相关，通常缓冲管理机制都比较复杂，由缓冲管理产生的网络延迟也很大。

4）操作系统的额外开销

操作系统的系统调用和原语为网络协议的实现提供底层软件的支持。在网络协议的实现中会涉及上下文切换、调入/调出页面、中断响应等操作系统的处理功能，有时这些处理的开销可能比协议本身的处理开销还大。

2．提高通信系统性能的方法

根据对影响通信系统性能因素的分析，可以采取相应的方法提高集群系统的通信性能。

1）采用新型高速网络以提高网络通信频宽

目前出现了多种新型的高速网络，如共享介质型的快速以太网和基于开关型的 ATM 和 Myrinet，极大地提高了通信频宽。

2）设计新的通信协议以降低通信延迟

高速网络可以降低网络的传输延迟，但不能减少通信协议的处理开销。例如，高速网络 Myrinet 的物理链路频宽为 640 Mbit/s，而在其上的 TCP/ICP 层测到的频宽仅为 42 Mbit/s，可见，层协议开销过大使得高速网络的底层链路的高性能得不到充分的利用。为此，必须对传统的网络通信协议进行修改，以获得高频宽、低延迟的通信系统。

（1）在用户空间实现通信协议。该通信协议可直接对网络硬件设备进行必要的操作，这样的通信协议又称为用户态协议。用户态协议的特点有：一是减少通信数据的复制次数，提高通信效率；二是减少对操作系统调用的额外时间开销；三是用户态协议可根据用户的实际应用需求来设计，减少协议不必要的冗余。

用户态通信协议的设计必须解决好两个问题，一是多进程复用网络的问题；二是在没有操作系统核心的参与下，如何管理有限网络资源的问题。

（2）精简通信协议。通信协议的开销很大程度上是由于协议具有多层次结构，从而是数据被多次复制。另外，通用的网络接口和协议为满足通用的要求，增加了许多与数据传输无关的服务，这些服务也带来额外的开销。协议精简包括两个方面。第一是功能的精简，删除不必要的功能，第二是协议层次的精简，合并协议各层的功能，使得通信协议变为一层，以达到减少数据传输次数的目的。

（3）Active Message 通信机制。用户态协议和精简协议都是对传统通信协议的改进，Active Message 通信机制是一种全新的通信机制，能够更有效地提高通信系统的性能。

Active Message 通信机制是一种消息驱动的异步通信方式。消息包的发送方预先制定好接收方用于处理该消息的函数作为消息的 Handler；当接收方接收到一个消息包后，立即会产生一个优先级很高的中断请求，此时，操作系统会调用消息预先指定的函数来处理该消息。

Active Message 的通信原理如下：在 Active Message 通信方式下，消息除包含通常的数据项外，还增加了两项，消息处理程序指针 Handler 和参数。当消息达到目的结点时，结点处理机立即产生中断调用，由该消息的 Handler 启动相应的消息处理程序。消息处理程序的功能是从网卡上取出该消息并给发送方发送一个应答消息，然后返回原来被中断的程序。

Active Message 通信机制有两个突出特点：一是消息驱动的异步通信方式，二是简化了对通信数据的缓冲管理。

目前，不少科研机构都在对集群通信技术进行深入的研究，如 UCB（University of

California，Berkley）提出的 NOW 计划，Cornell 大学研制的 U-Net 系统，清华大学提出的精简协议 RCP 和快速消息传递机制 FMP 等。

8.1.4　集群系统资源管理和调度

有效地管理系统中所有资源是集群系统的一个重要方面，常用的并行编程环境 PVM（并行虚拟机）、MPI（消息传递接口）等对这方面的支持比较弱，仅提供统一的虚拟机。主要原因是结点的操作系统是单机系统，不提供全局服务支持，同时也缺少有效的全局共享方法，造成集群系统管理不便，难以使用。为解决这一问题，国际上流行的方法是在各结点的操作系统之上再构建一层操作系统来管理整个集群，即建立一个全局 UNIX，用来解决集群系统中所有资源管理，包括组调度、资源分配和并行文件系统等，这就是集群操作系统。

集群操作系统提供硬件管理、资源共享以及网络通信等功能。除此之外，集群操作系统还必须完成另外一项重要功能，即实现单一系统映像（Single System Image，SSI），正是通过它使得集群系统在使用、控制、管理和维护上更像一个工作站。SSI 包含四重含义，首先是"单一系统"，尽管系统中有多个处理机，用户仍把整个集群视为一个单一的计算机系统来使用。其次，是"单一控制"，逻辑上，最终用户或系统用户使用的服务都是来自集群中唯一位置。三是"对称性"，用户可以从任一个结点上获得集群服务，也就是说，除了那些具有特定访问权限的服务和功能外，所有集群服务和功能都是对称的。最后是"位置透明"，用户不必了解真正提供服务的物理设备的具体位置。

一个简单集群系统中的 SSI 基础设施，通过提供以下的一些属性，实现对系统资源的统一访问。这些属性包括：

（1）单一入口点：用户连接到集群而不是某个具体结点；

（2）单一文件系统：用户看到单个目录和文件层次；

（3）单一作业管理系统：用户可以透明地从任意结点提交作业，作业能在整个集群系统中透明地竞争资源。

（4）单控制点：用户可以从控制工作站单点控制管理整个系统，实现系统的安装、监督和配置、系统操作、用户管理等功能。

在并行处理系统中，一个大的任务往往由多个子任务组成，这些子任务被分配到各个处理结点上并行执行，称之为负载。由于各结点处理机结构不同，处理能力不同，使得各任务在其上运行时间和资源占有率不同。当整个系统任务较多时，各结点上可能产生负载不均衡现象，就会影响整个系统的利用率，这就是负载不平衡问题。因此，集群系统的关键技术之一就是要解决这个问题，做到负载平衡。负载平衡就是将各个任务均衡得分布到集群系统的各处理结点，以充分利用系统资源，提高各结点的利用率和整个系统的吞吐率。

衡量系统负载平衡的指标有：

① 吞吐率：系统上运行应用程序的响应时间或平均完成时间。

② 可扩展性：系统规模增大或总负载大小变化时系统负载平衡的适应能力。

③ 容错性：处理机发生故障后任务恢复运行的能力。

负载平衡技术的核心是任务调度算法，可以分为静态调度和动态调度两大类。

静态调度方法是在编译时根据用户程序中的各种信息（如各个任务的计算量大小、依赖关系和通信关系等）和并行系统的状况（如网络结构、各处理结点计算能力等）对用户程序中的并行任务作出静态的分配策略，而在运行该程序的过程中按照静态分配方案将任务分配到相应结点。静态调度要求获知任务分配所依赖的完整信息，但是，在高度并行的多计算机系统上，特别是在多用户方式下，各处理机的任务负载是动态产生的，不可能作出准确的预测。因此，静态调度对于实际动态变化任务的负载平衡是不够准确的。

动态调度方法是在应用程序运行过程中实现负载平衡的。它通过分析并行系统的实时负载信息，动态地将任务在各处理机之间进行分配和调度，以消除系统中负载分布的不均衡。由于各处理机上的任务是动态产生的，因此在程序执行期间，某台处理机上的负载就可能突发性地增加或相对减少，这时，重载的处理机应及时地把多余的任务分配到轻载的处理机上，或者轻载的处理机及时地向重载的处理机申请任务。

动态调度的特点是算法简单、实时控制平衡负载。但是，动态调度增加了系统的额外开销。因此，如何减小额外的网络开销和计算开销是动态调度特别需要注意的问题。

8.1.5 集群系统并行程序设计环境

为了充分利用集群系统的资源，用户需要解决的问题必须从算法上描述为一组可以并发执行的子问题和子任务。而这些必须通过使用并行模型、并行语言和并行环境来实现。在集群系统中，由于处理机间没有共享内存支持，因而任务间通过消息传递机制来实现数据通信。消息传递成为并行程序环境构造的基础，其常用的技术是套接字、远程过程调用和汇合机制。集群上广泛使用的并行程序设计环境如下：

1. PVM

PVM（Parallel Virtual Machine，并行虚拟机）是一种消息传递并行软件开发环境，是一个在网络上的虚拟并行系统软件包。它允许将网络上基于 UNIX 操作系统的并行机和单处理机的集合，当成一台"并行虚拟机"来使用。PVM 支持多种体系结构的计算机、工作站等，给用户提供一个功能强大的分布式计算机系统。PVM 具有以下特点：

（1）PVM 系统支持多用户及多任务运行，多个用户可将系统配置成相互重叠的虚拟机，每个用户可以同时执行多个应用程序。

（2）系统提供一组便于使用的通信原语，可以实现一个任务向其他任务发消息、向多个任务发消息，以及阻塞和非阻塞收发消息等功能，用户编程与网络接口分离。系统还实现了通信缓冲区的动态管理机制。

（3）PVM 支持进程组，可以把一些进程组成一个组，一个进程可属于多个进程组，而且可以在执行时动态改变。

（4）支持异构计算机联网构成并行虚拟计算机系统。

（5）具有容错功能。当一个结点出现故障时，PVM 会自动将其从虚拟机中删除。

2. MPI

MPI（Message Passing Interface，消息传递接口）是目前最重要的一个基于消息传递的并行编程工具。它具有移植性好、功能强大和效率高等优点，几乎所有的并行计算机厂商都提供对它的支持，成为使用上的并行编程标准。MPI 具有以下特点：

（1）MPI 提供了缓冲区管理的函数，用户可以决定是完全由系统对发送、接收缓冲区进行管理，还是用户参与部分管理，以便更实际地控制系统的缓冲区空间，提高系统的安全性。

（2）MPI 能运行于异构的网络环境中，另外，MPI 还提供一些结构和函数，允许用户构造自己的复杂数据类型。

（3）MPI 通过上下文通信提供通信的安全性。

（4）MPI 采用点对点通信，实现了两个任务间的多种通信方式，如阻塞式、非阻塞式通信。

（5）MPI 提供了丰富的数据操作函数，实现了组内所有任务之间的通信、数据交换和数据处理。

（6）在错误处理上，MPI 提供可靠的数据传输机制，发送的消息总能被对方正确的接收，用户不用检查传输错误、超时错误或其他错误条件。

另外，用于分布式多处理机和集群系统的并行程序设计环境还有 XPVM（PVM 的一部分，是 PVM 的图形控制台和监视器，用以支持并行程序的调试）、Express（美国 Parasoft 公司推出的并行程序设计环境，可在多种硬件环境下运行，支持 C 和 FORTRAN 语言，支持多种网络拓扑结构，支持多种处理机间互连方式）、Linda（美国耶鲁大学和计算机协会共同研制，实现了与机器无关的并行设计语言环境）。

8.2　典型集群系统实例

近年来，集群产品在商业、企业和研究机构的应用逐渐成为热点。大多数的集群系统侧重于更高的可用性和可扩展性能。随着各种技术的不断成熟，集群系统得到了飞速发展，产生了很多典型的系统，如 Berkeley NOW、Beowulf、HPVM 等集群环境。如今，这些集群系统已经广泛应用于社会生活的各方面。比如，人们所熟悉的 Google 搜索引擎，为其提供硬件支持的不是传统的大型机和服务器，而是技术含量低、廉价的集群技术。Google 集群就是集群技术的成功运用。

1. NOW 集群

NOW（Network Of Workstations）集群是伯克莱大学的工作站网络，它是集群系统的一个重要代表。NOW 集群主要的特点是用大量生产的商品化工作站和最先进的给予开关网络部件构造大型并行计算系统。它是基于 Solaris（分布式操作系统）的 PC 和工作站，结点间利用 Myrinet 交换机网络和活动消息（Active Message）进行信息传递，NOW 支持 Berkeley 套接字、快速套接字、共享地址空间并行 C（Split-C）和 MPI 等。在操作系统方面，NOW 开发了称为 GLUNIX（Global Layer UNIX）的操作系统。该操作系统由两层组成，提供透明远程运行、交互式运行和串行作业支持、负载平衡和对鲜有二进制应用程序的向后兼容性等功能。它采用 xFS 无服务器的网络文件系统，将服务器功能分布到客户机上，以达到低延迟、高带宽的文件系统访问。其结构如图 8-2 所示。

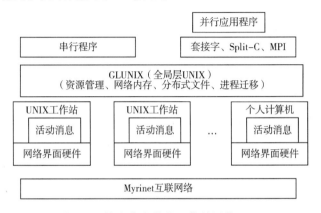

图 8-2　伯克莱大学的工作站网络 NOW

2. Beowulf 集群

1994 年夏季，Thomas Sterling 和 Don Becker 在 CESDIS（The Center of Excellence in Space Data and Information Sciences）用 16 个结点和以太网组成了一个计算机集群系统，并将这个系统命名为 Beowulf。这是世界上最早的 Beowulf 集群。Beowulf 集群是基于 Linux 和 Grendel（系统软件工具包）之上的 PC 集群，它采用 TCP/IP 多个以太网完成结点间信息交换，主要特点是使用现有的商品化机器实现超级计算机的处理能力。Beowulf 项目的目标是发掘 PC 集群执行计算任务的潜力，并探索使用并行多以太网来满足内部数据传输带宽的需要。该结构使用"通道绑定（Channel Bonding）"技术，该技术是通过 Linux 内核的增强功能来实现的。Beowulf 项目使用多达 3 个绑在一起的网络来达到可观的通量，从而验证了通道绑定技术的可行性。

Beowulf 是一种系统结构，它使得多个计算机组成的系统能够用于并行计算。Beowulf 集群系统具有如下特征：Beowulf 系统通常由一个管理结点和多个计算结点构成，它们通过以太网（或其他网络）连接。管理结点监控计算结点，通常也是计算结点的网关和控制终端。当然，它通常也是集群系统文件服务器。在大型的集群系统中，由于特殊的需求，这些管理结点的功能也可能由多个结点分摊；Beowulf 系统通常由最常见的硬件设备组成，例如 PC、以太网卡和以太网交换机。Beowulf 系统很少包含用户定制的特殊设备；Beowulf 系统通常采用那些廉价且广为传播的软件，例如 Linux 操作系统、并行虚拟机（PVM）和消息传递接口（MPI）。

Beowulf 提供了一种使用 COTS（Commodity off The Shelf）硬件构造集群系统以满足特殊的计算需求的方法（这里的 COTS 指像 PC 和以太网这种广为应用的标准设备，它们通常可以由多家厂商提供，所以通常有很高的性价比），这就意味着使用商品部件，比如普通 PC 或者多个处理机的服务器就可以获得很高的性能，因而这种构建集群的方法迅速流行开来，现在，Beowulf 集群已被人们看做高性能计算中的一个分支或流派。

3. Linux 集群实例：Cluster 1350

Cluster 1350 是 IBM 公司定位高性能计算市场的 Linux 集群，包括一套完整的解决方案，集成了众多 IBM 与非 IBM 的先进的软硬件技术，有其特有的技术优势和强大的服务支持。

Cluster 1350 庞大的配置包括 32 个结点的单机架服务器和 257 个结点的大型系统。结点使用的是 Intel Xeon 处理机、主频 2.0 或 2.4 GHz 的一路或两路 x335 服务器，内存达到 4 GB，存储部分则由 146.8 GB SCSI 或 240 GB IDE 硬盘组成。Cluste 1350 最多可支持 256 个 IBM xSeries 335 集群结点和 32 个 IBM xSeries 345 存储结点。其体系结构如图 8-3 所示。

（1）Application Layer：科学计算、商务服务、信息服务等各种需要大规模计算或高可靠性服务的应用都可以在 Cluster1350 上运行。Cluster1350 不是面向任何特定应用的设计，应用层根据用户的需要而不同。

（2）Cluster System Management Layer：IBM 公司为 Cluster 1350 提供功能完备的基于 SRC（System Resource Controller）和 RSCT（IBM Reliable Scalable Cluster Technology）的 CSM（Cluster System Management）、GPFS（General Parallel File System）等集群管理软件，可以便捷地完成基本的集群系统管理工作。还可以再选择安装其他用于 Linux 集群的管理调度软件以实现负载平衡、任务调度等功能。

（3）Terminal Server：各结点通过串口连接到 Terminal Server，通过 Terminal Server，管理员在管理结点上可以获得任意受控结点的控制台，而不管该结点在普通网络（Management

Network）上是否可达。一个 Cluster 1350 集群根据规模不同，可以有一个或多个 Terminal Server。在结点比较少时，也可以不用 Terminal Server，而用 KVM 交换机以及 xSeries335 前面板上的控制按钮配合来实现控制台切换，不过后一种方式当结点数目增多时连接及操作复杂度会越来越高。

（4）Manage Node：Cluster 1350 集群使用双路 xSeries 345 服务器作为管理结点，操作系统为 Linux，目前支持 RedHat 7.2 与 7.3，RedHat AS2.1，以及 SuSe 8.0 和 8.1，SuSe SLES7.2 和 8.0。自带两个 10/100/1 000 Mbit/s 自适应网卡，支持 RAID，有 RSA 适配器接口（PCI 插槽）。

（5）Compute Node：Cluster 1350 集群使用一路 xSeries 345 服务器作为计算结点。自带两个 10/100/1 000 Mbit/s 自适应网卡，有 RSA 适配器接口（PCI 插槽）。

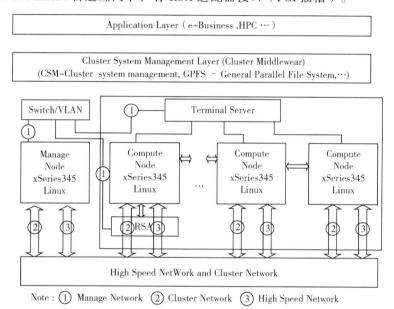

图 8-3　Cluster 1350 集群的体系结构

（6）High Speed Network and Cluster Network：Cluster 1350 的计算网络可选 Myrinet-2000 超高速网络或者千兆以太网，用于并行计算时各结点间数据交换。Cluster Network 可以是普通的网络，主要用于集群系统管理软件对集群的管理，比如监控结点状态、网络安装各结点操作系统、更新各结点配置文件及软件等。Cluster Network 一般不用于并行计算时各结点间数据交换。

（7）RSA：RSA 适配器结点机主板上的 ISMP 以及 C2T Chain 等其他相关硬件配合工作，用于实现对集群中各结点的电源管理、机器硬件状态监测、日志报告等管理功能，是 Cluster 1350 中硬件控制的接入点。一个 Cluster 1350 集群中可以有多个 RSA 配置器，每一个 RSA 适配器最多可控制 24 个结点。

IBM 专为 Cluster 1350 开发了 Linux 版本的 IBM 集群系统管理（CSM）1.2，它能提供资源监控、自动运行、远程硬件控制、完成指令操作、设置文件管理和并行网络安装等功能。CSM 通过一个单独的控制结点可对整个 Cluster 1350 系统进行有效管理，减少管理员的工作强度。在负载加大时，CSM 无须管理员额外操作，即能完成设置改变。同时，CSM 的较高可靠性基础设施和事件监控功能，有助于快速检查和解决问题，从而增强了集群的可用性。

8.3　MPP系统

大规模并行处理（Massive Parallel Processing，MPP）系统的发展可追溯到20世纪70年代。当时Illinois大学和Burrough公司打算制造出一个由256个处理单元组成的计算系统，但限于当时的工艺水平，实际只实现了64个PE的系统。随着对计算能力需求的增长，IC集成工艺以及并行计算技术的发展，MPP系统已成为超级计算机发展的一个重要方向。

8.3.1　MPP系统机构

MPP系统一般是指使用大量的，同构的处理单元（Processing Element，PE），并以一种高带宽，低时延的专有网络互连而成的计算机系统。MPP系统结点之间的消息传送相对于集群系统具有更短的延迟，系统性能更强。图8-4即为当前MPP系统的通用结构。

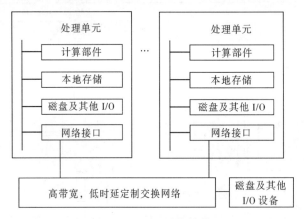

图 8-4　MPP系统结构

其主要特征主要有：

（1）超强的并行处理能力。由数百个乃至数千个计算结点和I/O结点组成，这些结点由局部网卡（NIC）通过高性能互联网络相互连接。在其结构上则表现为很强的规模可伸缩性。

（2）每个结点相对独立，并拥有一个或多个微处理机。这些微处理机均配备有局部Cache，并通过局部总线或互联网络与局部内存模块和I/O设备相连接。

（3）MPP的各个结点均拥有各自的操作系统映像。一般情况下，用户可以将作业提交给作业管理系统，由它负责调度当前最空闲、最有效的计算结点来执行该作业。但是，MPP也允许用户登录到某个特定的结点，或在某些特定的结点上运行作业。

（4）各个结点间的内存模块相互独立，且不存在全局内存单元的统一硬件编址。一般情形下，各个结点只能直接访问自身的局部内存模块，如果要求访问其他结点的局部内存模块，则只能通过send、receive等原语操作进行消息的传递与接收。

（5）容错能力。因系统是成千上万的处理单元集合，其中有单元出现故障是不可避免的。若程序运行一段时间后因某一处理单元出故障而使整个系统崩溃，这对于大型计算是不可接受的。故MPP会有专门的监督系统，确定故障并恢复，使整个系统稳定的运行。

由于系统使用的是分布式的主存，每一台处理机就不能直接访问非本地存储器，因此各处理机之间就需要一定的消息机制来进行通信。为了尽量减少这种通信带来的开销，可以在分布式的存储器系统的基础上构建一个共享的虚拟存储器系统 SVM（Shared Virtual

Memory），由 SVM 来统一管理分散在各个处理机上的局部存储，将它们在逻辑上连接起来进行统一编址。这样不仅能系统结构更灵活，更易扩展，还可以简化上层应用的程序的编写，具有较好的可移植性。

按存储结构的不同，MPP 又可以分为两类：分布式存储大规模并行机（DM-MPP）、多台 UMA 或 NUMA 并行机通过高性能互联网络相互联接的大规模机群（UMA-MPP 或 NUMA-MPP）：

（1）DM-MPP：每个结点仅包含一个微处理机，早期的 MPP 均属于这一类。例如 CRAY T3D、CRAY T3E、Intel Paragon、IBM SP-2、YH-3 等。

（2）UMA-MPP：每个结点是一台 SMP 并行机，例如当前位于 Top500 排名前列的多台 MPP 并行机均属于这一类，其中包括 IBM ASCI White、Intel ASCI Red、IBM Blue Pacific 等。

（3）NUMA-MPP：每个结点是一台 DSM 并行机，其典型代表为包含 6 144 台处理机的 ASCI Blue Mountain MPP 并行机，它由 48 台 Origin 2000 构成，其中每台含 128 个微处理机。

8.3.2 基于 MPP 的并行计算机系统

IBM 于 2001 年宣布研制成功的 ASCI White 在美国劳伦斯利弗莫尔国家实验室投入使用，运算速度高达每秒 12.3 TFLOPS。当年战胜国际象棋冠军卡斯帕罗夫的"深蓝"（Deep Blue）尚不及它计算能力的千分之一，这也是世界上第一台运算速度超 10 TFLOPS 的超级计算机。这台计算机是基于 SMP 并行机 RS/6000 构建的，由 512 个 RS/6000 结点互连而成，每个结点包含 16 个处理芯片，并且拥有自己独立的 AIX 操作系统映像。它还拥有 6 TB 的内存，160 TB 磁盘容量。

2004 年由 IBM 与劳伦斯利弗莫尔国家实验室共同研发推出的蓝色基因/L（BlueGene/L）超级计算机原型就以 36.01 TFLOPS 的速度击败 NEC 的地球模拟器成为世界排名第一的超级计算机。该计算机由 8 个机架组成，其中每个机架包含 32 个计算卡，每块计算卡集成两个计算结点，每个计算机结点又是有两块计算芯片构成，总共 1 024 个处理芯片。2004 年底升级为 16 机架，其峰值计算可达 70.72 TFLOPS。2007 年 6 月 IBM 推出蓝色基因二代（Blue Gene/P），计算速度达到 1 PFLOPS（PetaFLOPS）。由于其规模的可扩展性，同时 Blue Gene/P 还可配置达到 3 PFLOPS 的运算速度。蓝色基因第三代（Blue Gene/P）运算速度将达到 20 PFLOPS ，计划于 2012 研发成功。

ASCI Option Red 是由 Intel 在 1997 年推出的 MPP 超级计算机，是第一台运算达 1 TFLOPS 的计算机，在 1997 年 6 月到 2000 年六月之间一直是全世界运算最快的计算机。

我国在 MPP 超级计算机的研发上在最近几年也有很大的成功。在 2010 年 11 月公布的全球 TOP500 中天河一号以 2.566PFLOPS 的运算速度居第一位，星云（曙光系列）以 1.271 PFLOPS 的运算速度位居第三。图 8-5 是天河一号的系统结构图。

这此计算机系统均采用了 CPU+GPU 混合的计算组成架构，即由 CPU 组成的计算阵列加 GPU 组成的加速整列。整个系统采用的是刀片式服务器架构，每个机架可以容插入多个刀片，每个刀片实际为一个计算结点，拥有属于自己的多个 CPU，内存以及其他 I/O 设备，运行自己独立的操作系统，所有的刀片又可以通过机架提供的交换电路进行资源以及计算能力的共享。此种结构不再是单存的 MPP，而是结合了集群（Cluster）、对称多处理机（SMP）、大规模并行处理（MPP）的优点，使得系统更易维护与扩展。

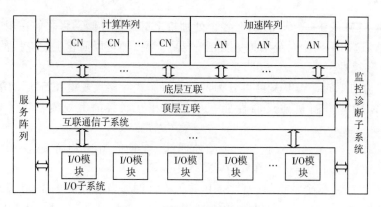

图 8-5 天河一号系统结构

8.3.3 集群系统与 MPP 系统

集群与 MPP 都是构造大型并行计算系统的方式。集群注重的是将物理上独立的计算单位通过网络互联，结点数量从几个到几千不等。各个结点都是一个完整的计算机，结点之间的通信采用的是标准的 TCP/IP。而 MPP 更注重的是计算单元的大规模集成，通过专有的互联网络进行连接，每个计算单元也是相对独立的，拥有自己的资源以及系统。

表 8-1 列出了集群与 MPP 系统的简要比较。

表 8-1 集群系统与 MPP 系统比较

系 统 特 征	MPP 系统	集 群 系 统
结点数量	O（1 000）	O（100）
结点通信	消息传递	消息传递
网络协议	非标准	标准 TCP/IP
网络介质	定制网络	商用互联网
性能/价格比	一般	高
构造方式	硬件集成	软件通信

集群系统是一种很灵活的系统，由于构造集群使用的是独立的 PC 机以及现有的商品网络，其规模可从单机、少数几台联网的微机直到包括上千结点的大规模并行系统。小到个人并行调试环境的搭建，大到商用高性能并行计算系统都可以使用集群技术。但同时由于其计算单元的分布性，在统一管理上集群就相对困难。MPP 系统则是在结构上更为复杂，每个结点在逻辑上是一个独立的计算机系统，运行自己的操作系统映像，而在结构上又是与其他结点通过专有通信电路紧密的连接在一起的，使得结点间的通信延时更小，也便于统一的管理。同时因其结构的可扩展性，使得 MPP 系统的性能能够随结点规模的增加成线性的增长。

8.4 网 格 技 术

网格技术是 20 世纪 90 年代中期随着计算机网络技术和分布式计算技术的不断发展而诞生的一种全新技术。它不仅面向科学与工程领域的应用，还在商业、信息服务业等领域得到重视。网格技术已经成为下一代信息应用技术和处理技术的核心，被称为"下一代互联网"。本节将从网格基础开始，对网格体系结构进行深入讲解。

8.4.1 网格基础

网格技术以高性能网络为依托，借助于一套完整的网格中间件的支持，将分布在网络上的各种资源加以整合，为使用者提供一套完善的具有单一映像的支持环境。在此基础上，网格的使用者可以比较方便地对网格中的各种资源加以动态的有效利用，解决各个不同领域中的科学、工程、商业等问题。在科学与工程领域，以网格为中间件的支持为基础，研究工作者可以建立各种"虚拟组织"，打破行业、机构、地域等的限制，开展大规模的合作研究。与传统的研究模式相比，基于网格系统进行合作研究具有组织结构灵活、信息传送迅速、研究协作高效、不受地理位置限制等优势，能够有效地促进研究合作，提高研究水平，方便研究成果共享，避免重复研究，提高研究资金使用效率。

简单地讲，网格是把整个因特网整合成一台巨大的超级计算机，实现计算资源、数据资源、存储资源、知识资源、信息资源、专家资源等的全面共享。网格计算就是基于网格的问题进行求解。全球网格研究的领军人物、美国阿岗（Argonne）国家实验室的资深科学家、美国 Globus 项目的领导人 Ian Foster 在 2002 年 7 月《什么是网格？判断是否网格的三个标准》一文中，限定网格必须同时满足 3 个条件：

1）协调非集中控制资源

网格整合各种资源，协调各种使用者，这些资源和使用者在不同控制域中；网格还解决在这种分布式环境中出现的安全、策略、使用费用、成员权限等问题。

2）使用标准、开放、通用的协议和界面

网格建立在多功能的协议和界面之上，这些协议和界面解决认证、授权、资源发现和资源存取等基本问题。

3）得到非平凡的服务质量

网格允许协调使用它的资源，以得到多种服务质量，满足不同使用者需求，如系统响应时间、流通量、有效性、安全性及资源重定位，使得联合系统的功效比其各部分的功效总和要大得多。

共享与协同是网格的本质问题。共享是将网络上海量、自治、分布、异构的资源进行有效组织，以服务的方式为网格用户提供统一透明的访问机制。协同是指资源可以相互交互、理解、协作，以期共同完成复杂的网格应用。

8.4.2 网格技术概念

网格计算实际上应归属于分布式计算（Distributed Computing），也是从早期的集群技术发展而来的。网格计算是以元数据、构件框架、智能体、网格公共信息协议和网格计算协议为主要突破点对网格计算进行的研究。网格系统可以分为 3 个基本层次：资源层、中间件层和应用层。由于现在的互联网结构并不是针对网格计算设计的，为了使网格计算和现有的结构兼容，一般要有一个可扩展的中间件层。这个中间件层是指一系列工具和协议软件，其功能是屏蔽网格资源层中计算资源的分布、异构特性，向网格应用层提供透明、一致的使用接口。网格的中间件层也称为网格操作系统。这个中间件层同时需要提供用户编程接口和相应的环境，以支持网格应用的开发。

为实现网格计算的目标，必须重点解决 3 个问题：异构性、可扩展性和动态自适应性。在网格计算中，某一资源出现故障或失败的可能性较高，资源管理必须能动态监视和管理网格资源，从可利用的资源中选取最佳资源服务。

网格计算环境的构建层次从下至上依次为：

1）网格结点

由分布在 Internet 上的各类资源组成，包括各类主机、工作站甚至 PC 机，它们是异构的，可运行在 UNIX，Windows NT 等各种操作系统下，也可以是上述机型的集群系统、大型存储设备、数据库或其他设备。它是网格计算资源的提供者，包括高端服务器、集群系统、MPP 系统大型存储设备、数据库等。这些资源在地理位置上是分布的，系统具有异构特性。

2）中间件

它是网格计算的核心，负责提供远程进程管理、资源分配、存储访问、登录和认证、安全性和服务质量（QoS）等。例如 Globus 工具，作为自由软件，对资源管理、安全、信息服务及数据管理等网格计算的关键技术进行研究，Globus 能够开发在各种平台上运行的网格计算工具软件（Toolkit），帮助规划和组建大型的网格实验平台，开发适合大型网格系统运行的大型应用程序。

3）开发环境和工具层

提供用户二次开发环境和工具，以便更好地利用网格资源。

4）应用层

它能提供系统能够接受的语言，如 HPC++ 和 MPI 等。可配置其他一些支持工程应用、数据库访问的软件，还可提供 Web 服务接口，使用户可以使用 Web 方式提交其作业并取得计算结果。

网格技术从所处的不同层次可分为网格应用技术、网格编程技术、网格核心管理技术以及网格底层支撑技术。

网格应用技术分为 4 个主要部分，分别是分布式超级计算应用、实时广域分布式仪器系统、数据密集型计算以及远程沉浸。随着技术的发展，网格的应用领域也将不断扩大。

网格编程技术可分为：编程支持系统的设计开发；面向对象技术在网格的应用；基于商品化技术集成的网格编程，商品化技术包括 Java EE、.Net、CORBA、COM 等各种网络技术；在网格中的数值计算编程。

网格核心管理技术由高性能调度技术、高吞吐率资源管理技术、性能数据的收集分析与可视化技术、网格安全技术几部分组成。

网格底层支撑技术是构建网格的基础。包含有：网格计算结点的构建技术；在网格环境中的各式各样的协议开发，如传输协议、组通讯协议、流协议等；局部结点的操作系统和网络接口；底层网络的基础设施。

8.4.3 网格体系结构

目前，主流的网格体系结构主要有三个：第一个是 Ian Foster 等人提出的五层沙漏结构；第二个是在以 IBM 为代表的工业界的影响下，考虑到 Web 技术的发展与影响后，结合五层沙漏结构和 Web Service 提出的 OGSA（Open Grid Services Architecture，开放网格服务体系结构）；第三个是 Globus 联盟、IBM 和 HP 于 2004 年初共同提出的 WSRF（Web Service Resource Framework，Web 服务资源框架），国际电子商务联盟组织 OASIS（Organization for the Advancement of Structured Information Standards）于 2006 年 4 月 3 日宣布批准 WSRFv1.2 规范成为 OASIS 标准。接下来将分别进行简要介绍：

1．五层沙漏结构

五层沙漏结构是一种影响十分广泛的结构，它的主要特点就是简单，主要侧重于定位的描述而不是具体的协议定义。其基本思想就是以"协议"为中心，也十分强调与 API（Application Programming Interfaces）和 SDK（Software Development Kits）的重要性。

五层沙漏结构根据各组成部分与共享资源的距离，将功能分散在五个不同的层次。如图 8-6 所示，五层沙漏结构从底层到上面依次是：构造层、连接层、资源层、汇聚层和应用层，越向下层就越接近于物理的共享资源，而且各部分的协议数量是不同的，对于其最核心的部分，要能够实现上层协议向核心协议的映射，同时实现核心协议向下层其他各种协议的映射，因此核心协议形成了协议层次结构中的瓶颈，在五层结构中，资源层和连接层共同组成了这一核心。

网格构造层由各种物理资源所构成，包括存储资源、计算资源、目录、数据库、网络资源、传感器等，构造层的基本功能就是控制和管理局部的资源，向上提供访问这些资源的接口。

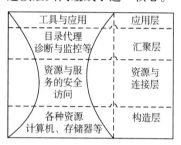

图 8-6 五层沙漏结构

网格连接层实现构造层资源之间的通信、数据交换，定义了核心的通信和认证协议。网格资源层建立在连接层的通信与认证协议之上，提供数据访问、计算机访问、状态与性能信息访问等服务。它考虑的是单个的局部资源，全局状态和跨越分布资源集合的原子操作由汇聚层考虑。

网格汇聚层的主要功能是协调"多种"资源的汇集，协同完成任务。汇聚层在资源基础上，实现更高级的应用。汇聚层可分为通用的汇聚层和面向特定问题的汇聚层。

网格应用层是在虚拟组织环境中存在的，它可以调用资源层的服务，也可以调用汇聚层的服务，从而满足应用需求。如果以电力系统做比喻的话，前 4 个层次就相当于发电厂、电网、变电所和配电房，而应用层相当于住宅里的电闸、电表和电源插座。

2．开放网格服务体系结构 OGSA

2002 年 2 月 20 日，IBM 与美国 Argonne 国家实验室 Globus 项目组在多伦多联合发布了开放性网格服务架构 OGSA（Open Grid Services Architecture），目的在于网格从以科学与工程计算为中心的学术研究领域，扩展到更广泛的以分布式系统服务集成为主要特征的社会经济活动领域。开放网格服务结构 OGSA 是继 5 层沙漏结构之后最重要的，也是目前应用最广泛的一种网格体系结构，被称为下一代的网格结构。

OGSA 是一个由结点和连线构成的框架。该框架的结点是网格服务，而网格服务之间的连线是网格服务相互交流时所用的语言。网格服务是特殊的网络服务，专门用来维持和管理网格体系。和 5 层沙漏模型不同的是，OGSA 是以服务为中心的"服务结构"。这里的服务是指具有特定功能的网络化实体，包括各种计算资源、存储资源、网络、程序等。5 层模型中实现的是对资源的共享，而在 OGSA 中，实现的是对服务的共享。从资源到服务将资源、信息、数据统一起来，使分布式系统管理具有标准的接口和行为。OGSA 中定义了"网格服务"，这是一种 Web Service，提供一组接口，定义明确并且遵守特定的惯例，解决服务发现、动态服务创建、生命周期管理、通知等问题。在 OGSA 中，网格就是可扩张的网格服务的集合。网格服务结构如图 8-7 所示。

OGSA 架构由 4 个主要的层构成，从下到上依次为：资源层（物理资源和逻辑资源）、Web 服务层（Web Services，包括定义网格服务的 OGSI（Open Grid Service Infrastructure）扩展）、基于 OGSA 架构的网格服务层（OGSA Architected Services）、网格应用程序层（Applications）。具体介绍如下：

资源层：资源的概念是 OGSA 以及通常意义上的网格计算的中心部分。构成网格能力的资源不仅限于处理机。物理资源包括服务器、存储器和网络，物理资源之上是逻辑资源。它们通过虚拟化和聚合物理层的资源来提供额外的功能。通用的中间件，比如文件系统、数据库管理员、目录和工作流管理人员，在物理网格之上提供这些抽象服务。

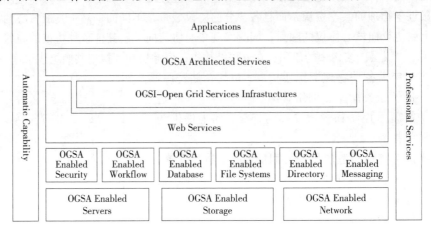

图 8-7 开放性网格服务体系结构（OGSA）

Web 服务层：OGSA 架构中的第二层是 Web 服务。所有网格资源（逻辑与物理）都被建模为服务。OGSA 规范定义了网格服务并建立在标准 Web 服务技术之上。OGSI 利用诸如 XML 与 Web 服务描述语言（Web Services Description Language，WSDL）这样的 Web 服务机制，为所有网格资源指定标准的接口、行为与交互。OGSI 进一步扩展了 Web 服务的定义，提供了动态的、有状态的和可管理的 Web 服务的能力，这在对网格资源进行建模时都是必需的。

基于 OGSA 架构的网格服务层：Web 服务层及其 OGSI 扩展为下一层提供了基础设施，基于架构的网格服务。GGF 目前正在致力于诸如程序执行、数据服务和核心服务等领域中定义基于网格架构的服务。随着这些新架构的服务开始出现，OGSA 将变成更加有用的面向服务的架构（SOA）。

网格应用程序层：随着时间的推移，一组丰富的基于网格架构的服务不断被开发出来，使用一个或多个基于网格架构服务的新网格应用程序亦将出现。这些应用程序构成了 OGSA 架构的第四层。

3. Web 服务资源框架 WSRF

为了实现网格与 Web 服务的有效融合，Web 服务必须提供用户访问和操作服务的状态数据的能力，定义管理服务状态数据的规范，便于应用以标准和可操作的方式发现、观测和交互状态资源，并利用 Web 服务的已有功能。为此，2004 年由 IBM、Globus 联盟和 HP 共同提出 Web 服务资源框架（WS-Resource Framework，WSRF）。WSRF 采用了与网格服务完全不同的定义：资源是有状态的，服务是无状态的。WSRF 推出的目的在于，定义出一个通用且开放的架构，利用 Web 服务对具有状态属性的资源进行存取，并包含描述状态属性的机制，另外也包含如何将机制延伸至 Web 服务中的方式，与现有的 Web 服务开发工具能够很好地融合。

　　WSRF 是根据特定的消息交换和相关的 XML 模式来定义 Web 服务资源（WS-Resource）方法的描述规范。这些规范定义了 Web 服务和一个或多个有状态的资源之间的关联方法。描述了定义资源状态的视图，以及 Web 服务与状态资源相关联的类型定义的方法，描述了如何通过 Web 服务接口来访问状态资源的状态，定义了状态资源分组（Grouping）和寻址（Addressing）相关的机制。WSRF 采用了与网格服务完全不同的定义：资源是有状态的，服务是无状态的。它把有状态的实体统称有状态资源，有状态资源就具有特定生命周期和一组状态数据，可被一个或多个 Web 服务访问。生命周期是指资源从创建到消除这段时间。状态数据用 XML 文档来描述，通过对 XML 文档操作来对有状态资源的状态进行设置。为了充分兼容现有的 Web 服务，WSRF 使用 WSDL1.1 定义 OGSI 中的各项能力，避免对扩展工具的要求，原有的网格服务演变成 Web 服务和资源文档两部分。WSRF 推出的目的在于，定义出一个通用且开放的架构，利用 Web 服务对具有状态属性的资源进行存取，并包含描述状态属性的机制，另外也包含将机制延伸至 Web 服务中的方式。

　　在 WSRF 中引入了有状态资源（Stateful Resource）的概念，对状态进行模型化。WS-Resource 是由 Web 服务和有状态资源合成的组件，并反映了它们之间的关系。组件的状态用 XML 文档来描述，用 XML 文档定义它和 Web 服务的接口类型，用"隐式模式"寻址和访问有状态资源，通过端点引用来寻址。对客户端而言，不需要了解有状态资源标识符的内容，有状态资源标识符只是对被访问的 Web 服务有意义，由 Web 服务以一种特殊方式去识别在执行请求信息过程中使用的 WS-Resource。WSRF 通过 WS-Resource 方法（WS-Resource Approach）来表示、访问有状态资源，它定义了状态的表示、操作的方法，服务的请求者能发现 WS-Resource 的类型和状态，并能进行操作，包括读取、更新和查询它的状态值，管理它的生命周期等。WS-Resource 方法有利于服务之间的相互操作，为不同服务提供者和服务使用者描述、访问和管理有状态资源提供了一种通用方法。

　　作为 OGSA 最新核心规范的 WSRF，它的提出加速了网格和 Web 服务的融合，OGSA 和 WSRF 目前都处于不断的发展变化之中。基于 OGSA 和 WSRF 的服务网格平台和规范协议，将最终成为下一代互联网的基础设施，所有的应用都将在网格的基础平台上得以实施。

8.5　网　格　实　例

　　网格具有重要的战略意义和广阔的应用前景，近年来已成为国际 IT 界的热门研究课题。美国、欧洲、日本、韩国、印度等国家或地区都相继启动了大型网格研究计划，并得到了产业界的大力支持。目前，在国外的网格计算研究项目中，一些通用的网格技术研究和项目有：美国的 Cordor、Legion、Globus 项目，欧盟支持的 European Data Grid 项目，德国联邦教育和研究部资助的 UNICOR 项目；一些网格应用和库有：网格协作门户（包括 NASA、NCSA、SDSC）、NEOS、PUNCH。国内网格研究主要有中科院计算所的"织女星"网格、863 计划支持的"中国网格（China Grid）"、上海多所大学参与的上海教育科研网格和航天二院清华大学共同研究的"仿真网格"。下面以 Globus 为例进行介绍。

　　Globus 项目是目前国际上最有影响力的与网格计算相关的项目之一。随着新版本的 Globus ToolKit 的推出，它正成为学术界和工业界日益推崇的标准。Globus 项目开始于 1996 年，它由美国 Argonne 实验室和南加州大学承担，全美国有 12 所大学和研究机构参与了该项目。Globus 对资源管理安全、信息服务及数据管理等网格计算的关键技术进行研究，开发能在各种平台运行的网格计算工具软件，帮助规划和组建大型的网格平台以及开发适合大型网格平台系统运行的大型应用程序。概括地说，就是围绕研究、软件工具、试验平台和应用程序等四种活动来组织。目前的 Globus 软件可以认为是计算网格技术的典型代表和事实上的规范。

Globus 工具包是 Globus 最重要的实践成果，它基于开放结构、开放服务资源和软件库，支持网格和网格应用，致力于安全、信息发现、资源管理、数据管理、通信错误诊断等问题。Globus 的系统结构如图 8-8 所示。

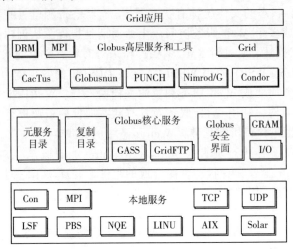

图 8-8　Globus 的系统结构

Globus 工具包针对 Globus 项目中提出的各种协议，提供了一系列的服务，如软件库、编程接口和使用例子。Globus 工具包实现了网格安全、网格信息获取和分析、网格资源管理以及网格远程数据传输等方面的要求。Globus 工具包最核心的是定义了元计算工具包。Globus 构建了一个如图 8-9 所示的虚拟元计算机。

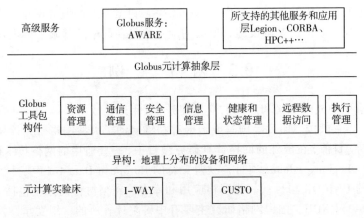

图 8-9　Globus 元计算工具包

1. 元计算实验床

在图 8-9 中底层是 Globus 的元计算测试床和实验系统，具体地说，它们是网络连接的一些有组织的计算网格结点，其中最著名的有 I-WAY 和 GUSTO。I-WAY 是 Globus 较简化的系统，用于气象卫星的实时图像处理。在这个应用中，卫星中的数据下载后，进入一个远程超级计算机进行云层检测处理，然后再由另外一个图形处理机进行气象图绘制。这些处理均在地理上分布的多台机器上实现。I-WAY 成功地验证了 Globus 系统一些基本构件和机制。

2．Globus 工具包模块

中间层是 Globus 的工具包模块，也是 Globus 的核心服务，主要包括 7 个部分，各部分功能如表 8-2 所示。

表 8-2　Globus 工具包模块

资源管理	GRAM	资源分配和进程管理
通信管理	Nexus	单点和多点通信服务
安全管理	GSI	认证和相关安全服务
信息管理	MDS	分布访问结构和状态信息
健康和状态管理	HBM	监控系统构件的健壮情况和状态
远程数据访问	GASS	通过串行和并行接口远程访问数据
执行管理	GEM	构建、缓存和定位执行

3．高级服务

虽然 Globus 工具包可以被应用程序直接调用，但仍然可以通过更高层的工具调用。Globus 提供了自己的一些高级服务，可以实现对下一层服务的调用，这些高级服务最终的目标是形成一个 Globus 的"适应性广域范围资源环境"（AWARE）。同时，Globus 也支持其他高级调用，例如基于消息传递的 MPI、高级并行编程语言 C++、远程文件访问系统 Remote I/O 等。Globus 工具包支持这些高级应用来间接调用 Globus 的核心服务。

4．GlobusToolkit 软件

Globus Toolkit 软件是 Globus 项目最重要的研究成果，Globus Toolkit 能够帮助规划和组建大型的网格试验和应用平台，开发适合大型网格系统运行的应用程序。它的开发借鉴了 UNIX 的开发路线，即不构造一个完整的系统，而只构造一套底层的开发工具。它采用模块化设计方式，可升级或替换，是一个中间件系统，提供了一整套 SDK 和 API，用户可以任意选择其中的工具模块进行高层次的应用开发。

从功能上来看，在安全架构方面，Globus Toolkit 包含多个管理域的分布式安全系统，通过安全认证和信息私有实现计算网格的通信安全，同时实现了双重认证和用户的单一登录。在信息架构方面，实现了对网格中各种资源信息的统一命名，同时提供了对这些资源的检索以及对状况、配置、性能的查询。在资源管理方面，Globus Toolkit 为各种不同的资源管理工具提供了标准的接口，同时提供协同资源服务。在数据管理方面，通过 GridFTP 实现了高性能、安全的 FTP 协议，具备了网格应用时访问远程文件系统的能力。

Globus 从底层构建了元计算软件，开发了一些基本的服务和机制，并可以由多种高级工具调用。随着更多的元计算团体加入 Globus 的研究，它将被开发得更加完善，并将被更多的高级应用软件调用。Globus 的目标是适应广域网络资源环境的计算，目前这一类课题的研究还很艰巨，Globus 作为网格计算中最突出的代表，仍然存在着大量问题需要进一步研究。

习　　题

1．什么是集群系统？它有什么特点？

2．集群系统中 SSI 是什么意思？一个简单集群系统中的 SSI 基础设施包括哪些属性？

3．影响集群系统通信性能的因素有哪些？集群中主要采取哪些方法来提高集群系统的通信性能？

4．PVM是什么？它有什么特点？

5．什么是 MPP 系统？它有什么特点？

6．试比较集群系统与 MPP 系统的异同。

7．什么是网格？网格环境层次是如何构建的？主流的网格体系结构有哪几种？

8．网格五层沙漏结构的基本思想是什么？具体包括哪五层？

参 考 文 献

[1] John L.Hennessy, David A.Patterson. 计算机系统结构——量化研究方法[M]. 白跃彬，译. 北京：电子工业出版社，2007.

[2] 胡月明. 计算机系统结构[M]. 北京：北京航空航天大学出版社，2007.

[3] 张晨曦，王志英，张春元，等. 计算机系统结构[M]. 北京：高等教育出版社，2008.

[4] Barry B.Brey. Intel 微处理器结构、编程与接口[M]. 6 版. 金惠华，艾明晶，尚利宏，等，译. 北京：电子工业出版社. 2004.

[5] 尹朝庆. 计算机系统结构教程[M]. 北京：清华大学出版社，2005.

[6] Andrew S.Tanenbaum. 结构化计算机组成[M]. 刘卫东，徐恪，译. 北京：机械工业出版社，2001.

[7] 徐甲同，李学干. 并行处理技术[M]. 西安：西安电子科技大学出版社，1999.

[8] 郑纬民，汤志忠. 计算机系统结构[M]. 北京：清华大学出版社，2006.

[9] 张昆藏. 计算机系统结构教程[M]. 北京：国防工业出版社，2001.

[10] 李学干. 计算机系统结构[M]. 西安：西安电子科技大学出版社，2006.

[11] Kai Hwang. 高等计算机系统结构[M]. 王鼎兴 沈美明，郑纬民，等，译. 北京：清华大学出版社，1995.

[12] 黄铠. 计算机结构与并行处理[M]. 金兰，译. 北京：科学出版社，1990.

[13] William Stallings. 计算机组织与结构——性能设计[M]. 张昆藏，等，译. 北京：电子工业出版社，2001.

[14] John L.Hennessy, David A.Pattenson. 计算机系统结构——量化研究方法[M]. 郑纬民，汤志忠，汪东升，译. 北京：电子工业出版社，2004.

[15] David E.Culler, Jaswinder Pal Singh, Anoop Gupta. 并行计算机体系结构——硬件/软件结合的设计与分析[M]. 2 版. 李晓明，钱德沛，程旭，等，译. 北京：机械工业出版社，2003.

[16] 都志辉，陈渝，刘鹏. 网格计算[M]. 北京：清华大学出版社，2002.

[17] 蔡启先. 计算机系统结构[M]. 北京：电子工业出版社，2009.

[18] 陆鑫达，翁楚良. 计算机系统结构[M]. 2 版. 北京：高等教育出版社，2008.

[19] 甘岚，刘美香. 计算机组成原理与系统结构[M]. 北京：北京邮电大学出版社，2008.

[20] 朱清新，杨凡，钟黔川，等. 计算机算法设计分析与导论[M]. 北京：人民邮电出版社，2008.

[21] 徐炜民，严允中. 计算机系统结构[M]. 2 版. 北京：电子工业出版社，2005.

[22] 陈建铎. 计算机系统结构教程[M]. 北京：电子工业出版社，2006.

[23] 吕辉. 计算机系统结构与组成[M]. 西安：西安电子科技大学出版社，2007.

[24] 秦金磊，朱有产，李玉凯. 基于网格计算的关键技术研究[J]. 计算机技术与发展，2006，16(11).

[25] 沈绪榜. MPP 系统芯片体系结构技术的发展[J]. 中国科学 F 辑：信息科学，2008，38(6)：933-940.

[26] 王亚刚，杨康平. 大规模并行处理技术应用综述[J]. 计算机工程应用技术，2009，5(12)：3298-3299.

[27] Kai Hwang. Advanced Computer Architecture[OL]. McGraw-Hill book Co. 1993.

[28] 田启佳. 升级英特尔 45nm 处理器评测. 2010，5. http://server.chinabyte.com/136/7667136_3.shtml.

[29] IT168 评测中心. Westmere-EP 处理器 SPEC CPU 2006 评测[OL]. 2010,5. http://tech.sina.com.cn/b/2010-05-01/00201337009.shtml.

[30] 张桂林. 服务器评测方法研究之 CPU 篇[OL]. 2010,5. http://tech.sina.com.cn/h/2008-07-30/0600750951.shtml.

[31] Standard Performance Evaluation Corporation. SPEC CPU2006[OL]. 2010，4. http://www.spec.org/cpu2006/.